DIO È QUANTICO ED È NEL DNA

RIVELAZIONI

I0485846

ELIUDE SANTANA

Traduzione: Eliude Santana

Revisione ortografica a cura di: **Alberti Valeria**

INDICE

Prefazione
Ringraziamenti
Introduzione

3

Kryon spiega il significato dell'Ascensione, oggi
Uno sguardo all'ascesa di Elia, fuori dalla nostra linearità 3D. Che cos'è accaduto
veramente in quell'evento?

Capitolo VI - Fisica e Biologia
Perché il DNA è importante per la spiritualità
La divisione cellulare - un processo statico?
Abbiamo la capacità di guarirci!
La cellula invecchia perché non riceve informazione della nostra coscienza!
Il DNA "sa" - è stato progettato per allungare la vita!
Lo Strato della guarigione
Le cose che non sono nella nostra realtà, sono inconcepibili per noi
La coscienza non regna nel cervello
Ecco un altro grande mistero, svelato da Kryon
L'amore non è quello che pensi. Si tratta di un'energia informativa che permea l'intero
universo.
La dimensione 3D in cui viviamo ci rende esseri "mutilati"! Che tristezza!
Fisica multidimensionale di base – Realtà o finzione?
Siamo in grado di modificare le informazioni all'interno delle cellule del nostro corpo
L'auto-rigenerazione di un cuore lesionato è possibile!
Siamo in grado di modificare le informazioni del 95% del nostro DNA

Capitolo VII - La complessità del tempo
Può darsi che siamo i nostri antenati.
Non c'è né passato né futuro. Il tempo è circolare!
Il paradosso del tempo Spirituale

Capitolo VIII - Come ringiovanire? Incredibile, ma è davvero possibile!
Invecchiamo perché ci crediamo!
Non lasciate che le cellule vi controllino!
La comunicazione con Dio
L'essere umano bidimensionale e la trasformazione interdimensionale
Alcuni attributi dell'ADESSO
Scavando nel Registro Akashico - Come si fa?
Il bambino interiore

Capitolo IX – Il Potere Perduto
Che cosa significa diventare quantico?
Che potere è questo e perché, solo ora è giunto alla nostra conoscenza?
Un modello di preghiera "perso", e che è quantico!
Che cosa consiste questa tecnologia di preghiera e su quali basi si poggia per essere
efficace?
Tecnologia di preghiera di massa
Sogniamo uno stato quantico.

Capitolo X – La nostra realtà
Come noi creiamo la nostra realtà
Ogni persona è pienamente responsabile del proprio universo!
Se non ti piace, basta cambiare! Come?

La Griglia Cristallina

Capitolo XVI – L'Anima. Siamo o non siamo eterni?
La vita è circolare
Qual è allora, il vero obiettivo dell'anima?
La confusione che facciamo quando ci riferiamo all'anima.
Le anime non sono "individuali"
L'anima non è limitata agli esseri umani, e non è qui per "imparare"
L'anima non ha avuto inizio come un *hamster* per poi evolversi in umana!
Ricompensa e punizione
Risposte alle domande difficili
Ecco, allora, la ragione per cui Hitler finì nel "cielo"

Capitolo XVII - La morte non esiste, è solo una percezione interdimensionale
Le scienze che sono invisibili
La morte è un'illusione!

Capitolo XVIII - Kryon parla di fisica e matematica
Il nuovo paradigma della Fisica/Matematica
È in arrivo una nuova matematica
Il Santo Graal della fisica
Scienziati! Non perdete tempo a cercare l'Anti-gravità! Essa non esiste!
Come modificare la massa di un oggetto?
Gli UFO utilizzano oggetti senza massa per entrare nella nostra gravità
 Rivelato il mistero della "flessibilità" dei dischi volanti!
Il Big Bang non è mai esistito, anzi, è ancora in atto, in questo esatto momento
Il centro della vostra galassia emette la materia che siete voi
L'Effetto Gaia
Lo show del Big Bang continua, è un evento quantistico ancora in atto.
È il momento di cominciare a pensare a una nuova teoria, a osservare con nuovi occhi scientifici
La forma dell'Universo - Una dimostrazione incredibile sul funzionamento dell'Universo
Il pericolo della trasmissione di energia attraverso la materia planetaria
Un avvertimento: le onde scalari sono estremamente pericolose
Le Previsioni di Scallion
I "cerchi nel grano" è un incentivo a cercare un inquadramento matematico di base dodici!
Kryon parla della geometria dell'Universo
La geometria sacra - Ci sono tre numeri interdimensionali che vengono dopo il nove!
Una Matematica concettuale!
I tre numeri interdimensionali
Gli UFO che proiettano i cerchi nel grano sono i nostri parenti.
La Base 12 - è una matematica universale, galattica ed è sacra!
Tutto ciò che riguarda la Terra, funziona con il "12"!
Il numero di "Pi" non è irrazionale!
Il DNA ha dodici strati e non due.
L'energia libera è possibile e l'abbiamo sotto il naso!
Per i fisici, qui abbiamo alcune sorprese!
Poiché le costellazioni e i sistemi solari non seguono le leggi del moto di Newton

La Membrana Quantica – una "membrana di caratteristiche"
Due cose possono occupare lo stesso posto nello stesso momento!
Il segreto dell'energia
Matematici! Considerate quando una forza è superiore alla somma delle sue parti
Nuovi modi per ottenere il calore geotermico direttamente dalla terra, e gratuito.
L'antimateria è tanta quanto la materia positiva
Una comunicazione quantistica attraverso il vento solare!
Le macchie solari possono essere create dalla forza gravitazionale
Il vento solare ha proprietà multidimensionali
Una rivelazione e un avvertimento

Capitolo XIX - Rivelazioni Importanti di Kryon
Il riscaldamento globale non è creato dagli esseri umani.
Il ciclo dell'acqua sta influenzando il clima
I Bastioni del finanziamento stanno cadendo
La ricostruzione del Tempio di Salomone sarà finanziata dall'Iran. L'Iran porterà la pace in Israele?

Capitolo XX - Previsione e rivelazioni
Il mistero delle Piramidi - Rivelazioni sconcertanti!
Nei primi cicli di vita sulla Terra, abbiamo avuto alcuni visitatori
Rivelato il Grande Mistero.
Noi non siamo figli della Terra!
La Polvere cosmica sono semi di vita!
La desalinizzazione dell'acqua - per gli scienziati e fisici
La nanotecnologia è un dono di Dio
Il mondo sta vivendo un inverno spirituale!
I "Fari" impediranno che la nave dell'umanità sommerga!

Capitolo XXI - Kryon parla di politica
Una visione inaspettata di Kryon su un argomento attuale
L'ultimo "Cavaliere dell'Apocalisse"?
Un saggio consiglio al dittatore Kim Jong Un, della Corea del Nord
I cambiamenti fisici, politici e sociali per la nascita della nuova Terra
L'attuale sistema politico scomparirà!
Le cinque uniche valute del mondo
La Terra è incinta

Capitolo XXII - Nuove idee... nuove invenzioni importanti!
Una nuova tecnologia ci può trasportare da una parte all'altra del pianeta in pochi secondi! Potrebbe mai accadere?
Le prossime scoperte scientifiche
Una rivoluzione e una rivelazione!
Perché la fusione fredda di Pons e Felishmann non ha funzionato?
Tutte le cose nell'universo sono create con polarità
Perché tutto deve aver polarità?

Capitolo XXIII - Le idee e invenzioni non sono casuali
Le nozze del fisico-mentale-spirituale

PREFAZIONE

Magnifico Lettore

Non sorprendetevi per il termine "Magnifico". Uso questa espressione perché è questo che cercherò di dimostrare attraverso questo libro: lo straordinario potere che ognuno di voi realmente possiede e che può fare di chiunque veramente magnifico. Così, cerco in partenza, di applicare uno degli obiettivi principali di questa lettura, che sarebbe quello di attirare l'attenzione del lettore, affinché possa riflettere su molti termini o abitudini - sia nella sfera fisica sia in quella spirituale. Certe terminologie sono diventate abitudini di consenso, e la maggior parte di noi le abbraccia, non perché deve essere così, ma perché *"tutti pensano così"*, senza nemmeno per un attimo cercare di attivare la propria coscienza e chiedersi: "Perché deve essere sotto questa forma?"

"Sono i pioli tondi nei fori quadrati - quelli che vedono il mondo in un modo diverso - che spingono la razza umana in avanti". Jack Kerouac

Questo è un libro insolito, composto di argomenti molto controversi che molti potranno considerare divergenti con certe cose, finora ritenute come solide e immodificabili. Tuttavia, ci invita a riconfigurare un processo che è all'oscuro a una gran parte di noi. Riprogrammare la conoscenza che abbiamo di noi stessi, che è obsoleta, non appropriata per una consapevolezza espansa che gran parte dell'umanità comincia adesso a collaudare. Vorrei che accettaste ciò che è scritto qui, come una conversazione chiara, coraggiosa e assolutamente rivelatrice. Si tratta di certi concetti, dove riaffiora una nuova percezione di noi stessi, del nostro scopo su questo pianeta, della vita, del mondo che ci circonda e dell'Universo. Pertanto, l'unico vero interesse di questo libro è di condividere con chi vuole aprirsi a nuove percezioni dell'esistenza – il che sta già accadendo a livello globale, a migliaia di persone

È da notare, tuttavia, che i concetti qui presentati non sono informazioni nuove, tanto meno si tratta di conoscenze acquisite – ma <u>attivate</u>. La pura intenzione di indagare a fondo su noi stessi - chi sono io, perché sono qui e qual è lo scopo della mia esistenza - innesca la reazione interiore necessaria per attirare a noi, ogni informazione corrispondente all'intenzione rilasciata. Qui, però, sono racchiuse anche vere RIVELAZIONI che possono andare oltre a tutto ciò che abbiamo sentito negli ultimi tempi.

Abbiamo dentro di noi un meccanismo di archiviazione eventi, un sistema che registra nelle nostre cellule, tutte le evenienze che avvengono, non solo nella vita personale, ma anche nella storia dell'umanità stessa.

Ognuno di noi può accedere a tali informazioni se così desidera, perché molte di esse sono registrate nel DNA. Venire a conoscenza di cose che sono fuori dalla nostra percezione casuale, spesso può funzionare da catalizzatore, attivando, così, le parti di DNA che sono "atrofizzate" per la mancanza di accesso. Le informazioni che riposano nel campo quantico del mio DNA, sono le stesse che risiedono in ognuno di voi, in attesa che la vostra intenzione possa attivarle. Sono le stesse che si possono trovare sui contenuti scritti da menti assai pensanti come Deepak Chopra, Bruce Lipton, Gregg Braden, Joseph Benner, Vadim Zeland, Massimo Teodorani, Kryon e molti altri. Tali contenuti sono arrivati nelle mie mani come conferma che ci sono molte informazioni dormienti nel mio "IO SONO", molto più di quanto mi è stato detto nel corso di tutta la vita, e che sono sempre state lì, in attesa di emergere in superficie attraverso il mio risveglio.

Questo è il momento del "risveglio" della coscienza e sta succedendo a migliaia di persone in tutto il mondo. Mai, come ora, c'è stato un cambiamento di energia così significativo nel pianeta, come questo che stiamo vivendo. L'energia della Terra è cambiata radicalmente e in forma profonda, riallineandosi a qualcosa di molto grande. Qualcosa che tutte le scritture sacre hanno promesso e che l'umanità ha desiderato da secoli. Ci sono, infatti, cose ed eventi che si trovano fuori della nostra percezione limitata in una realtà tridimensionale, ma non per questo non sono reali. Vorrei che ognuno cercasse di aprirsi a nuove prospettive, dando credito a nuove possibilità, sapendo che la nostra coscienza è in fase di espansione e chiudersi in una scatola tridimensionale, con visione limitata, è solo una scelta. Optare di liberare la coscienza per ampliare la percezione non è follia, non è seguire strade strane o fare un patto con il diavolo. È, semplicemente, rendersi conto che oltre la nostra scatola 3D, esistono davvero infinite versioni di vedere il mondo e tutte le cose e gli eventi di cui siamo parte. É essere consapevoli che c'è molto di più da vedere, di quello che ci è stato detto e insegnato. È cominciare a vedere attraverso il velo, elementi che sono sempre esistiti ma che, solo ora, possono essere visualizzati. È la consapevolezza di TUTTO-CHE-È, e chi siamo veramente; è vivere nuove possibilità dell'ESSERE, grazie a questa nuova energia planetaria, che permette una maggiore frequenza di vibrazione della terra, di cui parleremo più avanti.

Sono consapevole che le critiche e le polemiche arriveranno, e questo è naturale, perché i contenuti di questo libro scompagineranno certi paradigmi concettuali, saldamente radicati e cementati nelle credenze, mai messe in discussione. Non intendo creare dibattiti per giustificare tali concetti, o che tutti accettino e trovino ragione logica in quello che leggete qui. Questi concetti non devono essere "evangelizzati", né devono essere accettati ad ogni costo. Essi esistono come realtà, a prescindere dall'accettazione o no di qualcuno; sono tanto reali quanto ciò che la maggior parte di noi è abituata a vedere. La mia intenzione non è quella di offrire una nuova "scatola spirituale" in cui chiunque possa entrare, rifiutando tutto ciò in cui si crede, ma offrire un'altra dimensione di comprensione, un ampliamento della visione cui, forse, non avete mai pensato o provato prima.

Benedetto è l'Umano che cerca Dio a modo suo, anche se sono in un edificio, cantando canzoni o coltivando dottrine che possono essere prodotte dall'uomo. (Kryon)

Se quello che leggerete, risveglierà una risonanza intima, è perché la vostra coscienza è pronta a soddisfare il desiderio della vostra Anima di saperne di più. Pertanto, se vi è una ribellione interiore per certi concetti, usate il vostro discernimento per continuare o interrompere. Tuttavia, bisogna essere consapevoli del fatto che il vostro intelletto può essere abituato a certe situazioni e può tentare di dirvi che tutto ciò è solo un tentativo in più per sedurre la vostra mente con suggerimenti subdoli e sottile raffinatezza. La mente umana è costituita in modo tale, che normalmente non accetta nulla che non sia coerente con quello che abbia già sperimentato o imparato, e che il nostro intelletto non consideri ragionevole. Per percepire nuove verità, quindi, è necessario liberarsi della coscienza dell'intelletto che per tanto tempo ci ha mantenuto schiavi.

Sento il dovere di condividere le realtà nuove e meravigliose, che non hanno lo scopo di separare, ma di unire ed espandere la visione oltre a quello già conosciuto. È una questione di scelta. Coloro che sono in una condizione inquisitoria con se stessi e che semplicemente non accettano solo ciò che è stato loro detto e che, nel profondo dell'essere, sanno che c'è molto di più da sapere, capiranno e saranno in grado di trovare un porto dove ancorare la loro angoscia interiore, le loro domande incessanti che non hanno ancora trovato risposta in modo soddisfacente, e potranno andare ben oltre ciò che si legge qui.

Se siete disposti a procedere, fatelo con una mente aperta e serena. Cercate prima di calmare il vostro intelletto, invitando la vostra anima a darvi l'insegnamento che lei desidera. Non lasciatevi influenzare da stereotipi composti di idee preconcette. Quando veniamo a conoscenza di alcuni concetti insoliti, la prima tendenza dell'intelletto è di metterli dentro un qualsiasi "cassetto" già esistente, in cui i contenuti possano aderire ad altri simili. Se per caso non trova niente di analogo, lo respinge. Perciò, se ci lasciamo trascinare dalla nostra prima impressione, il nostro intelletto tenderà a guidarci in un percorso che ci porterà a dedurre in modo selettivo o impreciso. Tutti i contenuti di questo libro, funzionano solo come un catalizzatore per risvegliare la coscienza individuale e, quindi, creare un ponte di osservazione da una prospettiva diversa di elementi che abbiamo sempre visto da un unico angolo. Ascoltate la voce della vostra anima. La voce interiore è l'unica che vi dirà se qualcosa è vera o falsa, buona o "cattiva" per voi. È il radar che stabilisce il percorso della vostra scelta, che definisce se qualcosa vi trasmette l'amore o la paura.

RINGRAZIAMENTI

Vorrei ringraziare, in primo luogo, il mio Sé Superiore, il mio Io più grande, la mia parte invisibile che non vedo nello specchio, ma che è sempre presente, collegato alla sorgente. È quella che non dorme né sonnecchia mai, raccogliendo le informazioni che mi servono, anche quando dormo. E quando mi sveglio, co-creiamo insieme ogni pezzo del mio viaggio, ogni avventura che decido di intraprendere. Mi sostiene in ogni mia decisione senza intromettersi o giudicare. Mi assiste e mi lascia libera nel mio arbitrio. Ogni errore è "giusto", ogni "male" è bene – basta solo escludere il giudizio e vedere ogni cosa come realmente è. Crescere, significa imparare. E noi impariamo solo confrontandoci con le nostre scelte. Il *giusto* o *sbagliato* sono solo definizioni che attribuiamo a eventi e circostanze, in conformità con le nostre decisioni in questione. E ciò che costituisce la base delle nostre decisioni, sono le nostre esperienze.

In secondo luogo, ringrazio Neal Walsch, Joseph Benner, Saint Germain, Gregg Braden, Bruce Lipton, Deepak Chopra, Joe Vitale, Eckhart Tolle e tanti altri, fonti delle mie ispirazioni, che ci hanno lasciato testi sublimi e profondi, disponibili per il nuovo risveglio dell'umanità. Tuttavia, la mia fonte più profonda è, senza dubbio, Kryon, da cui ho preso *in prestito* molti testi che, in sostanza, hanno dato la base dell'esistenza di questo libro. Vorrei anche rilevare che alcuni di questi testi, sono stati adattati da me, spesso riportati alla prima persona plurale, al fine di avvicinarsi meglio al contesto umano, dando un'identificazione più personale all'argomento.

Infine, ringrazio Internet – fonte terrena di tutte le informazioni, l'universo all'interno dell'Universo. Ringrazio anche tutti gli autori di ogni frase che per caso abbia potuto usare qui, e per quanto piccola sia stata, ha contribuito, generosamente, a porre un'altra stella o galassia in questo fantastico e vasto universo delle parole.

14

Non potendo citare tutte le fonti di cui ho tratto almeno una perla, anche una singola frase che sia stata, ringrazio collettivamente ogni autore – citato o no - ogni sito e ogni motore di ricerca, con la speranza che ogni parola, frase o testo, possa contribuire al grande risveglio della coscienza collettiva dell'umanità.

INTRODUZIONE

La ricerca incessante di Dio, per tutta l'umanità, è un desiderio cellulare basico ed è globale. Chi è Dio? Dove si trova? Esiste davvero? Che forma ha? Credo che queste siano le più grandi domande di tutti gli esseri individualizzati, in qualunque parte nell'Universo. Finora, solo pochi sono riusciti ad ottenere una risposta che potesse soddisfare completamente le proprie esigenze.

L'essere umano, da sempre ha cercato di questionare la ragione della propria esistenza, il rapporto tra la natura umana e quella divina. Chi sono io nello schema dell'universo? Perché sono qui? In realtà, noi siamo qui per scelta, offrendoci come parte strumentale per il cambiamento di qualcosa di molto grande e complesso. Spiegare questo in dettaglio, fa parte dello scopo di questo libro - che si basa sostanzialmente sulle informazioni provenienti da Kryon, definito come un gruppo, o coscienze avanzate di natura angelica - che parla all'umanità sin dal 1989 - ma possiamo dire, semplicemente, che Egli è un membro della grande famiglia di Dio, di cui faccio parte.

In realtà, tutti noi - come un unico e grande collettivo - siamo parte di una famiglia spirituale, dove siamo parti indivisibili del resto... dove "Siamo", perché qualcun altro "È". Senza questa premessa, non saremmo esistiti e, quindi, non esisterebbe l'esperienza che ora chiamiamo "vita" o, in altro livello percettivo, "l'Essere". (M. Liani)

Prima che qualcuno si affretti a chiedersi se questi messaggi, dati da questo gruppo angelico, siano credibili, o se effettivamente vengano dallo Spirito, mi permetto di aprire una parentesi per spiegare meglio questa nuova forma di comunicazione tra Dio e l'umanità nei giorni odierni.

16

Qualcuno potrebbe dire che questo non suona come verità. *Dio non parla in questo modo oggi. Queste cose sono successe in passato, quindi è un bluff.* Cosa ti fa pensare in questo modo? Potrebbe essere forse, il fatto che sia un normale essere umano (Lee Carroll) a tradurre i suoi messaggi? Beh, fin dall'inizio dei tempi, gli esseri umani sono stati usati per portare i messaggi più divini! È sempre stato così. In tutte le culture del mondo, le scritture più profonde sono state consegnate dagli esseri umani. Tutte le volte che angeli si sono presentati a uomini o donne, hanno usato questo metodo. La visita degli angeli faceva parte della realtà umana in quel momento - e quasi tutte le religioni del pianeta, si sono basate su questa premessa. Non è una novità. Era un fenomeno interdimensionale cui non erano abituati, e molte volte, tale presenza faceva paura.

Questo è accaduto e avviene ancora oggi, perché Dio non ha smesso di comunicare con l'umanità, dal giorno in cui hanno sigillato la Bibbia e collocato una "cerniera nella bocca di Dio", come a dire, fin qui ha parlato Dio. D'ora in poi, però, in tutte le scritture che appariranno, nessuna potrà essere considerata sacra perché Dio ha chiuso *la bocca* tanto tempo fa, quindi, in tali documenti non avrebbero mai potuto contenere la parola di Dio!

Come dichiara Kryon stesso, ciò che chiamiamo Dio è solo una parola che ci permette di dichiarare qualcosa d'impossibile da descrivere, da umani che siamo. È solo un nome che gli esseri umani hanno dato a un'esperienza collettiva per descrivere qualcosa che è intangibile, e molto personale. Significa, quindi, che le nostre percezioni e convinzioni su come definiamo la nostra spiritualità, sono il rapporto con ciò che consideriamo essere sopra di tutto e tutti.

I Messaggi di Kryon sono profondamente intelligenti, pieni di un amore indicibile e sono d'interesse universale. Egli parla non solo di spiritualità, ma di tutta la fisica dell'Universo. Una gran parte di queste informazioni è indirizzata agli scienziati, astrofisici, medici, persino ai politici, passando con *nonchalance* dalla teoria del Big Bang all'importanza del magnetismo terrestre per la biologia umana, indicando i potenziali per le nuove scoperte scientifiche, nuove tecnologie che miglioreranno la vita e la salute, e dei nuovi metodi per la cura di molte malattie. Spiega come produrre l'energia pulita, gratis e inesauribile e tanti altri argomenti d'interesse dell'umanità. I suoi argomenti arguti e pieni di saggezza, hanno sollevato grande interesse per una buona parte di scienziati in tutto il mondo, e molti stanno già sviluppando strumenti e procedure scientifiche, in base alle sue informazioni. Alle Nazioni Unite, Kryon è una presenza fissa, essendo stato richiesto più volte per dare suggerimenti per l'equilibrio e la pace nel mondo. Dal 1989, tiene informata l'umanità su questi cambiamenti che stanno avvenendo sia a livello planetario, sia nella coscienza umana.

Senza dare rilievo a queste informazioni importanti, sarebbe difficile, se non impossibile, adattare tutti i pezzi del puzzle per capire il quadro completo che rappresenta il mistero della nostra esistenza su questo pianeta. Il mistero dell'universo e la sua creazione - l'Universo Dio.

Pregiudizi Linguistici

Molti hanno creato una pellicola di stereotipo intorno a certi termini, dando una connotazione "maligna", il cui significato non si adatterebbe al contesto delle parole considerate "sacre". È vietato includere certi termini nell'ambiente spirituale "apprezzato" da Dio. Come si possono esorcizzare così innocue parole? Il significato che diamo loro, sono meri concetti basati sulla percezione di ogni individuo, gruppo o società.

Per alcuni, sentire dire canalizzazione, energia, nuova era o esoterismo, è un buon motivo per discriminare. *Che ti venga un colpo!* Ecco il solito pregiudizio etimologico che le religioni tanto propagano. Qualsiasi parola, qualunque essa sia, diventa

18

completamente vuota di significato, quando si decide di abbandonare il cliché discriminatorio.

Tra tutti i libri considerati sacri, non è mai esistito uno, dove Dio abbia preso la penna (si fa per dire), per scrivere una sola parola che sia. Ogni volta che Lui si è presentato all'umanità, ha utilizzato un "canale".

Paolo, in carcere, ha scritto messaggi ai suoi amici di Corinto e di Efeso, che gli sembravano veritieri e riteneva importante che la Terra sentisse in quel momento. E questi sono diventati la "Parola di Dio". Paolo era un canale per la carta, come Mosè lo era per le tavole. Tutte le opere d'arte, tutte le sinfonie, sono state e continuano a essere canalizzazioni dallo Spirito. Dio si esprime non solo attraverso "Ave Maria" e "Padre nostro", o con leggi e dogmi; ma anche in tutti i tipi di arte, musica, nelle scoperte scientifiche o cura per una malattia. Egli canalizza dagli scienziati a un semplice parroco. Egli canalizza un semplice contadino, così come un ingegnere informatico; da Beethoven a Michael Jackson; e ancora persone come Leonardo da Vinci, Michelangelo, Beardsley, Blake, Goya ed Ensor, Van Gogh... Tutti sono un canale di differenti espressioni di Dio.

In questo caso, rimuovete i preconcetti e accettate ogni parola per quello che è: una semplice organizzazione di lettere e basta.

Ogni concetto che l'uomo non modifica con la sua evoluzione, diventa un pregiudizio, e i pregiudizi incatenano l'anima alla pietra dell'inerzia mentale e spirituale. (Wilsiane Santos)

Quando si distrugge un vecchio pregiudizio, si sente il bisogno di possedere una nuova virtù. E una delle grandi virtù è la capacità di non giudicare nemmeno le semplici parole. Il pregiudizio non è nel lessico. È nelle persone e nelle situazioni sociali in cui esse si trovano. Pertanto, bene/male, giusto/sbagliato, sono concetti culturali applicati per soddisfare i propri interessi, quindi, sono termini privi di senso proprio. Come aveva già constatato il fisico Albert Einstein: *Triste epoca! È più facile disintegrare un atomo di un pregiudizio.*

Che ci faccio qui?

Se siete il tipo di persona che ha una bassa autostima, non riesce amare se stessa, o forse crede di essere nata sporca e nel peccato, allora non ci crederete. Noi siamo niente di meno che delle forme preziose, create per un grande schema - e l'intero universo lo sa e ci sostiene. Tuttavia, anche se siamo qui sulla terra destinati a fare un lavoro incredibile e molto speciale, la maggior parte di noi non è consapevole. Questo fatto fa parte di una coscienza traboccante, noto solo a un livello molto profondo di ciascuno di noi. Si è sigillato dalla coscienza di superficie, ma, intuitivamente, sappiamo tutti che si tratta di qualcosa di molto più grande che qualsiasi cosa possiamo immaginare. So che molti stanno roteando gli occhi e schiarendosi la gola in questo momento; questa resistenza è naturale. Questo, però, rispetto a ciò che deve ancora venire, è nulla.

Al contrario degli animali, noi siamo arrivati in questo pianeta con un frammento del Creatore, una parte integrante di Dio nel nostro DNA, ed è principalmente di questo tema che questo libro tratta. Questa è una verità che ogni giorno sta guadagnando più forza nella mente delle persone, perché spiega il sistema con cui possiamo scoprire un vero potere interiore - l'essenza di Dio in noi – che può interagire con l'umanità e, quindi, con la coscienza dormiente di chi ancora si sente separato dal TUTTO. Spiega perché non ci sono vittime né carnefici, ma che tutti gli eventi che si manifestano nella nostra vita, sono una creazione esclusivamente nostra. TUTTI!

Basta sentirsi una vittima dalle ingiustizie altrui, o in balia del destino. Basta incolpare Dio al di fuori di te, o dargli il merito per ogni azione che commetti. Ogni individuo è in grado di decidere cosa vuole per se stesso. La vita non è governata dalla sorte e nessuno è sottoposto al controllo di un'altra persona. In generale, noi consegniamo agli altri le decisioni più importanti della nostra vita, in particolare le questioni spirituali, perché loro decidano per noi. La maggior parte delle persone si è abituata così tanto a essere comandata, in qualsiasi situazione, che s'è dimenticata che ognuno di noi è una macchina pensante, con la capacità di auto gestirsi e con le stesse capacità di trovare nel suo *Io* profondo, tutte le informazioni necessarie per la sua crescita fisica e spirituale. L'umanità è diventata così robotizzata, che oggi non può nemmeno distinguere se la soddisfazione che sta vivendo è sua o l'hanno imposta come tale. Vive automatizzata come *cyborg*, con la coscienza addormentata, seguendo il gregge in ogni situazione - in particolare con la benedizione dei media - che contribuiscono in modo sostanziale alla robotizzazione degli "umanoidi".

Qual è la ragione di questa tendenza? Che senso ha, aspettarsi che gli altri debbano sapere ciò che solo il nostro Sé profondo conosce? La base delle nostre decisioni materiali e spirituali, risulta dalle nostre esperienze, ma comunemente accettiamo la decisione degli altri, soprattutto quando si tratta di decisioni importanti.

Più importante riteniamo una questione, sarà meno probabile che possiamo ascoltare la nostra propria esperienza e siamo molto più disposti a fare nostre, le idee degli altri. (N.Walsch)

Siamo stati abituati ad accettare questa convenienza, perché così eliminiamo la necessità di pensare. *Qualcuno mi dica cosa è giusto o sbagliato per favore!* Essere diverso, pensare fuori dagli schemi, è ancora visto con l'ottica dell'avversione per la maggior parte delle persone.

È ora di capire che la vita è completamente sotto il nostro controllo e di nessun altro. È importante che tutti vengano a conoscenza di questo fatto, per smettere di piagnucolare pensando di essere in questo mondo per soffrire tutti i mali della vita, perché solo in questo modo, Dio sarà contento, ci riempirà di ricompense, e ci preparerà un posto confortevole in Paradiso.

È ora di impegnarci ad accettare che ogni mossa che facciamo, è Dio in azione. Ogni pensiero è l'Energia Divina che ci permette di pensare. Non esiste nient'altro che un'intelligenza UNICA, che si attiva in ogni individuo per sperimentare se stessa. Essa si può chiamare Dio, Intelligenza Universale, Materia Pensante, Sostanza Originale, Particella Higgs o come volete chiamarla. È il momento di smettere di guardare l'espressione esteriore delle cose che qualifichiamo e coloriamo con i concetti umani - e pensiamo che sia stato Dio a dipingerle. Ogni attitudine è Dio in azione. Capire questo, vuol dire comprendere che all'interno di ogni individuo c'è davvero una scintilla di Dio, un potere illimitato con cui si può realizzare qualsiasi desiderio e proposito. E così capirete che, armati di tale potere, non ci può essere fallimento.

Così, il tema centrale di questo libro è, principalmente, trovare la parte di Dio in noi: un POTERE che è stato perso con il passare del tempo, ma che ora è accessibile a qualsiasi essere umano. Tale potere è sempre stato nascosto dentro di noi ed è in grado di portare, non solo il successo che cerchiamo, ma di controllare, programmare e modificare le nostre cellule per garantire una completa salute al nostro corpo, rallentando il processo d'invecchiamento e, così, vivere tanto quanto il nostro DNA è stato programmato per vivere. Dopo di tutto, come si spiega la lunga vita di molti dei nostri antenati, così come la Bibbia spesso ha riferito? Non vi siete mai chiesti se, in realtà, l'umanità non è andata lentamente perdendo la sua autonomia di "comando", nel corso del tempo? O qualcosa dentro di noi è andata persa nel corso dei millenni, e stiamo solo ora risvegliandoci per acchiappare di nuovo, ciò che ci appartiene per diritto di nascita? Pensateci!

CAPITOLO I

IL CAMBIAMENTO PLANETARIO

La realtà dell'umanità è cambiata radicalmente!

La terra si è spostata in una posizione di realtà differente e, di conseguenza, ha cambiato tutto intorno a noi, come se il treno, dove viaggiavamo, avesse cambiato binario per un'altra destinazione, anche se la maggior parte delle persone non l'ha ancora sentito.

Che cosa è questa storia che la terra s'è spostata? Dove è andata?

Siamo entrati all'inizio di un cambiamento dimensionale che sta già interessando profondamente tutta la nostra vita planetaria. Ci sono molti indicatori quantificabili scientifici che dimostrano che la Terra e l'intero Sistema Solare, stanno subendo cambiamenti mai avvenuti prima nella storia umana.

Attraverso la teoria della tettonica a placche, gli scienziati hanno potuto dimostrare un cambiamento reale ed effettivo alla latitudine di alcune masse terrestri, constatando che, in qualche punto sulla Terra, è arrivato a muoversi fino a nove gradi, rispetto all'asse di rotazione. Il movimento è stato chiamato *Spostamento Vortice Polare* e mira a correggere uno squilibrio di peso riguardo alla rotazione della terra. Gli scienziati stanno dando le loro motivazioni in termini scientifici, ma, qualunque siano queste motivazioni, corrispondono allo stato attuale in cui la Terra si trova, e che è un cambiamento dimensionale che, effettivamente, ha causato un cambiamento di coscienza nell'umanità. In verità, un cambiamento di pensiero dimensionale. Molti cominciano ad avere una comprensione nelle loro menti che non può essere giustificata nella nostra realtà tridimensionale.

Il cambiamento planetario si sta riallineando a qualcosa di più grande. La scienza dimostra massicci cambiamenti nella rete magnetica. La terra si è trasferita dimensionalmente, accelerando il tempo. Le coordinate geografiche non sono più le stesse. Gli strumenti di bordo degli aerei, per esempio, stanno accusano questa *défaillance* nelle coordinate della pista di decollo/atterraggio. Nei regolamenti dell'agenzia federale di aviazione negli Stati Uniti, la FAA (*Federal Aviation Administration*), consta che, quando i poli si muovono sopra di cinque gradi dalla loro posizione, le piste aeroportuali devono essere rinumerate per tornare a correlare con le istruzioni magnetiche – le bussole. Negli Stati Uniti, il primo aeroporto a rifare la sua posizione e riverniciare le coordinate della sua posizione presso le sorgenti delle piste, è stato il *St. Paul*, nella città di Minneapolis.

Il mondo in cui viviamo oggi, è diventato troppo stretto per la coscienza più evoluta, in cui l'umanità si trova. Tanti stanno cercando di andare oltre i confini di una dimensione limitata, dove non possiamo più starci dentro completamente. Molti stanno prendendo il volo, letteralmente. Già quelli che sono rimasti indietro, non possono capire perché così tante persone stanno andando "fuori di testa", cominciando a percepire cose assurde, inconcepibili per una coscienza ordinaria. Ed è vero. La mente comune e meno evoluta, comincerà ad avere problemi adesso. Perché, ogni giorno, qualcuno in più si sveglierà, costringendoli a guardare oltre e prendere nuove posizioni.

Questa nuova percezione comincerà a demistificare e disumanizzare Dio, e questo fatto porterà la pace tra gli uomini. Alcuni potranno scuotere la testa pensando che questo non accadrà mai perché gli uomini sono cattivi per natura. Tutto, però, si sta muovendo in quella direzione. Anche il tempo non è più come prima. L'**ADESSO** è cambiato - il tempo reale è cambiato e la geologia del pianeta sta rispondendo a un tempo più veloce. Lo scopo di questi cambiamenti, è quello di aumentare la comprensione di chi siamo veramente, per avere una nuova percezione di Dio e la certezza che lui è parte di ognuno di noi. Non siamo separati da Lui – né da tutta la creazione dell'universo.

Un processo di cambiamento, senza precedenti, sta accadendo proprio in questo momento, qui sulla Terra e i suoi effetti incidono su tutti gli aspetti della creazione. Ogni cellula di ogni forma di vita, compreso il nostro corpo, sta ristrutturando la sua biochimica, per assimilare le frequenze più intense e arrangiamenti più complessi d'informazioni radianti che sono sempre stati disponibili, ma non ancora accessibili, prima del cambiamento.

Quando il pianeta riceve frequenze più elevate di luce, gli abitanti della terra entrano in un processo di cambiamento, che avviene nel loro corpo a livello degli spazi vuoti tra le cellule, cambiando la loro biochimica. Significa che la forza della luce, attiva i nostri corpi e, sia la chimica del corpo sia della mente, cambia letteralmente. Il nostro corpo, finora con un grado di densità, si sta preparando per essere trasmutato in vesti di luce, molto più raffinate, con minore densità e meno limitazioni. Quello che i Maestri chiamano "Trasfigurazione". Credendo o no, le nuove frequenze di luce che arrivano sul pianeta, influenzano tutti, anche se non siamo disposti o se non abbiamo chiesto in precedenza di riceverle. La Luce raggiunge tutti gli esseri viventi sul pianeta, ed è assorbita da tutte le strutture. Gli effetti causati da quest'aumento di Luce non sono solo fisici. Anche a livello emotivo, stiamo vivendo cambiamenti drammatici. I campi magnetici del cervello stanno lavorando con più luce. Ci stiamo assottigliando con un codice più perfetto e più elevato della creazione. Questa nuova codifica sta letteralmente riattivando le nostre parti dormienti. Le frequenze elettromagnetiche che raggiungono il pianeta, stanno allineando il corpo e il cervello, in modo che possiamo adattarci a questa fase del piano divino che l'umanità sta passando. Questo è stato previsto dalle culture Hopi, maya, azteca, greca, egiziana e biblica. Trascende i confini della religione, della scienza e del misticismo.

Ci sono cambiamenti magnetici, ispessimento delle atmosfere e altri segni evidenti che il sistema solare è diverso, rispetto a un decennio fa. L'umanità sta scoprendo il proprio potere e questo potere non significa forza. Significa capacitazione. Una qualifica che ci dà l'abilità di andare oltre i limiti tradizionali che abbiamo sempre vissuto. Questo rappresenta, oggi, un enorme potere per noi, soprattutto per quanto riguarda la limitazione della percezione umana da ciò che è reale e cosa non lo è. Pertanto, un essere umano capacitato diventa abile per pensare oltre la sua realtà tradizionale e di svolgere compiti tradizionalmente considerati impossibili prima.

Oggi, questo cambiamento ci favorisce perché possiamo essere in grado di ricevere rivelazioni riguardo alle realtà interdimensionali e di come loro interagiscono con noi. L'umanità e la Terra, ora, vibrano più velocemente di cinquanta anni fa. Per molto tempo, abbiamo vissuto con una predisposizione nel nostro modo di pensare, prendendo ogni evento come un trigger in modalità automatica, dandolo per scontato, data dalla nostra dimensione 3D, dove ogni evento si ripete ciclicamente. Per anni, l'energia della terra è rimasta sempre la stessa, vibrando sempre con la stessa frequenza. C'era, dunque, una vecchia energia, un vecchio sentiero, un vecchio potenziale perché potesse accadere ciò che è stato previsto.

La Terra è ora in un altro sentiero... Uno che i profeti non hanno mai previsto.

Geologicamente, è possibile vedere cose che, forse, mai sono state viste, in tutta la nostra vita. Questo non ci dice niente? Abbiamo trascorso tutta la vita proclamando che ci sarà una nuova Terra di pace e quando questa possibilità comincia a intravedersi, cosa facciamo? Etichettiamo ideologie da demoni o soltanto filosofia new age? Date un'occhiata fuori dai box. Qualcuno dirà: *Ma per quanto riguarda le profezie? Devono prima avverarsi, per dare luogo alla pace sulla Terra.* Sei sicuro? Bene, ecco qui un'altra sorpresa... A parecchie persone non piacerà sentire questo, e potrà deludere coloro che sono in attesa di una grande catastrofe o sanguinose battaglie. Tuttavia, molte delle predizioni date per certe, come l'Apocalisse, l'Armageddon, sono state lasciate alle spalle in un sentiero che portava a una fine prevista.

Parte dell'informazione che seguirà - conferita da esseri spirituali che rappresentano la stessa intelligenza di Dio - è semplificata ed è metaforica, in modo che possa essere ricevuta e compresa con maggiore chiarezza. Molti pensano che queste cose sarebbero potute accadere solo dentro un'istituzione organizzata come la chiesa. Beh, guardate fuori della scatola. Iniziate ad abituarvi a questo nuovo modo di ascoltare "la voce" di Dio e accettare la sua vicinanza in una modalità nuova ma molto reale - quasi come se stessimo toccando "l'orlo dei suoi vestiti". Sentite la profondità del messaggio di Kryon di seguito. In ogni caso, potrà essere un'esperienza spettacolare!

Da qualche parte, c'è una terra che è completamente sola - non siete più là. Tuttavia, ancora esiste in un'altra realtà. Potete chiamarla realtà alternativa, se lo desiderate; e questo è corretto. Per realizzare questa visione, c'è bisogno anche di capire che ci sono molte Terre. Tutte le altre, però, sono in un altro lasso di tempo, qualcosa che voi e i vostri scienziati chiamano di un'altra dimensione. Siete cresciuti in quell'altra Terra, ma siete usciti da quella realtà e avete cambiato la materia sotto i vostri piedi. Avete cambiato il calco del tempo, la biologia e la geologia. Ora, la Terra è in un'altra via... Una che i profeti non hanno mai previsto.

"Dove è la prova di quest'affermazione stravagante?" È ovunque. Rispondete a queste domande seriamente e fate la vostra personale valutazione di ciò che osservate. Come spiegate che l'Armageddon non s'è avverato? È stato profetizzato consistentemente nel tempo. Perché la caduta dell'Unione Sovietica non è stata inclusa in nessuna profezia? In quale profezia consta l'evento verificato l'undici settembre che ha colpito tutta l'umanità? Avete visto

qualche cambiamento climatico ultimamente che possa avervi dato un indizio che c'è stato un cambiamento geologico accelerato nel decennio passato? Come spiegare che la griglia magnetica della Terra si è mossa, esattamente come abbiamo detto, sarebbe successo negli ultimi anni? Si è verificato qualche evento raro imprevisto? Qualche decisione insolita di certi leader, che sembravano fuori dalla norma? Vecchie alleanze sono state rotte? Avete visto che il tempo si è moltiplicato negli ultimi anni?

Voi siete, ora, in una realtà diversa, che non è più circondata da profezie e che è assolutamente nuova. Non vi è nessuna entità dall'altra parte del velo che possa sapere che cosa farete domani o cosa accadrà al pianeta. Avete il libero arbitrio. È nelle vostre mani. Sono finiti i giorni in cui cercavate una guida nelle vostre antiche profezie.

Dal 1945 al 1989, per quasi mezzo secolo, eravate sulla strada per l'Armageddon. Per anni, l'energia della terra non era cambiata - c'era una vecchia energia, un vecchio sentiero, un vecchio potenziale. Era il periodo della guerra fredda, in cui due paesi potenti hanno dovuto far fronte a uno scenario che avrebbe potuto costruire e sostenere il futuro Armageddon. Tutti i profeti hanno segnalato questo. Inaspettatamente, l'impensabile è accaduto! Dopo il 1987, la struttura geopolitica è crollata intorno ad alcuni dei governi che sono stati programmati per essere i principali protagonisti dell'Armageddon profetizzato. Tutte le scritture hanno dato per certo uno scenario con la fine della Terra. I problemi in Israele avrebbero dovuto attivare sia la NATO sia le disposizioni del Trattato di Varsavia, l'assalto reciproco tra il 1999 e il 2001, creando la III Guerra Mondiale e molte delle vostre religioni, vi hanno messo in guardia circa la fine dei tempi, come conseguenza. L'Unione Sovietica era responsabile di una parte della profezia che avrebbe potuto causare la fine del pianeta. Insieme agli Stati Uniti e la Cina, queste tre nazioni costituivano lo scenario - la carta da giocare, per così dire, tutta incentrata sul problema con Israele.

Ci doveva essere una guerra per porre fine alle guerre, e tutti i profeti previdero ciò. Ma niente di tutto questo è successo, nonostante tutte le profezie. Ci fu, poi, il crollo dell'Unione Sovietica. Questo sistema politico mostruoso, una delle più grandi potenze del mondo, semplicemente evaporò!

Contrariamente a tutte le previsioni, è crollato da solo - forse per una questione di coscienza collettiva, che non poteva più sostenerlo? Siete stati voi a cambiare la marcia. Nessun profeta vi ha dato questa informazione perché era impensabile, impossibile e fuori dalla realtà 3D in cui vivete.

Se qualcuno vi avesse detto che questo paese potente avrebbe smesso di funzionare, gli avreste creduto? Questo è stato il più grande evento, mai accaduto in tutta la vostra esistenza. Ora, quasi mezzo secolo di problemi, paura e preoccupazione, sono stati eliminati. Il cosiddetto Impero del Male è caduto per se stesso, da un giorno all'altro. Qualcuno ha costruito un monumento per commemorare questa vittoria? No. Gli esseri umani costruiscono monumenti solo per situazioni drammatiche... Dopo la morte e la distruzione massiccia e dopo le guerre, alla memoria dell'orrore. Ma quando si tratta di cose che non sono accadute, che sono state evitate, l'umanità rimane muta. Non le vede allo stesso modo che vede i drammatici eventi per i quali ha costruito monumenti. Invece di sperare che questa fine arrivi presto, non sarebbe più importante ringraziare e celebrare la Fine che non avete avuto?

E così, miei cari, io vi voglio suggerire che questo è un adeguamento che voi dovete fare nella vostra percezione. Perché nel 1987, voi avete girato l'angolo che vi avrebbe portato alla catastrofe e avete cambiato la realtà di questo pianeta, in un livello fisico e metafisico, e nessun profeta l'ha vista avvicinarsi. E, ancora una volta, chi l'ha fatto? Voi. Molti leader religiosi diranno di ignorare questo messaggio, che Kryon è un falso profeta, anche quando gli eventi sulla Terra si sono verificati esattamente come vi avevo detto, molti anni fa. Vi diranno che l'Armageddon deve ancora venire - e sarà presto!

La nostra risposta è questa: non vi chiediamo nulla, oltre a guardarvi intorno e giudicare, voi stessi. Perché i vostri dirigenti continuano a rimandare le profezie? Usate il vostro discernimento e meditate sulle risposte corrette. Se si desidera, ci si può "sdraiare e attendere" senza schierarsi, sperando che loro abbiano ragione. In questo caso, però, si deve prendere questa decisione, ogni volta che cercheranno di spiegare perché il vecchio paradigma della Terra, dentro la loro dottrina, non si è verificato. Intanto, però, si sarebbero perduti anni di azioni, sprecando il potenziale di usare il proprio potere divino per contribuire a creare la pace sulla Terra, la Nuova Gerusalemme! (Kryon)

Perché l'Apocalisse non ci sarà più!

Molti sono così intrappolati in un modo programmato di pensare, in un paradigma ereditato e indiscusso, che potrebbero anche essere delusi di sapere che le catastrofi planetarie attese, non più accadranno. Anche se calcolato e verificato nel dettaglio che il periodo previsto per tali profezie, è trascorso, continuano, anche così, a ignorare le evidenze.

Pensiamo in forma lineare, e così crediamo che ciò che è stato annunziato dai profeti saggi di secoli fa, si avverrà, perché il futuro sarebbe stabilito come una linea retta: il passato che porta a un futuro predeterminato. Infatti, tale potenziale è esistito nel corso della storia registrata, ma ci sono, anche, molte vie di realtà e siamo in grado di scegliere attraverso il libero arbitrio. Molti di questi testi antichi sono stati scritti in modo preciso, ma spesso letto e non compreso. La fisica moderna concorda sul fatto che la materia dispone di una "scelta" della realtà. Pertanto, noi, come coscienza collettiva, abbiamo scelto di passare a un nuovo paradigma della realtà. Il treno dell'attuale umanità non potrà mai più scivolare su quei vecchi binari, anche se ci sono ancora molte persone rinchiuse dentro ad un'aspettativa di ciò che è stato predetto. Chiunque può verificare con il proprio discernimento. Può guardare a ciò che sta accadendo sul pianeta e, semplicemente, scegliere di vedere i fatti come passi di un meraviglioso cambiamento della realtà umana, o invece, riempire di paura il proprio bicchiere. È la libera scelta. Si tratta di una Nuova Terra, una nuova dispensazione di cose, con un nuovo tipo di umano.

Nessuno spiritualista intellettuale aveva mai sperato che l'umanità potesse cambiare la realtà; che si muovesse al di fuori del paradigma in cui stava aggrovigliata. Quello che deve essere considerato qui è: "I profeti che hanno fatto previsioni in una certa realtà, sono completamente ignoranti su una realtà differente". In altre parole, la vecchia energia di predizioni antiche e storie spirituali, si trova ora in un binario abbandonato, in una realtà non più utilizzata, in un deserto e senza nessun umano presente. Sembra incredibile, ma siamo stati noi a cambiare la realtà dimensionale attraverso la nostra coscienza. Essendo il pianeta fuori dalla vecchia realtà, quelle antiche profezie, vaticinate da vari profeti, non si sono potute avverare.

C'era un binario in cui il Pianeta viaggiava da secoli, senza modificarsi, perché la coscienza dell'umanità rimaneva invariata. È in atto un risveglio planetario, annunziato in molte scritture del passato. Forse, in un diverso modo da quello che molti si aspettavano o interpretavano, però, sta avvenendo un grande risveglio delle coscienze, proprio ora... e che ha cambiato il destino del pianeta e dell'umanità in molti modi. Il sentiero per l'Armageddon – il binario della vecchia profezia su cui il pianeta ha viaggiato per un tempo molto, molto lungo - è stato lasciato alle spalle. Attraverso la coscienza di massa, la pista è stata modificata. Così, è stato rivelato un nuovo piano per noi stessi. È stato stabilito un cambiamento di coscienza così profondo, che non influenza solo l'umanità, ma il clima, l'allineamento planetario, la rete magnetica, i pianeti del sistema solare e persino il sole. C'è stata una svolta - un aumento di velocità del tempo - all'interno del sistema solare, che è stato portato dalla coscienza collettiva degli abitanti del Pianeta Terra. Incredibile, no?

Il fattore chiave qui, è che le profezie sono state predette dentro un binario inferiore. Dopo essere passate a un altro superiore, non potranno più accadere, dato che siamo passati da una Realtà "A" per una Realtà "B". Non ci può essere la manifestazione di un potenziale che è stato creato su un piano inferiore, su una frequenza vibratoria più bassa. Il cerchio della forza vitale umana, è ora su un sentiero più elevato. I vecchi potenziali visti dai profeti, erano parte di un panorama della linea precedente, non della nuova linea attuale. Questo può sembrare strano, ma è come le dimensioni funzionano. Benché non possiamo sentire o notare questo cambiamento di realtà, possiamo osservarlo facilmente nella vita che ci circonda su questo pianeta. La nuova pista della realtà ha una nuova destinazione: **la Pace.** Il vecchio destino è andato. E siamo stati noi a scegliere con il nostro libero arbitrio. Non più esisterà ciò che chiamiamo terza guerra mondiale. La nuova energia del pianeta non potrà più permettere che ciò accada. Non dobbiamo lasciarci ingannare da ciò che i media vogliono farci credere. Si può osservare che tutti i conflitti nel mondo oggi, sono tribali. Esiste ora, nell'umanità, una crescente saggezza di pace. Persino il Medio Oriente comincia a mostrare la contraddizione. L'idea della pace sta prevalendo su quella vecchia idea di vendetta e di odio. I cittadini comuni di questa zona, sono stanchi del conflitto e in procinto di prendere accordi o comprometterre vecchi argomenti di 3000 anni, cercando il modo di farlo con dignità e giustizia.

Come si spiega la capacità di profetizzare.

Tutte le cose sono circolari, persino le vie che crediamo andare all'infinito. Allo stesso modo, sono circolari anche le nostre vite. Non ci sono linee rette. Le linee che sembrano essere diritte, semplicemente si piegano per trovare se stesse. Pertanto, il tempo e la realtà sono circolari. A questo, è dovuto il fatto che il potenziale del nostro futuro può essere modificato e le profezie possono essere rivelate perché i potenziali in circolo ritornano costantemente come item familiari, all'interno di una costante. Così, invece di un futuro che scompare dietro l'orizzonte come un misterioso qualcosa sconosciuto, il nostro futuro è un grande cerchio che ritorna a se stesso, facendo giri sopra giri. È parte del tempo dell'*Adesso*. Questo è il motivo per cui il potenziale può diventare evento, man mano che il cerchio ritorna all'energia che ha creato il potenziale. Le persone capaci di profetizzare, hanno un dono interdimensionale. Sono in grado di vedere vagamente attraverso una *finestra* davanti al *treno*. Così, essendo in grado di vedere ciò che accade nella linea davanti a sé, sono in grado di dare un'idea di ciò che può eventualmente accadere. Siccome il treno va in cerchio, loro si rendono conto quando il potenziale di energia che vedono può diventare realtà - quando il treno ripercorre su di loro. Ecco perché un buon profeta può sbagliare la data, anche se l'evento è un potenziale effettivo.

Diciamo che quel *treno* rappresenta la "**Realtà A**", che è andato avanti per secoli, e i profeti l'hanno utilizzato per identificare i potenziali che potrebbero essere realizzati. Mentre il cerchio è ancora nella "Realtà A", i potenziali si convertono, lentamente, in manifestazioni delle proprie creazioni, e il cerchio finisce per creare una realtà che concorda con quello che i profeti hanno predetto. Poiché non siamo più nel percorso della Realtà A e occupiamo quel binario superiore - Realtà B –, siamo usciti dalla mira delle profezie e stiamo costruendo una storia completamente nuova.

Com'è possibile che la coscienza umana possa cambiare qualcosa di così complesso come il Pianeta?

Noi siamo una parte della natura e la natura è una parte di noi, quindi, Dio è in tutte le cose e tutte le cose sono Dio.[1]

La Terra non è un corpo inanimato solido. Si tratta di un super-organismo senziente, chiamato Gaia, l'energia cosciente della Terra che sta al servizio dell'umanità. Se la Terra fosse un mero corpo inanimato, la sua temperatura superficiale semplicemente seguirebbe le variazioni nella distribuzione del calore del sole. Eppure, la temperatura della Terra è rimasta pressoché costante, nel corso di miliardi di anni, e in condizioni favorevoli alla vita, quasi come la temperatura di un organismo in grado di auto-regolarsi, sia nel freddo d'inverno sia nel caldo d'estate.

Dallo studio delle rocce sedimentarie, risalenti a 3,5 miliardi anni, sappiamo che il clima della Terra non è mai stato sfavorevole alla vita. L'andamento della temperatura media sulla Terra è rimasto quasi costante, per migliaia di anni, all'interno di una gamma ideale per la vita, tra 10 e 20 ° C.

Pertanto, da queste osservazioni, si potrebbe pensare che la Terra non è solo un pianeta abitato da varie forme di vita ma, piuttosto, il risultato di una profonda trasformazione operata da un "organismo vivente", in continua evoluzione.

Vi è un collegamento diretto tra l'uomo e Gaia. La coscienza umana crea un'energia che viene immagazzinata veramente sulla terra - nella cosiddetta griglia cristallina - e la terra risponde a questa energia. Quando la nostra coscienza cambia, Gaia accompagna questo cambiamento. Qui non parliamo del suolo, ma è l'anima del pianeta che chiamiamo Gaia, che risponde. In questo caso, possiamo dire che siamo davvero responsabili dei

---

[1] I Gaiani

cambiamenti e dei movimenti della terra. Quando capiremo questo, potremo anche avere il controllo sostanziale di tutto ciò che sta accadendo sul pianeta perché, dopo tutto, siamo noi che lo stiamo causando! Ma questo non è qualcosa di nocivo che abbiamo fatto all'ambiente, ma si tratta di cambiamenti a livello del risveglio della coscienza.

Il campo magnetico della Terra cambia in contemporanea con la coscienza umana.

Ora che il magnetismo della Terra può essere misurato ogni ora, gli studiosi hanno trovato qualcosa di sorprendente. Quando hanno costatato che il campo magnetico della Terra diventa più forte o più debole, secondo eventi più o meno profondi che colpiscono l'umanità, loro sono rimasti scioccati. Durante lo Tsunami, ci fu un picco nel magnetismo. Nel corso del drammatico evento dell'undici settembre, il magnetismo della Terra è cambiato incredibilmente. Nello stesso momento in cui gli aerei hanno colpito le torri, il magnetismo del pianeta è cambiato drasticamente. Che cosa potrebbe significare? È forse possibile che la coscienza umana sia collegata in modo così forte a Gaia, che questo potrebbe esserne la causa? Sì. Le evidenze provano che è veramente così. Questo dimostra anche che gli umani sono uniti a tutta la creazione, in "modo pianificato." Ora, vi è la prova che la stessa energia di Gaia è legata alla coscienza Umana.

Pertanto, la consapevolezza dell'umanità ha raggiunto un punto in cui il Pianeta dovrebbe essere modificato, a causa del lavoro svolto dagli esseri umani stessi. Il risultato è stato un cambiamento della realtà, sia a livello personale sia planetario.

La nuova energia del pianeta.

Qui troverete informazioni che vi aiuteranno a uscire, per un momento, dalla casella di pensiero lineare e considerare la realtà da una prospettiva multidimensionale.

Che cosa succede con i cambiamenti della terra? O la parte fisica della Terra? C'è stato un enorme aumento dell'evoluzione geologica, quasi come se gli anni passassero più velocemente, rispetto a prima. Osserviamo ora delle modificazioni che non sono mai state viste negli ultimi decenni. Ciò è dovuto al fatto che la terra, che aveva una vecchia coscienza, comincia a reagire a un cambiamento di realtà. Quando il treno della realtà ha cambiato binario, la Terra è cambiata al contempo. Si tratta di un cambiamento dimensionale. Questi eventi fisici hanno nuove realtà. Al posto di "fine", c'è ora "celebrazione". Stiamo vivendo i cambiamenti che abbiamo condotto noi stessi!

Una nuova energia sta arrivando sul pianeta e modificherà il comportamento umano. Si tratta di un'energia quantica invisibile, ma molto reale. Essa favorirà l'essere umano a ottenere una maggiore comprensione di ciò che è intorno a se stesso e la convinzione che non tutte le cose sono visibili e comprensibili all'interno del pensiero di una dimensione limitata 3D. Otterrà la consapevolezza che c'è molto di più da vedere dentro ciò che veramente è parte del nostro mondo. Tuttavia, richiede una logica ben oltre a quella che siamo abituati, per riuscire a capirla. Non è facile, dal momento che fa parte di un paradigma che è sempre esistito; un paradigma in 3D in cui abbiamo vissuto per tutta la nostra esistenza. Quando conosciamo solo una realtà dimensionale, diventa difficile pensare al di là di essa.

Il termine "nuova energia" in realtà significa il sollevamento del velo. Fino a poco tempo fa, vedevamo attraverso un velo metaforico, qualcosa che ci dava un senso di separazione tra noi stessi e tra noi e Dio. - Una sorta di nebbia che sempre ci ha impedito di vedere le cose chiaramente, ma che aveva un obiettivo appropriato. Ora, è come se una sua parte si fosse sollevata o si fosse aperta una fessura sottile per rivelare ciò che è sull'altro lato, dandoci così una visione più chiara. Ma il velo è solo una metafora, non si trova in un "luogo" specifico. Non è un posto. Piuttosto si tratta di un'energia dinamica che circonda la nostra coscienza - ogni cellula del nostro corpo. Cioè, crea una distanza illusoria tra noi e... noi. Perché, oltre a questa nostra biologia, abbiamo anche l'altra parte di noi che è invisibile. Ci arrivo tra un po'.

Siamo seduti, ora, sull'energia di qualcosa che non abbiamo mai visto prima. Né i nostri genitori, tantomeno i nostri nonni. Mai nella storia c'è stata così tanta energia sul pianeta, né il tipo di consapevolezza che c'è ora. Si tratta di un periodo storico chiamato *Il Cambiamento delle Ere* (*The Shift of the Ages*) che segnerà il completamento di un paradigma - un modello che ha perpetuato l'illusione della separazione tra noi e le forze creative dell'universo, per la nascita di un nuovo modello che ci farà riconoscere l'unità in tutte le cose della vita.

Questo cambiamento di coscienza, ha portato più luce al pianeta, e le cose che sono sempre esistite, ma che sono state nascoste ai nostri occhi, possono ora essere viste. Questa illuminazione di coscienza, potrebbe avere luogo, solo quando avesse inizio a un risveglio della coscienza collettiva. Che cosa pensi abbia causato questa crisi globale? Come si spiega la caduta di quasi tutti i dittatori, e quei paesi che solo dopo cinquant'anni, cominciano a vedere ciò che è sempre stato sbagliato? L'illuminazione alla nuova realtà. A molti non piace sentire la parola "illuminazione" ma, avere una mente illuminata non significa raggiungere il Nirvana o vedere una strana lucina accesa dentro, vuol dire, invece, modificazione biologica. Un'attivazione che viene da dentro il nostro DNA.

La parola "illuminazione" dà l'idea di una conquista sovrumana - e questo piace all'ego - ma è semplicemente lo stato naturale di sentirsi un tutt'uno con l'Essere. È uno stato di connessione con qualcosa di incommensurabile e indistruttibile. Può sembrare un paradosso ma questo "qualcosa" è essenzialmente "te" e, allo stesso tempo, è molto più grande di te. L'illuminazione consiste nel trovare la vera natura dietro il nome e la forma. L'incapacità di sentire questa connessione, dà origine all'illusione della separazione, sia da se stessi sia dal mondo circondante. Quando ci si vede, consciamente o inconsciamente, come un frammento isolato, la paura e i conflitti interni ed esterni prendono carico della nostra vita. (Eckhart Tolle)

La cosa sorprendente è che, questa fase del risveglio dell'essere umano, è stata prevista in tutte le scritture sacre di ogni tipo di religione, però, con una coscienza limitata in cui s'incontra, ancora oggi gran parte dei religiosi, essi non riescono vedere ciò che hanno predicato, per generazioni. Nel momento in cui "le cose vecchie sono passate", la maggior parte vive ancora dentro la vecchiezza, solo perché gli eventi di cui sono stati informati in modo interdimensionale, non si sono presentati in forma lineare, come si era previsto. Lo stesso, quando c'è stata comunicata l'informazione sull'inizio della "Nuova Terra", che era stata predicata per ere e che tutti aspettarono. "*Sto facendo nuove tutte le cose!*" Ap 21: 5.

Quest'energia planetaria cerca, ora, di attivare parti di energia dell'anima, che si trovano nel DNA. Ed è questa parte energetica del nostro corpo che s'incontra, sia nella realtà 3D sia in molteplici dimensioni, e dove risiede il Sé Superiore. Le cellule del nostro corpo, quindi, contengono l'intera storia dell'universo.

Che tipo di energia è questa?

Si tratta di un'energia d'integrità che sta lentamente portandoci a una maggiore illuminazione della coscienza, facendoci vedere molto di più, e le cose che erano nascoste, stanno diventando evidenti. È un'energia benevola, creatrice dell'universo. Qualcosa che non è lineare e ha una predisposizione alla generosità e benevolenza. Stiamo cominciando a ricevere il *fattore quantico della benevolenza* nella nostra coscienza, che costruirà la Pace sulla Terra.

Questo sta accadendo in tutto il mondo. Quest'ondata di cambiamenti nei settori politici; finanziari; il crollo della falsa morale; la caduta dei dittatori... tutto è parte di questa trasformazione nel pianeta e ha avuto inizio con la caduta dell'Unione Sovietica, che rappresentava il palco dei conflitti per una guerra nucleare, insieme con gli Stati Uniti. La coscienza di massa ha raggiunto un punto di "non ritorno" e tutto al di fuori della linea d'integrità, avrà il suo collasso. Questa è una verità di cui non si può sfuggire! Certi governi che asserivano offrire il meglio al maggior numero di persone, sono crollati. La coscienza dell'umanità risvegliatasi, non poteva sopportare sistemi disallineati con un'energia d'integrità, che ora regna. Gli esseri umani si stanno risvegliando dal buio e ritrovandosi, letteralmente. Si guardano dentro e dicono: "Io sono speciale, io sono unico, non c'è nessuno come me. Io posso pensare nel modo desiderato..." Le menti così, cominciano a fiorire ovunque. Stanno facendo cadere i governi - e faranno cadere ancora di più. Perché, quando la coscienza spirituale comincia a cambiare, così fa anche la coscienza di tutto il sistema. Questo è qualcosa di globale, ed è solo uno dei molti fenomeni che sembrano contro-intuitivo per coloro che ancora dormono. Tuttavia, si tratta di un aspetto spirituale che sostiene un cambiamento sulla percezione del Creatore.

Cose come l'integrità e l'onestà, non sono state capite dalla notte al giorno. Non sono attributi naturali ma devono essere sviluppati. Attributi culturali che devono essere appresi. C'è voluto molto tempo e, in questo momento, siamo in un nuovo processo di apprendimento evolutivo. Il cambiamento sta facendo una pulizia in tutti i campi, dove l'integrità prima stava deteriorandosi. Dalla caduta del muro di Berlino, alla disintegrazione dell'Unione Sovietica, fino agli eventi attuali. La caduta delle grandi corporazioni finanziarie, industrie di tabacco e farmaceutiche, assicurazioni, banche... c'è stata una piena ebollizione in questi settori che, per avidità, passavano sopra qualsiasi criterio di assennatezza. Se si nota bene, i dittatori che esistevano nel mondo,

39

quasi tutti se ne sono andati. Coincidenza? No. È la voce della coscienza collettiva dell'umanità che sta facendo un "rastrellamento"! La coscienza collettiva è potente ed è responsabile di tutti i cambiamenti del pianeta. TUTTI. Le regole stanno cambiando in tutti i campi. Stiamo entrando in un periodo di maggiore illuminazione e tutto ciò che era nascosto sotto il tappeto, deve venire alla luce. Verrà il giorno in cui anche la coscienza del concetto di terrorismo, non sarà più appetibile. Perché non creerà più il risultato desiderato e non farà nemmeno paura. Sarà più conveniente non esercitarlo.

I media cercano di fa vedere esattamente l'opposto, perché diffondere la paura, è il loro obiettivo principale. Gli scenari basati sulla paura, le cattive notizie... vendono più di una buona informazione. In un ambiente in cui il sensazionalismo e le cattive notizie manipolano il tema soggettivo delle paure, a volte diventa difficile notare i molti cambiamenti che stanno avvenendo nel mondo. Dal più significativo abbassamento del tasso di criminalità nella storia di New York, a un flusso costante di storie sulle medicine alternative che sono incluse nello sviluppo di programmi ospedalieri; in ogni caso, c'è un cambiamento definitivo nella coscienza collettiva in tutto il pianeta. E questo cambiamento è dovuto all'intenzione degli esseri umani e di una massa critica che sta lentamente emergendo.

Siamo vissuti in una modalità in cui tutto era previsto. Questa è la caratteristica della dimensione 3D. Per millenni, le azioni sono avvenute sempre nello stesso modo, come se fossero determinate e, di conseguenza, le persone hanno avuto anche lo stesso tipo di reazioni. Le cose sono state ripetute ciclicamente, rendendo tutto stabile e comodo. Questo ha anche dato l'opportunità ai profeti di fare certe previsioni. Ma con il cambiamento in questione, molti cominciano ad agire improvvisamente in forma imprevedibile, riguardo ai vecchi metodi che tutti gli altri utilizzano. Ecco. Questo è stato sufficiente perché si potesse pensare che questi individui agiscano sotto l'influenza di troppo *Spirits*, o fossero caduti nella più completa insanità mentale. Tuttavia, questo è ciò che sta accadendo nelle antiche culture. Molti stanno cominciando a vedere qualcosa di più, fuori dalla scatola tridimensionale in cui siamo stati abituati a guardare. In molte parti del mondo, possiamo trovare tanti che hanno già celebrato la chiusura di un'epoca e l'inizio di un'altra, nuova di zecca. Bevendo *Spirits* o no.

Il cambiamento dimensionale modifica la nostra realtà.

Ricordate questo: l'interdimensionalità è sempre stata lì. Non è qualcosa che create. Se ci sono dodici mele e voi ne vedete soltanto quattro, non significa che le altre non esistano. Se voi, all'improvviso, sviluppate la capacità di vedere un'altra mela, non siate sorpresi se essa potrebbe dirvi "salve, ti stavo aspettando!". È sempre stata là in attesa di essere scoperta. In questo modo, avete più sostentamento di prima (ci sono adesso, più mele da mangiare).

L'interdimensionalità colpisce la vostra realtà. In verità, se si volesse definire la realtà, si avrebbe bisogno di aggiungere la dimensionalità in cui vivete, come radice per la definizione. Potrebbe esserci un'altra Terra da qualche altra parte, in un'altra dimensione in cui eravate abituati a vivere? La trovate una cosa bizzarra? E davvero lo è. Avete cambiato la realtà. Ipotizzando da questo punto di vista, potrebbe esistere un altro TU altrove? La risposta è no. Ci sono, invece, molte terre e molti sentieri, ma solo un TU. Se è così, allora possiamo affermare che l'unica cosa immutabile rimane "te stesso". Questo potrebbe essere accertato in senso della fisica, giacché tutta la realtà si muove intorno alla coscienza spirituale. Tuttavia, gli esseri umani percepiscono il contrario, piuttosto come se fossero spinti e gettati in una roulette della vita che non possono controllare. Eppure, accade proprio l'opposto: voi controllate tutto, solo che non siete coscienti di ciò – pertanto, siete stati spinti e buttati nella vostra stessa creazione. È

41

la paura e l'ignoranza, ciò che crea un umano miscredente ma il suo potere può cambiare questa realtà.

Il cambiamento interdimensionale, quindi, modifica tutto intorno a voi, ma ai vostri occhi, tutto sembra rimanere lo stesso. Tuttavia, potete sentire. Avete sentito il tempo accelerare? Molti l'hanno avvertito. Quando ci si siede su un treno senza finestre ed esso accelera, si sente l'aumento della velocità, anche se non si può vedere fuori. Tuttavia, il vagone in cui vi trovate, rimane lo stesso - la stessa poltrona, gli stessi viaggiatori, la stessa atmosfera ma ora si sta andando più veloce e tutto ciò che è fuori dal vostro treno lo sa. Pertanto, la realtà del vagone è cambiata, ma per voi, è la stessa. Con la sola differenza che vibra un po' di più. (Kryon)

CAPITOLO II

IL POTERE DELL'INVISIBILE

Cose invisibili, ma molto Reali.

Molti pensano di vivere in una realtà oggettiva e tutte le altre realtà, sono pura fantasia di menti visionarie. Non accettano nulla che va oltre a ciò che possa essere percepito con i cinque sensi, e pensa che essi siano l'unica cosa "reale" che esista. Avere le idee ristrette, significa essere chiuso alla grande possibilità di tutto ciò che possa esistere al di là della piccola gamma di frequenza percepita attraverso i cinque sensi del corpo fisico tridimensionale. Ma ci sono cose che vanno oltre la nostra percezione dimensionale (3D), e anche se non possono essere viste o accettate, sono comunque reali. Anzi, sono ancora più reali di quello che pensiamo sia la nostra realtà. La prospettiva da cui si osserva una situazione, determina la sua realtà. È possibile determinare le circostanze, al fine di modificare la realtà e imparare a osservarla da una prospettiva diversa. Nel momento in cui si cambia il modo di fare quello che si è sempre fatto, nel momento in cui si lascia la solita realtà di percezione o realtà consensuale, e si passa a osservare da una prospettiva diversa, la realtà cambia istantaneamente. Il proprio desiderio di espandersi, attrae potenti frequenze del pensiero che permetteranno l'espansione. Così, ogni volta che si accetta apertamente, un'idea che va oltre i nostri parametri normali, la stessa idea attiva un'altra parte del nostro cervello per un uso appropriato. Ogni volta che si esegue quest'operazione, l'idea espansiva offrirà se stessa come un trasmettitore per ampliare il nostro campo di credenza, permettendo un maggiore ragionamento Cosmico. Dentro il campo della nostra percezione, il mondo che abbiamo oggi sotto i nostri occhi, è reale, ma nel contesto della realtà, è una farsa, non esiste: è solo un insieme di immagini

43

virtuali inviate al nostro cervello dalle macchine che ci tengono schiavi. Pertanto, tutto intorno a noi non ha alcun fondamento al di fuori della nostra mente.

Già nel XV secolo, lo studioso *Girolamo Fracastolo* (1483-1553), ipotizzò che le malattie potrebbero essere causate da organismi "invisibili". *Antony van Leeuwenhoek* (1632-1723), ricercatore olandese, ispezionando fibre e tessuti con un microscopio rudimentale, ha cominciato a osservare un certo numero di microrganismi che ha soprannominato di *animalcule*. Solo alla fine del XIX secolo, è stato risvegliato l'interesse degli scienziati, quando il medico tedesco *Robert Koch* (1843-1910), scoprì che erano la causa di una malattia del bestiame, - l'antrace. "Cose invisibili che attaccano gli uomini e gli animali? Questa può essere solo cosa demoniaca." Avrebbero detto. Fino allora, gli studiosi difendevano la teoria dell'Abiogenesi, che ha generato molte discussioni circa l'origine di questi microrganismi, e molti asserivano che questi esseri microscopici sarebbero responsabili circa la nascita della vita. Tuttavia, in una certa forma, questo sta accadendo ora, proprio sotto i nostri occhi, riguardo a ciò che si sta scoprendo, con il risveglio della coscienza umana.

Nel 1611, Galileo fu convocato a Roma per difendersi contro le accuse di eresia, poiché aveva dichiarato che la terra girava intorno al sole e non viceversa. Tali teorie sono state considerate frutto di un visionario folle. *"Come si possono dire certe cose così prive di logica? Abbiamo la percezione esatta che il sole si muove e la terra sta assolutamente ferma! Cos'è questa storia? Dev'essere cosa del diavolo!"* È quello che, forse, hanno detto allora.

Abbiamo una percezione lineare delle cose. Questa linearità percettiva, definisce completamente ciò che crediamo sia reale o no. Quello che non possiamo vedere, non esiste ed è meglio non parlarne - anche sapendo che intorno a noi ci sono forze invisibili e le usiamo quotidianamente - elettromagnetismo; gravità – in modo automatico. Entrambi sono verificabili in termini di "visibilità", perché vediamo o sentiamo i loro effetti, in modo inconfutabile, ogni momento. Quando si accende la luce, di certo non ci si ferma a pensare: "*Non posso vedere che cosa fa produrre questo effetto luminoso, quindi, non ci credo.*" Ma si può vedere l'effetto immediato, anche senza capire il perché o come funziona. In questo modo, riceviamo qualcosa che si trova al di fuori dalla nostra percezione, come una cosa reale. In forma ancora più complessa, quando non si può vedere ciò che gli altri vedono, come il colore dell'energia che circonda ogni cosa, per esempio; per qualcuno, queste cose possono, addirittura, superare il limite della sanità mentale, un'assurdità inconcepibile. Ma questa è linearità preconcetta. Si tratta di qualcosa che è comodo per noi e siamo stati abituati a esso perché la nostra sopravvivenza dipende dal vivere in modo lineare. In questo caso, il nostro cervello si esercita per non farci "vedere" tutto ciò che è fuori dalla conformità con l'esistenza lineare. Possiamo dire, quindi, che la nostra realtà è preconcetta perché, anche se gli occhi vedono queste cose, il nostro cervello nega tal evidenza.

Il cervello indaga su quello che è definito come reale o irreale; credibile o incredibile, in funzione del coefficiente di luce programmato nel cervello. Le frequenze dei nostri pensieri, sono ricevute d'immediato, digitalmente, spinte biochimicamente all'interno del cervello. Gli enzimi mentali sono collegati con la ghiandola pineale che li riceve come trasmissioni di luce geo-codificati e ogni immagine/pensiero, viene interpretato e classificato in base alla loro firma energetica. Poi, deve passare attraverso il parametro del programma della credenza. Elementi biochimici sono prodotti con l'ingrediente di accettazione o di rifiuto e, di conseguenza, aprono o chiudono la porta alla mente superiore. Questi elementi biochimici, sono inviati come neuroni codificati e costituiscono il meccanismo di trasmissione di questa energia-pensiero che contiene tutti i dati codificati, necessari per tradurre ogni pensiero o immagine in realtà fisica, o no. I pensieri che sono coerenti con la convinzione si muovono per riprodurre l'immagine interiore, all'interno del cervello e attraverso ogni fibra nervosa del corpo fisico. Questi costituiscono, quindi, il grilletto iniziale di gestazione per formare la nuova realtà. (Metatron)

La mente lineare non può vedere l'intera immagine in una volta. Quando leggiamo un libro, seguiamo la linea retta, leggendo una parola alla volta, per capire il contenuto completo - la mente quantica, invece, può vedere concettualmente, tutto lo scenario, in una sola volta, fuori dalla linearità. Un esempio di percezione quantica è quando ascoltiamo una canzone o guardiamo un dipinto. La musica e la pittura sono alcune delle poche cose quantistiche che possiamo capire. Quando guardiamo un quadro, vediamo il set di colori, contemporaneamente. Hai la possibilità di ascoltare, senza alcuno sforzo, una canzone che un'orchestra sta suonando, con tutti i suoni dei vari strumenti che formano un insieme di note, tradotte in melodia.

L'universo visibile che osserviamo, con i suoi miliardi di stelle e galassie, è una piccola parte di ciò che realmente rappresenta. Noi vediamo solo l'uno per cento di ciò che è una galassia. Siamo un ente 4D in una realtà di molteplici D; vediamo solo la consapevolezza iniziale della realtà e rimarrà così, salvo che non si desideri espanderla attivamente. Le altre realtà che sono intorno a noi, rimarranno lì, a prescindere dal fatto che si voglia vederle o no!

La vostra Galassia sa che cosa sta succedendo qui sulla Terra. Non sto parlando di forme di vita sulla vostra galassia; Sto parlando della fisica stessa di ciò che pensiate sia stabilita lì come "legge". L'universo sta collaborando con il vostro cambiamento – ed era in attesa, perché è per questo che siete venuti. (Kryon)

All'interno di ogni corpo, c'è una realtà invisibile - una maestosità - niente meno che 90% di una sostanza non visibile, ma si può sentire e sperimentare sotto forma di emozioni, intuizioni e sensazioni. Il mondo materiale che percepiamo, è come una stazione radio, e i nostri sensi fisici sono sintonizzati su quella frequenza. Basta girare la manopola e si entrerà in una nuova frequenza, cambiando la musica. Comunque, tutto intorno a noi è pieno di differenti frequenze, dove ci sono infinite creazioni che superano la gamma dei nostri sensi fisici, per questo non possiamo sintonizzarci. Così, pensiamo che tutto ciò che esiste, è limitato a quello che è alla portata dei nostri cinque sensi. Nulla oltre ciò che possiamo sentire, udire o toccare, esiste. Che tristezza!

Ciò che gli scienziati chiamano "Materia Oscura", corrisponde alla maggior parte dello spazio all'interno di un atomo, e opera a una frequenza che non possiamo vedere. Lo stesso accade con il nostro sistema solare e l'intero universo fisico, compresa la sfera umana.

Se aprissimo le nostre menti per ampliare la nostra gamma di frequenza percettiva, scopriremmo nuove realtà, mai immaginate. Se siamo in grado di espandere la coscienza, possiamo percepire un mondo infinitamente più grande della limitazione che ci imponiamo, per quello che riguarda la nostra identità e la natura della vita. L'essere umano è così limitato, così ingenuo nelle sue percezioni, che scende nel ridicolo nel credere che l'esistenza di forme di vita, così come le conosciamo, si siano evolute solo sul nostro pianeta, tra miliardi di pianeti e stelle nell'universo visibile, di cui rappresenta solo una piccola frazione della luce visibile. Non so se è ingenuità o pura pretesa.

Frequenze invisibili che usiamo ogni giorno, senza nemmeno sapere come!

Ci sono frequenze di radiodiffusione e di televisione che trasmettono in alcune zone, condividendo lo stesso spazio occupato dai nostri corpi, ma non possiamo vederle e loro non sono consapevoli della presenza una dell'altra, perché vibrano in frequenze differenti – così, passano tra di loro e attraverso il nostro corpo, senza che nessuno se ne accorga. L'unica volta che "interferiscono" tra loro, è quando sono insieme nella stessa banda di frequenza.

Heinrich Hertz nel 1888, ha dimostrato l'esistenza della radiazione elettromagnetica immaginata da *James Maxwell*, creando dispositivi che emettono e rivelano onde radio. Rispondendo alla domanda se fosse stato possibile applicarle ai suoi dispositivi, ha detto: *Non serve a niente. È solo un esperimento che dimostra che Maxwell aveva ragione.* Immaginate se lui sapesse che oggi siamo tutti dipendenti dalla sua scoperta, e senza l'applicazione dei suoi dispositivi (radio, iPod, smartphone, cellulari ecc), saremmo perduti come una nave senza bussola.

Nikola Tesla, il genio cui dobbiamo gran parte del sistema di energia attuale, intuì l'esistenza di altre frequenze, ma i pezzi più importanti delle sue opere, furono nascosti. Una volta disse: *Non possiamo dire con certezza che certe entità ultra-dimensionali non possono essere presenti nel nostro mondo, in mezzo a noi, perché la loro costituzione e le loro manifestazioni vitali, possono essere tali che nessuno li può percepire.*

Quando accendiamo il pulsante della radio e sintonizziamo in un altro canale, non è più possibile ascoltare il canale precedente, poiché non siamo sintonizzati in esso; ma sentiamo un'altra stazione. La stessa cosa accade con la Creazione. Siamo come gocce d'acqua in un oceano d'infinita energia che assume infinite forme. Quest'oceano di energia si manifesta sotto forma di differenti densità o frequenze e, in questo momento, siamo semplicemente sintonizzati in essa, cioè: nel mondo materiale. Tuttavia, tutte le altre frequenze sono intorno a noi e ci compenetrano, ma i nostri sensi percepiscono la densità solo quando possono vedere, toccare, sentire, odorare e assaporare. Il fatto che non possiamo vederle, non significa che non esistano altre dimensioni, ma è solo perché la percezione umana è seriamente limitata.

Bill Hicks, brillante e intelligente comico americano, ben riassume queste verità: *La materia è semplicemente energia che si condensa in una vibrazione bassa. Siamo tutti una sola coscienza, sperimentando questa energia, soggettivamente. Non esiste una cosa come la morte, la vita è solo un sogno e noi siamo l'immaginazione di noi stessi.*

Einstein stesso, ha dimostrato che la materia è solo una forma di energia e che l'energia non può essere distrutta, ma trasformata in un altro stato. Modificando la temperatura (frequenza), il ghiaccio passa da solido a liquido - dove i nostri sensi possono percepire - fino ad arrivare allo stato invisibile (vapore), scomparendo dal nostro campo visivo. Questo perché temperature diverse rappresentano differenti frequenze. È sempre la stessa energia, ma in stati molto diversi. Il nostro corpo, quindi, è composto da molte sub-frequenze differenti, all'interno della vasta gamma materiale.

Pertanto, la nostra coscienza è energia ed è indistruttibile. Noi viviamo per sempre. Questa è una verità che è molto chiara e sta davanti ai nostri occhi. La mente di Dio è molto di più della vita e della morte. Ci sono, quindi, molte cose nell'universo da sperimentare, al di là della vita e della morte! Non possiamo limitarci a un solo stato, pensando che è l'unico a esistere. Avete mai immaginato le esperienze infinite che una singola particella può provare, all'interno di qualcosa infinitamente grande? Pensare che questo micro percorso che facciamo in una condizione fisica, sia l'unica ed esclusiva esperienza cui partecipiamo, dentro una vastità incalcolabile di opportunità, è trovarsi completamente fuori dalla rotta della conoscenza stessa.

I Raggi X, per esempio, sono sintonizzati su una frequenza che corrisponde a quella della nostra struttura ossea – quindi, non fotografa la carne, che vibra a una frequenza diversa. Per lo stesso motivo, i raggi X non mostrano la parete di un edificio, ma solo la struttura interna di ferro. L'aspetto di un oggetto o di una persona, dipende dalla frequenza in cui si osserva.

Ci sono parti integranti, e degli attributi del DNA che semplicemente sono invisibili in 3D. Uno strumento che potesse misurare un campo interdimensionale ora, modificherebbe, letteralmente, tutto. Secondo Kryon, quando questo strumento sarà sviluppato, potrà essere la cosa più vicina che abbiamo mai avuto per dimostrare questo perché, *nel momento in cui tale strumento verrà utilizzato per misurare il corpo umano, ci saranno rivelazioni.* Ci sono campi dappertutto. C'è energia che è invisibile ma reale. E c'è qui, oggi, in molti modi: la gravità è una forza interdimensionale; il magnetismo è una forza interdimensionale; sono tutte invisibili e inspiegabili, ma possiamo *vederle* e usarle - attraverso i loro effetti reali nella nostra vita quotidiana.

Ognuno di noi è circondato da un campo di frequenza definita dai colori, ed è ciò che noi chiamiamo "Aura". Molti non vogliono neppure sentirne parlare. Pensano trattarsi solo di "cosa esoterica", poiché sono pochi in grado di vedere una tale gamma di colori. Ma l'aura umana esiste e può essere dimostrata dalla tecnologia. Si tratta di un ammasso di colori diversi (frequenze) che cambiano secondo i nostri pensieri e le nostre emozioni (frequenze). Un'aura è il risultato di una confluenza di comunicazione del DNA all'interno del corpo umano, un'impronta quantica, una fusione di energia per creare un campo quantistico, non ancora misurabile da nessuno strumento sul pianeta. I raggi X, raggi ultravioletti, raggi gamma, raggi infrarossi, onde radio... Tutti questi sono un esempio dell'esistenza di queste frequenze, confermate dalla scienza, ma che non possiamo vedere. Ma se qualcuno avesse parlato a uno scienziato tradizionale dell'esistenza di queste frequenze, prima della loro scoperta ufficiale, certamente sarebbero state definite una cosa ridicola, priva di ogni fondamento, giacché non si possono vedere, e anche ammettendole, sarebbe stato considerato come qualcosa di molto pericoloso. Ogni "regola" della scienza, fin dall'inizio dell'Era scientifica, si è rivelata inesatta o incompleta e, spesso, imprecisa e incredibilmente assurda. Tuttavia, la società, generazione dopo generazione, alla fine, ha aderito ai principi "scientifici" di ogni tempo.

Abbiamo un rapporto nascosto della nostra coscienza

Nella dimensione limitata in cui viviamo, ci vuole una percezione addestrata per vedere oltre le apparenze, oltre le informazioni di base che abbiamo avuto su chi siamo. Per questo, è importante capire un po' cos'è la dimensionalità, ma non è una cosa molto facile da spiegare. Nella multidimensionalità, si ha un livello di coscienza che va oltre ciò che la terza dimensione ci può permettere. Nella terza dimensione, l'umanità ha un livello caratteristico di coscienza, in cui la mente è limitata ai concetti di spazio, tempo e le leggi fisiche del mondo materiale. La percezione è subordinata ai cinque sensi; la mobilità è limitata alle possibilità del corpo fisico. Vediamo tutto in linea retta, con un inizio e una fine. In dimensioni superiori, tuttavia, c'è una percezione più acuta e che va ben oltre i limiti cui siamo abituati. Perciò, quando qualcuno riesce a dare un'occhiata fuori dalla nostra casella 3D, e comincia a vedere qualcosa di diverso rispetto al normale, è subito etichettato come "paranormale" o folle. Tuttavia, così come il nostro udito non distingue i suoni a partire da una certa frequenza, allo stesso modo, anche la mente non percepisce la realtà dei mondi di vibrazione più elevata. Il fatto è che molti stanno iniziando a diventare "pazzi", e ogni giorno il numero aumenta.

Anche con uno così scarso concetto di multidimensionalità, è possibile ora, cominciare a intravedere qualcosa di più, che ci fa capire che non siamo solo la parte che vediamo nello specchio; siamo, smisuratamente, molto di più. Noi siamo parte di un'energia infinita, quindi, siamo sempre esistiti, anche se cambiando di volta in volta l'espressione fisica.

E qui, quelli che sono sprofondati fino al collo nella linearità 3D, troveranno difficoltà a digerire quello che segue. Tuttavia, il tema delle righe successive, è profondo, ed è importante la comprensione per capire quel che verrà dopo.

Pensiamo in questo modo: a parte questa biologia che abbiamo, nutriamo e che chiamiamo corpo, diciamo che ci sono estensioni di noi stessi fuori da questa dimensione - o meglio - in molte altre dimensioni che s'incrociano tra loro continuamente. Un po' come essere multipli e non individuali, parti di energia però sempre fisiche. Esse possono passeggiare attraverso infinite dimensioni, che si collegano con l'altro lato del velo – con la parte che sta facendo funzionare ciò che non siamo in grado di capire e che co-crea con noi, le cose che sono fuori della nostra comprensione. Questa è la parte che promuove la sincronicità - che noi chiamiamo "coincidenze" - per creare la nostra realtà. È come una grande sessione di pianificazione continua, tra i *Sé Superiori* di tutti quelli con cui stiamo interagendo, mentre ci muoviamo in questo palco della vita. Stanno lavorando insieme per creare quello che stiamo cercando di fare nel pianeta, ma allo stesso tempo, creando anche la propria realtà.

La verità è che c'è una relazione nascosta dalla nostra consapevolezza immediata. Mentre siamo qui, vi è una comunicazione ininterrotta tra questa parte che si vede nello specchio, il nostro Sé Superiore, e l'anima. Noi siamo una parte di Dio. Diciamo che ognuno di noi è uno dei trilioni di trilioni dei frammenti del TUTTO... Una cellula del TUTTO. Una goccia d'acqua nell'oceano. Così siamo noi, nel mare del TUTTO-CHE-È!

La prima cosa che dobbiamo capire è che, essendo parte di Dio, significa che siamo sempre stati e sempre saremo - ieri, oggi e sempre. Quando lasciamo questa realtà dimensionale 4D, il tempo scompare e capiamo questo perfettamente, poiché entriamo nel nostro stato naturale dell'essere. Non abbiamo un inizio né una fine, è un cerchio. Dio è l'espressione di tutto ciò che vediamo, osserviamo, immaginiamo. Egli si esprime in TUTTO. In una formica, un fiore che sboccia, in un sorriso, in una scultura, un libro, un dipinto, nel movimento del mare, nel defluire dei fiumi, in una stella che muore o nasce... un meteorite o una roccia... TUTTO

QUESTO È DIO! È Dio in azione, che esprime se stesso, in forme diverse. Non vi è alcuna assurdità ad accettare questa verità. Quale altro modo migliore per spiegare la creazione di Dio? Perché così tanti dubbi e disagio ad accettarsi come parte di Dio?

Qui, molti cominceranno a storcere il naso! Potete farlo quanto volete ma, vi prego di mantenere la mente aperta per quanto segue.

Noi, esseri eterni, parti di Dio, ci siamo accordati con il TUTTO, se (e quando) avessimo voluto assumere un'espressione fisica per un determinato scopo. Prima, però, che qualcuno cominci a pensare che sto parlando di reincarnazione com'è rappresentata nel vecchio modo di pensare, vorrei chiarire che questo tipo di reincarnazione non esiste, perché, semplicemente, non ci sono vite passate, poiché la vita è una sola, rappresentata da una singola anima. Ci arrivo tra un po'!

Se avessimo la percezione del tempo come circolare, potremmo capire che tutto sta accadendo **ADESSO**, senza alcun marchio di tempo. Potremmo vedere tutte le nostre espressioni di vita in una zuppa quantica, senza separazione. Noi non siamo solo questa piccola parte fisica che in questo momento rappresenta il nostro EU fisico. Vi è un'estensione incommensurabile di noi che non potrebbe mai adattarsi a questo corpo fisico. Così, oltre ad avere un posto nello spazio fisico, siamo distribuiti anche altrove, in luoghi al di là della nostra comprensione, sempre collegato con il TUTTO. È come se si fosse multipli "tu" in forma di energia. L'unica parte di noi che è fisica, è questo corpo che il nostro Grande **IO** - quello che noi chiamiamo il "Sé Superiore" - sta usando ora. Quel che molti percepiscono e chiamano l'angelo custode, non è altro che parte di noi stessi, dell'angelo che noi rappresentiamo, essendo parte di Dio, come afferma Kryon. Difficile da mandar giù questo, no?

Pertanto, questa parte biologica non corrisponde alla totalità del nostro ESSERE. Questa è la parte che ha deliberato abbassare la vibrazione per diventare visibile, al fine di svolgere un lavoro particolare attraverso la libera scelta e che, altrimenti, non sarebbe possibile. Così, la nostra parte che è umana, è in questo pianeta temporaneamente. Pensiamo che la nostra intera essenza sia qui, in questo corpo, ma è solo una sua parte; il resto del nostro SÉ, sparso in varie parti, è sempre connesso con la nostra biologia. Vuol dire essere in uno "stato quantico", con te stesso e con il resto di te, da qualche altra parte. Non abbiamo multipli cervelli, ma solo multiple parti interdimensionali, centinaia di loro... e uno di loro è il nostro Sé Superiore, che è sempre collegato a noi. L'"essere" che percepiamo in questo esatto momento, che pressappoco è chiamato "essere inferiore", è quello che cerca sempre di connettersi con il nostro Sé Superiore, in sostanza la nostra parte divina. Ed è la ragione per cui tutti siamo sempre alla ricerca di Dio. È un desiderio cellulare basico. Altre parti di noi sono la rappresentanza delle varie espressioni di vita che abbiamo avuto, in quello che chiamiamo passato, ma che sono ancora presenti in una "zuppa quantica" nel nostro DNA,

In realtà, siamo esseri interdimensionali in grado di essere in molti luoghi diversi allo stesso tempo (in un contesto di tempo differente), tuttavia, sempre collegati a una sorgente in questo cerchio della vita. Pertanto, in tale contesto, non ci sono vite passate. Nella nostra realtà lineare, vediamo la nostra esperienza strutturata secondo un passato, un presente e un futuro. Pensiamo aver vissuto una sola vita, questa vita presente, o forse molte più vite - ma non più di una alla volta. Ma cosa succederebbe se il tempo non esistesse? Significherebbe che viviamo tutte le nostre vite passate e presenti, contemporaneamente. Così, si scioglierebbe il nodo di ciò che chiamiamo reincarnazione. Ciò significa, chiaramente, che siamo sempre esistiti ed esisteremo; e la morte è solo un'illusione. Che spettacolo!

Quando lasciamo questo corpo, la nostra essenza esce dalla linea del tempo e continua in una dimensione senza tempo, perché, in realtà, il tempo non esiste, è solo una percezione umana come esseri tridimensionali. Al di fuori di questa dimensione, tutto avviene in una sola volta. Ciò che noi chiamiamo vite passate, ci sono tutte insieme in quello spazio. In questo caso, potremmo dire che abbiamo vite multiple, perché tutte stanno accadendo ora e sono tutte collegate con la vita che stiamo vivendo nel nostro presente. Quando avremo lasciato il contesto del tempo lineare, sarà come se vivessimo vari strati di vite allo stesso tempo, perché tutte loro sono nell'ADESSO. Abbiamo una restrizione di base data a noi, in modo appropriato, per percepire il tempo come lineare e costante con solo due dimensioni - avanti e indietro. Poiché non vi è mai una pausa, non potremo mai vedere l'adesso. Pertanto, non è un processo come, andare e tornare a questo mondo con il passare del tempo: è muoversi dentro e fuori da diverse realtà, tutto contemporaneamente. C'è solo l'infinito ed eterno presente, l'**ADESSO**.

In un concetto interdimensionale, questa vita che viviamo ora e che vediamo come unica, può parlare e "approfittare" di tutte le altre, perché le abbiamo tutte in uno degli strati del nostro DNA (in modo interdimensionale). È come un disco interno (Registro Akashico), dove rimangono tutte registrate lì. O anche come un *CD Room*, dove possiamo fare un *backup* su ogni vita che viviamo. Quando ci colleghiamo con il nostro Sé Superiore, ci colleghiamo con tutte loro allo stesso tempo, perché si tratta di un'intelligenza quantica.

Dobbiamo capire che questo mondo invisibile che ci circonda, che fa parte di noi, è consapevole, sa chi siamo e lavora con noi. Così come vi è una popolazione visibile che abita il pianeta - gli esseri umani, gli animali, le piante – in un'enorme simbiosi per l'equilibrio del pianeta, c'è anche questa *popolazione* invisibile che è tanto consapevole e reale quanto quella che possiamo vedere.

So cosa sta "passando" nella vostra mente in questo momento: "È troppo bizzarro". Tuttavia, tutte queste informazioni devono ricevere credito affinché noi possiamo capire chi siamo. Se già dal primo momento, qualcuno, usando la logica e l'intelletto, cerca di minare queste grandi verità, allora è meglio non sprecare tempo a leggere qualcosa che non potrà dare alcuna conferma ai vostri dubbi.

CAPITOLO III

L'ANELLO MANCANTE

Come ha avuto inizio il pensiero spirituale organizzato.

Sfiderò gli scienziati. Sapete che c'è un pezzo mancante nella vostra realtà? Vi sfido a trovarlo. È ovunque. Ecco qualcosa che non ha alcun senso. Manca dell'energia nell'universo. Dove si trova? Manca un'energia nella matematica. Dove è andata? Perché la formula matematica più profonda e più comune dell'esistenza, dovrebbe essere un numero irrazionale? Il **Pi** *non è completo. Questo ha senso per voi, nell'eleganza di un sistema universale? Questo numero continua all'infinito e non ha soluzione! Questo ha senso? Non avete mai pensato che il* **Pi** *potrebbe essere un numero intero? Non vi rendete conto che manca qualcosa? Ci sono pezzi assenti nella fisica e c'è anche un pezzo mancante nella coscienza. Dove è lo Spirito? È ovunque. Se si desidera connettersi, non c'è bisogno di andare da nessuna parte! Ci sono poche procedure e non ci sono nemmeno dei libri per questo. L'energia più profonda sulla Terra, è quella che portate con voi e si chiama coscienza umana. Avete pensato a questo? Questa consapevolezza potrà capacitarvi, se lo permettete. Questo colmerà le lacune, se lo volete. Consentite la visualizzazione di ciò che è stato al buio. E così, le parti che sono state assenti, inizieranno ad apparire. Cominceranno a realizzarvi. La vostra biologia si modificherà, la vostra coscienza cambierà e la vostra vibrazione inizierà ad aumentare. Potrebbe essere così semplice?* **(Kryon)**

È importante capire una cosa: c'è un sistema profondo di cui non siamo consapevoli e che "sa" sul risveglio dell'umanità.

L'Universo intero "Sa" di questo evento. Ecco perché è profondo. E nella nostra realtà 3D, è difficile credere che una cosa del genere sia possibile.

A causa della nuova energia della Terra, l'aumento della vibrazione (velocità) e della conseguente espansione del tempo, alcune delle capacità umane che si sono perse con il passare del tempo, stanno tornando. C'è un potere creativo in ogni essere umano, che giace dormiente nel DNA, in quel 90% non codificato e che è quantico.

In passato, non era come adesso. Le civiltà antiche avevano una tale saggezza, che poteva definire il loro destino e plasmarlo a loro piacimento, perché avevano una visione interdimensionale. Erano padroni del proprio destino. Avevano il DNA attivo al 90% e sapevano creare la propria realtà con la forza del pensiero. E così, il mondo si è riempito di realtà materiali. Nel corso del tempo, queste civiltà hanno perso, progressivamente, la loro visione interdimensionale, e il loro potere si è dissipato. E questo è ciò che ha condizionato l'umanità a "consegnare" il proprio potere agli altri, giacché la maggior parte di noi non aveva fiducia in se stessa. E se la vera divinità e il potere su questo pianeta, stessero nascosti dentro di noi, invece di essere in cielo o nei grandi edifici con imponenti facciate? È il momento di riflettere e smettere di dare credito all'esteriore onnipotente, e credere di più nel potere dentro di noi, come hanno fatto i maestri.

Con la perdita della visione interdimensionale, il livello della coscienza umana è calato tanto, raggiungendo solo quel tanto che basta per capire che "c'era qualcosa di più là fuori." Non si aveva idea di cosa fosse, ma si sapeva intuitivamente che qualunque cosa fosse, era parte di loro. Era un anello che è stato perso, di cui sentivano la mancanza. La ricerca incessante del Creatore è intuitiva. Appena la coscienza umana si espande, aumenta la profondità della ricerca. Ed è quello che sta accadendo in questo momento.

Con una coscienza limitata, si sapeva intuitivamente che esisteva qualcosa di più da conoscere, e tutti cercavano quella parte "mancante", ma non c'era abbastanza luce da trovare questo pezzo inquietante nascosto. Questo è stato il motivo per cui la gente ha cominciato a rivolgersi ad altri che sembravano essere più informati, per chiarire di più che cosa poteva essere quel "qualcosa" occulto che tanto turbava loro. Ciò ha portato l'umanità al punto di affidarsi più ad altri per ottenere informazioni concernenti la propria spiritualità, che a se stessa. Così, è stato avviato il pensiero spirituale organizzato, iniziando la gerarchia di "chi-sa-cosa" su Dio. Non è stata una mossa infelice, perché ha aperto molte opportunità a chi non era alla sua ricerca, guidando i pensieri estranei alla spiritualità, verso un'indagine interiore. Perché, in quasi tutte le organizzazioni, si predica e diffonde l'amore di Dio. Tuttavia, le organizzazioni sono diventate così "organizzate" che, invece di liberare i pensieri verso Dio, hanno chiuso tutte le porte accessibili a Lui, indicando quella "certa" - unica ed esclusiva - e guai a chi entrasse dalla porta sbagliata! L'inferno sarebbe assicurato. Ma ora, tutto sta cambiando. Sta occorrendo un grande risveglio di massa, una nuova consapevolezza sta cominciando a cambiare l'intero pianeta, e non tutto si riferisce alla spiritualità.

In ogni caso, quella conoscenza degli antichi ha superato i millenni e ha raggiunto i nostri giorni, trovando un'umanità matura per rientrare in possesso, ancora una volta, di quel potere che ci appartiene. C'è un seme di ciò nel nostro DNA. Possiamo scoprire questo potere senza un'organizzazione, senza pianificazione di qualsiasi tipo, è possibile trovarlo persino in una cella di prigione. Ognuno di noi può trovare da solo la propria verità, se si desidera. Dentro di noi, c'è più della semplice biologia. All'interno di ogni corpo c'è una realtà invisibile ma tangibile; una sostanza invisibile che si può sentire e sperimentare sotto forma di emozioni, intuizioni e sensazioni. Quanto più innalziamo la nostra consapevolezza, intenzionalmente, più questa realtà si fa presente in noi.

Ognuno di noi sceglie per sé il livello di consapevolezza che si desidera raggiungere. Ognuno deve decidere da se stesso, senza condizionamenti, quello che serve per la propria crescita, perché siamo noi i portatori delle nostre esperienze. Sono le competenze individuali che livellano le nostre necessità. Ciò che conta qui, è prendere conoscenza che ci sono nuove e diverse percezioni per lo stesso evento, e prendere atto di questo. L'ignoranza uccide più del cancro. Diventare consapevoli di qualcosa, non significa dichiararsi seguace o sostenitore di questo o quel concetto. Accettare o no, significa prendere conoscenza e, allo stesso, tempo guardarsi dentro e chiedersi: "Questo mi serve? È opportuno per me in questo momento?" Consapevole che, se ti può servire o non in questo momento, non significa che non possa servire agli altri. Questo è aprirsi a una nuova consapevolezza, è attivare la mente quantica, ma è una scelta personale.

Non dobbiamo confondere l'evoluzione umana con l'espansione della coscienza. Essere "più evoluto", non è lo stesso che avere una "coscienza espansa". L'evoluzione umana si processa su base globale; l'espansione della coscienza è individuale e non accade, necessariamente, nello stesso tempo. Ognuno ha il suo momento di "risveglio" per espandere la propria coscienza. Ci sono persone più capaci di usare l'emisfero destro - responsabile della nostra intuizione, creatività, vena artistica – cioè, il nostro **"ESSERE"**. E ci sono quelle che usano meglio il sinistro - il nostro lato più razionale, logico, calcolatore - il nostro **"AVERE"**. Questo non vuol dire che le prime sono più o meno "evolute" delle seconde. La capacità di avere un equilibrio tra le due parti, risulta in una maggiore espansione della coscienza, un prolungamento della percezione, una sensibilità più acuta verso il prossimo. Quello che si espande, quindi, lavorando con i due emisferi cerebrali all'unisono, è l'accesso globale alle nostre percezioni che ci abilitano alle nostre scelte di vita, liberamente, lasciando, al contempo, che gli altri scelgano le loro. Con questo, riusciamo a essere più tolleranti verso ciò che etichettiamo come il "male" o il "peccato" del genere umano. Non è 'l'umanità che sta peggiorando, è la nostra sensibilità al male che si sviluppa. Questa percezione fa una grande differenza. Si tratta di una scoperta del nostro essere infinito, della nostra continua esistenza in piani diversi. Di una coscienza che abbraccia la pienezza delle Ere.

Capire che siamo sempre stati, siamo e saremo, è un elemento importante del sistema, di cui tutta l'umanità è una parte. Non è né misterioso né straordinario, ma un'osservazione naturale di come tutto s'inserisce dentro un grandioso sistema. Questo può dispiacere a coloro che sono in una mitologia lineare, che vedono la vita come una linea retta, con inizio e fine. Un concetto ereditato da chi esisteva in un periodo molto meno illuminato su questo pianeta, la cui mentalità era la figlia del tempo e della cognizione del momento. Quando cominciamo a consentire alla percezione di espandersi, oltre le nostre convinzioni e programmi limitati, e ad accogliere l'idea di avere una mente quantica espansa, questo ci invita a un collegamento con le funzioni più elevate come il discernimento, l'empatia, l'amore, telepatia e l'intuizione.

Lo stereotipo di Dio - Vogliamo umanizzarlo

Noi depositiamo nel nostro inconscio uno stereotipo di Dio, certi che ci sia un trono su cui un Essere Potente si siede ad ascoltare lamenti, preghiere e stridore di denti. E quell'Essere, chissà per quale motivo, a volte ci ode, a volte no. Risponde ad alcuni, ma ad altri no. Punisce gli uni e beneficia gli altri, e così via. Molti, però, che avevano un'immagine di un Dio così, cominciano a ridimensionare i loro concetti e ammettere che non funziona in questo modo. Che ci deve essere un altro sistema di agire per Dio ed è diverso da quella percezione umana che siamo stati invitati ad abbracciare.

L'umanità, nel corso dei secoli, ha anche deciso di umanizzare Dio. Abbiamo rimosso Dio dentro di noi e lo abbiamo messo su un trono così da essere adorato, temuto, riverito, dimenticando la divinità dentro di noi. La figura linearizzata di Dio, viene paragonata a un boss. Comportandosi in questo modo, si è creata una dipendenza esclusiva da questo Essere-Capo; una forma di riscatto. In cambio di obbedienza, esigiamo che Dio sia assolutamente responsabile per qualunque cosa ci accada o no. Una sorta di contratto tra il rapporto uomo-Dio. Siamo esseri lineari e, pertanto, cerchiamo anche di linearizzare Dio stesso. Linearizzando Dio, ci aiuta a capirlo meglio, così lo identifichiamo come un uomo con la barba e la voce profonda - la figura autoritaria. La nostra mente 3D, ha la tendenza a mettere ogni cosa dentro scatole tridimensionali, anche quelle così grandiose che, all'interno di una scatola, non potrebbero mai entrarci. Molti preferiscono identificare Dio come qualcosa singolare, vogliono limitarlo a un luogo specifico (preferibilmente all'interno delle loro strutture di cemento). Tutto ciò che pensiamo, è limitato da ciò che conosciamo come esseri umani. Associamo tutto ciò che non conosciamo, agli attributi peculiari di noi stessi. Noi vogliamo individualizzare Dio e timbrarlo con attributi umani perché non conosciamo nulla di più alto che possa considerare ciò che è la cosa più Suprema dell'Universo. Vogliamo dare un genere, solitamente maschile. Avete mai visto un leader spirituale chiamare Dio come una **Lei**? Un'eresia! Gli Angeli? Tutti al maschile. Ma, naturalmente, tutti sappiamo che non ci sono generi - maschili o femminili - nell'altro lato del velo. L'elemento maschile viene dalla nostra proiezione umana, ciò che crediamo sia un'entità forte. Si parla di Dio come un essere singolare. Questo ha senso solo nella nostra linearità 3D, che necessita sempre di una fonte di conversione, identificata e unica per essere in grado di capire tutto intorno. È naturale.

Ci è stato insegnato attraverso le minacce e le punizioni, se non lo ami o non soddisfi lo schema creato per l'umanizzazione di Dio, ci troveremmo in cattive situazioni, sia in questa vita sia dopo. Ma il fatto è che Dio è privo di qualsiasi tipo di minacce e sottomissione alla paura, e non ha sete di riverenza o di culto. Non vuole essere capo o patrigno; Non vuole che noi siamo i suoi servi. Egli apre il suo cuore alla percezione dell'universalità della vita, ed è un grande sostegno per procedere, sempre, con maggiore consapevolezza verso la realizzazione umana e spirituale. Questo severo Dio, giudicatore e patrigno, è stato instillato in noi, dalle religioni che sono riuscite a rimuoverlo temporaneamente dal suo giusto posto: nel nostro essere.

Migliaia di anni sotto i reggimenti religiosi, hanno creato anche migliaia di regole su come ottenere la generosità di Dio. Ci è stato insegnato che siamo sporchi, deboli, peccatori, e perciò abbiamo urgentemente bisogno di un Salvatore. Affermare questo è come dire che Dio ha mandato Gesù per pulire la sporcizia che Egli stesso ha posto in noi. Questo è progettare un Dio, con attributi umani. Abbiamo bisogno di umanizzare Dio perché, essendo noi gli esseri più evoluti, al vertice della creazione, non conosciamo un'altra immagine più grande per confrontarlo. Tuttavia, la verità è che Egli ci fa sentire la più importante delle sue creazioni, ci fa sentire esseri potenti e perfetti, come solo Dio avrebbe potuto fare. Siamo belli nella nostra essenza, nel nostro nucleo. Noi siamo le più belle creazioni di Dio. Egli parla agli esseri umani di oggi, come suoi partner nella co-creazione della nostra realtà. Ognuno di noi è l'esperienza di Dio. Siamo Dio che si sperimenta attraverso l'essere umano. Troppo difficile da dire questo, no? Ma cominciate ad abituarvi a esso. Il meglio deve ancora venire.

Noi, per natura, vogliamo sempre separare, identificare e quantificare ogni cosa vivente cui veniamo a contatto, pensando che tutto è separato e individuale - un essere umano, un animale, un insetto, un albero. Pensiamo che ciascuno sia un sistema di vita chiuso in una scatola 3D e che si tratta di _una_ sola cosa. Il fatto è che abbiamo difficoltà ad accettare Dio come parte di noi. Mai consideriamo Dio in noi. Invece, vogliamo separarlo da noi e mettere lo Spirito su un altare o in quella scatola - per sentirci meglio e per capire come agire e reagire con Lui. Questo è umanizzare Dio. Ma noi siamo parte del tutto! Possiamo essere corpi singoli nella realtà 3D, ma in un mondo multidimensionale, siamo collegati a tutto!

Oltre l'ottantacinque per cento delle persone, in tutto il pianeta, appartiene a qualche sistema di credenza che, intuitivamente, va alla ricerca di Dio, ognuno a modo proprio. La difficoltà, però, è che siamo esseri tridimensionali in cerca di un Dio che non può stare in tre dimensioni, essendo qualcosa di multidimensionale. Pensiamo, quindi, che la nostra realtà sia la stessa di Dio. È in questo punto che risiede la frustrazione di tanti, perché sono alla ricerca di Dio in un ambiente 3D. Noi vediamo Dio dalla prospettiva tridimensionale della nostra realtà umana, cercando di spingerlo nella nostra casella 3D ad ogni costo, quindi, formuliamo delle ipotesi. Abbiamo una prospettiva temporale in cui non si può contenere Dio. E la maggior parte pensa che Dio assomigli a noi! Abbiamo solo un modello di coscienza con cui confrontare qualcosa di grandioso: noi stessi. Nel considerare Dio, naturalmente pensiamo che Egli deva possedere attributi - non delle formiche o elefanti, - ma umani. La nostra conoscenza limitata, la nostra immaginazione e tutto ciò in cui pensiamo, ha sempre lo "**Io**" umano come riferimento. Inoltre, le Scritture indicano che siamo stati "fatti a sua immagine", il che dà l'attendibilità che, in realtà, Dio ha una forma umana. Poiché non vi è nulla di più elevato, quale forma o "faccia" pensate che potrebbe avere Dio? La nostra, naturalmente. Per avere un'idea di Dio, logicamente, lo dipingiamo con un volto umano. Ma se Dio è un'energia che permea l'intero universo come possiamo simboleggiare quella vastità di spazi interdimensionali? Quando entriamo in uno stato interdimensionale, nulla di ciò che osserviamo, sarà simile a quello che si vorrebbe vedere, o che siamo stati addestrati a vedere nella nostra vita. Così, non vi è alcuna logica o una chiara percezione, infatti, prendiamo decisioni utilizzando una logica tridimensionale, sulla base della nostra esperienza di vita, ma nessuna di queste decisioni è esatta perché riflette solo la nostra realtà, e non quella di Dio.

La questione è che, qualunque sia il pensiero o l'azione degli esseri umani, si basa sull'amore o sulla paura. Tutti gli altri concetti - odio, invidia, gelosia, compassione, tolleranza... – provengono, esclusivamente, da quei primi due. È dall'esperienza di questi sentimenti che tiriamo conclusioni anche su di Dio, perché è da dentro questa struttura che esprimiamo la nostra verità. Noi amiamo i nostri figli, ma se disobbediscono, dobbiamo "punirli"; "Dio è amore, ma se disobbediamo" Egli ci punirà.

Tuttavia, la contraddizione è: Lui accetta qualsiasi tipo di peccatore. Qualunque sia il peccato che tu abbia commesso, egli ti accetterà. "Dio ama e accoglie il peccatore ma non il peccato", così dicono molti religiosi nei loro sermoni. Ma domani, se pecchi ancora, Lui non ti accetterà, e nemmeno il peccato. Ti rinnegherà. Allora, se vuoi che egli ti accetti di nuovo, devi pentirti. Ecco. Così, egli è pronto ad accettarti con le braccia aperte. Tuttavia, poiché la carne è debole, peccherai ancora e ancora. Egli ti rinnega, tu ti penti, Lui ti accetta... Che gioco circolare è mai questo?

Se l'amore di Dio è incondizionato, come si spiegano tutte queste condizioni e circoli viziosi? Non ci sembra uno specchio in cui l'essere umano si sta guardando, in base alle proprie esperienze? Immaginando ciò che vediamo rispetto all'amore nel mondo, non staremmo proiettando il ruolo di "genitori" su Dio? Non sarebbe un modo semplicistico di vedere Dio, in base alle nostre esperienze personali? Ed è esattamente il modo in cui agiamo, trasferendo questo concetto millennio dopo millennio. Avendo creato un tale sistema di pensieri su Dio, basandoci sulle nostre esperienze umane piuttosto che sulle verità spirituali, abbiamo dato luogo a una realtà distorta sul Dio dell'Amore. È stata stabilita una realtà fondata nella paura, radicando un concetto di un Dio terribile, vendicativo e assetato di adorazione, come se egli avesse bisogno di essere adorato per sentirsi potente e assicurarsi che solo in questo modo i suoi servi/schiavi sarebbero domati. Questa sarebbe caratteristica di un Dio o di un essere fragile che ha bisogno di affermazione dell'ego per sentirsi Dio? È, semplicemente, l'essere umano che agisce sotto il comando di una tale paura, al punto da perdere il vero senso di *riverenza*. Pensare un Dio con tali caratteristiche, sarebbe tacciare Dio d'incoerenza, il che sarebbe, veramente, una mancanza di riverenza. Diciamo che Dio creò l'uomo "imperfetto", poi ha preteso che divenisse "perfetto" pena la dannazione eterna. Sarebbe come dire che Dio, a un certo punto, dopo migliaia di anni di storia umana, cominciasse ad aver pena della sua creazione, così imperfetta, decidendo, allora, da quel momento in poi, che non sarebbe stato più necessario essere buoni per noi stessi, sarebbe bastato solo che riconoscessimo la nostra "cattiveria" e accettassimo il nostro "Salvatore" - l'unico Essere che dimostratesi sempre perfetto, avrebbe soddisfatto così la brama della perfezione di Dio. Che cosa vorrebbe significare tutto questo? Significherebbe affermare che il Figlio di Dio - Colui che Dio ha fatto "Perfetto" - ci ha salvato dalla nostra imperfezione, vale a dire, il Figlio di Dio ci ha salvato da ciò che il Padre ci ha fatto - l'imperfezione stessa. Questo è coerente? Ma tutto ciò inizia davvero ad avere un senso, solo quando cerchiamo di rivelare il Divino dentro di noi. Da allora, la percezione è completamente cambiata su Dio e su chi siamo.

Che cosa la cultura ci racconta riguardo alla nostra divinità? Stai scherzando! I media cercano sempre informazioni che possano rinsaldare che siamo deboli, indifesi e che siamo in balia di tutti i mali della vita, se non seguiamo il copione impostato da essi. *"Hai bisogno di questo, hai bisogno di quello"*. Avete visto qualche pubblicità, dove si dice:. *"NON avete bisogno di nulla tranne che di voi stessi?"* Vi garantisco di no. Com'è possibile non riflettere su questi fati così importanti? Dobbiamo passare sopra a riflessioni così profonde, sulle questioni vitali per l'anima, in modo indifferente? Senza nemmeno mettere in discussione, anche per cercare di capire lo scopo di ogni espressione biblica, saltando importanti tappe per capire noi stessi - chi siamo, qual è il nostro scopo in questa vita - solo per seguire il gregge? Solo perché qualcuno ha detto che l'interpretazione logica dovrebbe essere quella, quindi, come i pappagalli, andiamo ripetendo e perpetuando tali informazioni? O per non far cadere a pezzi un castello costruito su mere ipotesi e interpretazioni fragili? Perché non ammettere che c'è molto di più da dire? Molti lo sanno, ma non osano cambiare la loro percezione per paura, preferendo coprire il sole con un setaccio e dare un significato alle cose che non hanno alcun senso, né logicamente né spiritualmente, perché, altrimenti, sarebbe la fine della teologia attuale. Paura!

Vogliamo umanizzare Dio, spingerlo nella nostra casella 3D a ogni costo (o 4D se si considera il tempo come una quarta dimensione). Intrappolati nella paura, noi creiamo battaglie e guerre tra noi, e così immaginiamo che c'è stata una guerra pure in cielo, in cui Dio è alle prese con un'entità malvagia - Lucifero - anche dopo averlo espulso dal regno celeste. Come se non bastasse, ha lasciato che questa stessa entità subdola cadesse tra le braccia delle sue più (im) perfette creature - noi esseri umani, appunto - cercando di trascinare all'inferno, con ogni mezzo e perfidia, una quantità molto maggiore di persone di quanto il Creatore Dio stesso, possa portare in cielo. Considerate la pertinenza di ciò!

Quando immaginiamo Dio come un concetto che pervade ogni atomo, in ogni singola cellula in ogni elemento chimico nel DNA, allora, cominciamo a vedere un senso in molte cose che sembravano un enigma. Avete mai pensato di usare quel concetto *UNO* di Dio? Vi siete mai fermati a pensare: *Se Dio È TUTTO e si trova dappertutto, significa, quindi, che ci sarà anche in ogni cellula del mio corpo in ogni nucleo di un atomo?*

Pensate all'amore, che definizione dareste all'amore? L'amore di una madre per un figlio; tra marito e moglie; l'amore di Dio per l'umanità e viceversa. Questo è qualcosa singolare? Potete immaginare l'amore con un genere? Si può mettere la pelle e le ali in esso? NO! Allora, Dio è esattamente come l'**AMORE**. Perché lui non può stare dentro la nostra casella lineare. Ha la sua propria espansione. Noi vogliamo incollare gli attributi umani alla divinità. Usiamo la ricompensa e la punizione, la vendetta e la gelosia, l'odio e l'amore, la guerra e la pace - le cose che fanno parte della dualità umana - e pensiamo che anche Dio dovrebbe essere così.

In questo modo, creiamo un Dio con le caratteristiche di un essere umano, con le guerre in cielo, le dispute fra gli angeli, cose che spiegherebbero il diavolo, gli angeli caduti, le regole ancora basate su culture con millenni di esistenza. Regole che continuano a mantenere una vecchia impostazione, edificata esclusivamente sulla paura. È ora di smettere di spingere con la "pancia" ciò che l'attuale coscienza della maggior parte dell'umanità non accetta più. Basta! È ora di smettere di rammendare concetti sbrindellati, fraintesi e mal digeriti, anche da gran parte della leadership religiosa. È il momento di assumersi la responsabilità e il coraggio di smantellare i sistemi organizzati, e riorganizzare i concetti. Vedrete che con la sincerità di quest'azione ci saranno molti più seguaci.

Perché alcuni vedono soddisfare i loro desideri ma altri no?

Ecco un sistema complesso, perché poco compreso dagli esseri umani. Ancora non riusciamo a spiegare quale molla muove la manifestazione di un desiderio, di una realizzazione o una guarigione. La mania di voler umanizzare Dio, ci porta a pensare che egli utilizzi gli stessi attributi umani per applicare determinate azioni. Un incidente mancato, dei risultati positivi, degli obiettivi raggiunti ecc, sono immediatamente incollati a Dio, come un adesivo; quando accade l'esatto contrario - fallimenti, incidenti mortali e tutte le negatività...- fanno parte delle trame del diavolo. Quando qualcosa di meraviglioso avviene - una guarigione, per esempio - o l'approvazione in un concorso importante, disputato da centinaia o migliaia di persone, ma solo una dozzina può essere approvata - qualcuno si precipita a dire: *Vedi quanto è buono Dio con me? Dio è fedele a coloro che gli ubbidiscono. Vedi, sono stato promosso Dio mantiene le sue promesse.* Quali promesse? Per caso le promesse di Dio sono cadute sulle ginocchia di una dozzina, e alle altre centinaia di persone Dio ha girato le spalle? Come si spiega questo? È una cosa logica? Ovviamente, non ha nulla a che fare con il Dio lì sul trono, ma esclusivamente con il Dio dentro di te e l'attenzione che gli hai dato, perché il tuo desiderio potesse convergere al volere della tua anima. Coloro che fanno le affermazioni di cui sopra, commettono due falli fondamentali:

1. La condizione di essere Dio "fedele", è immutabile, quindi, è esente da infedeltà. Ripetere che Dio è fedele diventa ridondante e privo di ogni dubbio. Ma quando si aggiunge che Egli è fedele e buono perché ti ha concesso di scampare a un incidente mortale, hai ricevuto una promozione o una guarigione, per esempio, stai, semplicemente appiccicando l'etichetta su te stesso, intuitivamente. Perché, intuitivamente, sai che dentro di te, nel tuo DNA, c'è la parte di Dio che compie i miracoli. Il fatto che Dio favorisce e salva coloro che sono buoni, quelli che lo amano e gli ubbidiscono, implica che gli altri che non hanno ottenuto tali favori e che non sono scampati a un incidente mortale, o non hanno ricevuto le stesse vittorie, sono cattivi, e così Dio si è messo da parte senza rispondere loro. Così, l'etichetta è stata attaccata, non in Dio ma in te stesso. Tu pensi di essere leale e buono, tu sei obbediente; quelli che non hanno ricevuto le stesse vittorie, non lo sono. Comprendete la proporzione di questo? Se così fosse, tutti quelli che sono morti precocemente, tutti quelli che lottano per ottenere qualcosa e mai ci riescono, anche se sono buoni, brave persone, non fanno male agli altri ecc, sono stati tutti abbandonati da Dio? Non ha alcun senso.

2. Quando si tratta di scampare alla morte, per esempio, prima di uscire sbandierando che è stato un miracolo di Dio, non sarebbe il caso di riflettere prima circa il motivo per cui è andata così? Alcuni, Dio li salva dalla morte, altri, invece, no. Che questi sciagurati siano buoni o "cattivi", peccatori, sacerdoti, assassini, pastori o suore...

Poiché sappiamo che Dio ama tutti incondizionatamente e che alcuni ricevono i favori di Dio e altri no... Non sarebbe più prudente, quindi, prima di aprire la bocca, ponderare che ci sia qualcosa di più da sapere? Che non può essere questo il "sistema" divino? Che forse la morte non sia quel mostro che immaginiamo o che addirittura non esista? E questa è la verità. Siamo noi, esseri umani, che consideriamo la morte come una fine. In questo modo, mettiamo un limite alla vita e, di conseguenza, limitiamo anche Dio. Ma la morte non è la fine, e Dio lo sa. Così egli non è per niente preoccupato nel salvare qualcuno dalla morte. Il dramma di chi vede nella morte una separazione, è perché non sa che la vita "È PER SEMPRE." Abbiamo la tendenza a creare un dramma in determinate situazioni, semplicemente per paura. Sconosciamo che tutte le situazioni sono create da noi stessi per uno scopo, ma non sempre ce ne accorgiamo, perché tutto è pianificato a un livello profondo del nostro essere. Tu hai programmato una guarigione per te, hai progettato una delusione d'amore, un fallimento... per scegliere chi vuoi essere in ciascuna di queste situazioni, in modo da poter scegliere la migliore versione di chi si può essere nell'affrontare circostanze diverse. All'interno di questo livello profondo, abbiamo anche il potere di scegliere di deviare la direzione di ciò che non ci serve più, invece di lasciare che ciò che chiamiamo gli "errori", possano ripetersi in continuazione nella nostra vita, inutilmente. Abbiamo guadagnato il libero arbitrio e, assolutamente, nessuno può interferire o impedirci di usarlo, nemmeno Dio o il *diavolo*.

Noi cresciamo fisicamente e spiritualmente, e raggiungiamo un punto di questa evoluzione in cui nostro Sé interiore, la nostra anima, non si lega più semplicemente alla sopravvivenza del corpo fisico, ma nella crescita dello spirito. Cessa di attaccarsi al successo terreno e cerca di connettersi, sempre più, alla realizzazione del proprio ESSERE. Quando si raggiunge questo punto, tutto il dramma cessa di esistere... E comincia a dire addio dalla nostra vita per sempre. S'iniziano a vedere le cose come realmente sono, tutto lì, bene o male – come vogliamo etichettarlo - ma da essere scelte in completa libertà. Non perché Dio o il Diavolo ha scelto per noi. Noi abbiamo guadagnato il potere di scelta e siamo noi gli unici responsabili del nostro destino.

Siamo in grado di uscire da certe situazioni considerate indesiderate, semplicemente scegliendo. Scegliere di ESSERE è di fondamentale importanza. Quando ci mettiamo nella posizione di ESSERE, è perché CREDIAMO che veramente **SIAMO**. Non dite: "Quando questo o quello accadrà, io sarò così o cosà." Non si può aspettare che qualcosa accada per sentirsi felici. È necessario entrare nello stato di **ESSERE** *felice, ricco, gioioso, amorevole, tollerante.* Tutto esiste già nel nostro essere. Non c'è bisogno di avere per essere ma Essere è Avere. Funziona in questo modo. Siamo ESSERI umani, non AVERE umano.

È possibile guardare un evento triste e decidere di non essere triste; Non dovrai **AVERE** ricchezza ma **ESSERE** la ricchezza. Essere ricco significa pensare e agire come se fossi già ricco. Il modo per arrivarci è quello di sentirsi già lì. Non sono le conseguenze degli eventi (negativo/positivo) che devono servire da timone per la vostra vita. Sei tu che dovresti dirigere i tuoi sentimenti e le tue emozioni a ogni evento. Quando hai la Sapienza Divina, è possibile creare regni illimitati. Quando hai la conoscenza, non c'è nulla da temere, perché, allora, non c'è niente, nessun elemento, nessun governo, nessuna comprensione che possa minacciarti, schiavizzarti o intimidirti.

Se capiamo questo fatto, possiamo modificare intenzionalmente e dire basta, quando abbiamo imparato abbastanza certe situazioni! Solo che la maggior parte di noi ignora che è così che funziona o se si conosce, non sa come modificarlo. "Come faccio a cambiare l'intento di ciò che ora, per me, non è auspicabile, ma continua a manifestarsi nella mia vita?" Per modificare una realtà basta, semplicemente, cambiare l'intento, consapevolmente. Sei libero di scegliere. "So già cosa scelgo di essere in questa situazione, adesso BASTA! Non mi serve più." Se ti ritrovi vittima di tanti fallimenti e tutto quello che fai, va male, allora non sei in sintonia con la tua anima, il tuo Sé Superiore, il Divino in te e, pertanto, non puoi comandare la situazione, lasciando il "programma" iniziale lavorare in modo casuale - o come un disco rotto, ripetere la stessa traccia di una musica tutto il tempo. Ma è così semplice? Sì. È così semplice, ma non è immediatamente facile. Questo perché, a volte, confondiamo l'intenzione con il desiderio. Si può sempre desiderare qualcosa, ma quasi mai ottenere. Con l'intenzione è diverso. Quando si emette un intento puro, uno che coinvolge le emozioni, non si torna indietro. L'intenzione è la decisione. Quando avviate l'intenzione di saltare dal trampolino, avete deciso di farlo senza ritorno. Dopo aver fatto il salto, è impossibile tornare al punto di partenza. Ci si può anche pentire di aver fatto il salto, ma poi, non si può più evitare di saltare. È fatta! Cascherai in acqua veramente, mio caro! Non hai nemmeno bisogno di fede. L'intenzione è potente e, una volta avviata, rilassatevi e aspettate! Non c'è alcun errore.

Pensare è creare

L'emozione è energia in movimento. Quando si sposta l'energia, crea un effetto. Se si mette abbastanza energia in movimento, si crea la materia. La materia è energia conglomerata, compressa insieme. Manipolando sufficientemente l'energia, in un determinato modo, si ottiene la materia. Ogni maestro capisce questa legge. Questa è l'alchimia dell'universo. Costituisce il segreto di tutta la vita. Il pensiero è energia pura! Ogni pensiero che hai, è creativo. L'energia del pensiero non muore mai. MAI. Lascia il tuo essere e si dirige verso l'universo, che si estende per sempre. Un pensiero, quindi, è per sempre. Pensateci!

Ogni pensiero trova altri pensieri, incrociandosi in un labirinto incredibile di energia, formando un modello in continuo cambiamento, di bellezza indescrivibile e incredibilmente complesso.

Ogni energia attrae una simile forma di energia, formando piccole entità dello stesso tipo. Quando queste entità di energia simile urtano l'una con l'altra, si aggregano tra di loro. Ci vuole una grande massa di questa energia per formare la materia. Ma la materia è composta di pura energia. In realtà, questo è l'unico modo in cui può essere formata." -N.Walsch[2]

Solo negli ultimi cent'anni, l'umanità ha cominciato a scoprire la realtà di questo effetto, e, attraverso la fisica quantistica, la scienza ha cominciato a spiegare Dio scientificamente. Ancora oggi, però, la maggior parte delle persone non si è resa conto di ciò o, se si è accorta, molti non lo prendono seriamente in considerazione.

Non sempre è necessario comprendere il concetto fisico - o come le leggi agiscono - basta solo credere e sapere che funziona. Quando si accende un interruttore, si ha la certezza che la luce si accenderà - se tutto è stato collegato correttamente. Non è necessario comprendere il concetto di come funziona l'elettricità. Puoi chiamare questa "certezza" fede, se vuoi. Allo stesso modo, applicando questo concetto, è possibile ottenere tutto il resto. Allora, perché questa "fede" non funziona, quasi mai, quando si tratta di qualcosa d'importante? Questo è esattamente il motivo. L'*importanza* che si applica al nostro desiderio, è una delle principali cause dell'impedimento per la manifestazione. Quando si preme il tasto luce, non ci si preoccupa se accenderà o no; l'importanza che si da al fatto è completamente annullata. Fate lo stesso con i vostri più grandi desideri e sarete stupiti. In generale, passiamo più tempo occupando la mente a creare percorsi che possono evitare le cose che temiamo e non vogliamo che ci accadano. Così, la ragione prende l'abitudine di generare più spesso il sentimento della paura. L'anima è orientata per ricevere l'energia delle emozioni e trasformarle in realtà. Qualunque sia l'emozione - gioia, tristezza, paura - l'anima riceve come un pacchetto di sentimenti e non distingue se il sentimento è cattivo o buono per noi.

L'anima non giudica ciò che è giusto-sbagliato; buono-cattivo. Il suo ruolo è identificare l'emozione e trasformarla in risultati,

---

[2] dalla trilogia Converszione con Dio - CCD

indirizzandola a quella linea della vita, nel campo di tutte le possibilità che corrispondono alla nostra sensazione. Se la nostra emozione è stata causata dalla paura di perdere il lavoro, l'anima dirige l'emozione percepita in quel settore in cui ci sono tutte le condizioni che possono causare tale perdita. Si tratta dell'informazione di quell'emozione.

L'anima non vi dirà: *"Accidenti, questa emozione che Maria mi ha mandato, indica "perdita di lavoro"; se sarà innescata, la povera Maria si troverà disoccupata... In questo caso, è meglio fare il contrario!"* Non aspettate questo. Non succederà mai!

L'anima è priva di giudizio. Il giusto-sbagliato; buono-cattivo sono concetti umani sulla base di esperienze individuali. Ciò che è buono per Maria, può non essere lo stesso per Giovanni. Per l'anima è solo un sentimento che è stato trasmesso attraverso il pensiero, in forma d'energia. L'energia è vibrazione, non è creata né può essere distrutta, ma può solo cambiare stato. E prima o poi, tornerà indietro, manifestandosi materialmente.

C'è un sistema che promuove la vita e promuovendola, ha il "dovere" di mantenerla tutto il tempo che è stata programmata per esistere. Osservando le piante e gli animali si vede che hanno una capacità innata, intuitiva, istintiva di mantenersi autonomamente - e lo fanno con perfezione, senza margine di errore, se i fattori esterni non interferiscono. Chi o che cosa guida questa intelligenza interiore delle piante e animali? E perché la razza umana non possiede questa capacità? Perché l'individuo, dalla nascita, è stato progettato per ricrearsi in continuazione, scegliere ciò che vuole diventare, utilizzando strumenti importanti come il libero arbitrio, il pensiero e l'intenzione. Se alla razza umana sono stati concessi questi strumenti, è perché vi è un forte motivo: usarli per ricreare se stessi ogni momento. Il pensiero è l'arma più potente della creazione. Ogni pensiero che abbiamo, avvia una creazione. Noi creiamo la nostra realtà ogni secondo, con il nostro pensiero e, il più delle volte, senza nemmeno saperlo. Così, l'atto di essere creatori a immagine e somiglianza di Dio, è ciò che ci rende diversi dagli animali.

L'Intelletto Programmato

Noi viviamo all'interno di questa "scatola" tridimensionale e pensiamo che il suo contenuto sia tutto ciò che esista ed è l'unica realtà. La scatola 3D è una Matrix con una rete universale d'informazioni che ci mantiene in un sistema di pregiudizi mentali, programmato in dettaglio.

Sentiamo spesso dire che "tutto nel mondo è un'illusione." Questo non significa che tutto ciò che è stato creato nel regno fisico dell'esistenza non sia solido, non abbia una struttura, o che non sia vero. Tantomeno, che i regni superiori sono illusori, senza definizione o struttura tangibile.

Ogni livello di esistenza, in questo intero universo, sembra tanto reale per chi ci vive - angeli, arcangeli e gli altri esseri interdimensionali - quanto sono reali per noi, le cose terrene. L'illusione è nella percezione di una realtà che abbiamo osservato attraverso filtri di nostra stessa creazione: le credenze, le strutture, i tabù e le limitazioni codificati nella nostra mente subconscia e che accettiamo come la nostra verità.

Ognuno vede il mondo e gli eventi di tutti i giorni, attraverso il velo delle proprie credenze e di un livello alterato di coscienza. Purtroppo, quest'alterazione, nella maggior parte delle persone, è di bassa frequenza. Ed è per questo che molti vedono tutto attraverso il filtro della negatività, e quasi tutto ciò che porta alla propria vita si traduce in fallimenti, mentre le menti più illuminate – che sono già in uno stato di espansione - esperimentano la vita attraverso i filtri dell'amore e di non giudizio.

Ogni osservazione per mezzo dei sensi fisici, lascia un'impronta su di noi. In questo modo, ogni azione, interazione e reazione che ci arrivano, sono trasmesse automaticamente e registrate nella memoria delle cellule che, a sua volta, informa la mente subconscia quale azione intraprendere, quando si presenta lo stesso tipo di esperienza.

La mente subconscia è soggettiva e, quindi, prende ogni pensiero o esperienza alla lettera, essendo, in seguito, influenzata dai pregiudizi personali - ciò in cui crediamo. La mente subconscia continuerà a reagire e ripetere condizioni e vecchi schemi di pensiero, più volte, fino a quando gli errori non verranno risolti e riprogrammati.

Il problema che impedisce la maggior parte degli esseri umani a cambiare le proprie convinzioni, è la cieca accettazione della programmazione mentale tridimensionale. Potete avere pensieri positivi, pensare a cambiamenti positivi, ma se nella vostra mente più profonda dubitiate che si avverranno, potete scommettere che infatti sarà così. Il dubbio è un blocco che impedisce la manifestazione dei vostri desideri. Se avete dei dubbi, è perché non ci credete. Il dubbio nel cervello crea una reazione biochimica, attivando un neurotrasmettitore del cervello che scorre dalla ghiandola pituitaria alla pineale e blocca la porta di entrata, impedendole di aprirsi. Il dubbio è lì, perché non ci credete. (**Metatron**)

Tutti i Maestri sono venuti qua con un DNA alterato - con tutto il loro DNA potenziato e attivato in modo che potessero darci messaggi sulle loro maestrie. E tutti hanno dato informazioni simili, se lo avete notato. Anche in culture diverse, il messaggio inequivocabile era che c'è molto di più da vedere di quanto riusciamo percepire nella quarta dimensione. Ci hanno detto dell'esistenza dell'interdimensionalità e che non dobbiamo prendere decisioni basate su ciò che vediamo, ma in base a ciò che la nostra intuizione ci può dire che è la verità. L'intuizione è la voce dell'anima e non mente MAI!

Quando nasce, un bambino è privo di qualsiasi programmazione. Se avesse potuto svilupparsi senza l'interferenza della mente programmata dell'adulto, sarebbe una persona non inquadrata nella razza umana. Avrebbe potuto sviluppare un sistema autonomo, mai immaginato da un adulto, basato, esclusivamente, sull'istinto naturale e sulla capacità intuitiva. Il bambino non è assalito dalla paura fino a quando i genitori non cominciano a instillare nella sua testolina, pillole di terrore. Quando il bambino comincia a camminare, può raggiungere il parapetto di una terrazza al 10° piano, senza essere fermato dalla paura o dal dubbio di essere in grado di raggiungere il traguardo senza cadere. Ma ecco apparire un genitore sulla scena e il risultato lascia poco all'immaginazione. Da lì in poi, il bambino non sarà mai più lo stesso. Ovviamente, questa reazione dei genitori è più che naturale, ma una riflessione potrebbe essere fatta: come sarebbe un tale bambino in età adulta, se non avesse alcuna nozione di pericolo e la paura non fosse un'arma di difesa? Avrebbe sviluppato un istinto naturale, più forte della paura? Non lo sappiamo. Sappiamo che tutte le azioni umane, sono generate dalla motivazione della polarizzazione di due sentimenti profondi: **amore** e **paura**. Questi sono gli unici sentimenti che l'anima conosce. I dubbi e le inquietudini non sono che aspetti della nostra personalità intellettualizzata, ed è il più grande motivo che spesso ci conduce al fallimento e alla delusione.

In questo contesto, gli animali sono più "consapevoli" degli umani. Loro sanno ciò. Non fanno una tragedia perché l'altro animale muore - anche quando essi stessi dovessero morire – perché, intuitivamente, sanno che lasciando il corpo, la sua quota di energia ritorna alla sorgente. Il regno degli animali e delle piante è l'espressione più pura e chiara di Dio in ognuno di loro, perché si arrendono alla loro intelligenza interiore e si affidano al 100% a essa. Loro "sanno" che sono parte dell'energia di Dio e non dubitano né si preoccupano minimamente per la loro sopravvivenza, perché non usano un intelletto programmato. Intuitivamente, sanno che tutto è perfetto. La gemma non ha dubbi che, al momento giusto, si aprirà in fiore, così come il pulcino

77

attende il momento giusto per rompere il guscio d'uovo. È l'atto naturale e consapevole dell'intelligenza interna, l'intelligenza di Dio, guidata dalla regia della Sua volontà, fecondando la Sua idea ed esprimendola in un fiore o nel pulcino. Ovviamente, il pulcino privo dell'intelletto, non si chiede: *Potrò io riuscire a bucare questo guscio, e uscire da qui? Altri l'hanno fatto, sarò capace anch'io? Me lo merito?* O un fiore: *Merito aprirmi e sbocciare come un fiore?* No, non hanno dubbio. Il risultato è sempre perfetto, perché loro, naturalmente, unificano la loro volontà a quella di Dio e permettono, senza porsi nemmeno un punto di dubbio, che la Sapienza Divina determini il tempo e il punto di maturazione per entrare in azione. Ed è soltanto abbandonandosi all'impulso della Divina Volontà, che potranno agire per esprimersi in Nuova Vita. Che eccellenza di saggezza! Perché, allora, l'essere umano che si colloca nel vertice evolutivo della creazione, può rompere il guscio della coscienza, solo a costo di grandi privazioni e sofferenze? Perché preferiamo usare l'intelletto, la mente, la ragione, al posto dell'intuizione divina in noi.

Quando gli animali nascono, sanno dove trovare cibo, conoscono intuitivamente i loro predatori e sanno, come e dove proteggersi. Ma loro non sono esseri inferiori? Beh, questo è quello che diciamo. Le piante si affidano alla loro "intelligenza" interna. Ogni cellula del nostro corpo ha una coscienza e intelligenza propria; ed è questa consapevolezza che fa sì che le cellule possano eseguire la funzione intelligentemente adempita. Loro non si ammalano mai da fattori interni - ma esterni - perché sono guidate dalla coscienza di gruppo di milioni di cellule intorno a loro, che formano un'intelligenza collettiva che dirige e controlla tutti i lavori. Abbiamo quest'organizzazione interna, ma non consentiamo alle cellule di esercitare il loro ruolo, come sono state programmate, perché interferiamo, costantemente, tramite il nostro intelletto e le nostre intenzioni, consciamente o inconsciamente. Quando qualcosa non va bene, l'intelligenza interna delle cellule è impostata per passare le informazioni in modo che noi, attraverso l'intenzione, possiamo correggere l'errore. Ma il nostro intelletto non accetta tali informazioni come reali, e le elimina. Vuole essere sovrano. Ogni cellula, di ogni organo, è un centro focale di questa intelligenza direttrice; mancando tale intelligenza di comando, le cellule si separano e il corpo fisico muore, non è più organismo vivente. Da dove viene questa intelligenza? Consapevolmente, non possiamo controllare l'azione di un singolo organo del nostro corpo. Ci potrebbe essere, una coscienza superiore che abita la cellula stessa? Pensateci.

Ne consegue, quindi, che la coscienza di ogni cellula del corpo, è la coscienza di Dio, così come la nostra coscienza è la Sua coscienza. Ciò significa che siamo per Dio ciò che le nostre cellule sono per noi. C'è un legame profondo che lega la cellula, noi stessi e Dio. Pertanto, dobbiamo essere Uno in coscienza. Siamo, quindi, niente meno che una cellula del Corpo di Dio. Noi, con la nostra coscienza, non possiamo controllare qualsiasi nostra cellula, ma quando scegliamo di entrare intenzionalmente nella coscienza divina che è in noi e, quindi, farsi uno con essa, siamo in grado di controllare e modificare qualsiasi stato del nostro corpo. Ecco come i miracoli accadono. Le piante "sanno" questo, sanno quando cambiare le foglie, quando è il momento di germogliare e fiorire. Le radici si dirigono la dove c'è l'acqua. Chi le ha informate di questo? Che cosa è questa intelligenza? Da dove viene questa conoscenza? Loro non hanno mai cogitato che qualunque di tali processi possano, qualche volta, mancare. Noi invece sì, perché l'intelletto programmato da fonti esterne alla nostra programmazione originale interna, non accetta nulla che non sia stato filtrato dalla logica. Con questo, il problema a volte peggiora e, quindi, l'insorgere delle malattie, spesso mortali. Gli uccelli sanno dove trovare cibo senza che nessun altro uccello li informi di cosa è meglio per loro. Essi mangiano solo ciò che è utile per la sopravvivenza, non hanno l'intelletto in borbottio che cerca d'inventare mille piatti a complicare il metabolismo. Se vedono una pentola piena di grasso animale e tanto condimento sintetico, potranno sorvolare sopra e, magari, fare i loro bisogni fisiologici, proprio lì. Tuttavia, l'umano, l'essere più evoluto di tutta la creazione, è l'unico essere vivente che mette tutti i tipi di veleno dentro l'organismo, consapevolmente, e senza prioritaria necessità. Dalla nicotina all'alcool, dalla carne sanguinante, viscere di animali come fegato e reni, trippa, filtri per eccellenza di ciò che il proprio organismo rifiuta. Sarebbe questa, un'azione da essere evoluto?

Per tanto, noi, calzando una gamma d'impostazioni predefinite dai nostri genitori, ci sentiamo in dovere di trasmettere lo stesso programma ai neonati. Se potessimo sottomettere Dio ai nostri capricci, faremmo allo stesso modo in cui educhiamo i nostri figli. *Su Dio, vieni qua a prendere il tuo latte...* Quale latte? Di mucca, naturalmente! E perché di mucca, se non sono vitello? Perché... Beh, all'inizio, a un certo punto della nostra evoluzione (o involuzione), qualcuno ci ha detto che il bambino, dopo il periodo di latte materno, deve continuare a bere latte di mucca, altrimenti muore. Ma sapete perché il vitello ha bisogno di latte di mucca? Perché ci sono sostanze essenziali per fare crescere zoccoli e corna. Ora, fate voi stessi un pensiero e concludete se il vostro bambino ha bisogno di bere latte di mucca.

Tuttavia, possiamo sempre scegliere di non lasciare che programmi esterni ci modellino. Nell'aumentare il livello della nostra coscienza, guardando dentro noi stessi, potremmo scoprire che sappiamo tutto. La cosa più terribile è che l'uomo, schiavizzato dal sistema, non solo perde la propria libertà di scelta, ma comincia anche a volere ciò che conviene al sistema.

CAPITOLO IV

LA DUALITÀ UMANA

Il Libero Arbitrio

In tutta l'umanità, credo che siano pochi quelli che non hanno mai reclamato o mai proclamato il loro diritto di arbitrare a proprio favore. La gran parte, però, entra con la "causa" del libero arbitrio, solo quando gli eventi stanno sostenendo il loro interesse. Quando qualcosa va storta, il libero arbitrio scompare come per magia. Non si sa perché mai. In realtà, noi siamo il frutto della nostra libera scelta al 100%. Questo è un dono di Dio ed è sacro perché è il principale strumento per la creazione e la manifestazione di quello per cui siamo qui. È la cosa più importante per un essere umano. Ancor prima di arrivare qua, noi, come parte di Dio, abbiamo programmato tutto, a un livello profondo dell'anima, per essere parte dello scenario di questo pianeta, e come struttura fondamentale, abbiamo usato il nostro libero arbitrio. Esso è la molla che ci spinge a svolgere qualsiasi attività sulla terra. È lo strumento necessario per definire chi siamo.

A volte, facciamo delle scelte che sembrano essere contro di noi e, quindi, ci arriva il dubbio che siamo stati noi a scegliere una cosa simile, ma una forza esterna, la forza di un destino da cui non possiamo scappare. Il fatto è che abbiamo un sistema interno che conosce tutti i nostri progetti - e non ci lascia mai soli nelle nostre scelte. Qualunque esse siano, consapevolmente o no. Questo perché le nostre scelte non sono sempre conosciute dal nostro intelletto. C'è un lato nascosto di noi che ci guida sempre, anche quando, a volte, non crediamo che questo sia reale, e finiamo per fare tutto da soli, a livello puramente intellettuale.

81

Non siamo mai soli a disorientarci nel buio di una vita puramente fisica. Il nostro Sé interiore è sempre con noi, esprimendosi attraverso i sussurri silenziosi delle informazioni intuitive. Grazie a questa bussola interiore di saggezza, possiamo sempre <u>sentire</u> quando la scelta sembra opportuna.

Il Libero arbitrio appartiene al nostro essere terreno, la nostra parte fisica nella terra, e non all'essere divino. Tuttavia, l'Essere Superiore, senza violare quest'arbitrio, è in grado di fare in modo che il nostro intelletto sia guidato alle scelte più convenienti... dal momento in cui siamo minimamente preparati a quest'orientamento. Deve essere compreso che non è "la coscienza" che partecipa a ciò, ma il *grado di coscienza*. È questo livello di coscienza che gioca un ruolo chiave nella strategia utilizzata dal Sé Superiore, per portarci alla nostra destinazione prescelta. Non possiamo dimenticare che il nostro Sé Superiore sia noi stessi - non si tratta di un'entità che noi chiamiamo dall'esterno. Pertanto, tutto ciò che il Sé Superiore decide, non decreta in contumacia della nostra volontà umana. Questa decisione superiore può sorprendere la nostra coscienza terrena, ma non è una violazione del libero arbitrio, è una "spinta" una scossa per dire: "Svegliati! Tu non vuoi andare da quella parte? Perché andare per un'altra strada?" Ma non sempre siamo allenati a sentire o udire quest'avvertenza.

Certe scelte che facciamo, possono essere suggerite dall'ego per farci pensare che non siano nostre, ma piuttosto il risultato di un destino spietato. Se, però, il destino esiste davvero, allora esso controlla tutto e, quindi, il libero arbitrio non può esistere. Ma la prova che il libero arbitrio esiste, è che siamo in grado di fare delle scelte. Di conseguenza, non ci può essere alcun destino spietato e il destino non può essere fisso. Quando facciamo un passo indietro e guardiamo il destino e il libero arbitrio da una prospettiva più ampia, capiamo che nulla deve essere assoluto.

Il destino è un'influenza che proviene dal nostro piano interiore. C'è una pressione che cerca costantemente il modo migliore per rivelarsi in manifestazione.

Il Libero arbitrio fornisce i mezzi per esprimere questo destino in modo da offrire lo scopo per cui siamo venuti qua, in questa vita. La guida interiore è sempre a disposizione di chi le presta attenzione. L'intuizione è la nostra connessione con l'anima o l'essere interiore, che è anche collegata con il resto dell'universo e con tutti i livelli della Creazione. L'uso più produttivo del libero arbitrio è approfondire il nostro vero potenziale nei temi della nostra esistenza, acquisendo così la più grande esperienza possibile del progetto di vita. Il destino, quindi, è il **piano**. Il libero arbitrio è **l'azione**. L'esperienza è il **risultato**.

La Dualità

Io formo la luce, creo le tenebre, promuovo la pace e creo l'avversità; io, l'Eterno, son colui che fa tutte queste cose. Isaia 45: 7

Quel che segue, potrà andare contro di ciò che vi è stato insegnato e, in questo caso, fermatevi e utilizzate il vostro meccanismo di discernimento. Non date per scontato che tutto ciò che leggete o ascoltate, sia assolutamente vero o falso. Dimenticate per un momento, di etichettare ogni cosa in base a quello che vi hanno detto. Ascoltate, prima di prendere qualsiasi decisione, la voce della vostra anima. Essa non inganna mai. Utilizzate l'intelletto combinato con il cuore e chiedete allo Spirito se è vero. Perché alcune di queste cose, metteranno alla prova il vostro sistema di credenze più centrale; tutto ciò che vi è stato insegnato. Alcuni comprenderanno e accetteranno completamente, gli altri, quelli che non sono ancora stati pienamente risvegliati a questo cambiamento di paradigma, che cambia il modo di pensare e di accettare le cose, respingeranno e criticheranno.

Ogni cosa che Dio crea è fatta per mantenere l'equilibrio di tutto l'universo, perché tutto nell'universo tende all'equilibrio. Vi è il positivo, il negativo e lo zero – l'equilibrio - dove regna la forza universale. Tutto ciò che ci accade, è una manifestazione di questo equilibrio, sia "buono" o meno buono; approfondire uno dei due lati, significa, semplicemente, "infrangere" questo equilibrio.

Ascoltate con attenzione: Secondo Kryon, il nostro pianeta è stato creato con un sistema chiamato dualità. L'essere umano nasce con la dualità nel DNA – sentimento di bene/male, alto/basso, luce/buio, bianco/nero e al centro c'è la nostra divinità. Questa dualità è rappresentata come un equilibrio alla divinità dentro di noi, il frammento di Dio, quella parte che noi chiamiamo a sua "immagine e somiglianza".

La cosa più difficile e più complessa che ci possa essere per la maggior parte di noi, è l'accettare quella parte della polarità dell'essere umano, che noi chiamiamo "male". Per molti, è del tutto impossibile. Come si può assistere a un'azione negativa, fatta da qualcun altro, e pensare che sia una cosa naturale, priva di qualsiasi giudizio? Come si può accettare il "male", come una cosa naturale o normale, o addirittura come parte della nostra natura? Impossibile. Ma la verità è che non c'è mai stata tal cosa chiamata "male".

È comprensibile lo shock di molti che stanno prendendo conoscenza di ciò per la prima volta. Ma per quanto si tenti dare una definizione coerente per il male e per il bene, separatamente, cercando di appendere al collo di un'entità responsabile per uno o l'altro, non si riuscirà a convincere del tutto che tale definizione sia efficacemente applicata. Qualcosa nel profondo della loro anima grida che non può essere così.

In primo luogo, cerchiamo di capire che cosa è questa polarità e perché fa parte di noi.

Viviamo in una realtà di polarità, resa necessaria per partecipare a questo "palco della vita", perché ci ha permesso di portare con noi gli attributi di temporaneità, indispensabile per creare l'illusione di separazione. Introdurre la coscienza di polarità, quindi, è stato necessario. La buona notizia, però, è che ora, dal momento in cui siamo saliti a un livello di vibrazione più elevato, non abbiamo più bisogno di una polarità così netta come prima. Stiamo imparando a vedere l'unità attraverso le "lenti" che sono ancora offuscate, appunto, dalla polarità. Ma è un buon inizio.

Gli opposti hanno sempre costituito sfide per la coscienza che deve eleggere quello che le sembra migliore, a discapito di ciò che ritiene perturbatore, generatore di conflitti.[3]

La legge degli opposti è uno dei cinque principi fondamentali della vita e funziona in perfetta armonia con la legge di attrazione. Questo principio afferma che quando attiriamo qualcosa nella nostra realtà, anche il suo contrario appare insieme. Significa che, nel momento preciso in cui scegliamo qualcosa – una decisione, qualsiasi oggetto o esperienza – il suo opposto assoluto si riproduce come un'ombra o un ologramma a rovescio. Siamo noi che in una sfera più profonda del nostro essere, creiamo i nostri problemi e le sfide, ma creiamo anche ogni soluzione a tali problemi. Sempre!

E' difficile accettare che alcune circostanze considerate scomode o dolorose, siano state create da noi stessi. È più facile incolpare qualcuno o qualche entità che cerca di disturbarci. Ma, sapendo che queste forze non appartengono a nessuna entità, ma sono parte della nostra dualità, allora diventa più facile controllarle e indirizzarle lontano dal nostro percorso.

Vivendo in una sfera di dualità, si tende a polarizzare tutto: bene-male; giusto-sbagliato; alto-basso. Se qualcosa di buono accade,

---

[3] Fonte: WEB

deve essere Dio. Se qualcosa di spiacevole avviene, sembra essere il diavolo. Allora noi, che cosa ci facciamo qui? Viviamo in modo neutrale, seduti immobili, in attesa che una delle due entità prenda possesso delle nostre anime o ci scagli da una parte all'altra? Davvero non abbiamo nessuna responsabilità di ciò che ci accade? Che tipo di sistema è mai questo?

Ebbene, ascoltate questo che sarà molto difficile da mandar giù: né Dio né il Diavolo hanno alcuna colpa di tutto ciò che scegliamo per vivere o essere, attraverso il nostro libero arbitrio. Tutto è il risultato delle nostre scelte individuali, che noi chiamiamo "giusto" o "sbagliato". Vi è una chiara corrispondenza tra la consapevolezza di chi siamo e la percezione della realtà che ci circonda, poiché essa non è altro che un prolungamento di noi stessi! Il nostro riflesso!

La divinità dentro di noi!

Vi è una parte di Dio in ciascuno di noi. Questo è molto difficile da accettare, dalla gran parte delle persone. Affermare che c'è una particella di Dio dentro di noi e per di più è fisica, è quasi un'eresia. Tuttavia, questo è reale. La dualità su questo pianeta, in cui viviamo, è REALE. Regna l'incredulità che una cosa così grande come Dio, possa dimorare in noi fisicamente; allo stesso modo che qualcosa di così oscuro possa abitare davvero dentro di noi. Ma che si accetti o no, non è meno vero. Com'è possibile tale dicotomia? Bisogna chiarire che ognuno di noi ha potere sul "bene" e anche sul "male". Questi due profondi poteri sono dentro di noi, che ci crediate o no. Sia il "bene" sia il "male", fanno parte della nostra natura, non provengono da altrove. Ma questo lato oscuro non deve essere visto come qualcosa di negativo perché è del tutto appropriato, uno strumento utile per definire chi siamo. È quest'attributo che chiamiamo dualità umana, che ha portato tutte le storie sulla magia, sul bene e male, sulla luce e sulle tenebre - i poteri e le forze che sono qui, rappresentavano la base e il centro anche per le divinità greche.

Ognuno sceglie di dare il giusto equilibrio, penetrando liberamente con maggiore o minore intensità in uno dei due lati.

Quando si parla delle tenebre, la prima cosa che molti pensano è quella in cui siamo stati addestrati a pensare: mettere il buio in un contenitore adeguato, quel posto giusto dove dovrebbe sostare. Molti ritornano immediatamente alla conosciuta mitologia su un'entità che possiede le corna e la coda, il Signore delle Tenebre, che cerca di catturare la loro anima. Ma l'energia più oscura che si possa concepire, è presente nell'essere umano fin dal momento della sua nascita sino all'ultimo respiro. Proprio così. Potete sospirare e scuotere la testa quanto volete, ma non esiste nessun contenitore, nessuna entità in cui si possa infilarla se non in noi stessi. Alcuni la chiamano il lato malvagio o lato oscuro. Ma la dualità è soltanto un attributo dell'essere umano e si presenta dal momento in cui s'inizia a pensare, sviluppando la capacità di discernere.

Tutta l'oscurità su questo pianeta è da attribuire agli esseri umani. Non c'è bisogno di assegnare il potere del male a una creatura mitologica, perché esso possa esistere sulla Terra. Il buio più tenebroso può essere creato dagli esseri umani, se così scelgono di fare. Il potere delle tenebre - così come il potere della luce - può essere creato perché gli esseri umani sono potenti e possono manifestarlo. Il concetto di bene/male, appartiene agli esseri umani perché fa parte del test della loro dualità e dell'esistenza. Gli esseri umani hanno il potere sia di creare oscurità, sia di creare la luce, potendo andare verso la luce o verso il buio, facendo potente qualsiasi di essi. Ciononostante, coloro che hanno scelto la luce, hanno un vantaggio perché usano l'*immagine di Dio* nella loro vita.

Tuttavia, non esiste una separazione reale tra ciò che chiamiamo luce o buio. L'oscurità e la luce non hanno uguali energie. In realtà, il buio è illusorio, poiché ciò che chiamiamo oscurità è semplicemente l'assenza di luce. Non è possibile inserire il buio dove c'è già la luce. Se abbiamo un luogo buio e inseriamo la luce, le tenebre non scorrono verso un altro luogo buio – invece, si trasforma! Il buio, quindi, è una percezione illusoria. Dei due, la luce è quella che ha un componente attivo e una presenza fisica. Si capisce, quindi, che la luce è attiva e il buio è soltanto la mancanza della luce.

L'oscurità è stata creata con il libero arbitrio da chi sceglie di portare la propria consapevolezza a un lato più oscuro e più denso. Pertanto, il luogo più buio sul pianeta ha la loro firma. Queste persone l'hanno creato attraverso una loro scelta. Il luogo più divino sulla terra dove c'è più luce, è nella mente umana, dentro l'energia umana. È l'umano che ha la responsabilità per le tenebre e per la luce, non vi è alcuna forza esterna di luce o di oscurità, che anela alla sua anima. Coloro che sono d'accordo con le energie più buie della loro dualità, sprofonderanno, ancora di più, negli strati più bassi delle tenebre. È il lato oscuro che è nell'essere umano, pronto per essere sviluppato e maturato. Lo stesso accadrà a coloro che scelgono di approfondire negli strati di luce. Questi svilupperanno aspetti della luce più intensa e brillante. Questo è il motivo per cui il libero arbitrio è importante per l'umanità ed è così divino che nemmeno Dio interferisce in esso. È davvero un dono perché scegliamo liberamente chi vogliamo essere davanti a qualsiasi circostanza.

Chiunque può essere soggetto alle due, perché andiamo in giro esposti a qualsiasi equilibrio di luce che viene creato dall'umanità, positivo o negativo. Anche se la nostra essenza viene dalla Matrice Divina, che ci ha creati somiglianti a Dio, il nostro corpo biologico è immerso nella terza dimensione e la nostra natura è costretta a provare una delle gamme di dualità che l'esperienza umana presuppone, incluso ciò che noi chiamiamo "il male". Questo è semplicemente una tonalità evolutiva di molte altre a nostra disposizione, nel campo di tutte le possibilità. Ma il "male" non può esistere in nostra Origine Divina. In quest'ambito, la dualità sarebbe come una semplice esperienza che permette all'anima di esperimentare se stessa, a partire da una delle sfaccettature che copre la totalità dell'Essere, essendo immersa in "Tutto-ciò-che-È". Tuttavia, chi mantiene la luce nello spazio dell'oscurità, essa scomparirà, perché, ovunque si va, la luce la offuscherà.

Per bilanciare la luce/oscurità, la magia è accendere la propria luce. *Bisogna capire questo: quando ci s'inizia a muovere verso la luce, si muove una struttura d'energia. Questa struttura è una zona ben definita e si chiama "coscienza". Quando vi muovete nella luce, lasciate alle spalle, parte dell'oscurità. La definizione di luce e buio ha a che fare con l'equilibrio della coscienza umana, perché è l'uomo che crea le tenebre e la luce nel pianeta. Si tratta di un concetto. Pensate in questo modo: tu sei un vaso sempre pieno di una combinazione d'energia di luce e buio. Sono semplicemente energia! Scegliendo di aggiungere più luce all'interno del vaso - tutto ciò che riguarda l'amore – la parte oscura andrà rovesciandosi dai bordi fino a scomparire. Quella parte che è rimossa, per istinto di autoconservazione, sembra "supplicare" di non abbandonarla perché è stata sempre una parte di te. Questa "supplica" dà la sensazione che ci sia una legione che lotta per spingerti lontano dalla luce. Questo può causare paura - che è un'energia molto potente - e la paura può trascinare molti, sempre più, dentro l'oscurità. La paura è l'elemento più potente delle tenebre. Più potere si dà alla paura, più si sprofonda nel buio.*

L'Essere Umano che si concentra nell'oscurità, avrà l'oscurità! E sarà un'oscurità potente! L'Essere Umano che si concentra sulla luce, avrà la luce. E sarà una luce potente. (Kryon)

La dualità rappresenta, quindi, il libero arbitrio. Questa è la dualità istituita dall'*Umanismo*, all'interno del pianeta Terra, e non ha nulla a che fare con Dio o il Diavolo. Non vi è alcun angelo del male che vuole la nostra anima. Che ci crediate o no. Sappiate, però, che il credere e accettare questa verità, vi farà sentire veramente liberi da un peso tremendo. Verrà liberato dal peso della paura che incatena la maggior parte del genere umano, condizionata da una mitologia cui sostanza è inesistente. Questo è conoscere una verità che libera davvero.

Così, l'essere umano è potente in entrambe le direzioni. Ha l'energia che definiamo "bene" e quella che chiamiamo "male". Questa è la metafora della mela di Eva, che la religione ha preso troppo alla lettera e che applica come una realtà oggettiva, ma si tratta di un concetto. Il bene e il male non hanno una definizione propria, ma sono parti di una sola cosa. Queste due parti non devono essere considerate separatamente. Sono sfumature della stessa energia. La parte oscura è, quindi, solo quella parte cui ancora non è stata accesa la luce attraverso la coscienza. Una non è peggiore dell'altra. È l'azione – riguardo all'amore o alla paura - e l'attenzione che si dedica, che produce risultati illuminati o oscuri. Più ci dedichiamo alla luce, più luce si manifesta nella nostra vita e di coloro che ci circondano. L'opposto è ovviamente lo stesso.

Pertanto, la dualità è l'equilibrio tra la luce e le tenebre, ed è del tutto appropriata, perché è una parte di nostra progettazione. Non dobbiamo temere questa parte oscura di noi che è tanto divina quanto la parte illuminata. Creiamo un ambiente sinistro e macabro intorno al buio, che il solo immaginarlo ci suggerisce timore. Ma questo è davvero un test che "angeli", travestiti da esseri umani, stanno facendo nel pianeta per livellare il campo di gioco; e con questa dualità (chiaro e scuro), cercare di trovare un equilibrio tra i due. Questo equilibrio sarà utilizzato per un progetto universale, ancora nascosto alla nostra coscienza. Non è qualcosa che viene da dentro le tenebre per "pungolarci" e trascinarci con lui. Questo è puramente un pensiero basato sulla paura. L'essenza della luce è l'amore di Dio. Chi ha ottenuto l'amore, ha ottenuto la luce. Non esiste una cosa come l'oscurità che possa venire a noi, se stiamo trasmettendo la luce!

Tuttavia, la domanda che sorge spontanea, è: *Allora, se ho il male dentro di me, devo vivere con esso senza combatterlo? Non sarebbe il caso di "uccidere" questo "mostro" interiore?*

Ancora secondo Kryon, essendo la dualità parte di noi, rimane con noi per tutta la vita. Distruggerla, significa ucciderci. Questa polarità è il mezzo che ci fa identificare ciò che chiamiamo bene/male; luce/buio; giusto/sbagliato e prendere decisioni. Inoltre, le società nemmeno sanno che cosa significa veramente questo concetto. Cambiamo continuamente i valori di tali concetti nel corso dell'evoluzione della coscienza umana, giudicando ciò che riteniamo buon senso per ogni epoca. Ma il buon senso, così come il "giusto-sbagliato", non è statico. Cambia in continuazione con la coscienza umana. Gran parte di quel che una volta era considerato "giusto-sbagliato", oggi non si adatta più. *Ma il buon senso, rimane sempre buon senso, non si può cambiare* – potete dire. Il buon senso è dinamico, è semplicemente l'idea di ciò che opera naturalmente, all'interno del corrispondente livello di coscienza in quel particolare momento. Quando la coscienza cambia, lo stesso accade con gli attributi del buon senso. Se ci si ferma ad analizzare ciò che è stato considerato davvero "buon senso", 50 anni fa, si rimarrebbe sconvolto.

Ma il fatto è che è difficile credere di avere Dio dentro di noi. In realtà, è più facile portare a galla la nostra parte oscura piuttosto che il lato Dio. In questo caso, sembra che il diavolo sia ovunque! E Dio da nessuna parte, o racchiuso in qualche nascondiglio segreto, dove cerca di creare delle strategie per sconfiggere il diavolo. Interessante! Una parte di te ti spinge alla ricerca di Dio, ma il tuo lato oscuro sta sempre premendo i pulsanti opposti!

Molti dicono: *Non ha senso avere dentro di me un nemico così forte, senza combatterlo. Bisogna sconfiggere il male.* Tuttavia, ciò che è necessario non è distruggere gli attributi che sono insiti nel nostro essere, ma imparare a trattarli senza il concetto di eliminazione. Questo è l'equilibrio... E questo è un concetto complesso per quasi ogni essere umano vivo. Perché è necessario sostituire l'istinto di sopravvivenza, nel senso centrale del termine, e non è facile. Trascende i sentimenti di fuga o di lotta, e li sostituisce con la saggezza di riconoscere che esiste la polarità all'interno del nostro DNA quantico, al fine di creare l'equilibrio. Non avendo la conoscenza di questo a livello razionale, pensiamo che se il comportamento di una persona non è in accordo con certe regole stabilite, dobbiamo, quindi, classificarlo come "male". Neghiamo la verità che ogni azione che compiamo è di responsabilità esclusivamente nostra e, quindi, decidiamo di creare un'entità responsabile: il diavolo. D'altra parte, credere che il male sia dentro di noi, è un insulto al nostro *Io* intellettuale e alla nostra integrità di volere rappresentare una vita onesta. Allora, pensiamo che non sia nostro.

Immaginando un sistema così complesso, così grande e che fa parte di questo nostro piccolo corpo biologico, ci guardiamo allo specchio e vediamo solo un essere umano che invecchia, quindi, pensiamo che questo è tutto ciò che sia la vita: un'altalena di alti e bassi. "*Qual è il significato della vita? Se io sono parte di un grandioso sistema, allora, sono una parte molto piccola.* E subito, quella cosa oscura dentro di te, dirà: "Proprio così, caro, hai ragione. Tu non sarai mai niente! Sei qui per caso e quando morirai, sarà tutto finito!" E per qualche ragione, l'umano abbassa la testa e dice: *Caspita! È vero!* Questo concetto è qualcosa che abbiamo bisogno di analizzare fuori dagli schemi e da qualsiasi programmazione mentale.

A cosa serve tutto ciò?

Dio non avrebbe potuto crearci solo con il lato illuminato? Perché dobbiamo attivare questo equilibrio e a cosa serve? Che cosa accadrà alla Terra dopo questo *test*? Per ora, molte risposte sono ancora nascoste da noi, ma il fatto è che tutto ciò fa parte del tessuto dell'universo stesso, con il quale tutto è fatto e di cui siamo parte. Tuttavia, ciò che è più importante e che c'è bisogno di capire ora, è che, se si sceglie di utilizzare questo potere per il male e di essere una persona cattiva, hai tutta l'autorità per farlo, perché hai il libero arbitrio. Dio non si metterà di mezzo per impedirti, e non sarà neppure il diavolo che starà cercando di trascinarti o possederti. Nessuna forza potrà trascinarti da alcuna parte se non lo desideri. Questo è il tuo libero arbitrio e qualsiasi delle due forze tu decida scegliere e utilizzare, essa si farà presente nella tua vita. Ci sono alcune sette che adorano esattamente questo. Molti esseri umani vanno lì perché è lì che loro trovano il potere da esercitare su altri esseri umani; per creare preoccupazione, dramma e controllo. La storia è piena di esempi del genere. Molti dittatori sono stati in grado di convincere molte persone del fatto che loro avevano ragione e, in questo modo, furono uccise milioni di persone! Questa è la capacità dell'essere umano ed è potente. I più grandi dittatori che siano mai esistiti sul pianeta, hanno trovato la loro forza e potere in questo modo. Hanno usato tale forza per attirare l'attenzione su di loro, diffondendo la paura tramite l'eccidio di massa – incremento del terrorismo - diffondendo la paura nella loro cintura di potere. Ecco come funziona. Ma anche se noi etichettiamo queste azioni come maligne, non è altro che l'essere umano in azione che esercita il suo potere del male. Molti si stanno ora facendo il segno della croce, pregando tre Ave Maria e cinque Padre Nostro; ma è il momento di sapere che noi, esseri umani, creature di Dio, possediamo un grande e favoloso potere e siamo in grado di usarlo, sia per il bene sia per il male. L'essere umano è potente in entrambe le direzioni. Ha l'energia dell'angelo e del "demone" al suo interno.

E se dopo di questo, siete ancora in piedi, consiglio sedervi perché, quanto segue, potrà scuotere la vostra struttura.

Molti ridono e dicono: "Beh, io non sono d'accordo. Vuol dire che il diavolo non esiste? Sono stato in certi posti, dove ho visto la magia nera. Ho visto i demoni uscire dagli esseri umani. Ho visto le forme fisiche strisciare sul pavimento e poi andarsene via. Come si può negare tal evidenza?" No, quello che avete visto era l'energia oscura della possessione umana che si presenta come la cosa più scura e più temibile che si possa immaginare, e che chiamate demoni. La paura fa sì che vediate in ciò una forza che va oltre il potere umano e, quindi, potrebbe venire solo da un essere tenebroso uscito dalla profondità dell'inferno. In questo caso, molti vedrebbero la stessa cosa e riferirebbero molte verità, piuttosto che vedere l'energia reale di ciò che è.

Credete nei miracoli? Allora sappiate che i miracoli non avvengono sempre con la luce. La magia nera non è altro che un miracolo creato dal potere oscuro di un essere umano. Un essere umano può fare questo. Non dimenticatelo mai! Smettete di negare il potere che fa parte della natura umana, sia esso utilizzato per il bene sia per il male, perché se lo desideraste, potresti essere più potente che qualsiasi cosa oscura su questo pianeta, ancora più potente che qualsiasi demone che abbia detto di possedere te. E se volete una prova, attivate il frammento di Dio in voi. Lasciate che il velo di nebbia della vostra coscienza si sollevi, solo un po', e di per sé capirete che è la verità. La scoperta dello Io-Dio cambia l'equilibrio per sempre. PER SEMPRE!

Ci sono ragioni molto profonde per tutto ciò, ma sfuggenti nella realtà 3D. Bisogna aver un equilibrio per tutto nella natura. E ancora, se si vuole una prova, basta "spingere" la porta a Dio. Questo è il motivo per cui chiamiamo "velo", questa mancanza di comprensione, perché nasconde ciò che è davvero lì.

Il male è l'umano che assume il potere a un livello molto profondo e inferiore. Guardate la vostra storia, o ciò che sta accadendo in alcuni luoghi oscuri del pianeta. Non troverete il diavolo lì. Al contrario, troverete il male nella libera scelta degli esseri umani che stanno facendo in modo che ciò funzioni per loro. È di questo che tratta il test della dualità, in questo momento sulla terra. (Kryon)

Credo che questo sia il motivo per cui molti leader spirituali si confondono, quando affermano che siamo nati nel peccato, che siamo mali di natura, e che siamo persino indegni di parlare con Dio. Forse, la causa è proprio il fraintendimento del concetto di "male". Intuitivamente, sappiamo che abbiamo l'energia oscura dentro di noi - il male - e poiché non capiamo il vero motivo di quest'aspetto nella natura umana, si presume che sia un male da combattere fino all'ultimo sangue, o cercare di essere redenti mediante l'ultima goccia di sangue di un martire, che è venuto al mondo proprio per questo scopo. Tuttavia, le creature di Dio non nascono con il peccato, ma sono magnifiche! Dio è in noi e persino il Maestro d'Amore - Gesù – ha detto questo. Perciò, abbiamo la luce che vince ogni oscurità, abbondantemente, se lo vogliamo.

Ma com'è nata questa "benedetta" dualità che tartassa la nostra vita?

Possiamo usare un po' di fantasia e fare una "allegoria" per far sì che si possa comprendere meglio, il significato di ciò che sta per essere detto:

In principio Dio, l'energia infinita o il **Tutto ciò Che È**, concettualmente sapeva che era puro amore, ma non aveva mai sperimentato se stesso. Come sarebbe provare tale amore? Per sperimentarlo, e definirlo come tale, sarebbe necessario che esistesse l'esatto contrario. È così che il **Grande Io Sono Tutto ciò che È**, ha creato la polarità. Tutto ciò che non è **Amore**, è definito **Paura**. Giacché la Paura è nata per confrontarsi con l'Amore, esso non è più un concetto ma è diventato qualcosa che potrebbe essere sperimentato. Tutti gli altri sentimenti esistenti derivano poi, da questi due concetti.

È a partire dalla creazione di questa dualità (la mela di Eva), che gli esseri umani hanno cominciato a etichettare ciò che è bene e ciò che è male. Questo ha creato le varie mitologie, come ad esempio la caduta di Adamo, la ribellione degli angeli in cielo e la figura del diavolo.

Così, tutto ciò che è amore, cominciamo a etichettarlo come "le cose di Dio"; e quello che porta la paura, lo chiamiamo "le cose del diavolo". Se accade un miracolo, tutti i meriti vanno a un potere divino che non si può vedere o capire, perché è inspiegabile. Se qualcosa, però, si muove nel buio, è il diavolo. È il male. Le energie che non sono comuni, ci portano a una reazione; non viene mai considerata la possibilità che possa trattarsi di qualcosa che noi stessi produciamo.

Battaglie e conflitti sono concetti che si basano sulla dualità. Dio non condivide la nostra esperienza 3D, tuttavia, molti continuano a costruire gran parte della storia spirituale, come se fosse davvero così. Gli angeli non combattono, non esiste nessuna battaglia per il potere e il paradigma della nostra coscienza non può essere trasferito al funzionamento dello Spirito. Quest'atteggiamento significa che noi non vogliamo essere responsabili assolutamente di nulla, sia nel bene sia nel male! E quando si tratta del male, allora, la colpa è sempre di qualcosa o qualcuno, preferibilmente lontano da noi. È facile passare la palla qua e là. Noi pensiamo che stiamo girando in modo casuale, senza autocontrollo, sperando di non essere trascinati da un'energia "negativa", mentre compiamo le nostre azioni. Abbiamo appeso la nostra paura alla possibilità che Dio, da tanto tempo sta lottando con Satana, eh... chi lo sa... alla fine vincerà la battaglia e ci salverà. Ma perché questo accada, è necessario essere all'interno di una delle più di settecento versioni di credenze spirituali del pianeta. Pensi davvero che questo sia un pensiero di Dio? **NON può essere**. È mitologia umana, spesso fornita dai leader spirituali che, con molta integrità e buone intenzioni, ritengono che il loro cammino sia quello giusto ed è così che funzionano le cose.

E la leggenda si è diffusa a tal punto, che sulla terra si sono stabilite mitologie molto bene elaborate, con scene dantesche, tremende battaglie nel cielo tra soldati angelici e guerrieri diabolici; le forze del male combattono ferocemente contro le forze del bene, tanto che, ancora oggi, i grandi registi le utilizzano nei loro film di fantascienza.

Nella mitologia, l'angelo *Lucifero* è caduto letteralmente dal cielo. Solo che, nemmeno questo "cielo" esiste nel modo in cui si pensa, perché è impossibile creare luoghi in uno stato interdimensionale. C'è solo *la Casa*, la nostra vera casa, dove rimaniamo quando non siamo qui... e non è un luogo. Si tratta di uno stato di energia interdimensionale e senza tempo.

Allora, quell'angelo caduto, è stato il responsabile della creazione, per conto suo, di un luogo maligno chiamato Inferno, dove potrai andare se non ti comporti bene.

A questo punto, è necessario fermarsi un attimo e uscire dallo stato programmato, per discernere la verità, separando ciò che vi è stato detto, da ciò che la vostra intuizione sta gridando ad alta voce, proprio **ADESSO**. In fondo al cuore, la tua anima non accetta questa condizione, ma la ragione condizionata, nega la voce dell'anima. Siamo la Famiglia di Dio. Riflettete per un momento se la vostra famiglia creasse un inferno dove inviarvi quando sarete morti, a soffrire in eterno, caso mai doveste entrare dalla porta "sbagliata"! Oppure, se non vi dichiaraste parte di una delle numerose scatole di credenza culturale! Questo ha senso per Dio o è solo una creazione umana, rinsaldata nel sentimento della paura? Certamente, queste mitologie sono state coerenti con il bisogno dell'umano di voler capire e, quindi, trasmettevano agli altri un evento cosmico, che l'anima conosce profondamente, ma che la mente non può concepire come reale.

Nell'atto di rendere l'universo, una versione suddivisa di se stessa, Dio ha creato tutto ciò che esiste, visibile o invisibile, utilizzando unicamente la sua stessa Energia Infinita. (CCD1 - N. Walsch)

Così, diventa chiaro che non è stato creato solo l'universo fisico, ma anche quello metafisico. Il TUTTO, l'Io Sono/Non Sono, il Tutto/Niente, con la sua esplosione, ha creato al suo interno, un infinito numero di piccole unità, che ha denominato "spiriti". Questi sono gli innumerevoli spiriti che noi chiamiamo il Regno dei Cieli e che fanno parte della totalità del nostro ESSERE. Tutte queste parti di Dio, sono state create in modo che Egli potesse conoscersi sperimentalmente, e non solo concettualmente. Siamo tutti suoi figli-spiriti e ci ha dato anche il potere di creare, per questo siamo stati chiamati *Figli di Dio,* a sua immagine e somiglianza. Non c'è come sfuggire a questa realtà. Non si può raggirare cercando di rammendare qua e là, né inventare mille modi di riscattarsi per cancellare le macchie del peccato alla nascita... non siamo sporchi, non siamo nati nel peccato, e - indovinate un po' - siamo belli come lo stesso Dio. Che ne dite? Tutto lo sporco che ci mettiamo addosso e la ricerca di un capro espiatorio che sia in grado di purificarci, è, quindi, una conseguenza della dualità, dell'attaccamento al sentimento della paura puramente umana. Niente di più di questo. Siamo nati nel peccato e nello sporco? Oh, no! Più che altro, siamo nati limitati nella nostra intima consapevolezza di chi siamo realmente, ma non nel peccato. L'anima umana, la matrice umana di cui tutti facciamo parte, è assolutamente fantastica, squisita, pura. Non potrà mai essere deprezzata.

Dio ci ha creati per essere allo stesso modo creatori. Così, ogni azione, ogni passo, ogni decisione che prendiamo, è Dio che agisce, che decide di sperimentarsi attraverso di noi. Pensateci.

È la cosa più fantastica che possa essere scoperta e accettata, è l'unica cosa che veramente "pulisce le macchie" che noi stessi, come esseri umani, abbiamo collocato su di noi, per colpa della PAURA! È colpa dell'incredulità di che qualcosa così buia possa davvero abitare in noi, o la miscredenza che qualcosa di così grandioso come Dio, possa dimorare in noi. Ci hanno insegnato che non siamo nulla, quindi, consegniamo il nostro potere del bene e anche del male. Abbiamo bisogno che altri ci dicano qual è la verità. E qui ci siamo noi, senza potere, senza alcuna idea che questi due poteri così profondi esistano ben all'interno del nostro essere.

In questo stato di paura e d'indegnità, è facile essere catturati da chiunque, perché crediamo nei più svariati sistemi di credenze su Dio. L'ottantacinque per cento della popolazione mondiale, ha di fatto creato per se stessa, le scatole dove può spiegare tutto ciò in forma 3D. Tuttavia, vi è una parte di Dio che abita in ognuno di noi ed è un'energia quantistica (interdimensionale, non in 3D), in attesa di essere risvegliata. Questo è il motivo per cui siamo tutti spronati e trascinati in questa ricerca, per prendere conoscenza che siamo parte del **TUTTO**. Questa porzione di Dio in noi ha un equilibrio perché, oltre l'illuminazione, c'è anche il buio più oscuro, e ha il nostro nome scritto su di esso. Pertanto, questo è **dualità**.

Questa propensione all'equilibrio rilascia una potente energia che, insieme con tutta l'energia del pianeta, influenzerà qualcosa di grandioso che è parte di un vasto piano per l'intero Universo. E noi siamo i piccoli "ingegneri" di questo progetto. È importante, è molto bello ed è spirituale! Che ci crediamo o no la verità rimane la verità. Ognuno deve decidere da sé se questo è vero o no. E deve essere una decisione individuale, senza evangelizzazione organizzata, senza nessuno che ti dica che cosa credere o non credere. È andato il tempo in cui potevamo, semplicemente, collocare la convinzione della nostra anima nel vagone della storia e della mitologia che rappresenta. Questa nuova energia sta cominciando a estendere l'esame individuale delle cose spirituali... il desiderio di conoscere realmente la verità. E questo può essere visto, oggi, in tutto il mondo. Si tratta di un nuovo paradigma della spiritualità, dove in milioni cominceranno a esaminare la verità che si trova dentro di ognuno di loro - *nessun luogo per riunirsi, nessuna struttura da visitare, nessun profeta umano storico da adorare, e nessun libro fondamentale di regole.* Molti si chiederanno come un gruppo di umani così grande possa esistere con i propri pensieri, senza una struttura, una leadership o qualsiasi tipo di affiliazione. *È il nuovo modo di fare le cose, dove ciò che si scopre internamente è ciò che è vero e reale, piuttosto di ciò che viene detto da coloro che riecheggiano la loro mitologia della storia – e nella maggior parte dei casi, nemmeno sono d'accordo tra di loro. (Kryon)*

Il sentimento è il linguaggio dell'anima. Se volete sapere ciò che è vero per voi riguardo a qualcosa, vedete come ci si sente con essa. A volte è difficile scoprire i sentimenti – e, spesso, ancora più difficile ammetterli. Tuttavia, nascosta nei vostri sentimenti più profondi, sta la vostra verità più alta. (Neale Walsch)

CAPITOLO V

I MITI PIÙ DIFFICILI DA ESSERE DEMOLITI DALL'UMANITÀ BASATI SUI MESSAGGI DI KRYON.

Mito della Bibbia come l'unico libro che contiene la Parola di Dio.

Certamente, concettualizzare "chi è Dio", confinandolo all'interno di una dimensione limitata come quella in cui viviamo, sappiamo già che è una cosa improbabile, ma, allo stesso modo, pensare che Dio abbia dettato un unico libro con tutte le regole necessarie per l'umanità in ogni epoca, è al di là di ogni possibilità. I testi antichi, tra cui non solo la Bibbia, ma la Torah, Corano, Veda e tutti gli altri considerati sacri, sono libri che facevano parte degli addestramenti dell'umanità perché potesse raggiungere un livello in grado di comprendere le nuove rivelazioni! Non importa qual è il nome che portano, tutti sono stati scritti per tale scopo. Tutti hanno la parola di Dio, ma anche credenze culturali e posizioni del clero e delle classi dominanti. Questo non è un segreto. Ora, ci sono nuove rivelazioni per l'umanità che non si trovano nei testi antichi! Dio continua a parlare ancora oggi, in tutto il mondo, fuori dalle istituzioni organizzate, o dalle strutture che insegnano solo ciò che è sigillato nella Bibbia. Se potete uscire per un momento dalla casella tridimensionale in cui vi trovate, per dare un'occhiata fuori, sarete stupiti di vedere come la coscienza dell'umanità è cambiata intorno al pianeta. Ha avuto un'enorme evoluzione spirituale perché tutto si evolve. Dar un'occhiata fuori dal "box", per vedere che ci sono nuovi paradigmi che ora hanno bisogno di un'attenzione più accurata, è *noblesse oblige*.

101

Qualcuno potrebbe chiedere: "Perché sono così tanti su questo pianeta che ancora non capiscono, non sentono o non vedono questo cambiamento?" Si tratta, semplicemente, di libero arbitrio. Sono quelli che non hanno ancora deciso far parte di questo spostamento interdimensionale, come proclamato nelle antiche scritture, non hanno scelto di uscire dalla scatola, anche avendo appreso, attraverso le Scritture stesse, che un giorno ciò dovrebbe essere fatto. Non prestano attenzione alle cose che sono potenti e disponibili per essere utilizzate oggi, da coloro che scelgono di essere parte del cambiamento. E che ci crediate o no, sono cose grandiose che, finora, abbiamo solo sognato.

Molti hanno chiusi in una scatola gli antichi testi scritti da oltre 2000 anni, e lì sono rimasti in fase di stallo. Tuttavia, la sorpresa è che Dio non ha smesso di parlare 2000 anni fa. Dio non è statico, non lo è mai stato e non gli importa nemmeno un po' se le nuove informazioni, in linea con la nuova coscienza planetaria e l'attuale sistema moderno in cui viviamo, possano portare nuove idee e visioni per mostrare le infinite sfumature del suo aspetto. Tutto ciò che gli antichi hanno visto, è stato trasmesso nella miglior forma loro disponibile, all'interno di una capacità dimensionale limitata.

La maggior parte degli scrittori del Nuovo Testamento non ha conosciuto Gesù. Questo perché loro sono vissuti molti anni dopo che Gesù ha lasciato questa terra. In generale, gli scrittori della Bibbia erano tutti ottimi storici e hanno tramandato il racconto orale che è stato passato dagli anziani, agli anziani, fino a venire a conoscenza di coloro che, da allora in poi, l'hanno messo per iscritto; e non tutto ciò che è stato riferito dagli autori della Bibbia, è stato incluso nel documento finale. Non è un mistero che l'antica chiesa, spesso selezionava parti della Bibbia che dovevano essere raccontate e come sarebbe stato fatto. Sugli insegnamenti di Gesù, per la chiesa era consuetudine riunirsi in gruppi - come accade sempre quando alcune idee rivoluzionarie sono avviate - per decidere quali parti della storia di Gesù potevano essere raccontate.

Il messaggio di Cristo in Palestina era un messaggio rivoluzionario. È stato un messaggio di amore incondizionato per tutti. *"Io vi do un comandamento nuovo: che vi amiate gli uni gli altri come io ho amato voi"*, ha detto Cristo. Il Dio che Cristo predicava non era il Dio degli ebrei, vendicativo, geloso ("Io sono un Dio geloso"), terribile per la coscienza umana quasi animalesca, in quell'epoca. Ma era un Dio d'amore, che prestava attenzione alle pecore perdute senza punirle. Cristo ha perdonato anche i suoi nemici perché non erano cattivi, ma solo privi di consapevolezza. *(Padre, perdona loro, perché non sanno quello che fanno)*. In particolare, ciò introduce un concetto molto diverso da quello tipico "buono/cattivo" o "giusto/sbagliato". Egli voleva dire che tutti gli errori che commettiamo, sono errori compiti per ignoranza. L'acquisizione di conoscenze e il conseguente potere, è ciò che determina la crescita e l'evoluzione. Il suo messaggio era che il potere che ognuno di noi ha la possibilità di utilizzare, è l'uomo interiore, che aspetta solo di essere portato alla luce attraverso un'individuazione preventiva. *"La tua fede ti ha salvato"* - la tua fede, non "io", non Dio, ma la tua fede, vale a dire, la forza della tua convinzione. Ha usato uno strumento che è dentro l'individuo stesso, e che non ha bisogno di nessun altro per essere salvato. Vi rendete conto dell'implicazione di questo?

Pertanto, la grande innovazione di Cristo era, in primo luogo, un messaggio d'amore, come il motore dell'universo e come un principio di Dio; In secondo luogo, la semplicità e la possibilità di utilizzare una potenza interna, usando l'intenzione consapevole e diffondere questo messaggio a chiunque, non solo agli iniziati. Cristo si è rivelato un vero e proprio fenomeno per il tempo, e Roma cominciò a tremare, tanto che, al fine di bloccare il messaggio avanzato di Cristo, cercò di applicare i metodi più comuni tra i potenti quando non si può fermare un fenomeno: si paga, si corrompe, si finge di essere dalla sua parte, oppure, gli si getta del fango addosso per screditarlo, anche a costo della sua morte.

Dal 391, con *Teodosio*, la religione cristiana divenne la religione ufficiale dell'impero e, da allora in poi, Roma distrugge sistematicamente il messaggio autentico di Cristo. La Chiesa cattolica si fa portatrice di un messaggio di odio e di violenza contro il "diverso", contro l'eretico, contro le altre religioni. I fautori di messaggi autentici dell'amore, come i *Catari* e i *Dolciniani*, vengono sistematicamente distrutti in un bagno di sangue. Chi osa proporre riforme della Chiesa, anche minima, nel senso del messaggio autentico di Cristo, viene bruciato, come *Savonarola* e *Giordano Bruno*.

Anche dopo molti secoli in cui la trascrizione originale è stata stilata, il Consiglio della Chiesa, ancora una volta, ha stabilito quali dottrine e verità dovrebbero essere incluse nel testo ufficiale della Bibbia e ciò che potrebbe essere "pericoloso", "deviante" o prematuro rivelare alle masse. Per esempio, i manoscritti del Mar Morto trovati in questi ultimi tempi, sono la prova di quanto è stato tenuto nascosto alle masse. Negare questo fatto o pensare che la Bibbia non sia stata manomessa o modificata, e "guai a chi cambia una sola lettera... " sarebbe molto ingenuo. È una cosa naturale e ovvia che una trascrizione, in un momento in cui non c'era nemmeno la scrittura, contenga modifiche o omissioni. Non è per nulla un'eresia ammettere questa realtà. La negazione di questo fatto, è una decisione motivata dal puro sentimento di paura. *"Oddio, un fulmine cadrà sulla mia testa!"*

Nelle zone prive di lingua scritta, i messaggi e le verità cosmologiche si sono evoluti in miti, trasmessi oralmente. In alcuni casi, si ritiene che le verità divine interpretate nel simbolismo archetipico, non si sarebbero potute mettere per iscritto. L'informazione, in quel momento, era molto importante per l'evoluzione spirituale del genere umano, ma nei giorni nostri non è necessariamente applicabile a tutti. *Dobbiamo quindi distruggere tutti i testi antichi e non usarli più?* No. Sono stati utili finché necessari. Ci sono, tuttavia, molti di essi che sono ancora nascosti e quando saranno trovati, infine, faranno da nesso fra la nostra biologia e il funzionamento della Terra, compreso il funzionamento del sistema solare! Essi mostreranno la relazione tra DNA e la geologia del pianeta; l'unità con **Tutto Ciò Che È**. Ogni cosa ha il suo tempo e tutto ciò è appropriato.

Dio sarebbe cambiato nel corso dei secoli?

Studiando le civiltà di varie epoche, abbiamo visto come Dio è stato rappresentato in modi diversi nella storia. Dio ha sempre agito in conformità con le percezioni di chi viveva in quel particolare momento; le modalità della storia, scritta da chi l'ha rappresentata in modo epocale. In conformità a questi scritti, hanno etichettato e compartimentalizzato Dio. Alcuni hanno utilizzato il prototipo: *il Dio di quel tempo era terribile! Quando il popolo si comportava male, Egli distribuiva punizioni severe. Per fortuna, oggi ha cambiato tattica.*

Ma Dio non cambia mai. Dio è la famiglia, e questa famiglia è stabile. Non c'è mai stato cambiamento nell'energia di Dio. *Allora, come si spiegano le azioni di Dio del Vecchio Testamento e il Dio di oggi? Sembrano così diversi!*

Quello che stiamo vedendo, è un cambiamento notevole umano! Non è Dio che cambia, ma la sua percezione. I cambiamenti di coscienza dell'umanità, creano profondi mutamenti in quello che è percepito come realtà. Dio usa sempre il linguaggio dell'apparenza e dell'osservazione dal punto di vista dell'essere umano, in un dato periodo di evoluzione della coscienza. La Bibbia stessa lo dimostra. Il Dio del Vecchio Testamento, chiamato il "Dio della Legge", che sembrava distribuire punizioni severe, ha agito secondo il limite di una coscienza primitiva, in continua evoluzione, ma nel Nuovo Testamento, con la dispensa dell'amore, la sua azione sembrava essere già molto più mite.

Nella vecchia coscienza, chiamata la "dispensazione della legge", quel che è stato riportato nelle Scritture, individuava il modo in cui si poteva vedere attraverso i filtri della realtà dei tempi. Ciò che è stato scritto, è ciò che gli esseri umani presenti al tempo, hanno pensato di Dio, mentre scrivevano sull'esperienza vissuta. Tutto ciò che hanno visto, l'hanno trasmesso nella forma migliore che sono riusciti a dare, all'interno di una capacità dimensionale limitata. Nel modo in cui riuscivano a sperimentarla, così la "sentirono" e la diffusero come verità. In effetti, siamo in un tempo nuovo. Ma Dio non è un nuovo dio. Perché la sua energia oggi è la stessa, da quando la terra è stata creata.

Un tempo, è stato narrato nella Bibbia che Giosuè voleva avere luce in più per non interrompere la battaglia contro gli Amorrei. La maggior parte degli antichi a quel tempo, aveva la percezione che il Sole girasse intorno alla Terra. Giosuè allora, pregò Dio di fermare il sole, perché, dal suo punto di vista, così come da tutti gli altri, sarebbe stato il sole a girare intorno alla terra! Non aveva la percezione e gli strumenti per analizzare questo fatto, come abbiamo oggi! La Bibbia parla di una prospettiva umana, giacché al momento si pensava che il sole girasse intorno alla terra. Questa percezione non è stata apparentemente modificata. Per Giosuè, infatti, il sole si è fermato. Oggi, sappiamo che è la Terra che gira intorno al sole e non viceversa. Se Dio non avesse utilizzato il linguaggio dell'apparenza e avesse affrontato l'evento dal punto di vista scientifico, sarebbe stato difficile, se non impossibile, essere capito dagli antichi. Quando Giosuè ha scritto la storia, le parole sono state espresse dal punto di vista di quel tempo, in modo che i lettori potessero capire meglio.

Se Giosuè avesse scritto che il movimento di rotazione della terra avrebbe subito un arresto improvviso e la terra avesse cessato di ruotare intorno al sole, probabilmente il libro di Giosuè non sarebbe apparso nella Bibbia poiché sarebbe stato bruciato dagli ebrei ortodossi, che avrebbero giudicato tali informazioni come "cose del diavolo". La Bibbia, in genere, parla con un linguaggio antropomorfico, cioè, da una prospettiva umana, sempre in base al livello di coscienza umana del periodo. Così, mentre la consapevolezza dell'informatore man mano cambiava, sembrava che la stessa divinità fosse cambiata. Tutto era negli occhi di chi osservava.

Nella sua dispensa di amore Dio non è cambiato. Al contrario, ha fatto l'umano! Il velo si sta sollevando. Alcuni di voi sono in fase di scoperta - alcuni stanno persino vedendo le cose in modo interdimensionale! È un momento incredibile che collega l'umanità a quello che i Maestri hanno detto possibile. (Kryon)

Metafora dell'umano addormentato

Kryon usa spesso metafore per spiegare cose complesse e fuori dalla nostra esperienza tridimensionale, perché solo in questo modo, possiamo capire gli aspetti interdimensionali, dal momento che viviamo in una dimensione limitata. Questa metafora spiega, in forma molto coerente, la ragione per cui le dottrine religiose che compongono gli antichi libri sacri, non possono più funzionare con le attuali modalità della nuova coscienza.

Migliaia di libri sono stati scritti sul metodo di prendersi cura dell'essere umano, mentre rimaneva addormentato... Ma ecco, che l'umano si sveglia improvvisamente! Che cosa fare con i libri creati per gli esseri addormentati? Ora non è più necessario! Molti stanno risvegliandosi in un nuovo paradigma spirituale. Le vecchie formule per gli "addormentati" oramai non servono più. Ci sarà un risveglio spirituale su questo pianeta, e che andrà ben oltre a tutto ciò che è stato visto prima.

L'analogia è: la coscienza umana è stata addormentata per un lungo periodo. La parte dormiente si riferisce alla consapevolezza che l'essere umano sia anche spirituale e potente. Questa parte è rimasta come fosse nascosta, e voi eravate all'oscuro che realmente esistesse. Durante questo periodo di dormienza, una metodologia è stata sviluppata - un protocollo per assistere l'umano dormiente, ed è a disposizione di tutti. Questa metodologia è diventata l'istruzione spirituale per mantenere l'umano nel sonno ed esso è circondato da attenzione, assistito in tutte le funzioni corporee, nella nutrizione fisica e mentale, dandogli la tranquillità.

Le modalità di quest'assistenza sono state scritte in libri, tavolette e pergamene, molti dei quali sono stati scoperti nelle grotte e nei mari, dopo essere scomparsi per molto tempo. I metodi sono definitivi e hanno sempre funzionato. Gli esseri umani sono stati protetti nella loro dualità e assistiti, in modo da non perdere quel lume di spiritualità in tutto il tempo in cui è rimasto nascosto il loro vero potenziale spirituale, che è parte integrante di loro stessi. Così, ora, la coscienza umana dormiente inizia a svegliarsi e scoprire la sua vera essenza e la divinità che abita in essa. Tali istruzioni sono state utili mentre loro erano "indifesi", come il latte materno per i bambini, necessario per la nutrizione. Quando si cresce, il latte materno non serve più. È inappropriato alla crescita. Ma non aver più necessità del latte non vuol dire annullare la sua efficacia durante il periodo necessario. È stato utile finché necessario. Ora, non più. Riflettete su questo perché è profondo!

Gli aspetti divini di quello che eravate, ora stanno veramente cambiando. Alcuni libri sacri elevati non serviranno più come in passato. Sono ben scritti, ispirati o canalizzati, ma per un umano differente da quello che esiste oggi. Ora, sarebbe come riscrivere la storia. Le nuove scritture saranno "circolari", scritture dell'"ADESSO" - NEW NOW (il nuovo ora). "Ciò significa che tutti potranno diventare metafisici?" No. Questo non accadrà mai, non dovrà succedere. Stiamo parlando di una qualità supplementare di saggezza a tutte le culture e tutte le dottrine. Molte credenze che ora sembrano solide come la roccia, nei loro dogmi della vecchia energia, cambieranno per adattarsi alle questioni planetarie come la sovrappopolazione, il commercio e la tolleranza tra i vecchi nemici. Mai visto tale cambiamento spirituale. Aspettate e vedrete!

Guardate che cosa fa il nuovo Papa. "Kryon, non vi è alcun nuovo Papa" Dipende da quando si leggerà questo messaggio; ci sarà un nuovo papa, osservatelo (messaggio dato a Washington, DC, 4/10/05). *I giovani stanno allontanandosi, sempre più, dalla chiesa e il nuovo papa dovrà avere una visione più moderna per attuare modifiche, al fine di tenerla in vita. Non è la caduta della chiesa. Si tratta di una ricalibratura della divinità interiore, che si abbinerà con ciò che predicano. Quello che loro insegnano è con la modalità della vecchia energia. Non si applica alla vita reale. Le sue dottrine per i giovani non suonano come necessarie o veritiere. Le vedono come qualcosa di decadente, vecchio. Ma le religioni organizzate cambieranno. Alcune, addirittura, lasceranno le mitologie che hanno insegnato per migliaia di anni. Inizieranno ad agire sulle questioni fondamentali e scopriranno verità che attireranno nuovamente i giovani. Nuove idee su Dio saranno presentate che avranno più senso per le nuove generazioni. Le organizzazioni religiose continueranno ad esistere, ma il loro nucleo avrà molta più integrità di quanto ne avesse. A molti di voi non piacerà sentire tutto ciò, ma questa è la verità del potenziale.*

(Texas, 03/03/2012) – *Presto voi perderete un Papa. Il nuovo Papa a venire potrebbe sorprendervi. Egli porterà profondi cambiamenti perché in quel momento del tempo, l'organizzazione sarà in modalità di sopravvivenza. Si tratta di un cambiamento nelle forme in cui i sistemi spirituali attuali funzionano. È un riallineamento dei sistemi spirituali, che risuona come una verità più forte, mossa dall'umano, non dal profeta. Il nuovo papa avrà dei momenti difficili, giacché la vecchia guardia è ancora presente. Qualcuno lo potrebbe anche chiamare* **"l'anti-papa"** *- o* "Papa radical" *- perché andrà contro la tradizione quando, lentamente, inizierà un processo che onorerà la Vergine Maria, più di quanto abbia fatto ogni altro papa - <u>onorando le donne nella chiesa, portandole a posizioni più elevate... anche come preti.</u>*

Grazie alle sue riforme radicali, potrebbe anche subire un tentativo di assassinio. Fate attenzione.[4]

Guardate alla Nazione Islamica muovendosi nella direzione della tolleranza verso gli altri popoli, nel senso di una comprensione moderna sul modo migliore di onorare la loro fede, tuttavia rimanendo nella Nuova Energia dei diritti umani in generale, dando alle donne più controllo sulla loro vita. Loro innalzeranno se stessi, uscendo da un vecchio paradigma di culto, per entrare in uno nuovo, senza diminuire per questo, il suo grande lignaggio o la sua devozione a Dio. Ci sarà molto di più. E avrete tutto questo davanti ai vostri occhi, tra cui il cambiamento di un governo che abbraccia più di un quarto della popolazione della Terra e, con il cambiamento, s'inclinerà verso la spiritualità della sua gente. Che tipo di potere è questo? Che cosa dovrebbe accadere per far posto a un tale cambiamento? Forse un cambiamento della realtà che ha cambiato la coscienza umana? Riflettete!

Molte cose che pensate essere sacre e reali, sono solo mitologia, ma la maggior parte delle religioni non le accetta come tali. La storia del cielo e Inferno è qualcosa che è venuta proprio dalla dualità e dalla mente umana. Com'è possibile immaginare un campo di battaglia con un gruppo di angeli morti? E dove sarebbero andati gli angeli morti? Molti diranno che "la Scrittura informa che ci fu guerra tra gli angeli." Davvero? Dio ha scritto tale cosa o l'ha fatto un essere umano? Gli esseri umani mettono in Dio tutte le proprie caratteristiche per rendere le cose comprensibili per loro. Si dice che c'è stato un gigantesco conflitto in cielo, che ha creato la guerra. Questa è una descrizione della dualità umana, non di Dio. È l'uomo guardandosi nello specchio e

---

[4] Le dichiarazioni sono state fatte nel messaggio "Ricalibrare il libero arbitrio", a Dallas, in Texas, il 3 marzo 2012 - un anno prima delle dimissioni di Papa Benedetto XVI.

collocando i propri limiti in un'energia che abbraccia l'intero, il TUTTO, e la stessa creazione di ogni cosa. Impossibile solo immaginare una "competizione" di questo genere.

La storia è coperta di conflitti umani. La mitologia suggerisce che Dio, per essere al comando, ha dovuto scalare una montagna di vittoria e di guerra per diventare quello che È. Usate la vostra intuizione divina e osservate se questo ha davvero un senso o se ciò non sarebbe, semplicemente, la parte umana proiettata in un Essere Superiore? Anche i più grandi uomini spirituali, hanno usato la metafora per interpretare quello che loro non riuscivano capire delle più grandi storie della creazione che avevano bisogno di essere ascoltate. Non tutto è ciò che si pensa che sia. (Kryon)

Un altro mito molto persistente per una vasta gamma di persone, "Gesù sta arrivando!"

Gesù sta arrivando da dove? Gesù non è mai andato via. Il suo spirito abita in noi. Le religioni, intuitivamente, confessano e non si rendono nemmeno conto. Dicono: *"Gesù vive nel mio cuore... " "Gesù è qui, chiedete quello che volete"* E allora? Se lui è qui e ora abita nel tuo cuore, da dove arriverà e per che cosa? Aggrappatevi al fatto che i Vangeli menzionano come potrebbe essere il ritorno del Messia, arriverebbe rompendo l'aria e accompagnato da trombe. È difficile capire che sono allegorie, metafore che alludono al ritorno della "Energia Gesù, " non come immaginiamo quel Gesù di Nazareth di carne e ossa. Che si accetti o no, la Bibbia è piena di pennellate umane (il che è molto appropriato) per raggiungere un determinato livello di coscienza in quel particolare momento delle informazioni. Se osserviamo dal nostro punto di vista attuale, basato sulla coscienza degli esseri umani, questo scenario oggi è qualcosa di completamente fuori della nostra percezione. Perché Gesù avrebbe bisogno di quest'apparizione spettrale? Per umiliare i "peccatori"? Per vendicarsi dei suoi aguzzini? Ah... *per rapirci!* Rapirci? Gesù sta *rapendo* migliaia di vite in tutto il pianeta, proprio adesso. In ogni momento, qualcuno

111

viene "catturato". Se qualcuno non si è ancora accorto, è perché si è fermato in un tempo che non esiste più, intrappolato nella mitologia della storia. A ogni battito di ciglia, uno dopo l'altro saremo "catturati", nel momento in cui si comincerà a svegliare la coscienza di chi siamo veramente. Tutti saremo "rapiti". Ognuno nel suo tempo, non tutti insieme, come la maggior parte della gente pensa. Se inizi subito a pensare al proprio rapimento, in quanto è individuale e si tratta del libero arbitrio. Quanto prima si attiva la consapevolezza, molto più godimento si sperimenta della vita!

Ci sono quelli che insegnano che i maestri torneranno al pianeta un giorno" e molte religioni della Terra sostengono questo. Alcuni osservano il cielo e dicono: "Sta arrivando, sta arrivando... I maestri torneranno per salvarci." Gli esseri umani che fanno questo, non capiscono, non vedono la realtà di ciò che è accaduto. Perché tutti i maestri sono tornati e sono in questo posto! Ovunque vi troviate, ci sono loro. Fanno parte della struttura di una nuova griglia magnetica, e sono qui in spirito, non nel corpo.

I veri maestri che hanno dimorato su questa terra, sono tutti una famiglia, tutti loro. Si possono elencare dalla più antica stirpe di Abramo, attraverso Maometto, dalle culture dell'Estremo Oriente, fino ai messaggi correnti degli avatar viventi oggi. Porgete il vostro sguardo per il loro messaggio di base.

Tornate alla fonte. Non c'è bisogno che siano gli altri a spiegarvi quello che hanno detto. Non consegnate il vostro potere di discernimento a qualcuno che possa interpretare le parole di un maestro per voi. Siete capaci, tanto quanto il migliore degli interpreti "addestrati". Tornate alla fonte e scoprite che cosa hanno detto. Parleranno d'impegno e di unità. Hanno unificato le tribù che erano divise - hanno dato soluzioni a coloro che non ne possedevano. Molti sono saliti sulle cime delle montagne perché tutti potessero ascoltare e hanno parlato della capacità umana. Hanno detto a coloro che li circondavano, che gli esseri umani potevano essere come loro! Hanno donato tante di quelle cose a tutti voi, da farvi meditare per secoli... pratiche spirituali e storiche.

I Maestri della Terra conoscevano i potenziali - e hanno parlato di tutte le cose che si potrebbero fare, tutti loro vi hanno parlato. Gli antichi e i più recenti hanno predicato di ciò. Maestro dopo maestro, hanno detto che l'umanità è una parte del tutto, alcuni, addirittura, vi hanno invitati a essere "Figli di Dio." Questi maestri erano attuali in quel momento e lo sono tuttora. Essi saranno sempre attuali. Sono frammenti, profondità di Dio che non cambiano, perché rappresentano l'amore di Dio che è lo stesso per sempre. Nessuno di loro voleva essere adorato. Ciò è stato fatto dagli uomini; Non è quello che hanno chiesto.

Tutti questi maestri rappresentavano l'energia dell'adesso e sapevano tutto riguardo al potenziale umano di questa nuova energia. Pertanto, essi sono oggi così attuali come il giorno in cui sono venuti sulla terra. Ricordate questo: **Loro sono ancora qui!**

Il mito dell'Arca di Noè

Quanto segue, è scientificamente controverso, perché quello che voglio dire è che l'impatto di piccole meteore era più comune di quanto creduto in questo momento. Circa 13.000 anni fa, ci sono stati molti impatti. L'ultimo, circa 5000 anni fa, ed è stato il più impressionante. Sono successe, quindi, due cose sul pianeta: la prima è che, date le dimensioni dell'impatto, questo ha causato una tale rimozione del mantello del pianeta, che la Terra è passata da un'inclinazione di ventotto gradi a ventitré gradi e 1/3. Che impatto! Questo è stato solo cinquemila anni fa.

La seconda cosa è che la civiltà è stata colpita. Un'enorme quantità di polvere è stata rilasciata nell'atmosfera, fino a quella parte chiamata stratosfera, e il risultato è stato, principalmente, moltissima pioggia, al punto tale da spazzare via gran parte dell'umanità. Però, la maggior parte degli animali. Era necessario e indispensabile, e abbiamo già parlato di questo. Faceva parte del piano. Lo scopo principale era quello di eliminare tutte le conoscenze di Lemuria e di creare molti laghi per l'uso del genere umano. La scienza può vederlo nella stratificazione delle rocce ed è stato anche associato con la mitologia di una grande inondazione globale e con un'arca (l'Arca di Noè). È interessante, non è vero? Ci sono alcuni che amano definirsi teorici del creazionismo. Discuteranno con voi e saranno contro l'evoluzione dell'umanità. In qualche modo, entrambe le parti hanno ragione, perché la biologia dell'umanità si è evoluta molto lentamente. Ma la spiritualità, la parte sacra, è stata data in una sola volta, proprio come racconta la storia del Giardino dell'Eden, chiamato Lemuria. (Kryon) (Più avanti parleremo di questa antica razza di Lemuria).

Il Mito del Giardino dell'Eden

Questo è ciò che è diventata la storia della creazione in molte mitologie del pianeta. Siccome questo è successo in fretta, e così di recente nella storia della Terra, si ha la sensazione che tutto sia stato fatto subito, che non ci sia stata alcuna evoluzione da permettere che ciò accadesse. Da qui il pensiero di molti nel considerare che l'evoluzione non sia accaduta per nulla, ma che Dio ha creato gli esseri umani all'istante. Capite? C'è un seme di verità in tutte le cose, ma spesso sono collocate in un compartimento tridimensionale che rende più facile per voi capire. Un meraviglioso giardino; la tentazione che rappresenta il bene e il male... - questo è certamente molto vicina alla visione metafisica di ciò che è accaduto, quando un gruppo di esseri umani ha ricevuto i due nuovi strati della coscienza nel loro DNA. Poi, improvvisamente, ha iniziato ad agire nel processo di dualità, nella consapevolezza della luce e del buio. (Kryon)[5]

---

[5] Sarà spiegato meglio nei prossimi capitoli

Gli Illuminati e la Massoneria

Alcuni hanno trasformato queste due classi in miti, altri, in una leggenda banale. Ma qual è la vera storia dietro queste società occulte? Gli Illuminati esistono veramente? Questo è sempre stato un argomento di discussione tra ombre, dubbi e congetture oscure; possibile che la maggior parte dell'umanità si sia lasciata dominare da un piccolo gruppo di potenti senza opporre la minima resistenza? Esiste davvero una tale classe dominante nel pianeta o è solo una leggenda metropolitana?

Ecco la risposta di Kryon:

In tutto il mondo civilizzato, ci sono stati molti segreti su come funzionano le cose. Molto è stato nascosto negli angoli e fessure, per quanto riguarda le informazioni disponibili per i comuni cittadini della Terra. I nemici possono essere dietro le rocce sulla tua strada e potete non vederli mai. Essi possono riunirsi in luoghi bui e possono cospirare contro la vita dei personaggi, tramare per fare funzionare l'economia in un certo modo, per controllare le elezioni e anche quanto pagare per ogni cosa. Possono cospirare per fare funzionare la terra in un certo modo. Essi sono potenti e hanno molta influenza, forse anche nell'ambito delle Nazioni Unite.

Sono chiamati gli Illuminati e questi sono gruppi segreti. Sono i creatori di codici e quelli che tirano i fili della situazione sociale. Hanno fatto vincere elezioni, hanno dominato i mercati finanziari e li hanno controllati. "Questo potrebbe essere vero?" La risposta è sì. Avete mai notato che c'era una similitudine di cose - una stabilità in passato? Probabilmente avete pensato che fosse solo una situazione più solida - una buona cosa. Indovinate perché? Loro controllavano la maggior parte di tutto. Come una grande nave su un percorso che raramente si muoveva, hanno manovrato a favore proprio, direttamente nelle loro tasche. Si sono installati in Grecia. Fu lì che tutto è cominciato e dove tutto è crollato. Con loro grande sorpresa, un aumento sempre maggiore nella coscienza del pianeta, causato da un sistema di griglia sempre in moto, ha cominciato ad aprire un condotto chiamato integrità. Allora, le nuove tecnologie sono state sviluppate, ciò ha permesso a tutti di parlare con tutti, quasi a costo zero e in tempo reale (Internet!). Così, loro non si sono potuti più nascondere nel buio, e sono precipitati in caduta libera. Ora, su questo pianeta, non si possono più fare cospirazioni, o almeno non a quel livello - e questa è la ragione: esistono fari, come voi, intorno a questo pianeta che si dedicano a stare fermi, lasciando che sia la propria luce a brillare. Ci sono luci accese in corso, in tutto il mondo, in questo momento!

I "cattivi" del passato stanno assumendo norme differenti per raggiungere ciò che essi sostengono, e che può davvero beneficiare l'umanità. Stanno cambiando tutto, e, ironicamente, stanno diventando lo "Zio Buono" della Terra. Hanno iniziato a rendersi conto che i vecchi modi stavano diventando sempre più difficili da controllare. Effettivamente, avevano la loro base in Grecia ma si sono trasferiti in Africa. I loro fondi adesso sono lì. Con un movimento non molto segreto, stanno muovendo miliardi di dollari dall'Europa per finanziare la cura di un continente. Sono gli Illuminati che saranno in grado di fornire le risorse per la cura dell'AIDS in Africa. Uno dei più grandi problemi degli ultimi decenni, sta per essere finanziato e risolto - la cura per un intero continente.

"E perché avrebbero dovuto fare una cosa del genere?" Perché, se potranno essere parte dei grandi governi emergenti, potranno partecipare, fin dall'inizio, a tutto ciò che succederà dopo. (Sono ancora interessati a fare soldi e ottenere potere, senza dubbio)! Una parte di tutte le tasse e imposte raccolte, per esempio, saranno loro. Facendo guarire un continente del terzo mondo, loro sanno dell'alta probabilità che esso ha di essere popolato da esseri

umani sani, che possono acquistare case, attivare imprese ed esercitare attività commerciali con altri paesi. Decine di milioni di esseri umani saranno trattati nei prossimi decenni. E il risultato sarà la salvezza di milioni di vite.

Quel che è certo è che, ora, ci sono molto meno luoghi bui in cui nascondersi o intrufolarsi. Questo non è accaduto a causa dell'esistenza di un grande gruppo che ha cavalcato su cavalli bianchi. Sapete chi sono stati i grandi esseri che hanno cambiato tutto questo? Sono quelli che, con la mente dello Spirito, hanno deciso di venire sulla Terra con il potenziale adatto a fare la differenza! Pensate che questo sembri un'allegoria, una favola? Beh, leggete i vostri giornali. Parlatemi delle più grandi corporazioni che stanno crollando perché un individuo ha parlato con integrità. Se avessi detto questo, quindici anni fa, forse avreste riso. Potreste dire: "Questo è assurdo, Kryon! Nulla può toccare i grandi imperi economici. È una di quelle cose che non cambieranno mai". Eppure, è successo.

(...) State guardando, in questo momento, i primi semi del cambiamento nei sistemi finanziari e bancari, che parla d'integrità. La coscienza collettiva ha deciso di reinventare come i banchieri gestiscono le banche, come le compagnie di assicurazione gestiscono il loro denaro. Le regole devono cambiare e questo sta già accadendo! Molti ancora si chiedono cosa sia successo. Su questo pianeta, c'è in corso una potatura che è venuta dal nord dell'America e sta raggiungendo tutto il mondo. Abbiamo parlato di questo, pochi anni fa. Contro ogni previsione, è successo come abbiamo detto.

Sapete l'altra cosa che si pensa non cambierà mai? Le grandi religioni. Vi è una grande e antica organizzazione, che nessuno immagina possa essere facilmente modificata (la Chiesa cattolica, ndr). *Beh, leggete i giornali. Una grande religione si sta riesaminando, un fattore d'integrità comincia a mostrarsi.*[6]

Quest'organizzazione che si chiama chiesa, viene rivalutata e potata. Questo non è limitato al mondo occidentale soltanto. Cercate questo in tutto il mondo. Ne abbiamo parlato di ciò quasi tre anni fa (nel 2000), quando abbiamo detto: "I più grandi leader spirituali che avete ora e che cercano il divino sul vostro pianeta, si stanno avvicinando a una rivalutazione delle loro dottrine." Ora, l'energia di ciò che avete creato, è arrivata a loro! Il risultato? Ci sarà più integrità tra coloro che comandano il pianeta a livello spirituale. Aspettate!

Questo è ciò che favorisce un aumento vibrazionale. Ci sono meno luoghi bui. E cosa succede ai cospiratori che tramavano contro di voi? Hanno meno posto in cui nascondersi, quindi, si mostrano.

Benedetto è l'umano che riposa sulla verità dello Spirito. Perché questo influenzerà la struttura cellulare del proprio sangue. Questo porterà la pace anche nella guerra e avrà tolleranza anche quando non ce ne sarà nessuna intorno a lui. Produrrà idee che non sono mai state pensate, e creerà un cambiamento vibrazionale.

Il segreto della massoneria - preservare l'antica verità.

Vorrei portarvi, metaforicamente, dentro un evento storico reale - non molto tempo fa - meno di 300 anni circa. Voglio portarvi in un posto pieno di anziani, tutti esperti. Alcuni sono capi di governo, altri esperti legali e un leader religioso. Essi si riuniscono in segreto, seduti in cerchio e partecipano a un importante incontro di cui non rivelerò il nome o la città, ma che è stato reale. Lo scopo della riunione era di stabilire un pieno accordo nel portare

---

[6] Questo è stato detto nel 2003, e oggi vediamo una vera e propria rivalutazione della chiesa cattolica con il nuovo papa Francesco.

avanti alcune informazioni, preservandole in modi diversi, utilizzando organizzazioni sociali come facciate. Era quel tempo in cui i pensieri intuitivi spirituali erano considerati come il male; un momento in cui s'insegnava che la natura fondamentale dell'uomo è nata dalle tenebre e i doni dello Spirito erano visti come opera del diavolo. Questi uomini dovevano fare qualcosa per preservare la semplice verità di Dio, che l'umanità ha avuto per secoli, ma poi, è stata minacciata. La nascita della "religione moderna" aveva guadagnato forza e si cominciò a insegnare che gli esseri umani sono nati sporchi, deboli e che i profeti avevano la chiave di tutto e, quindi, dovevano essere seguiti e adorati, anche a costo della morte. La spiritualità è stata ridefinita e confezionata in modo frammentario e impersonale. Gli uomini cominciarono a scrivere le regole dimensionali (3D) di "come si dovrebbe seguire e adorare Dio" e gli uomini cominciarono a cogliere un certo potere in tutto ciò. L'umanità ha cominciato a scivolare nel buio spirituale che sarebbe stato riempito con la mitologia, la sofferenza, la morte, la guerra e l'odio, il tutto in nome di Dio.

La prima cosa che questi uomini anziani hanno fatto, è stata prendere ciò che sentivano essere uno strumento di potere – i Cristalli. Hanno messo queste pietre all'interno del loro cerchio, in un arrangiamento interessante. Tale disposizione è ora conosciuta come il doppio tetraedro, che per loro, era una forma geometrica sacra. Con i cristalli sul pavimento di fronte a loro, gli uomini cominciarono a cantare una melodia senza parole, perché, allora, c'era la consapevolezza che la voce umana creava un'energia di sacralità. Dio era visto come "se fosse in loro" e così, riempivano la stanza con il suono, per purificare quello che stavano per fare. Accesero anche molte candele, non perché le candele rendevano la cosa più sacra, ma perché non esisteva l'elettricità. È strano perché, ancora oggi, voi conservate un seme di memoria di quel tempo in cui la verità doveva essere nascosta. Le decisioni prese in quella stanza, diventarono i semi delle organizzazioni segrete che sono rimaste per decenni, per secoli sul pianeta. Alcune di queste organizzazioni, sono cresciute e sono state male interpretate, mentre altre sono cambiate e sono diventate organizzazioni molto diverse, piene di avidità. Alcuni volevano utilizzare i segreti per il potere proprio. Altre, sono state chiamate di "Illuminati" (sostenevano di essere illuminati, ma non lo erano), e molti altri, hanno mantenuto il segreto per se stessi, comunicando poco, preservando la purezza di ciò che era stato dato loro.

Una di queste organizzazioni è ancora presente nella vostra società, e si chiama **Massoneria**. *Se avessero potuto rivelare i segreti che conservavano, questi uomini avrebbero detto che il nucleo dell'informazione è che c'è un profeta in ciascuno di voi, chiamato Dio e che la fonte di saggezza, di guarigione e di energia su questo pianeta, è all'interno se stesso. Che concetto! E questo che ora avete appena appreso, è quello che oggi chiamiate New Age.*

Rivelazioni straordinarie!

Preparatevi per queste informazioni di Kryon che, certamente, toccheranno tasti profondi della vostra coscienza.

Che cosa conteneva l'Arca dell'Alleanza? Si dice che nell'arca, c'erano le tavole con i Dieci Comandamenti, la verga di Aronne che era fiorita e il vaso d'oro contenente la manna. È evidente che questi erano simboli metaforici, ma nella nostra limitazione, facciamo presto a dare una spiegazione tridimensionale a tutto. Si dice che quando i Leviti trasportarono l'arca, ci fu un momento in cui i buoi inciamparono e Uzza, per proteggere l'arca, allungò la mano e la toccò, restando fulminato all'istante. È scritto che l'ira del Signore si accese contro Uzza e lo uccise perché aveva disobbedito al comando di Dio, nessuno avrebbe dovuto toccare l'arca. La punizione di Uzza risulta estrema per quella che dovrebbe essere considerata una buona azione, no? Dio era irato e perciò l'ha ucciso, pur sapendo che Uzza stava solo cercando di proteggere l'arca, cosicché non si frantumasse per terra. Molti si affrettano a dare tante spiegazioni diverse a questo episodio, pensando che Uzza fosse stato colpito perché aveva disobbedito. Ma la causa della sua morte sarebbe davvero imputabile a un atto di disobbedienza? Che energia potente, quindi, sarebbe quella, da spingersi al punto tale da elettrocutare qualcuno?

Qui ci sono incredibili sorprese! Ma bisogna uscire per un attimo, dagli schemi programmati!

Questo farà più luce sul potere che gli esseri umani possiedono, ma solo oggi, con una vibrazione più elevata, possiamo portarlo con noi senza bruciare la nostra biologia - com'è avvenuto in tempi antichi. È profondo e ha una consistenza straordinaria. Non sorprendetevi se sentite essere trasportati in un tempo in cui non avete mai pensato di aver vissuto. Qualcuno di voi potrebbe essere stato uno di quelli che ha portato l'Arca... avanti e indietro. Sorpresi? Non tanto, se si considera la complessità della struttura del tempo. E se il tempo non esistesse?

La verità sull'Arca dell'Alleanza, il roveto ardente e la divisione del Mar Rosso

A partire da ora, l'essere umano ha la capacità che provvede il dono di questi poteri recentemente ottenuti. Quali sono tali poteri? Come si possono usare? Come potete sentire l'amore che portate con voi? Come potete co-creare per voi stessi e manifestare tutto ciò di cui avete bisogno? Non rimanete al buio su queste cose. Questo messaggio renderà tutto questo più chiaro. Vorrei riportarvi nella vecchia energia.

Voi, come esseri umani su questo pianeta, non siete mai stati in grado di portare "l'intima essenza" (la parte divina che abita in noi, ndr). *Questo pezzo di Dio che ognuno di voi è, quando non siete qui, rimane nel "passato" come una parte separata, conservata in luoghi diversi nel corso del tempo. Quando le tribù degli Israeliti emigrarono, la loro essenza era portata in quella che chiamate l'Arca dell'Alleanza. Vi siete mai chiesti che cosa conteneva? Eri tu! Mi riferisco a te, perché non sempre sei stato quello che sei ora, seduto in questa stanza o leggendo questo libro.* <u>*Voi siete i vostri antenati e molti di voi hanno preso parte alla Storia che studiate e leggete ora, e avete lasciato messaggi per voi stessi, all'interno di quella medesima storia.*</u>

È una grande ironia, il fatto che ora, facciate ricerche per decifrarle, per scoprire le vostre stesse parole e le vostre stesse azioni. Se si potesse esaminare il corpo della persona amata, quell'uomo che si dice abbia toccato l'Arca dell'Alleanza e che è stato morto a causa di questa violazione, si scoprirebbe che è stato fulminato. Questo perché l'essenza del vostro spirito, che è stata conservata in luoghi santi durante il periodo della vecchia energia, era precisamente elettrica. Aveva la polarità ed era di natura magnetica. Nella vecchia energia, lo Spirito veniva davanti a voi con parole come queste che state ascoltando o leggendo ora, vi dava consigli, diceva da che parte dovevate muovervi, avvertiva sulle cose che sarebbero accadute e informava su quello che dovevate fare. E voi obbedivate ai vostri leader che sentivano quelle voci, perché era così il modo in cui le cose accadevano. Tuttavia, non avendo la capacità di assumere pienamente la vostra Essenza, eravate immersi nel buio, trascorrendo i periodi di apprendimento, anche se continuavate a esserci con la parte di Dio, convertita negli esseri umani.

Quando Mosè s'inginocchiò davanti allo Spirito, non lo fece dinanzi a un roveto ardente o davanti a un albero; s'inginocchiò, piuttosto, davanti a un messaggero dello Spirito. Tali entità sono in circa delle dimensioni di una delle vostre case, girano con magnifici colori, molti di essi sono iridescenti. Questo è ciò che Mosè vide, che fu descritto poi, come roveto ardente.

In quale altro modo lo Spirito sarebbe stato ascoltato? Mosè, infatti, sentì le parole come le udite o leggete voi ora, nella lingua corretta di quel tempo. Mosè udì parole che vibravano nell'aria, e sono state ascoltate dalle sue orecchie. È stato qualcosa di veramente sacro e Mosè tolse le sue scarpe... quando Mosè ritornò e seguì le istruzioni ricevute, qualcos'altro si è verificato; qualcosa che si dovrebbe sapere, perché è il momento di conoscere che cosa è successo, perché possiate capire, direttamente, ciò che è stato scritto. Quando Mosè condusse gli Israeliti fuori dall'Egitto, come lo Spirito gli disse di fare, li condusse attraverso il Mar Rosso, che a quel tempo era conosciuto come Mare di Giunco. Se siete stati in quel luogo, certamente avrete notato le alte scogliere che si ergono su entrambi i lati di quello specchio d'acqua, un mare che si sarebbe potuto facilmente attraversare. Mosè ha cercato un elemento geografico ben noto - un ponte di terra che attraversava il mare e che gli Israeliti attraversarono liberamente e volontariamente. È stato questo ponte a crollare sotto il peso delle truppe del faraone, annegandole e seppellendole sotto l'acqua.

Ora vi dirò qualcosa per ragioni di credibilità, al fine di misurare la realtà delle mie parole, perché è così che tutto è accaduto. Nel prossimo decennio della Terra, vi sarà permesso di scoprire, per voi stessi, i resti del ponte. Sarà lì perché possiate osservare e ricordare le mie parole, come sono state riportate nella presente comunicazione. Queste sono state le forme di azione della vecchia energia e lo Spirito appariva davvero, per aiutarvi.

*L'oggetto, quindi, conosciuto come Arca dell'Alleanza è una fonte di energia inimmaginabile! È la vostra essenza. Quando essa non era portata da una parte all'altra, era immagazzinata nella Camera Sacra del Tempio. Era in quel luogo che si trovava la vostra essenza, ma ancora non poteva essere racchiusa in voi, perché non avevate l'illuminazione di cui disponete ora. Questi templi, erano i magnifici luoghi dove era conservata la vostra più alta energia, e dove solo pochi avevano accesso. Un'altra cosa che dovreste sapere: quando il Tempio sarà ricostruito, conterrà di nuovo l'essenza e la Sacra energia... Ma sarà completamente diversa. Non sarà la vostra. **Sarà la nostra!** Questo è ciò che trasformerà la Terra. Questo è il piano e il contratto, dal momento che, in quel tempo, la terra diventerà il faro dell'Universo per i* *viaggiatori, come me, affinché possano venire e restare. Questo è nel vostro futuro, se lo desiderate...*

Nella vecchia energia, eravate guidati dallo Spirito in un modo molto semplice e diretto, verbalmente, attraverso messaggeri inviati ai vostri leader. Era qualcosa di reale. La Nuova Energia, però, sembra a voi molto diversa, perché portate ancora il bagaglio di quella vecchia e avete difficoltà a comprendere e realizzare l'immensità di ciò che si trova davanti a ognuno di voi, personalmente, in questo momento. Perché nella Nuova Energia, avete gli strumenti di co-creazione. Ciò che è cambiato è che ora non c'è più l'Arca, non ci sono più i templi, giacché, dentro di voi, c'è l'essenza di ciò che siete, quella parte di voi stessi che prima, doveva essere trasportata e stoccata. E tutto ciò che è necessario ora, è il collegamento tra il corpo umano in apprendistato e la vostra Essenza, recentemente disponibile, che avete cominciato a portare con voi. (Kryon)

Kryon spiega il significato dell'Ascensione nei nostri giorni

Il termine 'Ascensione', oggi, non significa più disintegrarsi e "lasciare il pianeta." Significa ora, passare a una vibrazione più elevata, rimanendo sul pianeta, in una biologia migliorata, così da poter fare la differenza! Quanti passi si devono fare per l'ascensione? Solo uno. Ci sono state molte critiche su quest'affermazione. È il momento per voi di capire qualcosa: Ormai sono già superati i vecchi modi di progresso spirituale! Siete invitati a un accordo di cooperazione, dove prendete la mano del vostro Sé Superiore e vi muovete in aree che non possono essere delineate, misurate, contate o notate. Non ci sono i numeri da contare, non esistono le frasi da dire, non ci sono incontri cui partecipare, senza altari da allestire e senza maestri cui chiedere il perdono. Basta un solo passo! L'unico passo è l'intenzione per iniziare il processo con purezza. È l'intento del vostro "Io-Dio" che dice: "Io sono pronto. Ho l'intenzione di saperne più di quanto io conosca. Ho intenzione di rimanere in silenzio e lasciare che lo

Spirito mi dica che cosa ho bisogno di sapere" - senza pretese – senza l'ego - Senza programmi o agende. Questo è il primo passo, ed è l'unico. Noi chiamiamo questo, "ascensione" perché, letteralmente, si vibra in modo più alto. La vostra biologia e tutto quello che sentite di essere, <u>ascendono in vibrazioni</u>. Questo è il vero significato. Verrà un giorno, caro Umano, quando la scienza sarà, infatti, in grado di misurare l'accordo nelle cellule, e scoprirai che, coloro che stano "ringiovanendo" e coloro che riconoscono il nucleo dello Spirito dentro di sé, hanno le cellule che "cantano" in un tono diverso dagli altri... un tono con una vibrazione molto più alta. La vibrazione è la metafora della musica - una nota più alta. Così, quando sentite il termine "vibrando più alto, " noi vi diciamo che non sempre si tratta di una metafora.

Ecco la definizione di ascensione: un nuovo rivestimento spirituale, che è così profondamente diverso dell'energia con cui siete nati su questo pianeta, che sembra, e spesso lo è, come un'altra vita. Ascensione significa, quindi, muoversi verso la prossima vita senza morire. Non si "va" da nessuna parte. Rimanete esattamente, dove siete (sulla terra). Tuttavia, tutto cambia intorno a voi. Le vostre passioni cambiano - cambia chi sei. La realtà tridimensionale in cui lavora il vostro DNA, cambia. Le modifiche sono così evidenti che alcuni di voi si presentano anche con un'apparenza diversa!

Molti valuteranno la loro vita come "prima e dopo" questo cambiamento, perché avranno acquisito una maggiore consapevolezza di chi sono oggi, rispetto a chi erano prima. Gli Umani ascesi vogliono assumere le nuove energie interdimensionali e i nuovi poteri - vogliono accettare i doni dello Spirito – vogliono agire.

Uno sguardo sull'ascesa di Elia, fuori dalla nostra linearità 3D. Che cosa è realmente accaduto in quell'evento?

Secondo Kryon, niente nell'universo è lineare, nemmeno la luce è mai stata propagata in linea retta. Essa subisce una curvatura con la forza del magnetismo e della gravità. Ma nella nostra linearità, si tende a dare una giustificazione tridimensionale a tutte le cose interdimensionali che non siamo in grado di capire. Così, crediamo che "il mantello di Elia", che è caduto su Eliseo, potesse essere un pezzo di stoffa o uno scialle di seta o un capotto di lana, o chi sa cosa... che è "sopravvissuto" a un potere folgorante come quello e che sia caduto, intatto, sulle spalle di Eliseo. Ma la realtà, descritta da chi, effettivamente era presente a quella scena, è ben altra! Kryon rivela i dettagli che non conoscevamo e ci dice che, se potessimo interpretare la storia di Abramo e di Elia fuori dalla linearità 3D, si potrebbe notare una nuova percezione, che va oltre l'obbedienza o la sottomissione.

La fresca brezza soffiava in una regione montuosa, dove il profeta Elia si trovava, accanto a una piccola collina. Rimase lì, in piedi, in attesa di qualcosa che lui sapeva, sarebbe accaduto. Aveva un incontro. Il profeta Elia avrebbe dovuto ascendere, e lui sapeva ciò. Gli era stato detto; e si è preparato. Abbiamo già dipinto questa scena prima. Tuttavia, ora, esporremo più chiaramente ciò che successe quel giorno.

Anche Eliseo era lì. Potreste forse aver pensato che Eliseo fosse solo un amico o, forse, il discepolo del suo maestro. Questo non è rilevante in questa storia perché, in realtà, Eliseo era lì per essere in grado di riferire e testimoniare come sarebbe avvenuta l'ascensione del suo maestro, il profeta israelita Elia. Ciò che la maggior parte non sa è che Eliseo era lì per qualcosa di molto diverso!

La storia dimostrerà poi, che Eliseo ha riferito, come meglio poteva, l'ascensione di Elia. Ha fatto la descrizione di lampi di luce e un arcobaleno colorato. Ha parlato molto di come ci fosse stata una disintegrazione della realtà, quando Elia ascese. È stato fatto nel miglior modo possibile che qualcuno avesse potuto narrare in 4D, per descrivere un processo interdimensionale, ed Eliseo l'ha fatto molto bene. Che cosa è successo veramente quel giorno? Non importa quello che dicono le descrizioni, c'è molta parzialità in tutte loro. Si ritiene che, quando avviene l'ascensione, si debba salire... o andare lontano da qualche parte. Ma non è così. Non c'è un "su" o "lontano" nell'interdimensionalità. La luce accecava Eliseo, Elia scomparve e si è creduto che fosse stato portato via da Dio.

Ecco cosa è successo: in un'energia molto vecchia, Elia ha toccato la mano del suo Sé Superiore e, con un lampo accecante, di cui si poteva sentire persino l'odore, Elia sembrava essersi disintegrato e ritornato al frammento di Dio di cui era parte. Una luce è rimasta a lungo e l'energia era potente e struggente. Eliseo ha assistito e ha narrato tutto questo. Ma ecco quello che non si è mai raccontato prima; Eliseo rimase in un campo d'influenza, quando Elia ascese. È successo qualcosa di cui neanche Eliseo era a conoscenza. Non era lì solo per scrivere quello cui aveva assistito. Egli ha assunto il mantello del suo maestro, perché si trovava abbastanza vicino, da esserne stato influenzato.

All'atto dell'ascensione di uno, l'energia è stata trasferita all'altro (lo spirito di Elia riposa su di lui -2Re 2,1-15), e anche alla polvere della terra e l'atmosfera. Nel caso dell'umano Eliseo, l'energia si trasferì direttamente allo strato del DNA della sua pupilla. Egli è ritornato da quell'esperienza, apparentemente da solo, ma non lo era. Invece, è tornato con le potenzialità e gli strumenti che non sapeva essere stati trasferiti a lui. Volete una prova? Leggete la storia della sua vita. Eliseo ha continuato a fare grandi cose, tanto sagge e potenti come quelle che il suo maestro aveva fatto. Il mantello del maestro ha avvolto lui che ha ricevuto la saggezza dei secoli. Ha visto ciò che non poteva essere visto. Ha sentito quello che era interdimensionale e questo l'ha cambiato.

Ricordate questo, perché riflette l'intero processo di cui abbiamo parlato in questi tempi nuovi. Per la maggior parte, però, la credenza dell'ascensione com'è stata descritta, è ancora vista come una scomparsa, e un ritorno a Dio, in cielo.

Ecco ciò di cui dovete sapere: C'è una nuova energia che sta investendo il Pianeta, che ha il fattore quantico... È un'energia benevolente che avete creato e che è nuova. All'interno di questo rivoluzionario cambiamento della coscienza umana, state cominciando a ricevere il fattore quantico della benevolenza, cioè, la natura umana sta diventando sempre più benigna. Alcuni di voi stanno già rendendosene conto. È per questo che vedete la terra reagire in modo diverso negli ultimi tempi. I vecchi sistemi stanno crollando. Non avrete più dittatori. Questo significa, anche, che siete ora in grado di interagire con altri campi quantistici; un campo che circonda ciascuno di voi, chiamato Merkabah, che è il campo del DNA. Questo creerà una "confluenza di quantisticità che s'interfaccia, creando uno scambio d'informazioni." Questo è quello che è successo a Eliseo. La saggezza di Elia era avanzata!

In queste scritture, i principi fondamentali erano presenti. È scritto che quando Elia è entrato nella sua Merkabah, ha visto, davvero, la luce del sole, come la materia quando incontra l'antimateria. Una luce così grandiosa che non si poteva guardarla direttamente. Ciò che è successo a Elia, è stata la vera ascensione, muovendosi all'interno del suo Sé Superiore e tutte le sue parti si sono riunite. In verità, un frammento di Dio è stato visto, sul pianeta, per un momento. Questa è la storia di ciascuno di voi, nell'azione d'entrare in questa nuova coscienza.

CAPITOLO VI

FISICA E BIOLOGIA

Perché il DNA è importante per la Spiritualità

Tutta la sua gloria e la bellezza è nell'interno, e solo lì il Signore si compiace; Il regno di Dio è dentro di voi, dice il Signore; Imparate a disprezzare le cose esteriori e datevi a ciò che è interiorità, vedrete venire a voi il regno di Dio; Il Regno di Dio non viene ostensivamente e non si può dire: "È qui" o "è là", perché il regno di Dio è dentro di voi. (Gesù Cristo)

Il centro dell'atomo è, dove Io (Dio) sono. Lo spazio tra la nuvola di elettroni e il nucleo è pieno di amore.

All'interno ognuno di voi, ha un profeta. Nel DNA ci sono caratteristiche che sono spirituali e interdimensionali e che sono quantistiche. (Kryon)

È molto difficile accettare quello che sarà descritto, perché siamo stati abituati ad assimilare tante verità che pensavamo fossero fuori di noi; ma in realtà si trovano all'interno. Non c'è altro modo per capire alcuni aspetti dell'essere umano, sia fisici sia spirituali, al di fuori della sfera interiore, e molti di cui sono visti come misteriosi. È stato scientificamente provato che il DNA crea un campo attorno ad esso, conseguentemente, ogni cellula ha anche il proprio campo. Kryon conferma che la coscienza è contenuta in questo campo, creato dall'insieme di tutti i campi di ogni DNA: ha proprietà quantistiche e trascende tutti i limiti immaginabili alla nostra percezione.

129

Il nostro cervello vede solo ciò che crediamo sia possibile. Risponde a schemi già esistenti a causa dei condizionamenti. Se un evento non è parte dell'esperienza mentale, si tende a non accettarlo come reale. La fisica quantistica è la fisica delle possibilità. Ci permette di entrare nel nucleo del mistero, dandoci una nuova visione dell'universo. Siamo stati portati a credere che il mondo esterno sia più reale del mondo interno. Questo nuovo modello di scienza, la meccanica quantistica, dice il contrario. Sostiene che ciò che accade dentro di noi, crea ciò che succede fuori. Molte delle cose che diamo per scontate e reali nel mondo, non sono vere. Siamo spesso intrappolati in questi pregiudizi, senza rendercene conto. È un paradigma che sta per essere smantellato.

Più di dieci anni fa, Vladimir Poponin, uno scienziato russo, ha usato la luce in un esperimento con una molecola di DNA. Con questo esperimento, ha scoperto un campo multidimensionale intorno al DNA. La luce si schematizzava seguendo un'equazione matematica (onda sinusoidale), quando il DNA era presente (cioè, il DNA fisico ha prodotto un effetto sui fotoni non fisici). Ha scoperto che il DNA aveva un campo quantistico che, in qualche modo, era pieno d'informazioni. Altrimenti, come il campo potrebbe modellare la luce in un'onda sinusoidale? Molti dubitano che questa esperienza abbia avuto luogo, dal momento che mostra qualcosa che non era stato previsto da nessun essere umano. Ci sono persone che, semplicemente, non vogliono accettare che alcuni biologi quantistici abbiano fatto questo esperimento e che è vero! Hanno preferito relegare tutte queste informazioni alla New Age, non alla scienza. Se qualcosa non corrisponde al modello 3D della loro realtà, molti negano che esista.

Solo negli ultimi anni, con il Progetto Genoma Umano, si è cominciato a sospettare che il DNA ha molti più misteri di quanto si potesse pensare. Si è scoperto che solo il 5% della chimica del DNA, la parte della proteina codificata, è di qualche utilità. Questo 5%, da solo, costituisce l'intera produzione di oltre 30.000 geni umani. Quando l'intero genoma umano fu trascritto, si è visto ogni elemento chimico. I numeri sono impressionanti, perché in una così piccola molecola, vista solo con il microscopio elettronico, ci sono ben oltre tre miliardi di elementi chimici! La doppia elica è più complessa di quanto si pensi. Questa molecola è abbastanza piccola che può essere considerata in uno stato quantico e *Vladimir Poponin* ha dimostrato che, anche una sola molecola di DNA, possiede, davvero, un campo intorno a se.

Più del 90% della chimica nel DNA osservato, si è rivelato un mistero per la scienza, poiché sembra non avere alcuna funzione utile. Nessun sistema osservabile né simmetria, o scopo biologico sono visti nel 90% della sostanza chimica. Questa parte non ha alcun codice chimico, come le parti di proteine codificate hanno, e per questo, gli scienziati hanno deciso di chiamarlo di "DNA Junk" (spazzatura). Com'è possibile che Dio, nella sua sapienza e intelligenza infinita e illimitata, avrebbe creato uno spazio così vasto e importante per la biologia dell'essere umano, senza nessuno scopo? Questo ha logica? La sorpresa è che tutta la storia spirituale umana, è scritta nelle parti quantiche del DNA.

Non trovando risposte adeguate a questo mistero, i biologi, semplicemente, hanno pensato che questa parte (più del 90%, signori), potrebbe essere un insieme di componenti chimici, residui del processo evolutivo di cui gli esseri umani non hanno più bisogno. Quello che possiamo concludere è che, come in molti altri temi, ciò che non si capisce come "parte del tutto" è scartato a causa dell'ignoranza. Il 95% di DNA che non si capisce, non è spazzatura, cari signori. Esso è il processore che dà le istruzioni e dirige quel 5% che capiamo. È la parte quantica che contiene la spiritualità, la nostra divinità, a immagine e somiglianza di Dio. Che ne dite? È lì che è sempre stato. Questo è detto non per essere criticato, ma per riflettere su cosa potrebbe significare per ciascuno di noi individualmente. Il DNA possiede un registro - chiamato Akaschico – con tutti i nostri tragitti su questo pianeta. In esso vengono registrate tutte le nostre espressioni di vita, tutto quello che abbiamo fatto, tutte le nostre esperienze, successi e fallimenti. Tutto in uno stato quantico, invisibile ai dispositivi attuali, per ora.

Non può ancora essere osservato, poiché è in uno stato quantico. La fisica quantistica non ha alcuna logica nella terza dimensione, non ha senso per il pensiero lineare dell'essere umano. Tutte le cose che esistono al di fuori della terza dimensione, rimangono un mistero, apparentemente caotiche e casuali, piuttosto che logiche e sistematiche. (Kryon)

Tutto il nostro modello spirituale, quindi, e tutte le istruzioni per essere quello che siamo, sono in quel 90% del DNA quantico. Ora, la scienza che studia il DNA, comincia a indicare un campo multidimensionale intorno a esso e che è anche progettato. Esperimenti, ora, dimostrano che, infatti, in questo campo stanno le istruzioni per il DNA! Anche una singola molecola di DNA, può alterare la materia al fine di fornire istruzioni per formarsi, secondo un sistema matematico. Queste informazioni provengono direttamente dalla biologia quantistica, e questo è scienza, non è *new age.*

Il DNA è molto più grande di quanto si pensi e anche la scienza, oggi, sta cominciando a riconoscere che, più di 90% del DNA che apparentemente non ha senso, può non essere, in assoluto, un linguaggio o un codice. Può, invece, essere ciò che la scienza chiama "**chimica influente**", qualcosa che, in qualche modo, modifica o configura il cinque per cento che è il motore del programma genetico. Il 90% di DNA è un riflesso della nostra spiritualità. Il Registro Akashico, il Sé Superiore, quella porta che cerchiamo di aprire per "curiosare" nell'altro lato del velo, è lì... in uno stato quantico, perché tutto ciò, infatti, non può trovarsi nelle sostanze chimiche.

Pensate a tutte quelle sostanze chimiche insieme come a un ponte, una specie di condotto, un portale o pista quantica verso il tutto. Per comprendere meglio, quindi, questo ponte chimico tridimensionale/quantistico è un influenzatore sacro del genoma, ed è molto grande, contenendo la maggior parte delle informazioni del progetto umano della vita. Nel DNA ci sono attributi del frammento di Dio che sei. L'impressione del Sé Superiore è lì. L'impressione di chi sei veramente, è lì. Portate con voi pezzi e parti del lignaggio da un altro pianeta e di altre zone dell'Universo. (Kyron)

La divisione cellulare - un processo statico?

Le seguenti informazioni sono avanzate e molto profonde. E l'interesse per la loro comprensione, può portare alla vostra vita veri miracoli, sia nella struttura fisica e biologica, sia in quella spirituale!

Kryon spiega sulle potenti informazioni che si trovano nel 90% quantico. Se ti sei trovato a dover scuotere il capo per le cose dette fin qui, ora hai bisogno di un sostegno per evitare di perder la testa, letteralmente.

Il 90% del DNA quantico è colmo d'informazioni, tanto spirituali che temporali. Si tratta di una fotografia quantistica (un archivio) di tutto ciò che sei e sempre sei stato, da quando sei arrivato sul pianeta per la prima volta. Il DNA contiene l'insieme d'istruzioni per la vita di ciascuno di voi. All'interno del registro Akashico, c'è tutto, ogni vita che hai vissuto fino al marchio del Creatore benevolente, impresso nei propri semi della creazione. Ciascuno dei talenti che avete già posseduto è lì, anche se oggi non utilizzate nessuno di loro - la registrazione è lì. Qualsiasi predisposizione per la debolezza o la forza è lì. Biologicamente, esiste lì un'informazione per ogni cellula staminale.

Non vi siete mai chiesti, dove le cellule staminali prendono le "informazioni" per costruire l'Essere Umano? È nel 90% del vostro DNA ed è tutto quantico. Perché alcuni tipi di DNA quantico contengono le istruzioni per la creazione di organismi

133

deboli? Perché mai esiste la predisposizione alla malattia? Ora io vi darò queste informazioni, in modo che possiate capire ciò che verrà dopo; forse, la più importante caratteristica biologica che vi sia mai stata presentata. L'umanità è bloccata nella parte 3D del proprio pensiero biologico. Nella sua vita in 3D, accetta semplicemente la chimica che le è data. Agisce come se quel 5% che produce i geni, fosse l'unica parte che esista. Crede che sia un protocollo chimico immutabile che è semplicemente "tu". Non riesce a vedere com'è progettato. È dinamico e lo è sempre stato. Non è predeterminato, ma continuerà semplicemente a ripetere quello che fa, salvo che non vi sia un altro effetto quantistico su di lui.

Così, vivete con il 5% pensando che, se lo "hai ricevuto con il tuo corpo" e sembra controllare tutto, non sia mai possibile si comunicare con lui per modificarsi. Molti di voi entrano nel pianeta con paure, fobie e predisposizioni. Alcune sono positive. Ad esempio: Un bambino di otto anni che dipinge come un insegnante e dà pennellate che richiedono trenta anni per essere sviluppate - tutto questo è informazione specifica su ciò che è già lì, registrato nel suo DNA. Forse, taluni arrivano come compositori; pianisti; violinisti – e aspettano solo che le mani siano in grado di raggiungere la tastiera o per iniziare a scrivere le note. A volte, alcuni arrivano sapendo già suonare il pianoforte, e aspettano solo il momento opportuno per fare quello che avevano già fatto prima... senza lezioni. Oppure, quelli che scrivono e leggono senza mai essere andati a scuola... come si spiega questo, miei cari? Quando si manifestano le caratteristiche di un prodigio, mai pensato che, forse, questo potrebbe essere una continuazione della sua vita precedente? La risposta è che tutto questo è contenuto nel set delle istruzioni quantistiche del loro DNA; la parte con la quale non parlate mai.

Il corpo umano è stato progettato per essere rinnovato - tutti i tessuti. Gli è stato detto che ci sono tessuti che non si rinnovano, ma questo non è corretto. Tutto si rinnova a velocità diverse, in tempi e in modi differenti. **_Si rinnovano!_** *Così, ora sapete che il corpo umano è stato progettato per vivere a lungo. Purtroppo, l'energia che avete creato su questo pianeta e le cose che avete dovuto affrontare, hanno ridotto questa possibilità. Voi, oggi, non vivete più di 80-90 anni. Ma questo non era il progetto, lo sapevate? I personaggi biblici hanno vissuto per centinaia di anni. Questa informazione non ha errori di trascrizione. È molto precisa. Migliaia di anni fa, l'umano viveva per un lungo tempo. Se voi sapeste qual era la lunghezza della vita, rimarreste stupiti. Ma nel corso del tempo, il DNA ha ricevuto letteralmente delle istruzioni di energia del pianeta; un'energia che avete creato attraverso la coscienza.*

Abbiamo la capacità di guarirci!

Più di 2000 anni fa, qualcosa è iniziato a cambiare sul pianeta. Nel corso della storia, gli antichi vedevano i sistemi esoterici come sistemi semplici. Cioè, vedevano tutto come sistemi spirituali; li servivano e li onoravano. Vedevano l'equilibrio della natura e lo onoravano. In un certo senso, era la loro religione, ma non necessariamente lo adoravano, utilizzavano ogni sistema, sapendo che funzionava e questo bastava. Spesso lo temevano e imparavano a rispettarlo. Sapevano che Dio era dentro di ognuno di loro, sapevano che erano tutti interconnessi, ma non lo sentivano come personale. Conoscevano il cerchio della vita e lo utilizzavano per dare un significato ai loro problemi del momento.

Così, i Maestri cominciarono ad arrivare e dare informazioni. Se aveste osservato le loro parole, sapreste quello che dicevano. Hanno detto che avete la possibilità di guarire voi stessi, che avete la capacità di aprire la porta e trovare qualcosa che non vi sareste mai aspettato. Hanno parlato di qualcosa che non era mai stata detta prima, hanno parlato di amore e compassione come strumenti del sistema. È stato uno sviluppo inatteso. Questo è ciò che la terra era pronta ad ascoltare, ma i Maestri non sono stati onorati. Sia nell'Oriente sia nell'Occidente, i maestri sono stati eliminati e sono rimaste solo le loro esperienze, e le loro parole sono state lasciate per essere rielaborate in dottrine e procedure che in realtà non li rappresentano per niente.

Vi è un creatore che è la vostra famiglia - il pezzo mancante. Questo creatore che l'umano cerca, non vuole essere adorato, piuttosto, vuol' essere amato come parte della famiglia. Il pezzo mancante, quello che cercate, ha un volto, un cuore, che vedete ogni giorno nello specchio. L'amore di Dio è reale. La compassione per l'umanità attraverso tutte le forme di vita è il collante che è stato perso per tutto il tempo. È un'idea evolutiva e un passo che va oltre il sistema. È quantica e non è empiricamente misurabile. Non ha un luogo e non ha forma. Non può essere "elencata" e non si può intellettualizzare. Pertanto, è fuori dalla scatola di qualsiasi altra cosa che sia già stata inserita all'interno del sistema.

Oggi, la saggezza dice che c'è un Dio che è saggio, amorevole, ed è dentro di voi. Se vi date una possibilità, scoprirete che è la famiglia, se vi date la possibilità, scoprirete che questo è il potere di cui abbiamo sempre parlato. Avete riscoperto la verità degli antichi - i segreti si rivelano come il cuore di un'informazione che tutta l'umanità conosceva fin da principio.

La cellula invecchia perché non riceve informazione dalla nostra coscienza!

Lasciate che vi porti al processo di divisione cellulare. Poco prima che la cellula si divida, è necessario che il progetto cloni se stesso. Il progetto è disponibile nella cellula staminale. Essa ottiene le informazioni dalla parte quantica del DNA, che non è mai cambiata da quando sei nato. Rimane statica poiché nulla l'ha mai cambiata, poiché non credete sia modificabile, accettate, quindi, d'invecchiare. In assenza di qualsiasi sforzo cosciente per informarla di qualcosa, quella cellula sarà lì, immutabile, così com'è sempre stata.

Diciamola così, la cellula è sul punto di dividersi e "parla" con la cellula staminale: "Dobbiamo fare la stessa cosa di sempre? È cambiato qualcosa?" E la cellula staminale "parla" alla cellula che sta per dividersi, "non è cambiato niente, fanne un'altra identica." Così, sarai rinnovato proprio come l'ultima volta, senza alcuna modifica.

Il DNA "sa" - è stato progettato per allungare la vita!

Sulla nuova terra, "morire a cent'anni è morire ancora giovane." (Isaia 65:20)

L'attributo più importante che vogliamo illustrare è il seguente: questo campo interdimensionale del DNA "sa". Ciò significa che è costruito per prolungare la vita. Esso sa chi siete. Contiene lo schema della vostra santità, ed è uno degli strumenti più importanti che avete per la salute, per la gioia, per aprire la porta. È tutto nel campo del DNA e non nel cervello. E per questa verità deve avere una celebrazione. Ciò evita di dover creare quello di cui pensate di aver bisogno.

C'è un'energia quantistica, il sacro in voi, che sa di che cosa avete bisogno, forse anche meglio di voi! Tutto quello che dovete fare, è parlare con la vostra parte quantica e informarla. Capiate che il DNA è più che chimica! È un campo e un portale. Questi sono i meccanismi dello Spirito Santo. Si tratta d'informazioni avanzate. Alcune persone sanno come funziona e gli hanno assegnato una geometria sacra. Questo è vero e corretto. È in realtà un campo. Lasciatemi dire qualcosa di più sul DNA...

Lo Strato della Guarigione

Esiste uno strato nel DNA chiamato Strato della Guarigione (secondo Kryon, il DNA ha dodici strati e il numero nove è quello della guarigione). Il DNA funziona così: c'è una forte dualità presente. Cioè, vi è una parte che è lineare e una parte multidimensionale. La parte lineare è facile e semplice, e occupa meno del 5% del totale. La multidimensionale è la parte più grande del DNA, è complessa e difficile da insegnare. Il vostro Registro Akashico è lì, Il Sé Superiore è lì. Tutto ciò che chiamate spirituale, è lì. Il DNA è spiritualmente intelligente, ma solo dal momento in cui cominciate a vibrare a un livello più alto, potrà funzionare pienamente. Questo è il motivo per cui la maggior parte dell'umanità è a conoscenza solo del 3% del DNA, non dando, affatto, affidabilità all'altra parte. Non c'è attendibilità per un corpo che sia intelligente. La stessa medicina allopatica afferma che il corpo non sa e, quindi, ha bisogno di aiuto. Sembra che il corpo è lì, incosciente e stupido. E, infatti, nella realtà 3D sembra così.

Ora, mi permetto di spiegare circa lo scenario doppio di guarigione nel corpo umano e l'incredibile auto-diagnosi disponibile all'interno del DNA. Diamo un'occhiata insieme, dal punto di vista lineare: E se in te avessi un virus ora? Il tuo corpo te lo direbbe? E se avessi la sorprendente e minacciosa crescita di un cancro che si unisce a un organo? Il vostro corpo ve lo direbbe? Non lo trovate inquietante? Non c'è da stupirsi che si debba andare da un medico per venire a conoscenza di tali informazioni, tramite gli esami?

Ciò non grida a livello cellulare, che c'è qualcosa omessa? Infatti, è così e ciò che viene omesso è il 90% dell'informazione quantistica nel DNA che è stato progettato, non solo per conoscere il DNA, ma anche per prendersi cura di esso. Ma non è ciò che succede.

Potete star qui seduti sulla sedia mentre qualcosa sta montando nel vostro corpo e non saperlo, finché il corpo non decide di farvi sentire del dolore. Allora, spesso, è troppo tardi.

Si può guardare lo scenario del corpo Umano nel suo complesso e dire: "Che razza di sistema è mai questo? Il corpo è così ottuso da non mettermi in allarme quando stanno succedendo dentro di me queste cose importanti?" La risposta è **sì***, se osservate la questione dal punto di vista di ciò che vi è stato insegnato... un campo visivo molto limitato.*

Sono qui a dirvi che non è affatto così. Non è mai stato così. Siete sempre stati in grado di andare a certi livelli per vedere ciò che sta succedendo dentro, però pochi lo fanno. È la differenza tra lo accettare un pensiero tri-dimensionale che appartiene alla storia e l'espandere il vostro modo di pensare per includere qualcosa cui molti neppure credono. La kinesiologia è stata per anni il ponte su questo gap comunicazionale, ma quanti la usano? È un insulto alla logica, non è vero? Ecco una cosa che, nel tempo, ha provato che il corpo parla direttamente a voi, ma che non viene generalmente accettata dall'umanità. Perché? Perché è fuori dal campo visivo di ciò che avete imparato come possibile.

Il fatto è che il DNA è progettato per funzionare in due parti, così come la chimica che è stata collegata nel genoma umano. Meno del 5% è lineare e la maggior parte è in attesa di essere attivata. Pensate al 5% come se fosse il meccanismo del genoma e il 95%, le istruzioni che fa funzionare questo meccanismo. La prima parte del sistema immunitario è lineare. Questa è la parte che conoscete e la parte con cui il medicinale interagisce, come lo conoscete oggi. L'altro 90% può essere attivato solo con le energie multidimensionali - energie che si aveva in passato, ma che sono state perse.

Ora, questa è un'informazione antica. Gli antichi potevano non avere delle conoscenze specifiche sul DNA, ma sapevano che avevano principi spirituali che avrebbero potuto causare la guarigione, e li hanno usati perfettamente. Che cosa pensi essere i meridiani del corpo, e quanti ce ne sono? Essi appaiono ai raggi X? No. Sono veri? Sì. Ce ne sono dodici. Ognuno rappresenta il tipo più semplice di portale multidimensionale del corpo umano per accedere alla "intelligenza" del DNA. Per migliaia di anni, l'umanità ha conosciuto questo. Ora, come la "medicina moderna" usa questo? La risposta è che non lo utilizza affatto, perché la medicina moderna lo vede come una vecchia tradizione d'ignoranza.

Che cosa è l'agopuntura, o altri sistemi simili che trattano questi meridiani? Questi sono trasmettitori di energia d'informazioni per le parti multidimensionali intelligenti del DNA. Essi contribuiscono a permettere al corpo di guarirsi con le attinenti serie d'istruzioni per la propria chimica, invece di rovinarli con la chimica esterna, come se il corpo fosse ignorante e avesse bisogno di aiuto. L'omeopatia dovrebbe dirvi qualcosa di più, ma voi non ci pensate nemmeno. Si potrebbe dire: "Beh, anche questo è pura chimica". Davvero? Pensate che una tintura, una quantità quasi incommensurabile di chimica inserita nel sistema del corpo, sia reazionaria?

La ricerca medica dice che l'omeopatia è un "sistema reazionario impossibile", e che una sostanza che rappresenta solo alcune parti su un milione, non può avere un effetto sul sistema umano. Questo succede perché è solo un segno di "informazioni" al DNA multidimensionale. Nella sua forma più semplice, essa fornisce le informazioni al corpo per aiutarlo a capire che cosa fare. È un segno d'intenzione che afferma che il DNA è intelligente e ha bisogno solo d'informazione, non di chimica per guarirsi.

C'è un'immensa energia di guarigione nello strato Nove del DNA, in attesa d'istruzioni quantistiche per cambiare sistematicamente il proprio progetto. Poiché il DNA opera in modi multidimensionali, non tutto è logico alla vostra comprensione. Pensate a un effetto

140

reale in fisica quantistica. Piccole particelle si comportano in modo strano, ma, assolutamente, non in 3D. Gli esperimenti più semplici con la luce (esperimenti con doppia apertura) lo dimostrano.

La luce può essere in due posti contemporaneamente. La luce può anche cambiare il suo stato d'essere - da un'onda a una particella – semplicemente per il fatto di essere osservata da un essere umano. Che cosa può dirvi questo, riguardo alla Luce? Che è multidimensionale e più intelligente di quanto si pensi. Beh, così è la vostra biologia!

Sapete qual è l'energia più potente disponibile al DNA multidimensionale? Vi rivelerò: **la coscienza umana.** Avete una coscienza sacra nel campo del DNA. La vostra coscienza può parlare con la struttura cellulare del vostro stesso corpo su una base quotidiana. Essa può rafforzare il vostro sistema immunitario ed evitare la malattia, perché l'energia della coscienza umana è, in realtà, solo energia di "informazione". Essa invia le istruzioni perché il vostro corpo cambi. Pertanto, lo strumento potente che può comunicare con le vostre cellule, facendo in modo che si modifichino, è la vostra coscienza.

Allora, vi piacerebbe vivere più di cento anni? Che ne dite di riscrivere il potenziale del vostro DNA; le parti quantiche che parlano con le cellule staminali, che vi permettono di vivere una vita più lunga?

Essere Umano, non chiedere come. Questa è una domanda così lineare. Non chiedermi come. Invece, semplicemente, **"Sia"** e metti l'intenzione di creare queste cose nella tua vita. Voi potete avviare un processo che avrà luogo soltanto con la vostra intenzione. L'intento di iniziare il processo dà, effettivamente, lo start!

Così, gli intellettuali che vogliono conoscere la procedura, dicono, "Kryon, non puoi aspettare che facciamo qualcosa che ci cambi la vita in quel modo, senza che ne comprendiamo il processo. Abbiamo bisogno di conoscere il meccanismo. Non possiamo consegnare la nostra vita a qualche operazione misteriosa." Beh, vi farò io una domanda. Che cosa succede quando uscite da qui, o dal vostro lavoro? Darò lo scenario: L'intellettuale entra nella sua auto. Di seguito, apre il manuale e studia come funziona la trasmissione, ogni valvola, l'ingranaggio. Poi, continua con il manuale del motore, ogni valvola, lubrificante, l'olio, gli ingranaggi, tutto prima di andare a casa. Giusto? Voglio dire, dopo tutto, mai affidare la propria vita a qualcosa che non si sa come funzioni! O sì? Vedi? Tutti lo fanno!

Questa può essere una metafora banale, ma una metafora che voglio che ricordiate. Girate la chiave e avviate il motore dell'intenzione. Iniziate il vostro viaggio perché c'è una gran quantità di energia che si crea dalla vostra mente cosciente... un'energia quantica che non potete definire o capire. Fidate, piuttosto nell'amore perché è il collante, è il lubrificante della nuova energia su questo pianeta. Non vuoi sentire questo, non è vero, intellettuale? Perché ho appena detto che l'emozione è la chiave. Abituatevi. Aprite il vostro cuore.

Che ne dite di creare un programma di pace sul pianeta? Che ci crediate o no, è in corso ed è iniziato più di cinquant'anni fa! - Questa non ve lo aspettavate, vero?

E così, caro Essere Umano, hai la possibilità di tornare a un potere che si pensava avessi perso, dove gli esseri umani potranno vivere più a lungo senza distruggere l'ambiente. **Invece di leggi e procedure... la saggezza**.

Le cose che non sono nella nostra realtà, sono inconcepibili per noi

In ognuno di noi, abita una realtà che giace al di là di ogni cambiamento. In una parte profonda di noi, sconosciuta ai cinque *sensi, c'è un'essenza intima dell'essere, un campo che non cambia e che crea la personalità, l'ego e il corpo. Quest'essere, è la nostra essenza - **chi siamo veramente**. Noi non siamo vittime dell'invecchiamento, della malattia e della morte. Queste cose sono parte dello scenario e non di chi guarda, il quale è immune a qualsiasi forma di cambiamento. Colui che vede, è lo Spirito, l'espressione dell'essere eterno. Queste sono supposizioni ampie, i componenti di una realtà nuova, eppure, sono tutte cementate nelle scoperte che la fisica quantistica ha fatto, quasi un secolo fa. I semi di questo nuovo paradigma, sono stati piantati da Einstein, Bohr, Heisenberg e altri pionieri della fisica quantistica, che si sono resi conto che il modo in cui, generalmente si accettava di vedere il mondo fisico, era falso. Anche se le cose là fuori sembrano essere reali, non vi è alcuna prova della loro realtà, indipendentemente dall'osservatore. Non ci sono due persone che condividano esattamente lo stesso universo. Ogni visione del mondo crea il suo proprio mondo.*

Voi siete molto di più dei vostri limitati corpi, ego e personalità. Le regole di causa ed effetto, come li accettate, si sono ridotte al volume di un corpo e alla durata di una vita. In realtà, il campo della vita umana è aperto e illimitato. Una volta identificatosi con questa realtà, che è coerente con il concetto quantistico del mondo, il processo d'invecchiamento cambierà radicalmente. (D. Chopra)

La coscienza non regna nel cervello.

La coscienza non è all'interno del nostro corpo biologico, ma nel campo di quel 90% del DNA quantico. Non è misurabile con i codici e geni, ed è ciò che forma la totalità dell'essere umano. Va oltre i limiti della chimica e rimane qualcosa che la scienza vede come misteriosa. All'interno della coscienza Umana, vi è la possibilità di comunicare col DNA, di controllarlo, lavorare con lui, ed essere parte di esso. Pertanto, uno dei più grandi segreti mai rivelati, è la nostra capacità di essere responsabili del nostro corpo e delle sue funzioni di base.

La coscienza muove la terra. La coscienza è responsabile della vibrazione del pianeta. La nuova scienza ha la prova che anche alcuni processi del pianeta stesso, possono essere influenzati dal pensiero umano. Il 90% del DNA può effettivamente essere parte di qualcosa di molto più grande della nostra biologia personale.

La scienza considera il cervello come il centro della coscienza, ma non lo è. Il cervello è il più importante gruppo neurologico ordinato che la scienza riesca a vedere; è riempito con una sinapsi complessa ed essendo così, gli scienziati pensano che possa essere responsabile di quella che viene chiamata coscienza umana. **Ma non lo è**. Il cervello è solo il motore tridimensionale che risponde al 90% di "quantisticità" del DNA. È il motore della sinapsi ed è infinitamente complicato. Ma è solo il ricevitore d'informazioni, che crea segnali elettrici che agiscono per come vengono istruiti e influenzati dal DNA. Cento trilioni di parti del DNA lavorando insieme, comunicano come se fossero una soltanto. Spettacolare!

Oggi, gli studi dimostrano che esiste una possibile correlazione tra il DNA junk (spazzatura) e la forza del nostro pensiero e che le informazioni contenute nel DNA non sono solo all'interno della loro materia - nelle loro basi, nelle loro triplette che codificano per le proteine - ma anche in una sofisticata capacità di orientare le proprie molecole, in modo da trasmettere messaggi reali al mondo esterno. Le cellule e cromosomi di ciascuna cellula di un organismo comunicano, istantaneamente, con tutte le altre cellule e cromosomi che appartengono al corpo, grazie al campo dell'energia prodotta in conformità con il messaggio che vogliono trasmettere. Sarebbe come se il DNA attuasse come la luce di un laser, creando intorno a sé un campo di luce che contiene parecchie informazioni al suo interno, essendo in grado di comunicare con le molecole di DNA di cellule vicine. (Web)

La scienza non sa come questo accade e il collegamento tra la testa e l'alluce dell'essere umano, in qualche modo, ha uno scopo. Questo si riferisce al cervello? No, ma a tutto il DNA che insieme, crea l'Essere Umano. Il DNA "sa" perché agisce insieme. <u>Questo non è qualcosa che si trova nei libri di medicina, ma completa un grande legame che manca, cui la scienza non dà alcuna attendibilità. Il DNA comunica con se stesso! Ha una "mente" e "sa" che cosa sta accadendo in tutte le parti del corpo.</u> (Kryon)

L'informazione, quindi, in conformità a questi messaggi di Kryon, è che il DNA di ciascuno di noi determina un "campo" intorno a se che è interdimensionale. **La coscienza, pertanto, è dentro questo campo, non nel cervello.** Quello che fa il cervello, è in linea con il DNA. Il cervello sogna... o sembra che sogni? Le sinapsi sono lì a dimostrarlo. E nel periodo di sonno più profondo, molte cose complesse vengono fuori. Queste cose sono tutte nel DNA e sono fornite al cervello. Così, il DNA fornisce anche istruzioni per le attività oniriche del cervello. Queste cose sono difficili da spiegare, giacché non sono lineari ma quantistiche.

State cominciando ad acquisire il potere di capire alcune energie intorno a voi ma che non sono mai state correttamente identificate. Voi volete definire certe cose come se fossero energia ma che, specificamente, sono solo informazioni energetiche. (Kryon)

Un altro grande mistero svelato da Kryon: Quale sarebbe la vera ragione dall'esistenza di un vuoto enorme tra il nucleo e la nuvola di elettroni?

C'è una grande distanza tra il nucleo di un atomo e la nuvola di elettroni. Se voi poteste venire con me nel piccolo infinitesimale, scoprireste che c'è un'incredibile quantità di spazio vuoto; una quantità davvero sconcertante. I fisici dicono che tutto questo vuoto è "fatto di nulla", tuttavia, la maggior parte della massa di una struttura atomica è composta di questo spazio misterioso; sembra essere così, solo perché <u>la scienza non vede ciò che sta al</u>

buio. *Una mente 3D cerca di esaminare una realtà multidimensionale.*

Ho detto che il micro e il macro hanno molte cose in comune nella loro fisica. Anche nella vostra biologia, c'è un ordine che segue il grande Universo. Lasciate che vi dica cosa c'è in quello spazio tra i protoni al centro dell'atomo e la nube di elettroni, i quali sono proporzionalmente molto lontani e non si può vedere. È pieno d'informazioni! È carico di fisica. Ci sono lì, materie che non possono essere viste; parte di esse chiamiamole di "materia spirituale." La vostra consapevolezza interdimensionale, tuttavia, sta per manifestarsi. Voi guardate tutto, ancora in modo lineare, nella vostra realtà della quarta dimensione. Così, quando guardate la matematica al centro dell'atomo, vedete solo ciò che le quattro dimensioni dicono essere lì. Non vedete ciò che esiste realmente lì.

L'amore non è quello che si pensa. Si tratta di un'energia informativa che permea l'intero Universo

La verità multidimensionale è questa: sembra che tra il nucleo e la nuvola di elettroni non ci sia nulla, ma in realtà, quello spazio è completamente pieno d'informazioni energetiche, un'energia chiamata __AMORE__, ma identificata dalla scienza come "Disegno Intelligente". È difficile spiegare il modo in cui si manifesta nella vostra realtà, perché voi capite solo ciò che può essere spiegato in modo lineare; non riuscite a esaminare qualcosa che si trova oltre la vostra capacità dimensionale di comprendere. Avete raggiunto il limite della logica e i concetti cadono negli uditi sordi. Le cose che non sono nella vostra realtà, sono inconcepibili per voi. Così, l'intero studio di un aspetto multidimensionale, dev'essere disposto in linea retta. Ma l'amore non è come pensate o come siete abituati a usarlo. Quando parlate di amore, è davvero un grande tema; ma studiarlo è una cosa, farne l'esperienza è un'altra. L'aspetto interdimensionale dell'amore, non può essere linearizzato.

Quando v'innamorate, quanti pezzi di voi credete siano innamorati? Iniziate a fare un elenco. Osservate tutti i tipi di amore che esistono, i diversi sentimenti, emozioni diverse, le complessità... quando amate qualcuno, non pensate alle parti o alla sequenza di una lista! L'amore è molto più di quanto si pensi, è energia d'informazioni ed è profonda e reale.

Questa energia intorno a voi, è stata vista e identificata per anni! Molti la videro effettivamente, e si credeva fosse l'energia degli angeli; l'energia delle guide o, addirittura, di esseri del passato. Chi ha mai pensato che potesse essere una parte divina di sé? Chi ha mai pensato che potesse essere parte di una grande perfezione? Per questa energia sono stati usati diversi termini, da malefica a misteriosa, e molti la temevano. Ma, per tutto il tempo, è stato l'amore. Benedetto è l'Essere Umano che comprende questa premessa - guardare allo Spirito attraverso il meccanismo di un Sé divino, per le cose buone. Questo è assumere il vostro potere - un potere che non si confronta con la forza della parola ma sì dell'amore. Più potenti si diventa, più si sarà tranquilli, lo sapevate? Più potenti si diventa, più ci sarà consapevolezza di appartenere a un gruppo! Questo è ciò che vogliamo, caro Essere Umano... che inizi a capire che gran parte dell'aiuto che ricevi, proviene da una personalità che ti conosce meglio di chiunque altro, ovunque: tu stesso. (Kryon)

L'Energia dell'Amore può trasformare una rosa in margherita! È mai possibile?

La dimensione 3D in cui viviamo, ci rende esseri "mutilati". Che tristezza!

Immaginate di ricevere una bella rosa rossa. Può darsi che ad alcuni di voi non piacciano le rose, non piacciano le loro spine, né quel colore. "Mi piacerebbe di più se fosse, piuttosto, una margherita." Beh, ma è una rosa.

Ora, secondo un modo di pensare a un digito (3D), la scena è statica e immutabile. È quel che è. È davvero sgradito per voi avere una rosa, quando volevate una margherita. Il modo comune di agire del pensatore 3D, a tal riguardo, sarebbe, quindi, questo: "Peccato non poter tramutare la rosa in margherita; la rosa sarà sempre una rosa". L'idea di cambiare la rosa o di creare una margherita da una rosa non rientra nel vostro modo di pensare, vero? Tutto ciò che conoscete nelle 3D, lo avete imparato. Se si potesse guardare il seme da cui è stata originata la rosa e da cui è stata germinata, si potrebbe dire che sarà sempre una rosa.

Fisica Multi-dimensionale di Base – Realtà o Fantascienza?

Un allenamento per abituarci alla multidimensionalità.

Ora, considerate per un momento uno scenario multidimensionale, uno scenario dove il mastro giardiniere va a far visita al seme. Immaginate per un momento che lui possa dire al seme della rosa di modificare, in modo sistematico, le informazioni all'interno del seme, di cambiare ciò che è in quel momento, in qualcos'altro, così che la prossima volta che la cellula si divida, cambi colore e le spine cadano. O che, magari, cresca una margherita! Cosa ne dite?

*Ora, se questo accadesse davvero, come lo chiamereste? "Un miracolo... incredibile! Impossibile!" Così, definireste quello che sembra essere fuori dal previsto nella vostra realtà dimensionale, non è vero? Noi, però, lo chiamiamo, semplicemente, __Fisica multidimensionale di base.__ Pronta per essere scoperta e capita. È l'energia dell'intenzione che si comunica con l'energia informativa, chiamato **Amore**. Tuttavia, la vostra reazione, è di rifiutare le cose che sembrano strane nell'ambito della vostra realtà dimensionale.*

Voglio che cominciate a guardare in modo diverso, queste cose. Voglio che cominciate a vedere l'energia multidimensionale come a un'__informazione energetica__ e naturale. Un'incredibile quantità di quel che voi chiamate energia, è soltanto informazione, pronta per essere usata.

Siete abituati alla linearità e agli elementi intorno a voi che si comportano in un certo modo, ogni giorno. Quando ci si siede sulla sedia, conoscete la sua forma. Sapete che vi sostiene. Sapete come raccoglierla e collocala in una pila per ordinarla, se necessario. Questo è il genere di cose cui siete abituati. Ma, e se vi dicessi che c'è una situazione in cui si può mettere la sedia in cima alla pila, per poi notare che essa si trova più in basso di tutte le altre? Questo per voi non ha senso. Non conoscete la materia che passa attraverso la materia, non è vero? Non ci devono essere cose connesse ad altre cose che possano "passare attraverso se stesse." Non in 4D, per lo meno. Lasciate che vi dica perché, nella vostra realtà, la sedia resta in cima. È perché è stata l'ultima a essere messa lì. Ha poco a che fare con il fatto di essere solida rispetto alla linearità che fa parte della vostra struttura di tempo. Nelle cose interdimensionali, spesso è il lasso di tempo che le porta al loro "posto". Gli oggetti nel tempo dell'"Adesso"[7] si vedono sempre insieme, anche se pensate che siano a galassie di distanza. (Kryon)

Siamo in grado di modificare le informazioni all'interno delle cellule del nostro corpo

La scienza sta scoprendo come riscrivere le parti sistematiche del DNA del corpo umano per cambiare la sua struttura informativa. Sappiamo già quanto sia potente la coscienza umana, fino al punto di cambiare anche gli eventi climatici e geologici del pianeta. La

---

[7] L'Adesso è il tempo presente che, in realtà, è l'unico che esiste - il tempo fuori tempo".

comunicazione con le cellule del corpo è una comunicazione multidimensionale, perché la coscienza umana è anche lei multidimensionale. Fa parte del campo del DNA ed è parte del Merkabah del corpo.

Voi potete parlare con le cellule per cambiare la loro struttura informativa. La scienza osserva la doppia elica, dove ci sono tre miliardi di parti chimiche per ogni molecola di DNA. Ogni loop[8] attivo di DNA ha tre miliardi di prodotti chimici. Ma quando la scienza osserva quella chimica, vede solo il 5%. Questo 5% è il sistema lineare. Tutto il resto della chimica non si è capito, perché la scienza è sempre alla ricerca della linearità. Vogliono esaminare le cose che si aspettano nella loro realtà. Anche dopo aver visto quel 95% come un mistero apparente, hanno continuato a concentrarsi solo sul 5%. Se hai una coscienza lineare, è tutto ciò che vedrai - sistemi lineari e comportamento lineare. Pertanto, la maggior parte del DNA che è stata definita come "spazzatura", è coscienza d'istruzione, è energia, è informazione ed è imponente!

L'auto-rigenerazione di un cuore lesionato è possibile!

Ipotizziamo che sei nato con un cuore difettoso. È un cuore che non funziona correttamente, e le valvole non si adattano. E diciamo che questo è quello che sei: una rosa rossa con le spine. E quindi, nella tua realtà, morirai prima. Ci si potrebbe chiedere, poiché tutto nell'organismo si ringiovanisce, più e più volte nella vostra vita, e, sistematicamente, quelle cellule standard danno informazioni circa il continuare a vivere ringiovanendo, perché un cuore danneggiato rimane così? La risposta è perché l'informazione sistematica di ogni cellula, rimane statica. Senza qualcosa che possa cambiare l'energia dell'informazione, all'interno il corpo umano, ripeterà quello che ha sempre fatto. La rosa sarà sempre una rosa e le spine cresceranno sempre lì.

---

[8] Loop in inglese: "anello" o "sequenza". Secondo Kryon, si chiama loop perché porta corrente. Il DNA sarebbe, quindi, un piccolo motore elettrico, sensibile alle interferenze magnetiche.

È possibile modificare le informazioni del 95% del DNA

La maggior parte della chimica del vostro corpo è l'informazione che guida il motore della salute e della rigenerazione. È il pilota che guida la macchina della chimica e della riproduzione dei geni. Tu gli puoi insegnare a condurre, in modo diverso, orientando i geni intenzionalmente e in modo creativo. E così, poi, il cuore inizierà a rigenerarsi come tutti gli organi si rigenerano - lentamente si trasformerà in un cuore funzionale e le valvole si adatteranno. E pensate si tratti di fantascienza? Questo sta già avvenendo oggi, perché cominciano a verificarsi invenzioni multidimensionali nel pianeta.

Vi chiedo: Perché una stella-marina può far crescere un "braccio reciso" e non voi? Perché le informazioni di base della programmazione del DNA del vostro corpo, la parte informativa, non lo permettono. Ciò sembra logico? Il conducente che guida la macchina delle informazioni, che è il DNA, istruisce la chimica del corpo affinché concepisca l'idea di cambiare la rosa in una margherita. Poi, la chimica rimane statica e non viene mai modificata dal corpo. Così, non ricevendo informazioni differenti, le cellule cardiache deformate, continuano a creare una nuova cellula dal medesimo modello deformato. Le istruzioni sono sempre uguali e si ripetono ogni volta che le cellule si dividono. Verrà un giorno in cui sarà possibile modificare le istruzioni ed essere in grado di recuperare un membro, crearlo nuovamente. Tutta la chimica è lì. Non è poi così difficile, ma le istruzioni a livello del DNA dicono che non si può fare, poiché non lo avete mai visto fare prima, quindi, non lo potete immaginare.

Quando si ha una lesione al midollo spinale, una chimica corre lungo la lesione, impedendole di risanarsi, lo sapevate? C'è una struttura ormonoproteica che, infatti, impedisce la ricrescita. A cosa serve? Beh, non serve a niente! Si tratta di un prodotto di evoluzione che non sempre produce i risultati che ci si aspetta.

151

I nervi sono progettati per crescere di nuovo, ma non lo fanno! Lo sapevate che hanno anche un codice di colore specifico, che permette loro di trovarsi l'un l'altro al buio e crescere di nuovo? Ma loro non crescono! Poiché all'interno delle informazioni del pilota, non c'è il comando di recuperare il midollo spinale tagliato.

Verrà il giorno in cui sarete in grado di riprogrammare questo effetto sistemico del corpo, semplicemente con la consapevolezza e creatività. Le cellule staminali sono vive e vegete, in qualsiasi parte del corpo umano; questo è il modello. Succede che: chimicamente, sono responsabili di un essere umano che è predisposto a una malattia e questa predisposizione, allora, sarà trasmessa dai genitori ai figli. Quell'energia del 5% e le informazioni del 90%, continueranno più e più volte, salvo che non si riprogrammi e si cambi l'informazione. Non è chimica, è energia multidimensionale. Nuova tecnologia di riprogrammare "parti" e pezzi del corpo umano. Sapete cosa significa? Che le donne portatrici di alcuni geni, e che hanno delle sorelle con le stesse predisposizioni a determinati tipi di malattie, se riscrivete la vostra genetica, riprogrammando questo effetto sistemico del corpo con la coscienza e la creatività, né le sue figlie né nessuno dei loro discendenti porteranno tale anomalia. Capisci cosa sto dicendo? I vostri figli e i figli dei loro figli, avranno solo la riprogrammazione, non avranno le informazioni originali. L'energia è così. Energia "informazionale" è così. Ed è molta sul pianeta. (Kryon)

CAPITOLO VII

LA COMPLESSITÀ DEL TEMPO

Possiamo essere i nostri antenati!

La complessità di questo concetto è da sempre stata oggetto di studio e riflessioni scientifiche e filosofiche. Il tempo è la dimensione in cui è progettato e misurato il corso degli eventi, distinguendo tra passato, presente e futuro. La percezione del tempo è la consapevolezza che la realtà di cui facciamo parte, è stata materialmente modificata. Se osservo i miei pensieri o il battito del mio cuore, questo testimonia l'esistenza di un "intervallo di tempo". L'intervallo è la prova che il tempo rappresenta sempre una "durata" con un inizio e una fine.

Ma che cos'è davvero il tempo? Per la nostra realtà, non c'è niente di più misterioso e sfuggente. La fisica classica cerca sempre di evitare la questione, lasciando questo compito difficile ai filosofi. In realtà, le domande abbondano. Il "tempo" fluisce o l'idea di passato-presente-futuro è completamente soggettiva, descrittiva solo dall'illusione dei nostri sensi? Il tempo si muove in un'unica direzione, creando un presente in costante cambiamento? Il passato esiste ancora? Se sì, dove si trova? Il futuro è già determinato e ci aspetta, anche se non lo conosciamo? Insomma, il tempo è sempre stato messo in discussione, in vari modi, nel corso della storia del pensiero. Le definizioni di Platone e Aristotele sono state un punto di riferimento per molti secoli, fino alla rivoluzione scientifica. Riteniamo indispensabile la definizione di Isaac Newton, secondo cui il tempo/spazio è *sensorium Dei* (la via di Dio) e fluirebbe immutabile, sempre uguale a se stesso. Un grande contributo alla riflessione sul problema del tempo, è dovuta al filosofo francese, *Henri Bergson*, che, nel suo *Saggio sui dati immediati della coscienza*, fa notare che il tempo della fisica non corrisponde a quello della coscienza. Il tempo come unità di misura di fenomeni fisici, infatti, è risolto in una spazializzazione - come le lancette dell'orologio - in cui, ogni momento è rappresentato, oggettivamente e qualitativamente identico a tutti gli altri; il tempo originale, però, si trova nella nostra coscienza, che lo conosce per intuizione. Questo è soggettivo e ogni momento è qualitativamente diverso da tutti gli altri.

Tuttavia, questa incredibile affermazione di Kryon, sul concetto di tempo, è importante per gli argomenti che seguono, tocca una corda dolorosa in tutta l'umanità, da sempre – l'invecchiamento.

È davvero possibile ringiovanire, o almeno rallentare l'invecchiamento, comunicando con le nostre cellule? Quest'informazione di Kryon è fondamentale e ci dà anche una visione fantastica che ci vivifica e apre nuovi orizzonti per una migliore comprensione dell'antico enigma esistente tra i concetti di tempo, libero arbitrio e determinismo:

La realtà della complessità della multidimensionalità è esclusa alla comprensione dell'essere umano. Non è semplicemente insegnabile per una percezione in 3D, come la vostra. Per voi, il tempo è una cosa 'singolare' perché nella vostra realtà 3D, c'è solo una linea temporale. Non ci sono tempi multipli, ma solo "un tempo", quello in cui siete nella vostra realtà. Voi vedete come un singolo tracciato, che va dritto verso il futuro, in una sola direzione, sia per la vostra vita sia per la Terra. Questo non cambia. La verità è che il tempo non si trova in una linea retta come s'immagina, ma in un cerchio. Quello che segue, sarà disorientante. Per voi, è incomprensibile che il tempo stia in un cerchio, perché nella terza dimensione, è una linea retta con un inizio e una fine.

Diamo un'occhiata ad alcuni attributi del tempo circolare che vi confondono. Diciamo che su un binario del treno, che ruota intorno alla terra, si spende tutta la vita per percorrere 30 metri.

Se non si viaggia velocemente, diciamo che quei trenta metri potrebbero essere la durata di una vita. Naturalmente, non troverete il vostro passato dopo 30 metri. Tuttavia, supponiamo per un momento di poterlo fare. Che cosa succederebbe se voi aveste guidato il treno intorno alla Terra? Alla fine, non sareste ripassati sopra la stessa energia, cioè, quello che ha rappresentato il vostro passato?

Secondo questo modo di pensare, se si facesse il giro più volte intorno alla Terra, alla fine, sareste anche passati su quello che potreste essere stati! Ah! <u>Ecco che, all'improvviso, avete un attributo del tempo di cui non avevate mai pensato. Se è un cerchio, significa che il futuro influenza il presente!</u> Ma in 3D, pensi che il futuro non sia ancora avvenuto. Tuttavia, è già successo nel senso quantico. Ricordate che il vero stato quantico non ha nulla a che fare con i singoli concetti empirici; ha a che fare piuttosto, con un potenziale in costante cambiamento.

Non esiste né passato né futuro. Il tempo è circolare!
Ora io vi comunicherò alcune informazioni. È possibile che il futuro possa darvi ora, energia e informazioni? Pensate per un momento a quel binario del treno. Ora, abbiamo alcuni strati sottostanti. Ogni volta che il treno passa intorno alla Terra, crea un passato e un futuro. Diciamo che il treno rappresenti l'umanità. Ora avete il passato, il presente e il futuro di tutto ciò che è già accaduto, in un cerchio sui binari del treno (cioè, girando in cerchio, il tuo passato, nel giro successivo, sarà il tuo futuro e viceversa). *Ora, immaginate, per un momento, che il treno si fermi, scavi negli strati sottostanti e raccolga qualcosa che ancora non è successo o quello che è già successo. Non mi aspetto che voi capiate, ma basta solo ascoltare, perché <u>questo è ciò che sta accadendo alla Terra in questo momento</u>* (Kryon si riferisce a questi strati, come la possibilità di utilizzare qualcosa che è nel passato per cambiare il presente o il futuro).

Visitate alcuni potenziali che nella vostra mente non sono ancora accaduti, ma che, in senso quantistico, sì. State ricevendo ora, su questo pianeta, un incremento di vibrazione che vi permette di vedere il tracciato del tempo e scegliere dove si vuole andare. State vedendo le potenzialità quantistiche di uno spostamento vibrazionale e creando una cultura che sta andando oltre a quello cui pensate di poter andare. Grazie a questa informazione, tutte le profezie *saranno annullate, perché la profezia si basa su un percorso nella terza dimensione (3D) che fa e rifà sempre la stessa cosa. Ma una volta che iniziate a diventare multidimensionali, l'informazione diventa energia e, in questa pista temporale, l'energia è l'informazione dei potenziali della Terra. Percepite la dimensionalità come qualcosa che è completa. È difficile dire agli esseri umani che tutto ciò che vedono intorno a loro, è solo una piccola parte di ciò che esiste realmente. Questo è più che fuorviante, perché porta a quel punto confinante che i medici vedono come uno "stato mentale disturbato". Offende molti, sentir dire loro che non stanno vedendo il quadro completo, perché ciò che gli esseri umani percepiscono, è sempre una cosa molto personale.*

Forse, dopo l'esempio dei binari del treno, si può almeno intravedere come funzionerebbero le cose se esse fossero diverse da ciò che si crede.

Adesso, vi trovate in uno stato di profonda connessione con una realtà che è fuori dalla vostra dimensione percettiva. È difficile spiegarvi, giacché la vostra realtà vi mantiene in una linea retta. È davvero difficile per voi capire. Ma è facile sentire. Immaginate che la soluzione sia in voi. Immaginate che le cose che avete in programma siano già fatte. Immaginate di guardare indietro e dire: "Beh, non era poi così difficile, vero?" Immaginate che le cose più complicate sono già realizzate e completate. Come vi sentireste? Così è l'umano che sta diventando quantico. (Kryon)

156

Il paradosso del Tempo Spirituale

Nella nostra realtà, abbiamo la sensazione che vi sia un'accelerazione nel tempo. In verità, non è così. È solo un aumento vibratorio della nostra posizione nello spazio che ci fa sentire come se il tempo si fosse accelerato. In realtà, siamo noi che stiamo accelerando. Quando *Einstein* diede i postulati sul funzionamento del tempo interdimensionale, ha enunciato: "*Più veloce si va, più è possibile estendere il tempo e rallentare il suo ritmo.*" Questo suona come una dicotomia, ma in realtà, si tratta di una caratteristica fisica e spirituale. È il matrimonio della spiritualità/fisica. Una non può essere separato dall'altra. Secondo Kryon, ora stiamo viaggiando molto più velocemente (vibrazione più elevata) di quando la prima coscienza del pianeta è stata sviluppata. L'aumento delle vibrazioni accompagna la sensazione di un cambiamento del tempo. Più acceleriamo, più sentiamo su di noi l'energia dell'accelerazione apparente. Più acceleriamo, più il tempo si estenderà! Questa non è metafisica, è fisica!

Pensate al tempo come a un tappeto di gomma gigante, con regole speciali. Più veloce si va su questo tappeto, tanto più si estenderà in tutte le direzioni. Ora, pensate a questo tappeto come la rappresentanza di un anno della vostra vita. Più si accelererà, tanto più si tenderà per adattarsi a voi, qualunque sia la vostra velocità. Così, non importa quanto velocemente state percorrendo questo "anno-tappeto", esso regolerà le sue dimensioni in modo che l'anno duri, tanto quanto volete debba durare. Questa non è dicotomia! Queste due caratteristiche coesistono a stretto contatto, sia fisicamente sia nella metafisica.[9]

A proposito, caro Essere Umano, questo è il nucleo profondo di ciò che abbiamo chiesto di fare, in modi interdimensionali. Ti chiediamo di rallentare l'orologio biologico. È corretto estendere

---

[9] Kryon vuole dire qui, che siamo in grado di allungare il "tappeto-anno" delle nostre vite, cercando di aumentare la nostra vibrazione, attraverso la consapevolezza, perché possiamo vivere di più.

il tempo perché stai andando troppo velocemente. Forse, questo ti aiuterà a capire qualcosa che sembra essere assolutamente illogico. Il tempo è relativo alla velocità. (Kryon)
Questo insegnamento di Kryon, è per farci affrontare la realtà. Che cosa "vedi" intorno a te? È completo? C'è qualcos'altro? *"Come posso uscire da questo dolore?"*

È la realtà in cui si è scelto di rimanere che ci lega a una realtà immutabile. Trovate la soluzione in voi! Iniziate a vedere con la vista interdimensionale, perché ora ciò è possibile! Questo ci suggerisce che, oltre il nostro orizzonte, ci sono molte altre realtà per la nostra vita, se scegliamo di cercarle.

L'informazione è energia allo stato multidimensionale. Tutto è possibile, perché tutto è modificabile.
Se stai leggendo questo, probabilmente sei una vecchia anima (quelli che hanno vissuto molte espressioni fisiche nel pianeta) - perché sono le vecchie anime che si stanno risvegliando ora a questa visione multidimensionale. Se hai già vissuto più vite, quanti giri nella pista del tempo pensi aver già fatto?
Capite che siete i vostri antenati?
Ora, sapete perché non c'è niente di nuovo sotto il sole, perché tutto ciò che è mai stato, che è e sarà, è tutto in un cerchio. È disponibile nel vostro DNA.

È ora che iniziate a considerare il Tutto, sotto questa forma. Svegliate il grande Essere che siete! (Kryon)

CAPITOLO VIII

COME RINGIOVANIRE? INCREDIBILE, MA È DAVVERO POSSIBILE!

Invecchiamo perché ci crediamo

Deepak Chopra (DC), nel suo libro "*Corpo senza età, mente senza frontiere*", sostiene il concetto di Kryon, abbattendo uno dei paradigmi più forti all'interno della società: la convinzione profonda che siamo fatti per invecchiare.

La coscienza fa una grande differenza nel processo d'invecchiamento, poiché, anche se tutte le specie superiori invecchiano, solo gli esseri umani sono in grado di sapere che cosa sta accadendo a loro, e di tradurre ciò che sanno del loro invecchiamento.

La disperazione per la vecchiaia fa sì che se invecchi più velocemente, accettare invece l'invecchiamento con grazia, evita molta sofferenza, sia fisica sia mentale.

La nostra paura di invecchiare e la nostra profonda convinzione che siamo fatti per invecchiare, si tramuta nel proprio invecchiamento; una profezia che si avvera per essere stata formulata e che è stata generata da un'autoimmagine distruttiva. Per uscire da questa prigione, abbiamo bisogno di invertire le convinzioni basate sulla paura. Invece di credere che il vostro corpo degeneri nel corso del tempo, alimentare la convinzione che è un nuovo corpo ogni minuto. Invece di credere che il vostro corpo sia una macchina senza cervello, alimentare la convinzione che esso sia impregnato di una profonda intelligenza, il cui unico

159

scopo è di sostenere voi e la vostra vita. Queste nuove credenze non sono solo più piacevoli da convivere; sono vere - sperimentiamo la gioia di vivere attraverso i nostri corpi, pertanto, è naturale credere che i nostri corpi non siano contrari a noi, ma che, anzi, vogliano ciò che vogliamo.

Nonostante sembriamo essere individui distinti, siamo tutti connessi a modelli d'intelligenza che governano il cosmo, noi e il nostro ambiente siamo tutt'uno. Osservando noi stessi, ci rendiamo conto che il nostro corpo finisce a un certo punto; che è separato dalla parete della nostra camera - o da un albero all'aperto - da uno spazio vuoto. In termini quantistici, tuttavia, la distinzione tra "solido" e "vuoto" è trascurabile. Ogni centimetro cubico dello spazio quantico, è riempito con una quantità di energia quasi infinita, e la più piccola delle vibrazioni, è parte dei vasti campi di vibrazione che uniscono intere galassie: a ogni respiro, assorbiamo centinaia di milioni di atomi d'aria che sono stati esalati magari da qualcun altro in Cina. Tutto l'ossigeno, acqua e luce del sole, intorno a noi, sono in sostanza indistinguibili da ciò che è nel nostro interno. Se si vuole, si potrà provare a sentirsi in uno stato di unità con tutto ciò con cui si viene a contatto. In normale stato di veglia, è possibile porre un dito su una rosa e sentirla come solida, ma, in realtà, un fascio di energia e informazioni - il dito - è venuto a contatto con un altro fascio di energia e d'informazioni - la rosa. Il dito e ciò che tocca, sono solo affioramenti minimi del campo infinito che chiamiamo universo. Malattia e invecchiamento rappresentano l'incapacità del corpo di raggiungere il suo obiettivo naturale, vale a dire, di unirsi alla mente in perfezione e compimento. (DC)

Non lasciate che le cellule vi controllino!

Quel che leggerete ora, farà riflettere parecchio. Quelli che insistono a rimanere, ancora, nella vecchia realtà dell'"avaro cognitivo", limitato e chiuso all'interno delle proprie convinzioni inamovibili, sono quelli che non lasciano la ben minima apertura per un'espansione mentale, ma la coscienza planetaria oggi, esige che loro aprano il passaggio o che accompagnino i passi giganti di una realtà nuova di zecca, se non vogliono rimanere soli nel deserto di una realtà che è rimasta indietro. Se questo è il vostro caso, preparatevi alla perplessità che queste informazioni vi cagioneranno, altrimenti... lasciate questa barca!

Perché avete deciso che le cellule del vostro corpo siano chi vi controlla? Perché avete deciso che i vostri geni debbano essere, da un punto di vista biologico, gli stessi per sempre? Chi vi ha detto questo? Un paradigma della vecchia energia è: "Dio mi ha creato in questo modo e così morirò". Ecco ciò di cui voglio portarvi a conoscenza. Con lo spostamento interdimensionale, l'intero modo di pensar degli esseri umani, può essere rivisto per includere nuovi doni! Il nuovo paradigma è, "non importa come sono nato. Sono io che ho il controllo della mia biologia, del mio sistema immunitario e della mia consapevolezza. Dio mi ha fatto creatura in grado di rivendicare le energie divine dentro la mia Akascha... E posso cambiare totalmente la mia biologia, il mio aspetto e la mia forza, in qualsiasi modo io voglia". (Kryon)

Molti si rassegnano a un destino oscuro, accettando la loro triste condizione, in modo passivo, indiscutibile, perché pensano che così debba essere. Fino a poco tempo fa, era davvero così. Colpa dell'ignoranza collettiva ancorata nella credenza che siamo esseri buttati su un pianeta, alla mercé di un destino atroce e, poco o nulla possiamo fare per modificarlo o evitare di essere coinvolti dalle circostanze drammatiche. Eravamo inconsapevoli dell'enorme potere nascosto in noi. Ma ora è completamente diverso. L'umanità ha cominciato a svegliarsi a una nuova realtà in cui siamo già entrati pienamente da anni, che rivela il potere che abbiamo dentro di noi e chi siamo veramente. Sembra impossibile che possiamo controllare la nostra biologia o modificare la nostra realtà, ma ci sono già insegnanti nel pianeta, come *Gregg Braden* e *Bruce Lipton*, che ora stanno esercitando le persone a come "pensare di là dei geni". Tuttavia, le informazioni di Kryon al riguardo, sono ancora più profonde e, per i più scettici, hanno sapore di fantascienza. Tuttavia, si è vero che abbiamo un tale potere (e lo abbiamo), del quale anche le sacre scritture citano e la scienza comincia a intravedere, a che cosa potrebbe servire allora? Prima di mettere una pietra sopra l'argomento e cercare di etichettarle come cose assurde, perché non usare il discernimento spirituale e, con sincerità, chiedersi: *potrebbe questo essere vero?* Provate!

Possediamo una "giacenza" di chi eravamo, all'interno del contenuto del nostro DNA. Questo si potrebbe chiamare materiale di "sostituzione" o riposizione se così lo vogliamo definire. È possibile modificare anche alcune malattie nel sangue. Come già detto, tali informazioni sono nel registro Akashico che, a sua volta, è parte del DNA e, quindi, ci appartiene. Ognuno di noi, se oggi siamo vecchi, un giorno eravamo giovani. Se ora hai una malattia, c'è stato un momento nella tua vita - o in un'altra vita – che non l'avevi. Per migliorare la comprensione di questo concetto complesso, ricordiamoci che il tempo, come immaginiamo, non esiste. Non è lineare ma circolare. Pertanto, come ha detto Kryon, sarebbe come passare più volte sopra lo stesso cerchio. Quello di cui Kryon parlerà adesso è, in parole povere, la possibilità che tu raccolga quella parte di te prima di aver contratto la malattia ed entrare nuovamente in possesso di quella parte sana. Si tratta di un concetto complesso, ma molto coerente negli attributi di una realtà quantica. Seguite con molta attenzione come ciò accade, in quanto è importante:

Ascoltate, se nella sua "scorta" s'include un Essere Umano giovane e sano, egli ancora è lì! E possono esserci incluse anche le capacità di fare un certo tipo di cose; di essere un artista, un oratore, uno scrittore, un guerriero, una persona piena di fiducia in se stesso, una persona in grado di camminare a testa alta. Vuoi capire che tutti loro sei "tu"? Tutti sono ancora lì. Potrete dire, "ma questo esiste nel passato non è possibile toccare il passato". E io vi dico, come siete lineari! Perché i nuovi doni sono lì per essere utilizzati da voi in una visione non lineare della struttura cellulare. Delinearizzate la vostra vita e vedrete che non solo potrete toccare queste cose, ma potrete anche attingere dalla sorgente. Si può facilmente! **Come funziona?**

La comunicazione con Dio

Lasciate che vi chieda una cosa: diciamo che sia tempo per voi di parlare con uno degli organi del vostro corpo e l'esercizio del giorno potrebbe essere quello di parlare con il vostro rene. Voi costruireste, quindi, un rene gigante e lo adorereste? Oh, come siete 3D! Capite cosa sto dicendo? Perché fareste una cosa del genere, dato che è dentro il vostro corpo? È perché non vi rendete conto di che Dio proviene da voi. Pertanto, si tratta di percezione divina. È tempo di cambiare l'immagine che avete di voi! Quando lo farete, vi si apriranno gli occhi, vi guarderete allo specchio e direte: "Io Sono Colui Che Sono. Dio è in me." È difficile fare questo, da essere umano. Ciò richiede che lasciate la vostra vecchia realtà di vittimizzazione. (Kryon)

L'Essere umano bidimensionale e la trasformazione interdimensionale

Qual è la differenza tra un normale adulto e un bambino oggi? L'adulto cammina in linea retta e il bambino in un cerchio. E la differenza è abissale. Scoprite perché, attraverso Kryon.

Oggi, vi ritrovate in un'epoca che cambia, notevolmente, in un pianeta che risuona sotto i vostri piedi con le trasformazioni vibrazionali. L'Umano si siede qui e si chiede se è potente, non rendendosi conto che veramente lo è. L'umanità si siede e teme il clima, non capendo o rendendosi conto che la terra è la sua partner. Siete parte del tutto! Siete nel controllo.

"IO SONO" – c'è più in questa frase di quanto vedono gli occhi. Perché c'è un'energia al suo interno che è intraducibile. Quando

163

si sente la frase "IO SONO COLUI CHE SONO", è il riconoscimento dell'"adesso". Perché "IO SONO L'IO SONO", dice che c'è un cerchio all'interno della frase che continua a circolare. Lo "IO SONO" che è il cerchio, gira, così come lo "IO" che è in mezzo. Stiamo dandovi i simboli dell'Adesso. Vi stiamo dando la geometria di un cerchio - ininterrotto - perfetto nella sua geometria di base dodici, perché avete bisogno di sentire questo, miei cari. Abbiamo ripetuto molte volte che siamo nell'"adesso." Voi, poiché esseri umani, siete in un tempo lineare.

Questa spiegazione non è solo una delle tante parole in più. Significa moltissimo per voi in questa nuova energia d'aspettativa. È tempo per voi di cominciare a capire gli attributi primordiali della vostra essenza - che non è una linea retta - piuttosto, è un cerchio. La geometria è davvero fatta di cerchi e linee rette che creano la simmetria della forma dei cerchi, che si ripetono comunemente su loro stessi e si chiudono nella loro perfezione. Nel vostro stato sacro e naturale, non vedrete mai una linea retta che va all'infinito. Non è parte di voi come un "pezzo di Dio." Ma anche così; è sotto questa forma che un essere umano lo percepisce, ed è una percezione unidimensionale e molto lineare. Quando guardate indietro nella vostra strada, aggiungete una dimensione. Allora, la cosa diventa bidimensionale. Se guardate in alto, c'è la terza. Guardando il tempo necessario per andare da un luogo a un altro della vostra strada, vi è la quarta. E all'interno di queste quattro dimensioni, gli esseri umani lavorano il 90 per cento del loro tempo. Eppure, stiamo chiedendovi di capire che, nel vibrare più alto, potete arrivare alla quinta, sesta o settima dimensione! Quando voi riuscirete a inserirvi nell'"adesso", realizzerete questa trasformazione interdimensionale.

Alcuni attributi dell'"adesso" *- Queste sono cose cui, forse, non avete mai pensato. Prestate più attenzione ai bambini che vengono al mondo adesso, per capirli. Quando loro aprono gli occhi e guardano negli occhi dei loro genitori, vedono la famiglia spirituale che si la aspettavano di vedere. Sapete perché spesso* agiscono come delle "nobiltà"? Fino a prova contraria, loro vedono il re e la regina in voi!

Non è un caso che, non appena cominciano a parlare, i bambini spesso dicono dove erano o chi "erano" prima di essere qui. Vedete, loro pensano che anche voi sapete. Non immaginano nemmeno che non possiate esserne a conoscenza. Dopo tutto, voi siete i saggi che hanno dato loro la vita! È nel terribile riconoscimento della vostra ignoranza di comprensione in questa materia, che spesso loro diventano introversi e tendono a un isolamento sociale. C'è un aspetto di questi bambini che non avete ancora riconosciuto. Loro hanno un attributo all'interno della struttura impressa del loro DNA che voi non avete.

Hanno la comprensione dell'"Adesso." Come questi bambini possono essere così saggi? Come fa un bambino a conoscere un modo migliore in cui le cose possono funzionare, rispetto al sistema che gli adulti gli forniscono? La risposta è che loro hanno già visto il sistema completo prima, in un cerchio nell'"Adesso". Hanno un attributo di conoscenza che fa ricordare di essere già stati lì prima e di aver già fatto questo o quello. Nel processo di questo "conoscere" c'è anche l'attributo che fa sembrare dei bambini così difficili da gestire. Avete mai provato a dire qualcosa a una persona, che lei già sapeva, o che forse conosceva meglio di voi? Pensateci. Potrebbe non sembrare molto appropriato, pervenendo da un bambino, ma questo è esattamente ciò che sta accadendo.

Lasciate che cerchi di spiegarvi la differenza tra il tempo lineare e il "tempo dell'adesso", in un modo cui, forse, non avete mai pensato prima. Questo tempo "Adesso" è un modo spirituale di essere al quale voi dovrete abituarvi; io vi porterò attraverso alcuni attributi dell'umanità, e vi mostrerò come la percezione lineare, contro la percezione "Adesso", sia un'informazione necessaria. Essa vi aiuterà anche a capire il motivo per cui l'Indaco è un essere pacifista – che comprende l'equilibrio.

165

Miei cari, l'Indaco[10] diventa sbilanciato solo quando la cultura intorno a lui, gli fa perdere l'equilibrio. Quando ciò accade a un indaco, credetemi, si verifica davvero un terribile scompenso. Lui non è marginale. Quando si sbilancia una dinamo, essa vola in pezzi. L'Indaco brama per l'equilibrio. È il suo stato naturale. Appartiene all'"Adesso."

Gli esseri umani vedono un percorso avanti a loro e un percorso dietro di loro. Come il binario infinito di un treno, in cui la macchina della vita si muove, può anche comprendere l'infinito, in un binario che è senza fine. L'essere umano, però, non riesce a capire qualcosa che non ha un inizio (l'infinito nella direzione opposta)!

C'è una ragione per questo. È perché nel vostro stato sacro, non esiste qualcosa come una linea retta che non ha inizio. In realtà, è molto comune a voi, dire "Non riesco a capire qualcosa che non ha un inizio", Io vi dirò perché: è un principio estraneo alla vostra struttura cellulare, perché è una conformazione che esiste dentro un cerchio!

Se si potesse, effettivamente, vedere la linea retta che scompare dietro di voi e mentre svanisce all'infinito davanti a voi, oltre l'orizzonte, si potrebbe capire. Come una strada perfettamente diritta sulla Terra che, eventualmente, s'incontrerà alla fine, giacché la Terra è rotonda. Così, anche l'apparente retta monodimensionale, è, in realtà, un cerchio. Il "no inizio" che non potete capire, è ciò che state vedendo come futuro. Se fermate la vostra attenzione eccessivamente sul futuro – disperandovi per ciò che potrebbe succedere - ciò che accade è che il futuro bussa alle vostre spalle! Sembra un mistero, ma non lo è.

Qual è la differenza tra l'essere umano che cammina in linea retta e l'Essere Umano che capisce cosa vuol dire essere in un cerchio?

---

[10] Più dettagli sugli indaco più avanti

Per un momento, immaginate voi stessi nella vita, che percorrete un rettilineo; più dritto lo immaginate, migliore sarà. Qualcuno potrà pensare: "Sto facendo davvero, un cammino di luce - dritto come una freccia, e spiritualmente consapevole." Nell'umanismo, c'è sempre un orizzonte, non si può vedere al di là di esso, poiché c'è sempre qualcosa nascosta, celata, e ciò incoraggia le parti dell'umanismo a sviluppare mitologie.

Immaginate la vita come un cerchio. Rimanete in questo piccolo cerchio con me. Vedete il percorso intorno a voi? Si può vedere tutto, completamente. Ora, girate e guardate con attenzione. Se desiderate, girate le spalle e guardate ciò che c'è dietro di voi mentre girate, ed è ciò che diventerà il vostro futuro. È tutto lì. Nessuna parte del percorso può essere nascosta, tutto può essere visto. Beato il bambino indaco perché sa che è tutto lì. Volete sapere perché il bambino indaco conosce i vostri sistemi? Volete sapere perché lui conosce un modo migliore di fare le cose? Perché il bambino sta nel cerchio della vita e lo sa. L'indaco fa parte dell'umanità, ma riconosce la saggezza di ciò "che è stato". Ha l'intuizione che voi non avete – sulla realtà di essere nell'Adesso.

Se chiedete al bambino Indaco di fare qualcosa di nuovo, spesso lui supererà la sfida. E quando vi rendete conto che "impara", potrete notare che lui sta, in realtà, "ri-abituandosi" a qualcosa che è già familiare. Non proprio nuovo! Lasciatemi dire qual è la differenza fondamentale tra il DNA dei bambini indaco e il vostro. Abbiamo parlato di una membrana che copre il DNA. Questo è metaforico. La membrana è lì, ma non può essere vista con i vostri strumenti. La metafora consiste nel fatto che la membrana è cristallina. La parola "cristallina" in inglese, significa avere "memoria di energia", il ricordo di una "impronta". E all'interno della struttura cristallina di qualunque cosa, c'è memoria. La membrana cristallina intorno al DNA, contiene tutta la memoria di un codice genetico perfetto che contiene anche il seme per un'espansione della vita di 950 anni.

167

*Volete sapere da dove viene la cura miracolosa? Quando accadono i miracoli, essi vengono da dentro - tramite il loro processo divino. Vi è un'entità divina chiamata Sé Superiore. Non è solo un'energia angelica o spirituale, ma certamente, è anche collegata con la vostra biologia. Si tratta di un membro della Divinità, e la chimica e la fisica di ciò che accade all'interno di ogni miracolo, è che la memoria cristallina rivela gradualmente al DNA, le istruzioni per essere perfetto, poiché la membrana conosce la perfezione del codice. Così è la membrana che controlla l'evoluzione umana spiritualmente. Che cosa attiva la membrana e come ci si può avere accesso? Qualcuno potrebbe chiedere. La risposta è, con l'**intenzione**. Quando si realizza l'intenzione, la membrana rilascia l'informazione magnetica che interseca i campi magnetici dei loop chiusi del DNA, e attraverso il processo chiamato induttanza, l'informazione entra nella struttura polarizzata del vostro makeup cellulare. La maggior parte di questo makeup cellulare è già pronta nell'indaco, mentre per voi, c'è la necessità di svilupparlo.*

Fingete di essere un disegno sulla carta. Okay, ora, siete in due dimensioni. Potete muovervi solo a destra e sinistra, avanti e indietro - due dimensioni. Non potete spostarvi né su né giù, ed esistete sulla carta, fuori dal tempo. Immaginate, ora, che il foglio di carta si estenda per chilometri in tutte le direzioni, in cui potete andare dove volete.

Poi, un giorno, sentite una voce dall'alto che dice, "C'è di più. C'è molto di più oltre la realtà di due dimensioni... " L'essere bidimensionale sulla carta non sa dove guardare. Da dove viene la voce? Non proviene dalla sinistra, né dalla destra. Vedete, una creatura bidimensionale non può guardare in alto, perché, per lei, non c'è un "su"! Poiché la realtà tridimensionale, a quanto pare, si trova oltre il disegno bidimensionale, lì sta una creatura che sente una voce in mezzo a una totale confusione. Poi, decide di andare al limite della carta, passare attraverso le procedure, superare le lezioni. Infine, grida a Dio: "So che c'è di più, ma non

168

posso fare più niente con quello che ho. Ho guardato ovunque fatto tutto il possibile. Dio, dimmi, che cosa devo fare?" E la voce di Dio risponde, "Guarda su!" Così, la creatura del disegno fa un'altra domanda: "Che cosa è 'su'?"

Lentamente, però, questa creatura bidimensionale indaga su cosa fare per "guardare su". L'intuizione si risveglia, aumenta l'allenamento e incrementa le percezioni interne. La creatura disegnata esplora l'ignoto, il regno dell'inspiegabile e, infine, realizza ciò che è "su". A questo punto, diventa tridimensionale. Alza gli occhi e si accorge che la voce proviene da un'altra energia dimensionale, procedente dal "tre". Grazie alla ricerca delle caratteristiche del disegno e alla sua saggezza... la creatura non è più un disegno. È invece entrata in una nuova realtà dimensionale... e può salire, può volare!

E la cosa continua. Ora, la voce che le parla, non dice più, "Guarda su"; questa voce le dice: "Guarda dentro! La magia è dentro!" È una voce interdimensionale o comunque si voglia chiamare. È divina...

Scavando nel Registro Akashico - Come si fa?

Ti darò il primo passo: devi credere. Non credere, perché te lo dico io. Devi credere, così fortemente, da essere biologicamente tanto reale quanto il tuo braccio. Quando guardi il tuo braccio, tu dici, "Ho un braccio, e lo vedo." Non vi è alcun dubbio e anche il tuo cervello lo sa. Il campo intorno a te lo sa. Non vi è alcun dubbio. È il tuo braccio. Ora, come ti senti quando dici, "ho un registro Akashico nel mio DNA, è il registro di tutto quello che sono stato e dove posso accedere"?

*Dimmi quali parti del tuo corpo sono in contrasto con questa espressione? Ti rispondo: **tutte quelle lineari!** La logica ti dirà, "non puoi farlo, non è possibile cambiare quello che sei." E saranno tutte sbagliate.*

Potete fare tutto. È parte dell'essere in questa nuova energia ed io vi dico che molti di coloro che stanno leggendo queste informazioni, l'hanno già fatto. Potete farlo lentamente, senza che nessuno se ne accorga. O può essere tanto evidente che i vostri migliori amici non vi riconosceranno. L'energia per questo viene dal magazzino che è dentro di voi. È nel vostro DNA, ogni frammento, migliaia di miliardi di frammenti, tutti sincronizzati alla vostra volontà.

Vedete esseri umani, che non state chiedendo niente a Dio? Quello che state facendo è cambiare voi stessi, al punto tale, d'essere in grado di prendere quello che già possedete.

La chiave? Dovete capire e credere che, con voi sia sempre stato il vostro **Sé Superiore**. *Ciò significa che il nucleo della vostra coscienza era già presente in tutte le vostre espressioni di vita.*

Tutte le vite che avete vissuto su questo pianeta, sono lì. Il vostro Sé Superiore è sempre stato la stessa energia di anima in tutte le vostre espressioni. Avete, quindi, un amico che ha partecipato a tutte loro! Finora, tutte le informazioni di vite passate, sono state conservate come il nucleo di ghiaccio.[11] Dovevate osservare i segni e vedere chi eravate e, eventualmente, quali erano le energie e quello che è successo. Tutti presumevano che le informazioni erano intoccabili ed erano nel passato, come un vecchio giornale.

---

[11] Le carote di ghiaccio sono state utilizzate come registrazioni storiche climatiche, perché la composizione del ghiaccio e le bolle d'aria intrappolate in esso, forniscono una testimonianza pressoché intatta delle condizioni climatiche del passato. Recentemente, un gruppo di ricercatori giapponesi ha mostrato che la stessa tecnica può essere utilizzata per registrare importanti eventi astronomici. Web.

Questo non è un pensiero quantistico. La Mente Quantica vede tutto l'accaduto, in un unico momento - ora. Pertanto, quello che abbiamo detto più volte, è che ciò che sta accadendo ora, è a vostra disposizione ADESSO. Che ne dite di entrare nella storia, apparentemente intoccabile, e prendere lì l'aiuto che state cercando oggi? In questa vostra espressione attuale, non siete un'entità diversa o vi siete incarnati in un corpo casuale. Tu sei solo un'altra espressione dello stesso Sé Superiore. Pertanto, devi credere. Il Sé Superiore sta aspettando che accetti questa convinzione. (Kryon)

Quest'informazione dello Spirito è molto importante al fine di capire il processo di guarigione e come accadono i miracoli. Ora, però, è fondamentale capire che dentro di noi, in una parte quantica del nostro DNA, invisibile agli strumenti attuali, vi è la saggezza dei secoli, c'è un incredibile potere creativo ed è in attesa di essere attivato. Si tratta di una scoperta straordinaria, e spiega tanti misteri della creazione della nostra realtà.

Nel DNA c'è la conoscenza spirituale acquisita per eoni. Lungo il percorso, avete imparato ciò che sapete ora. Lungo la strada, avete ottenuto pezzi e parti dello scopo spirituale e dell'apprendimento. Avete, inoltre, commesso tutti gli errori che avevate bisogno di commettere e questo riempie il vaso spirituale con la conoscenza nel vostro DNA. Così, vi chiedo, avete già aperto quel vaso, o rifarete, ancora, tutti gli errori?

Dovete sapere questo: In quel vaso spirituale, in quegli strati del DNA che si chiama Registro Akashico, ci sono molte vite di conoscenza, trascorse da voi. Se scegliete di aprire questo vaso quantico con l'intento, sarete molto più saggi, dopo averlo fatto.

Vi darò qualcosa cui pensare. Se non credete in vite passate, permettetemi di rivolgervi una domanda che riguarda solo questa vita attuale. Vi ricordate di quando avevate dieci anni? La maggior parte di voi risponderà di "sì". Bene, anche il vostro DNA lo ricorda! Cosa ne pensate? C'è una memoria impressa nelle cellule che ricorda quando avevate dieci anni. Vedete, è ancora lì. È una memoria cellulare. Quanti vorrebbero recuperarla? Forse potreste dire, "beh, perché dovrei farlo?" In tutti voi, quando avevate dieci anni, il DNA era fresco e puro, sano e giovane. Anche se sono passati tanti anni, il vostro corpo ha conservato la memoria, com'era allora. Vi sembra una buona ragione?

Vuoi eliminare una malattia persistente? Puoi parlare con la tua struttura cellulare. Puoi dire: "Torna allo imprinting del mio DNA a dieci anni, e lo replichi!" Perché no? L'organismo si riproduce continuamente, da solo, ogni cellula. Ringiovanisce. Entri nel tuo DNA di quando avevi dieci anni - giovane, sano e fresco con l'energia della gioventù. Questa malattia non tornerà mai più. Perché? Perché a livello quantico, non l'avete mai avuta!

Se riuscite tirare fuori l'energia della vostra vita passata, troverete un DNA puro che non ha mai avuto il problema che avete ora. Come si fa? Lasciate che vi faccia una domanda: amate qualcuno su questo pianeta? Se la risposta è sì, allora vi chiedo... come? Vedi? Alcune cose devono essere fatte a un livello non lineare, fuori dalle tabelle che gli esseri umani sono abituati a ricevere. Le tabelle sono utili per l'apprendimento di base, ma non sono applicabili a quest'energia quantica avanzata, che state imparando ad assorbire e diventare.

Comprendi cosa sto parlando? Che cosa desideri poter fare? Quali sono i blocchi? Quali sono le cose che pensi voler cambiare in te? Nell'Akasha ci sei tu - molti "te". Perché non vai lì e sostituisci l'attuale "tu" per un "tu" che eri prima? Questo è minare l'Akasha. Si tratta di un Essere Umano quantico e questo va ben oltre ciò che è stato detto circa le energie delle vite passate. Hanno detto che servivano a cambiare karma. Questo è il vecchio modo di pensare, che le esperienze delle vite passate si accumulano nel vostro DNA disturbandovi; creando ostacoli sulla *vostra strada, e poi si dovrebbe realizzare qualcosa per aggiustare la situazione. Questa è un'informazione molto vecchia, adesso si può andare ben oltre a questo. Se volete rimanere su questo pianeta per lungo tempo, modificate la vostra struttura cellulare, minando il vostro Akasha e cominciando a guardarvi dentro. In altre parole, non proiettate il passato nella vostra realtà futura, perché ora siete in grado di fare cose che mai prima avreste potuto fare. Gaia sta collaborando. L'Universo sta collaborando e molti stanno già muovendosi in un paradigma di manifestazioni.*

Individualmente, in relazione al proprio corpo, molti di voi stanno tornando più giovani, piuttosto che invecchiare. State creando soluzioni ai problemi che consideravate insolubili.

Questo è in arrivo in quasi ogni campo della scienza. E aiuterà l'essere umano ad avere una vita più lunga e più sana, senza guerra. Verrà un tempo in cui non ci sarà nemmeno il terrorismo, miei cari. Oh, ci sarà squilibrio. Fa parte della vita. Ma non di paesi contro paesi, non di gruppo spirituale contro gruppo spirituale.

Il bambino interiore - "Se non vi convertirete e non diventerete come i bambini, non entrerete nel regno dei cieli... " (Mt 18: 3)

Perché il bambino interiore è così importante? Questa è una questione quantica, lo è sempre stata! Avete sentito già parlare di questo, tuttavia, molti cercano di scappare. "Sono cresciuto, non voglio essere di nuovo un bambino." E se quel bambino fosse diverso da ciò che si pensa?

Lasciate che vi dica che cosa c'è di così quantico in questo tema. Ascoltatemi e aprite il vostro cuore per un attimo. È giunto il momento, non è vero? Nessuno di voi è più bambino, ma tutti lo sono stati. Allora, perché non fare una cosa con me per un momento? Fermate l'orologio e ognuno faccia finta che tutto ciò che sia mai stato vissuto su questo pianeta, in questa vita, è davanti a voi ora, dentro delle scatole in cui si possa prendere ciò che si trova all'interno. Esse non sono nel passato, ma in uno stato quantico, pronte perché voi le possiate vedere, come se stessero accadendo ora, tutte, insieme.

Riflettete: *Io voglio che andiate a guardare in queste scatole - quando avevate otto anni, quando avevate sette anni, sei anni, cinque anni. Vedete! Non avevate alcuna preoccupazione. Quanti di voi a otto anni si sono preoccupati di rimborsare un prestito, o del bilancio familiare? Oppure, se potevate comprare una macchina? O se sareste stati in grado di farla funzionare? La risposta? Nessuno di voi! Le vostre preoccupazioni si limitavano a quanto tempo potevate giocare nel cortile. Pensateci... perché era così, per la maggior parte di voi. Questa è la mente del bambino: pura, semplice, e al di fuori del campo delle preoccupazioni.*

Ora, voglio che ognuno di voi mantenga questi pensieri per un attimo. Voglio che tu, lettore, finga di poter prendere quella persona per un momento, quel bambino che sei. Lui ha il tuo nome e lo hai vissuto. Prendilo dalla scatola e posizionalo su di te. Nessuna preoccupazione. Nessun dramma. Nessun domani. Veramente nessuno. Il bambino non pensa al domani, a meno che domani sia Natale, allora, il domani porterà un senso di gioia e di eccitazione. Da quanto tempo non senti questo, essere umano? Perché sto parlando di questo? Perché l'amore di Dio t'invita a assumere proprio questo stato! Hai solo un modello ed è quello di quando eri un bambino. Così, ritornare a questo modello ti fornirà l'amore, e la pace che è necessaria per accedere a questa nuova energia! Questo è l'Essere Umano che può andare avanti e applicare questi attributi nella propria vita. Tutti possono percepire chi è, perché ovunque vada, lui brilla! Egli non nega la realtà. È quantico. Diventare quantico è difficile per l'essere umano, perché richiede pensare in modo diverso. Non c'è alcun essere umano che possa comprendere uno stato quantico con l'intelletto, perché questo non è lo stato in cui è nato - e non è lo stato in cui vive.

In molte ere, sono vissuti alcuni maestri che sono transitato su questo pianeta, e sono stati molto famosi, in molte delle vostre religioni. Voglio rivelarvi quello che tutti avevano in comune: erano quantici! Se si guardassero in faccia, si potrebbe vederli brillare! Potete venire lì con me? Potete essere con il vostro maestro preferito solo per un attimo? Riuscite a stare vicino a lui o lei per un momento? Se sì, ditemi, allora, Qual è la sua energia? È di pace, non è vero? Lui è preoccupato per il prestito bancario? No. È preoccupato come pagare le bollette? NO. Che tipo di dramma ha nella sua vita? Devono essercene molti, però, non si è mai notato! Per qualche ragione, sembra che non si ricordi, e siete attratti da quella pace, non è vero? Avete il desiderio di essere vicino a lui. Può anche darsi che chiediate a voi stessi, "Oh, come mi piacerebbe essere così. Mi affascina." Beh, voi potete, cari, e questo è chiamato catturare l'essenza del bambino interiore. Non è l'innocenza; non è l'ignoranza; è la saggezza quantistica totale, completa. È la capacità di prendere quelle cose che vi preoccupano, nella linearità, e metterle in un luogo dove non possano disturbarvi. Che cosa succede a una coscienza che non è influenzata dalla paura? Ve lo dico io. Si alza in volo! Vi aspettavate questo? Il lavoro del bambino interiore è un lavoro quantistico. Tutte queste cose che abbiamo insegnato negli ultimi anni, stanno chiedendo e stanno aiutando l'Essere Umano a diventare quantico. (Kryon)

CAPITOLO IX

IL POTERE PERDUTO

Che cosa significa diventare quantico?

Nel 1944, *Max Planck*, il padre della teoria quantistica, ha sbalordito il mondo quando ha affermato che c'è un posto – una matrice - che è energia pura, dove tutte le cose cominciano e che semplicemente "<u>È</u>". Questa matrice è la rete d'energia che collega l'universo, costituita da una rete di filamenti molto simili a quelle presenti nel nostro cervello. Secondo il ricercatore *Gregg Braden*, che da oltre vent'anni è impegnato in questi studi, nelle recenti scoperte risalta l'evidenza che c'è davvero questa matrice di *Planck* ed è la **Matrice Divina**. *Planck* ha detto che questa "Matrix" è l'origine delle stelle, delle rocce, del DNA, della vita e di tutto ciò che esiste. Microscopicamente, non c'è nulla di *naturale*, ma tutto è vibrazione, tutto è fatto di energia condensata. I fisici descrivono lo stato "quantico" come uno stato di realtà, dove non c'è tempo, dove tutto esiste contemporaneamente in un cerchio.

La fisica quantistica è la nuova scienza delle possibilità, che aiuta gli esseri umani a risolvere i problemi quotidiani in una forma apparentemente nuova. Ma essa è molto antica, poiché i grandi maestri già la applicavano e la insegnavano, più di duemila anni fa. La conoscenza di ciò, ci fa capire subito che la scienza e la fede sono, in realtà, una cosa sola, perché tutto nell'universo è interconnesso. E questa è un'altra demistificazione. Fede e scienza camminano insieme, mano nella mano (chi mai l'avrebbe detto), ma parlano due lingue diverse. Ed è proprio la fisica quantistica a fare il traduttore di queste due lingue, in modo che possiamo capire definitivamente, che noi siamo veramente, i co-creatori della nostra

176

realtà e di tutto ciò che vediamo nell'universo. Come affermato da *Gregg Braden*, capire questa scienza ci darà la possibilità di comprendere i miracoli sotto un profilo scientifico e spirituale. Così, i miracoli possono, quindi, essere considerati pura tecnologia che utilizza un'energia chiamata Amore, perché è solo attraverso l'amore che i miracoli possono accadere.

Viviamo in un universo di vibrazioni e i nostri corpi sono costituiti da vibrazioni di energia che noi emaniamo costantemente. La scienza ha dimostrato, attraverso la fisica quantistica, che siamo tutti collegati attraverso la nostra vibrazione. Studi scientifici hanno dimostrato che il nostro DNA cambia con le frequenze prodotte dai nostri sentimenti e delle emozioni, cioè vibrazioni. Questo illustra una nuova forma di energia che collega tutta la creazione. Questa energia potente sembra essere una fitta rete che collega tutta la materia e, allo stesso tempo, siamo in grado di influenzare, in sostanza, questa rete di creazione attraverso le nostre vibrazioni. Gli esperimenti hanno dimostrato, inoltre, che le più alte frequenze energetiche, che sono quelle dell'Amore, impattano nell'ambiente, in modo materiale, producendo cambiamenti, non solo nel nostro DNA, ma anche nell'ambiente che ci circonda. Questo ha un significato profondo: **abbiamo molto più potere di quanto pensiamo.**

Così, in attesa che i politici della terra trovino le soluzioni ai problemi che affliggono l'umanità, che ne dici di iniziare a usare questo potere, conoscendo meglio questa scienza e imparando a essere più quantici, una volta che questa scienza può dare all'uomo la possibilità di cambiare, sostanzialmente in meglio, la vita stessa? In realtà, la *Matrix Divina* - un campo olografico di energia in cui viviamo - ha la capacità di rispondere alle nostre emozioni, rendendole visibili nella sfera materiale, attirando, da un campo invisibile, tutti i nostri desideri - anche grazie alla legge di attrazione, di cui ora, credo, tutti abbiano sentito parlare. Ci può dare la possibilità di un cambiamento di consapevolezza interdimensionale, promuovendo la possibilità di creare, così, la nostra realtà in modo consapevole.

Sappiamo già che l'essere umano ha un campo elettromagnetico dentro di sé e che i pensieri che facciamo con costanza e certezza, alla fine, li attiriamo veramente a manifestarsi nella nostra realtà. Ma come possiamo capire tutto quest'armamentario? Quello che segue, vi lascerà sconcertati. Abbiamo tutti sentito parlare di un "potere" che abbiamo, principalmente attraverso la Bibbia, ma queste affermazioni suonano sempre come belle citazioni che entusiasmano, ma non convincono.

Che potere è questo e perché, solo ora, è giunto alla nostra conoscenza?

Tutto è iniziato con la scoperta di un antico manoscritto, il **Grande Codice Isaia** e altri testi essenici nelle *Grotte Qumran*, Mar Morto, nel 1946. Assegnato al profeta Isaia, sembra essere stato scritto più di duemila anni fa e descrive tutto ciò che la scienza quantistica ha iniziato a capire solo pochi anni fa. Il manoscritto attribuisce l'esistenza di molti futuri possibili per ogni momento della nostra vita, i quali, il più delle volte, scegliamo inconsciamente. Ognuno di questi futuri è in stato di riposo, in attesa di essere risvegliato dalle nostre decisioni prese nel presente. Il Codice Isaia descrive con precisione queste possibilità, in un linguaggio – che solo ora cominciamo a capire - e la scienza che ci insegna come <u>scegliere il tipo di futuro che vogliamo sperimentare</u>.

Dalla dichiarazione del manoscritto, con esempi semplici e chiari, *Gregg Braden* ci riferisce che c'è una tecnologia ampiamente utilizzata in tempi antichi, e che è stata dispersa nel IV secolo, a seguito della scomparsa e distruzione di libri rari, o relegato a scuole misteriche, ma ora, dopo la scoperta del Rotoli del Mar Morto, stanno riapparendo. Si tratta di una tecnologia molto semplice, conosciuta universalmente con il nome di... "preghiera". Proprio così. Applicandola correttamente, è possibile ottenere delle cose straordinarie, al di là dell'immaginazione umana. Qualcuno potrebbe dire: *"È ovvio! Chi non lo sa?"* La maggior parte, può scommettere! Se così non fosse, i miracoli diventerebbero semplici fatti quotidiani e non solo un'eccezione. Con questa tecnologia, possiamo, effettivamente, cambiare il mondo.

Un modello "perso" di preghiera, che è quantico

I manoscritti trovati nel Mar Morto, ora possono essere notevolmente più importanti e comprensibili rispetto a chi viveva in quel momento. È di notevole importanza per l'umanità dormiente, che, ancora oggi, molti vivono in balia di forze spirituali casuali, consegnando il potere del proprio destino nelle mani di un qualsiasi altro essere, tranne che a se stessi. Ci mostra che nelle mani dell'umanità si cela un enorme potere in attesa di essere utilizzato, ma che ancora non conosciamo, ci indica le chiavi sul nostro ruolo come creatori della nostra realtà che ci permettono scegliere quale futuro vogliamo sperimentare, in buona coscienza. Tra queste chiavi, ci sono le istruzioni di un modello di preghiera "perso" che la scienza quantistica moderna suggerisce come il potere per guarire i nostri corpi, portare la pace duratura nel mondo e anche prevenire le gravi tragedie climatiche che l'umanità si potrebbe trovare ad affrontare.

In che consiste questa tecnologia di preghiera e su quali basi si poggia per essere efficace?

Gregg Braden afferma che siamo portati ad accettare la possibilità che ci sia un nuovo campo di energia accessibile e che il nostro DNA comunica con i fotoni, attraverso questo campo. La chiave per ottenere un risultato tra molti potenziali già esistenti, risiede nella nostra capacità di sentire che la nostra scelta è già stata creata e che sta già accadendo. Vedendo la preghiera sotto quest'aspetto, cioè, come sentimento, ci porterà a trovare la qualità di pensiero e di emozione che produce tale sentimento: vivere come se il frutto della nostra preghiera fosse già in arrivo.

Da questo punto di vista, la nostra preghiera basata sui sentimenti, cessa di essere "qualcosa da ottenere" e diventa "l'accesso" al risultato desiderato, che è già stato creato. Con le parole del loro tempo, gli Esseni - i primi sospettati di essere i responsabili per la conservazione della conoscenza originale - ci ricordano che ogni preghiera è stata già esaudita. Qualsiasi risultato che possiamo immaginare e ogni possibilità che siamo in grado di concepire, è un aspetto della creazione che è già stato creato ed esiste nel presente, in uno stato "dormiente". Così, il futuro non è deterministicamente stabilito, ma può essere anche modificato. Gli Esseni avevano una visione olistica della vita e, giustamente per ciò, consideravano gli squilibri della terra come uno specchio degli squilibri fisici del corpo dell'uomo. Anche le calamità naturali, il cambiamento climatico, sono specchi di grandi cambiamenti in atto nella coscienza umana.

La nuova fisica ammette che l'esperienza, o anche la semplice osservazione dello scienziato, può modificare la realtà; questo ci porta a credere che, se oggi, nel nostro presente, siamo in grado di introdurre un piccolo cambiamento, allora, come il risultato di una concentrazione di energia del pensiero collettivo, possiamo sfuggire anche all'effetto delle profezie negative, com'è già accaduto.

Infine, con il **pensiero, sentimento** ed **emozione,** e uniti nella nostra preghiera, siamo in grado di attrarre i punti di scelta e di cambiare i risultati attesi. Tutto questo, in fondo, ci porta alla conclusione che esiste un profondo legame tra i nostri pensieri collettivi, i nostri sentimenti, le nostre aspettative e la realtà esterna. Questo modo di pensare era insito nella visione della vita degli Esseni, come rivelato negli scritti degli Esseni di 2.500 anni fa, i cui riflettono l'idea che gli eventi esterni sono il riflesso delle nostre più profonde convinzioni interiori.

Se pensiero, sentimento ed emozione non sono allineati, non c'è Unione. Pertanto, se ogni modello si muove in una direzione diversa, il risultato è una dispersione di energia. Il pensiero, emozione e sentimento, sono la tecnologia chiave della preghiera e, dentro di noi, dobbiamo provare e sentire quello che vogliamo realizzare all'esterno. Abbiamo bisogno di sentire questo nel corpo, nei pensieri e nei sentimenti. Possiamo donare ciò che abbiamo, possiamo espandere fuori da noi ciò che siamo. Quello che vogliamo, dev'essere realizzato, contemporaneamente, nel pensiero, nel sentimento e nel corpo. Il pensiero e l'emozione devono, prima essere considerati separatamente e poi, insieme, perché il pensiero dev'essere il sistema di guida che orienta le nostre emozioni.

Il pensiero: anche in forma di fantasia, determina dove dirigere l'attenzione e l'emozione.

Emozione: è l'energia che ci fa andare nella direzione desiderata, è la "fonte di potere". Secondo *Braden*, negli estremi, ci sono solo due emozioni: l'amore e la sua mancanza, spesso identificata come la paura. Pertanto, se non siete in amore, siete nella paura. E la paura attira sempre quello che si teme.

Sentimento: è l'unione del pensiero e dell'emozione. In realtà, per sperimentare un sentimento, dobbiamo avere un'idea e un'emozione. Il sentimento, quindi, *è la chiave della preghiera, perché il creato risponde sempre al mondo del sentimento umano.*

Prima di tutto, è importante capire ed essere consapevoli dei pensieri e delle emozioni che vengono rappresentati dai nostri sentimenti, perché, a volte, esprimiamo pensieri che sono alla base di emozioni differenti da ciò che dichiariamo e, quindi, finiamo per ottenere effetti indesiderati, ostacolando il funzionamento della nostra preghiera. I pensieri in sé, possono contenere determinate aspettative, rimanendo possibili desideri, ma sono inerti se non sono accompagnati dalla forza delle emozioni. Spesso, però, l'emozione che accompagna il desiderio si muove in direzione opposta al nostro desiderio, ma non ne siamo consapevoli.

Se, per esempio, si desidera una salute migliore, nel pensiero di *miglioramento*, è introdotta la paura della malattia, della cattiva condizione di salute che si ha, e quest'emozione consente di ottenere esattamente ciò che si teme: la malattia. Anche a livello di pensiero, dicendo "miglioramento", implicitamente ci concentriamo su "non abbastanza", e se pensiamo che non si abbia abbastanza, inconsciamente ci sentiamo infelici, ansiosi. Ricordando le parole del Vangelo: *Perché chi vorrà salvare la propria vita, la perderà.* Questo significherebbe che, chi cerca di difendersi da ciò che può danneggiare la propria vita, finisce per puntare l'attenzione proprio su ciò che si vuole evitare, attirandolo. *Braden* afferma ancora. *Ci s'immerge nella possibilità della creazione, un sentimento in forma d'immagine che è la parte dell'energia sufficiente per sviluppare una nuova possibilità. La chiave di questo sistema, tuttavia, è che la creazione restituisce esattamente quello che la nostra immagine ha mostrato.*

L'immagine mostra la zuppa di creazione in cui abbiamo posto la nostra attenzione. L'emozione, legata all'immagine, attrae la possibilità di manifestazione della medesima.

Quando non vogliamo qualcosa – un'emozione basata sulla paura - la nostra paura alimenta, in realtà, quello che diciamo non volere.[12]

Sogniamo in uno stato quantico

Entriamo in uno stato quantico, ogni volta che dormiamo. Quando siamo in quella parte intermedia della coscienza che non è strutturata e che chiamiamo alfa, è dove i sogni accadono. Tutti abbiamo avuto un sogno in cui niente sembrava avere senso. Fuori dal tempo, fuori luogo... abbiamo trovato persone che non conosciamo nemmeno e, talvolta, siamo andati in diversi luoghi e

---

[12] Fonte: *Effetto Isaia* - Gregg Braden

tempi diversi che non hanno senso nella nostra vita reale, ma che avevano un senso perfetto al momento del sogno. Questo perché, quando sogniamo, entriamo in uno stato quantico! Pensiamo che sia stato solo un sogno folle. Ma il sogno alfa è qualcosa di quantistico. Il cervello, in quel momento, è in uno stato fuori dal controllo dell'intelletto, diventando, quindi, quantico e *senza struttura* – pertanto, fuori anche dalla linearità. Questo significa che non vi è alcuna struttura di tempo imposto su di lui. Così, si può anche volare, saltare in un burrone di 40 metri senza subire alcun danno. Tutto questo ha un senso, mentre siamo lì, in quello stato quantistico e non ci arrovelliamo il cervello in confusione, cercando di capire il significato di tutto questo. Semplicemente, accettiamo e sfruttiamo quel viaggio. La "quanticità" è uno stato naturale. E i sogni... forse, non sono solo "fantasia", ma qualcosa di reale, ma semplicemente incomprensibile nello stato della nostra realtà 3D.

A causa dell'illusione del tempo, ci abituiamo a una forma di pensiero lineare. La scatola del tempo in cui ci troviamo, è così lineare che possiamo andare solo in una direzione! Dritto verso il futuro. L'orologio va solo in una direzione: in avanti. Ed è così che pensiamo e applichiamo questo concetto lineare a tutto. Tutti i pensieri, ogni ragionamento, ogni logica, ogni spiritualità, tutto è fatto con questo concetto. Partiamo dal presupposto che, se siamo lineari, allora anche Dio deve esserlo. Tuttavia, Dio è quantico e, in verità, lo siamo anche noi! Abbiamo una coscienza originariamente quantica che lentamente è andata persa. Ma ora, abbiamo l'occasione per garantire un'evoluzione attraverso il magnetismo che parla al DNA, e che ci dà la possibilità per ritornare a questo stato naturale che ci è sempre appartenuto. Si può dire che la struttura intellettuale che coinvolge la coscienza, comincia a cambiare negli esseri umani, il che permette una migliore comprensione della quantisticità.

Il DNA umano ha il suo campo magnetico. Gli attributi del DNA sono come un anello, e quest'anello crea un campo magnetico che è già stato osservato dalla scienza (dal dott. *Poponion Vladimir*) ed è stato anche definito campo quantistico. Pertanto, non si tratta più di fare uno sforzo d'immaginazione per vedere che il campo magnetico terrestre può influenzare il DNA umano, attraverso l'*induzione elettrica* - termine dato quando due campi magnetici interagiscono tra loro, creando una modifica nelle caratteristiche. Ora, il nostro DNA riceve molte più informazioni, rispetto al passato.

L'imprinting del nostro DNA - il campo intorno a noi – riceve le informazioni solari dalla griglia magnetica del pianeta, e le istruzioni in esse contenute, che provengono da quel campo, passando direttamente al DNA, che è anche lui magnetico. Noi chiamiamo questo processo, astrologia, ma come informa Kryon, è scienza pura. La Terra fa parte della catena d'informazione magnetica per la struttura cellulare (griglia magnetica). È tutto interconnesso. Il sistema della griglia della Terra è un motore di approvvigionamento del DNA, che è sempre stato, a livello quantistico, preparato a questo.

Secondo Kryon, qualcosa d'importante sta per essere scoperto nel DNA ed è bene prendere nota subito: *"C'è qualcosa nel vostro DNA che si rivelerà molto lentamente. Si tratta di uno studio per i prossimi quindici anni, tuttavia, vi assegnerò ora il nome che gli sarà dato, in modo che, quando coloro che lo svilupperanno, sapranno come chiamarlo: " **Il Codice Lemuriano".***

CAPITOLO X

LA NOSTRA REALTÀ

Come noi creiamo la nostra realtà

La fisica della meccanica quantistica dimostra che l'essere *umano è un TUTTO con l'universo, lo spazio non è vuoto, la matrice esiste ed è il collante di tutto ciò! "La materia è vibrazione e la vibrazione è energia."* (Einstein). L'uomo è in grado di modificare le vibrazioni, quindi, può modificare anche le particelle subatomiche che costituiscono la materia, sia con le parole sia con i pensieri (onde alfa) e le emozioni.

Dato che tutto è collegato e tutto è condensato dalla coscienza, è chiaro che i nostri pensieri possono influenzare qualsiasi cosa. Ogni pensiero emette onde (alfa-vibrazioni) attraverso l'universo, così come il lancio di una pietra in un lago produce increspature dal centro verso il bordo.

Se siamo noi a cambiare e\o influenzare la realtà materiale che percepiamo, naturalmente chi determina il nostro destino, siamo noi, anche nelle cose più elementari! Quando, per esempio, compriamo una certa marca di auto, appaiono improvvisamente sulla strada, sempre più macchine della stessa marca. La realtà non è mai cambiata, ma siamo stati noi a modificarla, inserendo la marca di una particolare auto, nella nostra realtà soggettiva!

Questa è la prova che il "divino" non è fuori da noi (come le religioni vorrebbero farci credere), ma dentro di noi, siamo gli osservatori supremi della realtà - sia fisiche che materiali - che percepiamo e, quindi, che abbiamo creato.

Ogni persona è pienamente responsabile del proprio universo!

Per secoli, ci hanno privato di questa responsabilità e ci hanno fatto credere che il nostro destino era già scritto; la fisica moderna dimostra il contrario! Se usciamo da casa, per esempio, e per qualche motivo, proviamo buone sensazioni, le nostre molecole cominceranno a vibrare più alto, e tutto ciò che attiriamo, avrà la stessa vibrazione e, senza dubbio, sarà in positivo. Al contrario, se dovessimo uscire da casa nervosi o arrabbiati per qualche motivo, troveremo situazioni che potrebbero trasformarsi in eventi negativi!

Poiché siamo una vibrazione di atomi (materia = vibrazione = energia), è chiaro che, in base alla frequenza con cui vibriamo, concordiamo con ciò che vibra alla nostra stessa frequenza!

Due corde armonizzate con lo stesso tono, vibrano insieme. (Confucio)

Se giungessimo alla consapevolezza che la realtà riflette i nostri pensieri, sia positivi sia negativi, saremmo in grado di modificare qualsiasi aspetto della nostra vita e non ci troveremmo alla mercé di una qualsiasi persona, organizzazione o situazione. Ognuno di noi è molto grande, potente e bello, più di quanto possiamo immaginare.

Eventi, situazioni, circostanze, condizioni, sono tutte le cose create dalla coscienza. La coscienza individuale è abbastanza potente. E la coscienza delle masse? Beh, è così potente che può creare eventi e circostanze d'importanza e conseguenze globali. Pertanto, non vi è nessuna vittima in questo mondo, e nessun carnefice. Nessuno è una vittima dalle scelte altrui. A un dato livello profondo, avete creato tutto ciò che dite odiare, e avendolo creato, l'avete scelto. Anche il nostro fisico ha la nostra firma. Non c'è nulla legato alla propria immagine fisica che non sia stata creata da noi. (È dura questa, no?)

Se non ti piace, basta scegliere di cambiare! Come?

Questo è un livello avanzato di pensiero, uno in cui tutti i maestri gradatamente raggiungono. Solo quando si riesce accettare la responsabilità di **tutto** ciò che accade nella propria vita, si è in grado di cambiare l'indesiderabile. Mentre se si accetta l'idea che ci sia qualcosa o qualcuno là fuori a "farlo" al posto suo, ci si priva del potere di intraprendere qualsiasi azione in questo proposito. Solo quando si dice "l'ho fatto io", si è in grado di trovare la forza di cambiarlo. È molto più facile cambiare quello che hai fatto tu che quello che hanno fatto gli altri. Il pensiero è creazione. Il primo passo per cambiare qualcosa, è quello di riconoscere e accettare di aver scelto tale cosa, così com'è. Se non si riesce ad accettare a livello personale, si dovrebbe farlo a partire dalla consapevolezza che Siamo Tutti Uno. In questo caso, quindi, si tenta di creare un cambiamento, non perché c'è qualcosa di sbagliato, ma perché non offre più una fedele indicazione di chi siamo. Non è più utile per rappresentarci.

Ogni evento o avventura, è attratto da noi stessi, al fine di creare e sperimentare chi siamo veramente. Tutti i veri maestri lo sanno. Questo è il motivo per cui i Maestri Mistici rimangono imperturbabili di fronte alle peggiori esperienze della vita.

La parabola della realtà - L'altro lato della storia di Abramo/Isacco che ancora non si conosceva

Ciò che segue, può cambiare la vostra realtà di comprensione. Attraverso la storia di Abramo e Isacco, una dimostrazione del potere della visualizzazione positiva, che ognuno di noi può usare per risolvere i problemi più drammatici e difficili che ci possiamo trovare ad affrontare. Mostra come una nuova percezione, davanti a una certa situazione, possa cambiare il modo di vedere il mondo - e noi stessi.

Kryon si presenta, sempre, con il saluto: "**IO SONO** Kryon" La sua spiegazione per questo è che il saluto IO SONO è un identificativo sacro dell'origine familiare. Non è un identificatore di nome. Pertanto, "IO SONO Kryon" dove lo IO SONO significa la Famiglia di Dio, cioè, quando dico "IO SONO Maria, " Io sto dicendo che Maria appartiene alla famiglia di Dio.

Così, l'"IO SONO", siamo TUTTI noi. Egli dice: *Il mio nome è Kryon - IO SONO COLUI CHE SONO - è una frase idiomatica che significa che tu ed io siamo eterni in entrambe le direzioni; un'Entità universale per sempre. Si tratta di un saluto sacro.*

Un testo emozionante e rivelatore

Era una giornata calda, il giorno in cui Dio ha fatto sapere ad Abramo che lui avrebbe dovuto sacrificare il suo unico e prezioso figlio, Isacco, all'altare costruito sulla cima della montagna. La notizia annientò emotivamente Abramo. Non poteva crederci. Questo è stato l'inizio di una bella lezione per Abramo, che ora possiamo rivelare, essendo molto più che una semplice parabola di obbedienza a Dio.

L'obbedienza di Abramo non era cieca. Abramo ebbe il "mantello della saggezza", che gli ha permesso di capire che vi era Sacralità in quella prova. Egli non ha dubitato nemmeno per un momento che l'avrebbe fatto, ma non era un'obbedienza cieca. Abramo ha "sentito" l'importanza di quella sfida e iniziò a pregare affinché gli potesse essere risparmiato tutto ciò. Mentre preparava i carichi per il viaggio che lo avrebbe portato verso la cima della montagna, riferiva al figlio il motivo di quell'escursione, un sacrificio a Dio. Non confidò a nessuno del gruppo, quale sarebbe stato il vero scopo della scalata. Solo Abramo lo conosceva e solo Abramo sentiva il peso di quella realtà venirgli incontro.

Sarebbero occorsi tre giorni di viaggio per giungere al luogo del sacrificio. Il punto in cui si dirigevano era sacro perché lì erano stati, in precedenza, sacrificati molti agnelli, in onore dello Spirito, secondo l'usanza del tempo. Questa volta, però, sarebbe stato diverso, e Abramo ha cominciato a vedere nel futuro, una realtà che lo angosciava; una realtà dove lui uccideva il suo prezioso figlio, che aveva chiamato "il miracolo di Dio" per essere stato concepito quando sua moglie non poteva avere più figli, a causa della sua età.

Abramo non aveva dormito la notte prima e prese posizione sul retro del gruppo. Non era proprio da lui mettersi all'ultimo posto, ma questa volta, lo aveva fatto, per un motivo: non voleva che nessuno lo vedesse piangere. Il figlio gli fece molte domande ma Abramo rimase fermo nella descrizione sicura di un sacrificio in cima la montagna, un sacrificio speciale e che tutti avrebbero ricordato per tutta la vita. Abramo si trovava nel peggior momento della sua esistenza, ma ha cercato di superarsi, mentre trascorreva il primo giorno del duro percorso che aveva affrontato molte altre volte.

*Arrivato il momento di accamparsi, nella prima delle due notti, Abramo cadde letteralmente a terra, come uno straccio umano, e cominciò a singhiozzare, mentre pregava il suo amato e giusto Dio, "Caro Dio, per favore togli questo peso terribile su di me", ha pregato. "Caro Dio, non c'è niente che io possa fare? Toglimi questo carico, perché ora so che farò davvero ciò che mi chiedi. Aiutami a capire tutto questo. Per Favore!" Nel silenzio, esausto e mezzo addormentato, Abramo sentì chiaramente la voce di Dio. "Abramo, calmati e sappi che **IO SONO** Dio", fu la risposta.*

Abramo non sapeva interpretare questa risposta.

"Caro Spirito, come posso essere tranquillo? Il mio cuore è spezzato e la mia anima in frantumi. Mi sembra di stare sognando tutto questo. È un incubo per la mia esistenza. Si tratta

189

di una realtà orribile. Dov'è la calma in tutto ciò? Dov'è la pace? Mi chiedi di mantenere la calma. Come?"

*Abramo cadde di nuovo in una disperata stanchezza e sconfitta. Poi, sentì di nuovo la divina voce pronunciare, "Abramo, sii tranquillo e sappi che **IO SONO** Dio, " ripeté.*

Abramo dormiva e ogni volta che si svegliava, aveva la stessa preghiera sulle labbra. Era nel fango, prostrato davanti a Dio, implorando e pregando per una risposta migliore di quella che aveva ricevuto. I suoi sogni presentavano una realtà che lo turbava. Lì stava Isacco sull'altare del sacrificio e il pugnale, pronto per essere affondato nel suo cuore, dal suo padre. Abramo sentiva il manico dell'arma in mano, mentre cominciava a sferrare il colpo fatale... si risvegliò.

Ancora una volta, il gruppo ha continuato a salire e, di nuovo, Abramo si è messo nella parte posteriore. Non aveva dormito e si sentiva distrutto in questo ruolo, e solo con molto sforzo, riusciva a mettere un piede davanti all'altro. Il sole picchiò su di lui e i suoi uomini, per tutto il giorno, e Abramo non riusciva a staccare gli occhi dal suo ragazzo, il suo bambino prezioso. Tutte le volte che riposavano, Abramo chiedeva a Isacco di rimanere al suo fianco, per ammirare la sua giovinezza e amarlo nei pochi momenti che gli restavano da vivere. La paura più grande di ogni genitore è di sopravvivere ai propri figli. E ora, eccolo lì, pronto ad affermare e vivere questa terribile realtà.

Ancora una volta, venne il buio. Questa sarebbe stata l'ultima notte, e la mattina, avrebbe portato la terza e ultima salita, fino a raggiungere il luogo dove si sarebbe svolto il "sacrificio". Abramo cercò di nuovo un luogo, dove poter stare da solo e lontano dal gruppo. Costruì un altare per conto proprio e pregò Dio, con tutta l'anima, affinché potesse essere lui stesso a essere sacrificato - proprio lì in quel momento. Cercava, invano, di comunicare con

190

Dio per avere una risposta. Quando sentì che Dio non c'era più, ricevé la risposta. Questa volta, un po' diversa.

*"Abramo, ascolta! Calmati e ascolta Abramo! Sappi che **IO SONO DIO**".*

Abramo alzò gli occhi. Era una risposta o solo che "Dio fosse proprio Dio?" Sembrava che quella frase contenesse un messaggio che portava una sorta di speranza. Perché Dio avrebbe fatto questo? Ricordò i suoi insegnamenti, qualcosa che lo Spirito gli aveva detto una volta. Rammentò che lo Spirito gli aveva detto che Dio non gode per la sofferenza di qualsiasi essere umano. Ripensò che Dio gli aveva detto che tutte le lezioni, erano concepite per arrivare alle soluzioni, non solo all'obbedienza. Abramo intuì che c'era qualcosa di diverso nell'aria. Iniziò ad avere la visione intera del quadro e a comprenderne il significato. Abramo si rese conto che, per creare la pace e la tranquillità, avrebbe dovuto modificare la sua visione della realtà di ciò che sarebbe dovuto accadere in cima alla montagna. Ha cominciato, quindi, a visualizzare una gradevole gita con il suo figlio, lassù. Tutti avrebbero fatto una festa per celebrare l'amore di Dio, e il suo figliolo sarebbe stato l'ospite d'onore. Abramo ha sostenuto questa visualizzazione e ci ha creduto con tutto il cuore. Questo è stato l'unico modo per creare la calma che Dio gli aveva chiesto. Quando il suo cuore si fu calmato, cominciò a sentire il benessere, e ricevette il resto del messaggio.

*L'IO SONO era un segno? Forse un messaggio? Certo non era, affatto, un riferimento a chi è Dio; era un messaggio all'interno di un messaggio, proprio com'era stato nelle Scritture. Abramo sapeva e capì perché la gente di quei tempi aveva utilizzato il metodo "pesher" per stilare le Scritture. Questo poteva essere lo stesso tipo di metafora. Che cosa poteva significare "sappi che **IO SONO** Dio?" Abramo ebbe allora la rivelazione: Lo **IO SONO** era lui! Era il cerchio di divinità che sapeva di essere, il suo Mantello*

191

dello Spirito. Il messaggio era questo: "Abramo stai in pace, con la consapevolezza che NOI SIAMO DIO".

Abramo non riusciva a crederci! Gridò di gioia! Era stato prostrato su se stesso per ore, giorni e notti pregando "Dio di fa qualcosa," in modo che "Dio gli togliesse di dosso quel peso" e "cambiasse la sua realtà." Ora capiva il messaggio: lui era parte di Dio. Abramo poteva cambiare la sua realtà con il potere assoluto che aveva dentro di sé per poterlo fare! Ora Abramo si sentiva pronto a festeggiare, mentre assumeva il comando con il figlio sulle spalle. Stava facendo ciò che Dio gli aveva chiesto di fare. Il messaggio era chiaro e Abramo si rese conto di essere stato egli stesso autore del cambiamento...

Sapete già come finisce la storia: Abramo festeggiò con il suo bambino in montagna. Questa non è la morale che vi ricordate? Non è la lezione che vi ha insegnato questa storia? Certo, si tratta di cambiare la realtà! Circa il potere dell'essere umano di creare soluzioni visive positive, tanto da trasformare le lezioni più terrificanti che possano mai verificarsi. Riguarda la vittoria sulla paura, e la conquista della PACE!

Chiedetevi, in questo momento, mentre siete seduti su questa sedia: "In quale parte della montagna sono io? Che mi sto lamentando? Sto implorando l'aiuto dello Spirito? O sto celebrando la visione di una soluzione finale che, probabilmente, non saprei come far diventare realtà"?

Qual è la tua realtà, mio caro? Ti stai lasciando coinvolgere dalla paura, da una realtà che sembra predestinata, pessimista e vuota di speranza? Guarda questo è il vecchio binario! Perché non crearne uno nuovo? Sei pienamente autorizzato a farlo!

Tutto il senso di questo messaggio è: siete in grado di cambiare la vostra realtà, quindi, cambiatela! Cominciate a visualizzare la speranza. Si tratta di creare la soluzione al problema e la PACE, non importa quale sia. Comprendetelo dentro il grande schema e diventate parte del progetto. Ben presto, proprio come Abramo, con puro intento, cominciate a cambiare il tessuto della realtà intorno a voi. Vedrete cosa succede!

Vi abbiamo dato questo messaggio, con molto amore. Noi ci ritiriamo dal luogo in cui state ascoltando o leggendo, ma con una certa tristezza che il tempo che abbiamo condiviso con voi non sia stato più lungo! Noi non vi abbiamo abbracciato abbastanza! Non abbiamo potuto raccontare le innumerevoli altre storie della capacità umana, la gioia, la rivelazione e il cambiamento della realtà. La storia è piena di esse! Tuttavia, lo faremo quando ci consentirete di tornare da voi, per amarvi in questo modo... (Kryon.)

CAPITOLO XI

LA NOSTRA VERITÀ

Ma la verità, che cosa è?

Pensare quello che si pretende, è pensare LA VERITÀ nonostante le apparenze. Pensare secondo l'apparenza è facile, ma pensare la verità, malgrado le apparenze, è laborioso e richiede dispendio di energia superiore a quella di qualsiasi altro lavoro intrapreso dall'uomo. (Wallace Wattles)

Perché spesso, la verità sembra pazzia a molti. (I Corinzi, 01)

Ecco i pazzi, i disadattati, i ribelli, i disturbatori, i pioli tondi nei fori quadrati. Essi non amano le regole... cambiano le cose... spingono in avanti la razza umana, e mentre alcuni possono vederli come dei pazzi, noi vediamo dei GENI, perché coloro che sono abbastanza folli da pensare di poter cambiare il mondo, sono quelli che lo fanno. **Jack Kerouac**

Le cose di Dio sono pazzie per la maggior parte degli uomini, perché? Essendo qualcosa fuori dalla nostra realtà 3D, o le ignoriamo o le segniamo come incomprensibili alla mente ordinaria. Facciamo molta confusione con il termine "verità". Quando si parla di verità, siamo convinti che la nostra sia quella assoluta. Ma su quali criteri ci basiamo per assicurarci che ciò che cerchiamo di trasmettere agli altri è la verità unica e universale, e non uno dei tanti stereotipi che abbiamo adottato, valori acquisiti da coloro che crediamo "maestri" o, almeno, più informati di noi?

194

Siamo portati ad assorbire le informazioni, anche se irrilevanti e senza alcuna pertinenza o alcun senso per la nostra vita reale. Quasi nessuna di loro si riferisce a noi stessi o è importante per lo sviluppo dell'autoconoscenza. Usiamo solo le parti di noi stessi che sono state richieste nel nostro processo di apprendimento. Fin da bambini, siamo tutti profondamente condizionati da una cultura deviante e, così, apprendiamo durante il corso della nostra esistenza, a mentire sistematicamente a noi stessi e, comunemente, in un modo molto sagace. Così, senza rendercene conto, riusciamo ad assorbire a poco a poco, un sottile auto-inganno, creando un circolo improduttivo, fatto di falsi convincimenti che, inevitabilmente, ci trascinano in un mondo illusorio. In questo modo, otteniamo un pensiero inautentico che ci costringe a vedere la realtà da dietro un velo. Come risultato, assumiamo un comportamento ipocrita e inconsciamente finiamo per usare una brutta maschera che tende a coprire il nostro vero volto, nascondendoci persino da noi stessi.

Nella nostra realtà, tra le mura di percezione che noi costruiamo attorno alla nostra mente 3D, ci sono degli assoluti nella verità, nella matematica e nella scienza. Ma, tuttavia, si tratta di verità limitata a una realtà che pensiamo essere reale, ma che è solo un'illusione. Quando cominciamo ad abbattere i muri tridimensionali, costruiti dalla nostra percezione 3D ed entriamo nel sistema delle cose interdimensionali e, in particolare, nelle cose spirituali, tutte le regole della realtà cambiano. Stiamo tutti cercando la verità come qualcosa di singolare. Essa è responsabile di tutte le religioni del mondo, e di molte guerre. Perché tutti vogliono che la propria verità sia la verità di tutti gli altri. Ma la verità di alcuni, può non servire agli altri. Questo perché non esiste una sola verità, ma una realtà di molteplici verità che portano TUTTI allo stesso posto. Siamo tutti collegati come una gigantesca macchina della verità, con migliaia di miliardi di raggi, e tutti si congiungono al centro.

Innanzitutto, la verità è personale. È la forma lineare della nostra esistenza, che tende a generalizzare tutte le cose, incollando gruppi di persone, sotto forma di dottrine. È molto più facile avere un'autorità al di fuori di noi, che ci dica cosa è la verità, perché, in questo modo, ci esenta dalla responsabilità. Come si può pretendere che tutti mangino un unico alimento? La ricerca della verità non è la ricerca di una "cosa", cui, poi, tutti parteciperanno. Questo è un pensiero lineare, preconcetto e singolare. Il fatto è che c'è una verità per ogni persona, che si fonde con tutte le altre, in un solo obiettivo. [13]

La mia verità è mia verità. Se qualcuno ne ha una diversa dalla mia, la rispetto e onoro il diritto di ognuno esprimerla, così come esprimo la mia, senza imporre che mi seguano. Ma è bene che ci rendiamo conto che una non annulla l'altra, ma possono unirsi, perché le verità non sono assolute separatamente.

Chi assume la propria verità, agisce secondo i valori della vita - anche andando incontro ai pregiudizi e pagando il prezzo di essere diverso - passa affidabilità, ottiene il rispetto e si soddisfa. (Luiz Gasparetto)

Che cosa pensi sia la realtà?

La realtà per noi è soltanto quello che siamo stati programmati a credere - la cosiddetta realtà di consenso. Vediamo solo quello che siamo condizionati a vedere come verità, ed eliminiamo tutto ciò che contraddice questo condizionamento. In un mondo sempre più complesso, le nostre risorse cognitive limitate, ci fanno adottare stereotipi che generalmente utilizziamo come mezzo per semplificare e, allo stesso tempo, amplificare la nostra visione del mondo circostante. Ma con queste scorciatoie, che sicuramente aiuteranno ad accorciare in modo efficace il percorso, a volte rischiamo di cacciarci in vicoli indesiderati di pregiudizio e

---

[13] Fonte: Dai messaggi di Kryon

discriminazione, creati dalla realtà di consenso. Rifiutare questa realtà e creare la nostra, è trasformazione. Quando i mistici meditano, prima di compiere un "miracolo", loro si scollegano dalla realtà di consenso - quella mente collettiva che afferma che il "miracolo" è impossibile.

I miracoli sono soltanto "uscite" dalla mente collettiva per andare dove le sue "leggi" illusorie non si applicano più. [14]

Noi siamo "figli di una Matrix"?

La Matrix è ovunque, è intorno a noi, anche adesso nella stanza in cui siamo. È quello che vedi quando ti affacci alla finestra o quando accendi il televisore. Lo avverti quando vai al lavoro, quando vai in chiesa, quando paghi le tasse. È il mondo che ti è stato messo dinanzi agli occhi, per nasconderti la verità. (Morpheus nel film Matrix)

La realtà per me è ciò su cui posso contare, che non cambia mai. È il legno della mia sedia, il pavimento che calpesto, l'aria che respiro. È sempre costante ed è sempre la stessa. Il reale, per me, è tutto quello che posso toccare o sentire. I miei sensi reagiscono alla realtà, sempre nello stesso modo. È la fisica. È la biologia. È la vita sul pianeta Terra. È il modo in cui funzionano le cose. [15]

Nel film Matrix, la matrice è una sorta di realtà simulata, vista esternamente da una serie di numeri verdi e codici, mentre all'interno, è sperimentata come il tipo di mondo in cui pensiamo di vivere. La realtà per noi sembra essere un attributo immutabile, un postulato dell'esistenza. Tutto ciò che concepiamo come "realtà", è, infatti, una grande illusione.

---

[14] Fonte: Web
[15] Riflessione generale dell'umanità

Tutte le cose che vediamo, si trovano in una fascia vibrazionale che ci dà la sensazione che tali cose siano tutto ciò che esiste. Il mondo in 3D, tutto ciò che vediamo - paesaggi, edifici, fiumi, mari e il corpo umano stesso - esiste in questa forma, solo quando lo guardiamo! Ma in realtà, è solo un campo di frequenze vibrazionali e codici.

In realtà, non vediamo con i nostri occhi, vediamo con i nostri cervelli. La luce colpisce la parte posteriore dell'occhio, la retina. Qui, si trova un bosco costituito da 125 milioni di cellule sensibili alla luce. Ognuna di loro cattura un po' di quello che stiamo vedendo e invia le informazioni al cervello. Esso è quello che unisce i frammenti e monta l'immagine completa. I lobi temporali editano e ricostruiscono più del 50% delle informazioni originali che passa attraverso la retina, e vediamo solo ciò che il cervello, con tutte le sue realtà condizionate, decide di farci vedere. È come nel racconto di Andersen né "Il vestito nuovo dell'imperatore". La realtà di consenso era che lui indossasse un abito nuovo, bello, perché la folla non voleva ammettere che era nudo. C'è voluto un bambino per gridare "il re è nudo!" per rompere l'incantesimo e propagare l'ovvio.[16]

La nostra Realtà non è Reale!

Noi pensiamo di vivere in un "mondo reale" con le regole immutabili, tutto su una linea retta in un'unica direzione, senza mettere mai in discussione perché, per noi, questa realtà è una verità. Ma il mondo materiale che percepiamo intorno a noi, è solo una piccola frazione – di un'infinità multidimensionale - cui abbiamo accesso attraverso i cinque sensi. In realtà, viviamo in una gamma di frequenze che ci ingabbia all'interno di un'illusione,

---

[16] Fonte: Web- D. Icke

come una matrice. È come se i nostri cinque sensi fossero sintonizzati in una sola frequenza radio, e questo è tutto ciò che possiamo ascoltare e sentire. Ma intorno a noi, ci sono infinite frequenze o densità che superano la gamma dei nostri sensi fisici. Alcune di loro sono frequenze percepite dagli animali, di cui non sappiamo nulla.

La realtà dei cinque sensi, è un'illusione olografica che esiste in una forma solida, solo perché il cervello umano fa sembrare che sia così. Le "leggi" del mondo dei cinque sensi, sono ciò che noi pensiamo che siano, perché noi le accettiamo come vere; e accettandole, siamo soggetti alle loro limitazioni.

Il mondo fisico della materia che vediamo intorno a noi, è un insieme d'immagini che interpretiamo e progettiamo sensorialmente. Esse sono ricevute dagli occhi e trasferite al cervello attraverso il nervo ottico. Siccome crediamo in ciò che vediamo, odoriamo, assaporiamo o ascoltiamo, allora, lo accettiamo come reale.

Secondo i parametri del programma, il cervello accetta o rifiuta quando decide che una certa immagine non rientra nei suoi parametri di esperienza. In realtà, egli non è in grado di distinguere tra un evento reale e un evento psicologico, come un sogno, per esempio. Il cervello ottiene solo quello che gli si permette di ricevere. In una programmazione paradigmatica limitante come questa, il livello di attività è solo dal dieci al dodici per cento. Pertanto – la maggior parte del 90% del cervello, rimane inutilizzata, disattivata, programmata per la dormienza. Questo perché ogni pensiero che non rientra nella programmazione culturale o dogmatica, è scartato. (Metatron)

Il paradigma olografico

Lavorando nel campo della ricerca sulle funzioni cerebrali, anche il neurofisiologo *Karl Pribram*, dell'università *Stanford*, si convinse della natura olografica della realtà. Numerosi studi su ratti, negli anni '20, hanno dimostrato che i ricordi non sono limitati ad alcune aree del cervello: dagli esperimenti, nessuno è stato in grado di spiegare il meccanismo che permette al cervello di immagazzinare i ricordi, fino a quando *Pribram* non ha applicato a questo campo, i concetti di olografia. Si ritiene che i ricordi non siano memorizzati nei neuroni o piccoli gruppi di neuroni, ma in sistemi d'impulsi nervosi che s'incrociano intorno al cervello, così come i sistemi di raggi laser che s'intersecano in tutta la superficie del pezzo di pellicola contenente l'immagine olografica. Così, il cervello stesso agisce come un ologramma e la teoria di *Pribram* spiegherebbe come il cervello è in grado di contenere tanti ricordi in uno spazio così limitato. Il cervello umano è in grado di memorizzare circa dieci miliardi d'informazioni durante il tempo della vita media. Inoltre, si è scoperto che gli ologrammi hanno una sorprendente capacità di memorizzare. Infatti, semplicemente cambiando l'angolo nel quale due raggi laser s'incidono su una pellicola fotografica, si possono accumulare miliardi d'informazioni, solo in un centimetro cubo di spazio. La nostra straordinaria capacità di recuperare rapidamente, qualsiasi informazione dall'immenso magazzino cerebrale, è facilmente spiegata, supponendo un funzionamento secondo un principio olografico. Ciascun pezzo d'informazione sembra essere, immediatamente, sempre collegato a tutti gli altri: e questo è, forse, il miglior esempio nella natura, di un sistema di riferimento incrociato.

Vi è una quantità impressionante di dati scientifici che dimostrano la teoria di *Pribram*, ormai condivisa da molti neurofisiologi.

Il ricercatore italo-argentino, *Hugo Zuccarelli*, ha applicato il modello olografico ai fenomeni acustici, incuriosito dal fatto che gli esseri umani possano individuare la fonte di un suono senza girare la testa, pur essendo sordi da un orecchio. Da qui, risulta che ciascuno dei nostri sensi è sensibile a una più ampia gamma di frequenze. Ad esempio, il nostro sistema visivo è sensibile alle frequenze del suono; il nostro senso olfattivo realizza anche la chiamata *frequenza Osmica*, persino cellule biologiche, sono sensibili a una vasta gamma di frequenze. Questi risultati suggeriscono che solo nel dominio olografico della coscienza, queste frequenze possono essere valutate e suddivise.

La realtà è di natura olografica, quindi, non esiste

L'aspetto, però, più impressionante del modello olografico del cervello, secondo *Pribram*, è il risultato dell'unione con la teoria di *Bohm*. Se la concretezza del mondo, è una realtà secondaria, e ciò che esiste non è altro che un turbine di frequenze olografiche, e anche il cervello è solo un ologramma che seleziona alcune di queste frequenze, trasformandole in percezioni sensoriali - che cosa rimane, quindi, della realtà obiettiva? Semplicemente, non esiste.

Come sostenuto dalle religioni e filosofie orientali, il mondo materiale è un'illusione. Noi stessi pensiamo di essere entità fisiche che si muovono in un mondo fisico, ma tutto questo è pura illusione. In realtà, siamo una sorta di "ricevitori" galleggianti in un mare caleidoscopico di frequenze, e quello che si riesce a estrarre, magicamente si trasforma in una realtà fisica: uno dei miliardi di "mondi" che esistono nel super-ologramma.

Questo impressionante e nuovo concetto di realtà, è stato chiamato *"paradigma olografico"*, e anche se molti scienziati l'hanno accolto con scetticismo, ne ha anche ispirato molti altri. Un piccolo ma crescente gruppo di ricercatori crede che sia il modello più accurato della realtà, finora raggiunto dalla scienza. In un universo in cui le singole menti sono, in realtà, porzioni indivisibili di un ologramma, e tutto è infinitamente interconnesso, i cosiddetti "stati alterati di coscienza" possono essere, semplicemente, il passaggio a un livello olografico superiore.

Se la mente è parte di un *continuum,* un labirinto associato, non solo con le altre menti esistenti o esistite, ma è anche collegata a ciascun atomo, organismo o zona nella vastità dello spazio, quindi, il fatto che la mente è in grado di fare incursioni in questo labirinto e far sì che il nostro corpo abbia esperienze extracorporee, non sembra più così assurda.

"Cogito ergo sum", giusto? Sbagliato - La coscienza crea l'illusione di una mente che si dice pensante

Il paradigma olografico ha anche implicazioni nelle cosiddette scienze pure, come la biologia. *Keith Floyd*, uno psicologo della *Virginia Intermont College*, afferma che se la concretezza della realtà è solo un'illusione olografica, non si può dire che la mente crea la coscienza (*penso, dunque sono*). Al contrario, sarebbe la coscienza a creare il senso illusorio di un cervello che pensa, un corpo e qualsiasi altro oggetto che ci circonda, che interpretiamo come fisico. Una tale rivoluzione nel modo di studiare le strutture biologiche, sta portando i ricercatori a sostenere che la medicina e tutto ciò che sappiamo circa il processo di guarigione, si sarebbe trasformata in un paradigma olografico. Infatti, se la struttura fisica apparente del corpo non è che una proiezione olografica della coscienza, è chiaro che ciascuno di noi è molto più responsabile della propria salute di quanto riconoscano le attuali conoscenze nel campo medico. Ciò che noi consideriamo guarigioni miracolose, infatti, possono essere dovute a un cambiamento dello stato di coscienza che provoca cambiamenti nell'ologramma corporeo. Alcune tecniche alternative di guarigione - controverse - come la "visualizzazione", a volte si dimostrano così efficaci perché, nel dominio olografico del pensiero, le immagini sono fondamentalmente tanto reali quanto la "realtà".

Anche visioni e altre esperienze di realtà comuni, possono essere facilmente spiegate se accettiamo l'ipotesi di un universo olografico. Nel suo libro *Gifts of Unknown Things*, il biologo *Lyall Watson* descrive il suo incontro con una sciamana indonesiana che, eseguendo una danza rituale, è stata in grado di far sparire immediatamente un intero bosco. Watson ha riferito che, mentre lui e altri osservatori stupiti, continuavano a guardare, lei ha fatto rapidamente riapparire e scomparire gli alberi, più volte. *Lyall Watson,* continuando a guardare questa scena intensamente, è riuscito facilmente a entrare a far parte del campo di realtà della sciamana e anche riuscire a vedere il bosco apparire e scomparire. Altre persone potrebbero aver osservato quello da un'illusione di realtà di consenso, e allora la foresta non sarebbe sparita per loro. Questo spiega perché alcune persone possono passare attraverso i muri... loro credono di poterlo fare e questa diventa la loro esperienza. Loro disconnettono la loro mente e corpo delle leggi della realtà di consenso, che insiste sul fatto che è impossibile. Ma credere in un livello di fede che va oltre l'ordinario, non è solo "credere", ma un vero e proprio stato di "ESSERE". È quella stessa convinzione che Pietro ha ottenuto quando ha iniziato a camminare sull'acqua. In quel momento, lui è uscito completamente dalla scatola 3D, al di fuori di ogni logica umana. Questo è il significato di quella "fede che sposta le montagne." Se una foresta può scomparire, perché una montagna non può muoversi?[17]

Benché le attuali conoscenze scientifiche non ci consentano di spiegare tali esperienze, diventano più plausibili quando si ammette la natura olografica della realtà. In un universo olografico, non ci sono limiti alle entità dei cambiamenti che possiamo portare alla sostanza della realtà, perché ciò che noi percepiamo come realtà è solo una tela in attesa che noi dipingiamo su di essa, qualsiasi immagine che si desideri. Tutto diventa possibile, dalla flessione di cucchiai con il potere della mente fino agli eventi fantasmagorici vissuti da *Carlos Castaneda* durante i suoi incontri con *Don Juan,* lo sciamano Yaqui. Non è più né meno che, la capacità miracolosa che abbiamo di plasmare la realtà come vogliamo, durante i nostri sogni. E sarebbe meglio

---

[17] Fonte: Web – D. Icke

che le nostre convinzioni fondamentali fossero state riviste alla luce della teoria olografica della realtà.

Dobbiamo ricordare che noi non osserviamo la natura come esiste davvero, ma la natura esposta ai nostri metodi di percezione. Le teorie determinano ciò che possiamo o non possiamo osservare. (Albert Einstein)

È possibile creare la propria realtà, perché l'Universo si riaggiusta da se stesso, fedelmente, per riprodurre il modello che ognuno concepisce. Così, la tua vita è un riflesso perfetto dei modelli creati dalle tue convinzioni. La realtà che occorre oggi, riflette il vostro senso di ciò che è la realtà. Se ci si ferma a pensare, si può notare che, se non fosse così, l'universo sarebbe in balia del caso.

CAPITOLO XII

SIAMO UNA SOLA COSA NELL'UNIVERSO

Tra l'Universo-Dio e tutti gli altri esseri, non c'è separazione

Non c'è alcuna separazione tra noi, le cose, le stelle, le galassie o qualsiasi altro punto esistente in quest'Universo. Viviamo in un universo vibrazionale. Quello che sembra essere uno spazio vuoto, è la sede di un'energia illimitata. È lo zero assoluto e non è per nulla vuoto ma pieno d'informazione divina. È il "caos", che crea tutte le possibilità. È la coscienza assoluta, ancor più che l'intelligenza universale. Non c'è più di UN in quest'immensità, non esiste vuoto in nessun luogo osservabile. Tutto è colmo di questa colla divina. Il Grande IO SONO è lì e, quindi, possiamo dire che Dio sta nel vuoto, o Dio è il vuoto; il Tutto/Niente.

C'è un campo, o sostanza originale che chiamiamo *Mente Universale*; *Sostanza intelligente e senza-forma*; *Matrice Divina*; *Campo subatomico*; *Ologramma Quantico o plenum* - "pienezza". Il teologo lo chiama Dio – l'origine di tutte le cose. Alcuni intrepidi accademici cominciano a chiamare questo campo di *Punto Zero*; *Mente di Dio*. Indipendentemente da come lo chiami le etichette non fanno molta differenza. La parola "acqua" non ti lascia bagnato. Ma conoscerlo, sarebbe un nuovo modo di vivere l'immensità di una forza intelligente che noi chiamiamo Dio. TUTTO è interconnesso e, se ci fosse qualcosa separata dalle altre in questo multiverso, certamente si sarebbe disintegrata.

L'universo è organizzato secondo principi olografici

Un gruppo di ricerca presso l'*Università di Parigi*, guidato dal fisico *Alain Aspect*, ha condotto un esperimento, forse il più importante del ventesimo secolo. *Aspect* e il suo team hanno scoperto che, sottoponendo particelle subatomiche come gli elettroni, in determinate condizioni, sono in grado di comunicare tra loro istantaneamente, indipendentemente dalla distanza che li separa; che sia di 10 metri o dieci miliardi di miglia. Sarebbe come se ogni particella sapesse esattamente cosa stanno facendo tutte le altre. Un fenomeno che sembra escludere persino la teoria di *Einstein* – quella che non vi è alcuna possibilità di comunicazione più veloce della luce. L'esperimento di *Aspect* ha dimostrato che il collegamento tra le particelle subatomiche è certamente del tipo non locale. Alla luce dell'esperimento di *Aspect*, il fisico *David Bohm* ha sostenuto che, nonostante la sua apparente solidità, l'universo è, in realtà, un fantasma, un ologramma gigantesco e splendidamente dettagliato.

Per comprendere l'affermazione sorprendente di *Bohm*, gettiamo uno sguardo alla natura degli ologrammi. Non c'è bisogno di andare lontano, basta guardare la TV. Le persone e gli oggetti non sono veramente lì, dentro la cassa del televisore. Sembrano così reali nella loro tridimensionalità, ma sono un'illusione! Così è la nostra presunta "realtà". Gli ologrammi, sono immagini tridimensionali prodotte con l'ausilio di un laser. Sono proiezioni d'energia luminosa che assomigliano a una forma in tre dimensioni, ma in realtà sono una serie di codici e modelli di onda che generano l'illusione di 3D, quando un laser emette la sua luce su tali ologrammi. Per capire meglio, se l'ologramma di una rosa viene tagliato a metà, quando è illuminata da un laser, si scopre che ciascuna metà contiene ancora l'immagine completa della rosa. Anche continuando a dividere le due metà, si vede che ogni frammento conterrà una versione più piccola, ma sempre completa, come l'immagine originale. Ogni frammento contiene tutte le informazioni dell'ologramma stesso.

Analogamente, tutto ciò che è parte dell'universo, è organizzato sugli stessi principi, noi compresi. Il corpo è un ologramma e la base delle terapie alternative, come riflessologia, iridologia, agopuntura, si basa sulla comprensione che le diverse parti del corpo sono specchi di tutti gli organi. E quando si lavora su queste immagini riflesse, si agisce sull'organo interessato, nello stesso modo. Questo è logico, giacché il corpo è un ologramma e ciascuna parte dell'ologramma contiene l'immagine dell'intero: ogni cellula contiene il tutto. Il corpo olografico è un'espressione dell'ologramma che è l'universo e il cosmo, così come ogni parte del corpo – il Micro replica il macro-Cosmo.[18]

Per *Bohm*, la ragione per cui le particelle subatomiche si comunicano, indipendentemente dalla distanza che li separa, è che la loro separazione è un'illusione. Egli era davvero convinto che, a un livello più profondo della realtà, tali particelle non sono entità individuali ma estensioni di uno stesso organismo fondamentale. Bohm semplifica con un esempio: *Immaginate un acquario che contenga un pesce. L'acquario non è direttamente visibile, ma attraverso due fotocamere - una posta nella parte anteriore e l'altra nella laterale. Guardando i due monitor televisivi, pensiamo che siano due pesci, come due entità separate. La posizione delle due telecamere ci darà due immagini leggermente differenti, ma, continuando a osservare i due pesci, si nota che si muovono con sincronia: quando uno guarda in avanti, l'altro guarda in laterale. Non conoscendo il vero scopo di questo esperimento, crediamo che i due pesci comunichino tra loro, istantaneamente e misteriosamente.*

Secondo Bohm, il comportamento delle particelle subatomiche, indica che vi è un livello di realtà di cui non siamo a conoscenza, una dimensione che oltrepassa la nostra. Se percepiamo le particelle subatomiche come se fossero separate, è perché siamo in grado di vedere solo una parte della realtà, sebbene non siano parti

---

[18] Fonte: Web

separate, ma solo aspetti di un'unità più profonda e fondamentale, che risulta anche olografica e indivisibile, quanto la nostra rosa. E, poiché tutto nella realtà fisica è composto di queste immagini, ne consegue che l'universo stesso è anch'esso una proiezione, un ologramma. Per analizzare di quale sostanza è fatto il mare, non è necessario prendere l'intero oceano; ne basta una goccia.

Oltre alla sua natura illusoria, l'universo avrebbe altre caratteristiche stupefacenti: se la separazione tra le particelle subatomiche è solo apparente, ciò significa che a un livello più profondo, tutte le cose sono infinitamente collegate. Gli elettroni di un atomo di carbonio del cervello umano, sono interconnessi alle particelle subatomiche che costituiscono ogni salmone che nuota, ogni cuore che batte, e ogni stella che brilla nel cielo. Anche se la natura umana cerca di catalogare, classificare e suddividere i vari fenomeni, ogni divisione è necessariamente artificiale e tutta la natura, non è altro che un'immensa rete senza interruzioni.

In un universo olografico, anche il tempo e lo spazio non possono più essere visti come principi fondamentali. Concetti come la posizione, sono frantumati in un universo, dove nulla è veramente separato dal resto, così, il tempo e lo spazio tridimensionale (come le immagini del pesce sul monitor TV) dovrebbero essere interpretati come semplici proiezioni di un sistema più complesso. A un livello più profondo, la realtà non è altro che una sorta di super-ologramma, dove il passato, presente e futuro coesistono simultaneamente. Disponendo di strumenti adeguati, un giorno potremo superare questo livello di comprensione della realtà e raccogliere le scene del nostro passato, dimenticate con il passare del tempo. Come il termine ologramma si riferisce, di solito, a un fermo immagine che non corrisponde alla natura dinamica e perennemente attiva del nostro universo, *Bohm* ha preferito descrivere l'universo con il termine *olomovimento*. Dire che ogni singolo pezzo di una pellicola olografica contiene tutte le informazioni disponibili per l'integrità del film, è come dire che l'informazione sia distribuita non-localmente. Se è vero che l'universo è organizzato secondo il principio olografico, si presume che ha anche alcune proprietà non locali e, quindi, ogni particella esistente contiene in sé tutto il contenuto dell'immagine complessiva. Dato il presupposto, tutte le manifestazioni della vita, provengono da un'unica fonte di causalità, che include tutti gli atomi dell'universo. Dalle particelle subatomiche alle galassie giganti, tutto è, allo stesso tempo, parte infinitesimale e integrale del "**Tutto**" che chiamiamo Dio![19]

Il principio della fisica è Dio

Potremmo immaginare il mistico come qualcuno in contatto con le sorprendenti profondità della materia o mente sottile, non importa quale nome gli attribuiamo. (David Bohm)

Già nel 1953, *David Bohm* ha definito la meccanica quantistica come "ontologica" (ciò, che esiste) e "casuale". Lui non accettava la totale mancanza di "casualità" delle leggi naturali quando si entra nell'infinitamente piccolo – ma, allo stesso tempo, non accettava la dualità di questa teoria, la quale conclusione è stata quella che gli elettroni si comportano a volte come particelle e talvolta come onde. Ha fatto ricerche profonde per capire ciò che potrebbe guidare gli elettroni nella loro traiettoria onda/particella.

Secondo il concetto di dualità onda-particella, tutto si diffonde come un'onda, e scambia energia come se fosse una particella. La fisica, l'intero universo ha questo tipo di comportamento.

Bohm è stato in grado di creare un parametro critico e l'ha chiamato *potenziale quantistico*, che aveva la capacità di trasformare la meccanica quantistica probabilistica, in teoria deterministica. Che cosa significa? Ciò significa che in questo modo, ha scoperto che gli elettroni non si muovono in modo casuale, ma sotto l'azione di un potenziale quantistico, che,

---

[19] Fonte: Web

portando le informazioni dall'ambiente globale e fornendo una connessione diretta "non-locale" (istantanea o il cosiddetto *entanglement*) tra i sistemi quantistici, potrebbero essere guidati su un percorso molto preciso e potenzialmente determinabile. Così, si può dimostrare che le particelle si muovono in una traiettoria predeterminata, sotto l'azione di "qualcosa" - un potenziale quantistico con delle proprietà olistiche che agiscono per guidare gli elettroni. Perché dico questo? Ovviamente non per dare una lezione di fisica perché di fisica capisco meno di quanto capisca una grande parte dei lettori. Ma per dire che il principio della fisica è Dio. La meccanica di Dio non è solo metafisica, ma, soprattutto, fisica. Che cosa sono gli elettroni? Sono particelle che compongono gli atomi e gli atomi formano TUTTE le cose che esistono, noi compresi. E allora? Allora risulta chiaro che il "potenziale quantistico" - un termine che descrive qualcosa simile a un'onda che fornisce informazioni all'elettrone, collegandolo, quindi, al resto dell'Universo – si manifesta come una forza invisibile che guida TUTTE le particelle dell'universo in una forma completamente indipendente dalla distanza tra loro. Che spettacolo!

Diciamo che una particella che, a nostro avviso, è lontana da noi migliaia di anni luce, è in grado di comunicare, istantaneamente, con la punta del tuo naso. Vi rendete conto? Questo perché siamo TUTTI una sola cosa nell'universo, collegati come da una colla. Ed è questo stesso potenziale quantistico (o fattore quantico) che, per sua natura, è responsabile della particella/dualità/onda e per tutti gli altri fenomeni della meccanica quantistica; ed è anche responsabile per i cosiddetti "effetti non-locali", previsti dal famoso *Esperimento Mentale EPR* (che sta per Einstein-Podolsky-Rosen che l'hanno proposto).

Così, *Bohm* fu il primo a introdurre nella fisica, il concetto di *Campo di Informazione*, in cui l'elettrone non sta così posto in balia del caso o di un misterioso scopo metafisico, ma in continua trasformazione; è qualcosa di ben definito ed è costantemente informato dall'ambiente che lo circonda. Che ambiente intelligente sarebbe questo? Certamente, non è un sistema della fisica ma un mondo che trascende tutto lo spazio, in un'unità senza tempo. Questo non vuol dire che *Bohm* fu il primo a trovare Dio girovagando nell'infinito, poi, gettò la rete e lo catturò, mostrandolo come un trofeo: "Ho trovato Dio! Ecco la prova!" Significa che lui scoprì un elemento all'interno della fisica, una sorta di *quinto elemento*, che supera la propria fisica della forma in cui di solito è stata concepita. Ma tutto questo dimostra che la fisica può essere coerente con l'esistenza di regni di verità superiori, e ci chiama a riflettere sul concetto di eternità, che può assumere un ruolo importante di base.

Entanglement, è un termine utilizzato nel mondo quantistico che descrive uno strano attributo della materia che sembra essere connesso a tutto, per tutto il tempo.

La teoria di *entanglement*, è ciò che sta alla base del cosiddetto *teletrasporto quantico*, sviluppato dal fisico d'informatica, *Charles Bennett*, nel 1993. In sintesi, sarebbe un trasferimento d'informazioni tra due oggetti situati a una distanza l'uno dall'altro, senza la necessità di toccarsi. Modificando un oggetto, l'altro cambia automaticamente. Per capire, con un esempio dato dall'astrofisico *Massimo Teodorani*, sarebbe, in pratica, come se due palle fossero state create insieme in un laboratorio, una rossa e una blu, poi, e fossero collocate, separatamente, nella tasca di due persone. Improvvisamente, la persona con la palla blu potesse cambiare il colore della pallina rossa dell'altra persona - da rosso a blu - senza avvicinarsi nemmeno. Le palle non si sono mosse dalla tasca ma, semplicemente, è stata passata l'informazione per cambiare il colore. Si tratta di una sorta di "magia", che la fisica quantistica è capace di fare.

Ciò che ora gli scienziati già comprendono sull'*entanglement*, si preannuncia la possibilità che, forse, in un prossimo futuro, potremo usare questo sistema per comunicare, istantaneamente, a qualsiasi distanza. Non solo tra noi, ma anche con gli altri esseri intelligenti nell'universo, considerando che, le statistiche stellari e la teoria delle probabilità predicono l'esistenza di altre civiltà più evolute della nostra, con la possibilità di utilizzare le tecnologie mai immaginate da noi. Ma qui sulla terra, si pensa già di utilizzare il metodo di *entanglement* quantistico per ricevere e trasmettere messaggi non locali. Il biofisico americano *Fred Thaheld* afferma che gli effetti della non-località potrebbero essere presenti nel livello biologico, soprattutto nel cervello.

Ma come funzionerebbe questa tecnica? *Massimo Teodorani*, astronomo e fisico stellare, nel suo video *La mente di Dio*, ci ha riferito che sono state già fatte delle esperienze con le cellule neurali che hanno dimostrato gli eventi di *entanglement*. Gli stati di *entanglement* cerebrali, sono stati costruiti presso l'*Università di Milano*, dove hanno fatto sviluppare dei neuroni in un contenitore, e poi, hanno trasferito un campione di cellule neurali di quel contenitore per essere sviluppato in un altro contenitore, a una grande distanza l'uno dall'altro. L'ipotesi era che i neuroni contenuti nei due contenitori fossero collegati da uno stato di *entanglement*. Per esprimere questo stato, sapendo che i neuroni sono molto sensibili ad alcune stimolazioni elettriche, un fascio laser è stato usato, dirigendole verso il secondo contenitore con le cellule neurali. Per la soddisfazione del team, ci fu un'impressionante risposta elettrica dei neuroni presenti in ogni contenitore, dimostrando così che il fenomeno *entanglement* può avvenire a livello delle cellule neurali. Allo stesso modo, ma in una forma più ricercata, com'è stato provato con due persone separate da una grande distanza, è stato possibile verificare che, in determinate condizioni, sono state in grado di entrare in uno stato di *entanglement*. Per questo, sono state analizzate le tracce EEG delle due persone. Questo dimostra che è possibile controllare lo stato di *entanglement*, a grande distanza, tra le cellule neuronali o persone umane; in linea di principio, è possibile ottenere lo stesso risultato tra cervelli separati anche anni luce di distanza.

Perché questa teoria abbia una ragione di esistere, sarebbe necessario fare un viaggio indietro nel tempo e ammettere che al momento del *Big Bang*, tutte le particelle dell'universo si sarebbero trovate in uno stato di *entanglement* tra loro, e questo stato sia rimasto invariato a un certo livello, come nel DNA o nei microtubuli dei neuroni, essendo necessario solamente "svegliarli" in qualche modo, utilizzando tecnologia e strategie molto sofisticate. *Fred Thaheld*, che ha sviluppato uno di questi progetti ricercati, definendolo un *bio-astro-entanglement* (non-località astrobiologica), dice che l'*entanglement* neurale è un fenomeno diffuso nell'universo, gli esseri più evoluti di noi, potrebbero essere in grado, sia d'inviare segnali intenzionali, sia di ricevere segnali dello stesso tipo. Può anche darsi che siamo, da sempre, bombardati da segnali mentali da altri esseri, e non ci rendiamo conto. Inoltre, sappiamo che, in altri aspetti dell'universo, riceviamo radiazioni - elettromagnetiche e particelle - di vari tipi, rappresentate dai neutrini, raggi cosmici, radiazione cosmologica a microonde, radiazione gravitazionale, etc. Allora, perché non anche del tipo d'emissione mentale, giacché ora sappiamo che il meccanismo di *entanglement* non è più una fantasia? Rimane la riflessione.[20]

Siamo una cosa sola nell'Universo

Pensare che siamo esseri casuali, senza programmazione, arrivati sulla terra chissà da dove, e in balia di tutto e di tutti - è un'illusione. Nel nostro registro interno, sta scritto tutto di noi: chi siamo; quello che siamo venuti a fare e la nostra importanza per l'universo. Perché è Dio dentro di noi, che realizza tutto quello che pensiamo di aver fatto noi. Egli esegue tutto attraverso la nostra personalità, il nostro corpo e l'anima. Ma c'è sempre un accordo previo tra la mente e l'anima (la parte che è Dio), di cui non siamo a conoscenza, ma che è a conoscenza dello Spirito. Come si fosse, quindi, stilato un accordo o un contratto di tutto ciò che abbiamo

---

[20] Fonte: "La Mente di Dio" – M. Teodorani.

pianificato di voler sperimentare sulla Terra. Egli opera secondo tale accordo e l'esperienza unica in ogni essere individuale. Non serve a nulla sentirsi una "vittima del creatore" pensando di essere usato da Lui come cavia per la Sua esperienza. Ricordati, tu non sei "tu" nel modo in cui pensi di essere, ma tu sei *Lui-in-te*. La tua coscienza è Lui. Non puoi, quindi, essere una vittima di te stesso o, una parte di Dio non può essere vittima del TUTTO. Sarebbe come se il vostro alluce utilizzasse tutto il piede a proprio beneficio, e danneggiasse, in qualche modo, l'intero piede. Siamo membri di un corpo, di una "famiglia" in collaborazione unificata per lo stesso scopo. In nessun momento della nostra esistenza, siamo stati separati dal TUTTO, neanche per un secondo. Trovandosi Egli in noi, creati a Sua immagine e somiglianza, vuol dire che, di conseguenza, abbiamo tutte le sue facoltà, abbiamo anche il potere di creare. Solo che la maggior parte di noi non accetta o non è consapevole che, per il semplice fatto di PENSARE, stiamo già CREANDO.

Siamo creatori come il Creatore! Questo potere è un'estensione dello stesso potere divino che è in noi, poiché siamo i suoi simili. Pertanto, non credendo o ignorando che pensare è creare, spesso pensiamo nel modo "sbagliato", senza la guida consapevole della divinità in noi (perché abbiamo libera scelta), e questo è il motivo di tanti fallimenti nella nostra vita. È l'ignoranza che ci fa utilizzare il Suo potere in modo non corretto, anche se questo non annulla, affatto, tale Potere. Pensare che siamo separati da Dio, è la causa della convinzione che siamo finiti; che siamo venuti al mondo per soffrire e che una forza malvagia, chiamata Diavolo, sta manifestandosi sulla terra, opponendosi alla volontà di Dio. Pensando in questo modo, si crea, davvero, la credenza di tale realtà. Pensi che qualcosa sia vero - che si tratti di un dolore, una difficoltà, una preoccupazione - solo perché il tuo pensiero, la tua fede ti dà quella realtà. Altri potranno vivere la stessa situazione e aver una percezione totalmente diversa. Questa è la prova che siamo noi che percepiamo una realtà in quanto tale. Basta cambiare la percezione di quello che ti appare orribile, odioso, doloroso, e quello, magicamente, scomparirà!

Benché ogni persona sembri essere separata e indipendente, siamo tutti connessi a canoni d'intelligenza che governano il cosmo intero. I nostri corpi sono parte di un corpo universale, la nostra mente è un aspetto di una mente universale.

Capitolo XIII

Creando Abbondanza

Secondo Deepak Chopra

Il tempo non esiste come valore assoluto, solo l'eternità. Il tempo è l'eternità quantificata, la perennità frammentata in pezzi da noi stessi - secondi, ore, giorni, anni. Ciò che noi chiamiamo tempo lineare è un riflesso di come percepiamo i cambiamenti. Se potessimo percepire l'immutabile, il tempo, come lo conosciamo, cesserebbe di esistere. Possiamo cominciare a imparare a metabolizzare il non-cambiamento, l'eternità, l'assoluto. In tal modo, saremo pronti a creare la fisiologia dell'immortalità.

La lotta per la sopravvivenza è necessaria o è una falsa credenza?

Charles Darwin, spiegando che la vita si manifesta attraverso la lotta, ha creato essenzialmente un modello di scarsità - la sopravvivenza del più forte - ispirato da un periodo di esplosione demografica e dalla mancanza di risorse. È così che abbiamo acquisito una mentalità impostata per l'individuo – l'individualismo e l'individualità delle cose. Ma la vita è veramente un dono, è una meravigliosa opportunità di vivere un'esperienza in un pianeta di libera scelta, di essere in grado di creare tutto quello che si vuole scegliere, e di vivere questa creazione, in qualsiasi momento, come se fossimo su un palcoscenico, recitando un ruolo. Qualunque sia la tua parte, stai creando e rilasciando l'energia che aiuta il pianeta ad aumentare la sua vibrazione; ogni passo nostro è

216

importante e s'inserisce perfettamente all'interno di un grande progetto per l'universo.

Il potere di creare, è parte del dono della vita. E tutto ciò che realizziamo, inizia nelle nostre scelte e in ciò che noi crediamo che ogni scelta rappresenti. Se nel tuo cuore, credi di non meritare l'abbondanza, o che sia sbagliato accumulare ricchezza in quanto simbolo di materialismo, puoi essere sicuro che l'abbondanza non si manifesterà mai, solo per averlo pensato.

Se credi che il denaro sia la radice di tutti i mali, la Legge d'attrazione allontanerà l'abbondanza da te, sempre più, fino a che non cambierai completamente, questa convinzione di base. Se ritieni di essere povero e di dovere sempre lottare per sopravvivere, il tuo stesso credo creerà quell'esperienza. Non importa se si dispone di più lavoro; la tua convinzione di base è generata, proiettata sulla dimensionalità e, di certo, si manifesterà. Dovrai sempre lottare per mantenerti economicamente.

Se credete di non essere attraenti, proietterete quest'immagine a tutti intorno a voi, telepaticamente. Proiettate, costantemente, le vostre credenze e, in questo modo, v'incontrerete faccia a faccia con le sue manifestazioni, quando guardate il mondo che vi circonda. Esse formano un'immagine speculare delle vostre credenze. Allo stesso modo, se credete - molto semplicemente - che gli altri vi vorranno bene, vi tratteranno bene, questo è quello che faranno. E se credete che il mondo sia contro di voi, questa sarà la vostra esperienza. E se pensate che il vostro corpo inizierà a invecchiare e indebolire a quaranta anni, così sarà.

Siamo tutti corpi pensanti in un Universo pensante!

Crediamo che i pensieri si manifestino solo dentro la nostra testa ma questa impressione è dovuta al fatto che li percepiamo come qualcosa strutturata linguisticamente, parlata nel nostro stesso idioma. Tuttavia, quegli stessi impulsi d'energia e informazioni che sperimentiamo come pensieri, sono la materia prima dell'universo. L'unica differenza tra i pensieri che sono nella mia testa e quelli fuori di essa, è che percepisco i primi in termini strutturati linguisticamente. Tuttavia, prima che un pensiero diventi verbale e espresso come linguaggio, esso è solo un'intenzione e, ancora una volta, è solo un impulso di energia e d'informazioni. In altre parole, a livello preverbale, tutta la natura parla la stessa lingua.

La vera natura del nostro stato di base, così come l'universo, è di essere il campo di tutte le possibilità. È ciò che siamo nella nostra forma primordiale: Un campo di possibilità. Da questo livello, è possibile creare qualsiasi cosa. Il campo è la nostra natura essenziale, il nostro io interiore. È anche chiamato assoluto, per generare tutto ciò che esiste. La prosperità lo è intrinseca, perché dà luogo all'infinita diversità e abbondanza dell'universo. (Deepak Chopra)

Prosperità e Abbondanza

Quando abbiamo capito il potere creativo del pensiero, i suoi effetti possono essere considerati vicini al miracolo. Ma, non tutti i risultati possono essere raggiunti in modo soddisfacente senza una corretta applicazione, diligenza e concentrazione. Le leggi che governano il mondo materiale e spirituale sono fisse e infallibili. La prosperità e abbondanza illimitata sono parte dello stato naturale dell'uomo. Ma a volte, questo non succede perché nel corso del tempo, usiamo le nostre strategie, i principi e le convinzioni che creano ostacoli al flusso naturale di questo processo, e si cristallizzano in una fase in cui sembra che il destino sia a noi contrario.

Non abbiamo bisogno di grandi studi, seminari o corsi per capire il potere della nostra mente. Basta solo ricordarsi quello che già sappiamo e appropriarci delle risorse che già abbiamo, allineando

218

la nostra vita con quello che siamo sempre stati, fin dal primo giorno in cui abbiamo iniziato a scrivere la nostra storia.

La natura dell'abbondanza è una realtà. Quando siamo connessi alla natura della realtà e sappiamo che essa è la nostra stessa natura, ci rendiamo conto che siamo in grado di creare qualsiasi cosa, perché tutta la creazione materiale ha una singola fonte. La natura usa la stessa fonte per creare un gruppo di nebulose, una galassia di stelle, una foresta pluviale, un corpo umano o un pensiero. Tutta la materia, tutto ciò che possiamo vedere, toccare, sentire, il gusto o l'odore, è fatto della stessa cosa e proviene dalla stessa fonte. La conoscenza di questo fatto ci dà la capacità di soddisfare qualsiasi desiderio, di acquisire qualsiasi oggetto materiale che vogliamo avere o sperimentare, senza limiti per il conseguimento e la gioia.

Il pensiero positivo migliora la qualità della vita

Un evento consapevolmente vissuto, sia di piacere o dolore, è trasferito automaticamente al subconscio, che è il magazzino sotto forma di memoria; Questo influenzerà il nostro comportamento in situazioni analoghe future. E così, si crea una catena ripetitiva di fallimenti o successi, ogni volta che vi è la necessità di metterci a tali prove. Questo succede perché, in quel momento, il subconscio invia un messaggio negativo o positivo, dicendo che in questo tipo di situazione, l'"ordine" è quello di attivare la memoria di quell'evento. E così accade. Il subconscio è un servo fedele. Esso non ragiona, né giudica le informazioni come giuste o sbagliate, sensate o assurde, vere o false. Si limita, quindi, a conservarle in modo da riprodurre un comportamento coerente con i messaggi simili, memorizzati in precedenza. È per questo che sorge la convinzione di essere qualcuno in continuo successo o una vittima d'incessante fallimento. Così, diventa sempre più difficile affrontare correttamente nuove situazioni. E molti, ancora si chiedono, perché certe persone ottengono sempre più successo e, altre, tutto quello che intraprendono, sbagliano. Questo è il segreto! Il pensiero positivo migliora la qualità della vita. E l'unico modo per raggiungere questo scopo è di agire direttamente nel subconscio - selezionando, filtrando, creando nuovi pensieri e reinstallandoli, ripetutamente, fino a farli diventare una convinzione. Il pensiero positivo, spesso ripetuto, influenza il subconscio in positivo, portando a risultati soddisfacenti, nel momento esatto in cui i desideri e le idee devono essere tradotti in realtà.

La qualità dei pensieri determina la qualità della vita. Noi siamo il risultato di quello che pensiamo. La mentalità di sconfitta, crea una realtà di sconfitto; la mentalità di successo, crea la realtà di ottenere successo.[21] (D. Chopra)

Quando si prende una decisione, non si deve tornare indietro mai, anche se le apparenze ci dicono che tutto è caos. Quando si ristruttura una casa e si vuole realizzare la casa dei sogni, non si può desistere guardando le fasi del processo, ma sì, il risultato di quel caos. Guardando tutto quel trambusto: terra, mattoni, pietre ovunque, pareti rotte etc, si dovrebbe immaginare che tutto quel caos è perfetto per il risultato finale - nonostante l'aspetto - e che è esattamente dal caos che emergerà la casa desiderata. Così è il processo della vita. Non rinunciare a causa delle apparenze o critiche. Mai!

In ogni fallimento c'è il seme del successo

Vi è un meccanismo fondamentale coinvolto nella manifestazione del materiale, a partire dall'immateriale; del visibile a partire dall'invisibile. È il meccanismo del miglioramento. Gli insuccessi nella vita sono i denti dell'ingranaggio della creazione che, ad ogni passo, ci portano più vicini ai nostri obiettivi. In realtà, non esiste ciò che chiamiamo fallimento. Attraverso i nostri errori, impariamo a fare ciò che è giusto. La vita si evolve naturalmente verso la

---

[21] Fonte: "Creando Prosperità" - D. Chopra

felicità. Quando cerchiamo il denaro, un buon rapporto o un buon lavoro, stiamo, infatti, cercando di trovare la felicità. Il grande "errore" che commettiamo, è di non ricercare la felicità per prima cosa. Se avessimo quest'atteggiamento, tutto il resto verrebbe naturalmente, perché la felicità è uno stato d'essere. Non dipende da un evento per muoverci verso questo stato.

Non siamo felici perché otteniamo, ma otteniamo perché SIAMO felici. (Joe Vitale)

Noi non siamo individui, siamo una Relazione

La scienza ha scoperto che tra le particelle subatomiche, i nostri corpi e l'ambiente; in ogni cosa o persona cui veniamo in contatto; anche nelle nostre relazioni sociali, c'è un vincolo (*bond*). E questo legame ha una connessione così profonda, che non si può stabilire dove finisca una cosa e ne cominci un'altra. Noi siamo questo vincolo e in nessun senso del termine, possiamo essere individui. Guardando il nostro corpo, tendiamo a vederlo come autonomo e totalmente auto-formato dal suo DNA. Tuttavia, gli scienziati hanno scoperto che i geni dipendono da vari fattori esterni: l'ambiente, l'aria che respiriamo, il cibo che mangiamo, gli amici che frequentiamo. Queste influenze esterne influenzano gli atomi dei geni. Il vincolo con il nostro ambiente personale crea, quindi, quello che siamo. Siamo stati creati da questo legame con l'ambiente. Sono queste relazioni che accendono e spengono i nostri geni. Ogni aspetto del nostro comportamento sociale, dimostra che siamo cablati (*hard wired*) per condividere, per connetterci, per prenderci cura di noi stessi e di essere equi. Il nostro bisogno è, prima di tutto, di appartenere. In mancanza di un senso di appartenenza, diventiamo deboli.

La convinzione che i nostri pensieri siano del tutto individuali, è falsa. Siamo totalmente interdipendenti e interconnessi. La natura ci ha progettato non per competere, ma per la connessione. Tuttavia, la storia che finora ci hanno raccontato, ha fatto sì che la competizione facesse parte di noi, in qualsiasi parte del mondo. La competizione è il motore delle relazioni.

Il modello attuale dice che, se si vuole vincere, qualcuno deve perdere. Dobbiamo cambiare questa convinzione, siamo alla fine del periodo in cui tale credenza possa sopravvivere. Molto di ciò che ha funzionato, ora si dimostra disfunzionale e sta dissolvendosi nell'aria. (Lynne McTaggart)

Metafora di Kryon - Ognuno di voi è parte integrante della divinità

Immaginate che le cellule del sangue abbiano una coscienza. Che siano vive, si riproducano e lavorino. Che abbiano uno scopo e vivano una vita; loro nascono e muoiono. Assomigliano parecchio agli esseri umani! Diciamo che abbiano anche la coscienza. Allora, supponiamo che loro si siano incontrate e abbiano deciso che, forse, potrebbe esserci uno scopo più grande del perché dovrebbero essere lì. Circolando attraverso l'oscurità, nelle vene del corpo, chi si potrebbe supporre che loro debbano adorare? Il cuore? Forse i reni? Oppure i polmoni? Dopo tutto, è lì che si fermano per trasferire energia.

Ma quante di loro voi credete che sarebbero in grado di pensare oltre la vicinanza del corpo, in cerca di risposte? Alcune potrebbero fare le loro congetture: "Magari siamo dentro qualcosa che è molto più grande di quanto possiamo immaginare?" Oppure, direbbero, "forse c'è una coscienza che va oltre ciò che possiamo vedere? Ci sarà un proposito qui, che non riusciamo a vedere?" Invece di adorare il cuore, il fegato o i polmoni, forse loro sceglierebbero pensare che potrebbe esserci qualcosa che va oltretutto quello che conoscano, qualcosa che non hanno mai visto o che non possano vedere. Potrebbero, forse, vedere il loro Dio come una grande cellula sanguigna con una luce potente. È molto simile a quello che gli esseri umani fanno. Vogliono fare di Dio un oggetto e mettere lo Spirito in un

222

luogo fisico nell'universo visibile. La maggior parte degli esseri umani non capisce che Dio non sta nella realtà umana. Potrete dire che capite questo, ma quando si tratta di angeli, avete bisogno di mettergli la pelle e le ali e anche di dare a ciascuno un nome, solo per parlare con loro! E se vi dicessi che ogni entità è come una nube di gas delle dimensioni del Texas? Che è ovunque e da nessuna parte? Se vi dicessi che ogni nube di gas è anche insieme con altre nubi di gas... come le chiamereste? Non c'è effettivamente niente da essere visto e nessuna forma. Tuttavia, volete portarli nella vostra realtà al fine di trattare con loro. Così come le cellule del sangue trasportano l'ossigeno, dando vita agli esseri umani, allo stesso modo, gli esseri umani portano la vita di Dio. E questa è la verità! Siete, in realtà, un pezzo del Tutto che voi chiamate Dio. Lo spirito non può esistere senza di voi. Ognuno di voi è una parte integrante della divinità e senza di voi questo bellissimo arazzo, chiamato Dio, non potrebbe esistere. Oh, è vero che siete qui nella dualità, apparentemente al buio e non capite tutto. Ma noi vi diciamo che, in questi ultimi anni, quello che è successo è che avete dato il permesso di accendere le luci! Molto di ciò che accade oggi, è dovuto, semplicemente, a questo. (Kryon)

Le numerose frasi citate nei libri sacri che siamo tutti UNO, non sono frasi filosofiche. Sono solo da essere intese alla lettera, perché davvero è così. *"Qualunque cosa tu faccia a uno di questi piccoli, lo stai facendo a Me!"* Questo non è figurato come molti vogliono far credere. Ognuno di questi piccoli (tutti noi) è una parte di Dio. Tentare di fuggire da questa verità sarebbe come tagliare il proprio dito, pensando che esso sia separato da voi. Pertanto, tutto ciò che si fa con il dito del piede o della mano, lo si sta facendo a se stesso. E questo è ciò che gran parte dell'umanità non riesce ad ammettere. Dire che facciamo parte del corpo di Dio può anche essere accettato; ma dire che SIAMO parte di Dio; che Dio è in un campo interdimensionale nel nostro DNA... questo è un'eresia! Tuttavia, molte religioni celebrano la comunione, cioè l'esistenza di un solo corpo in cui ogni seguace è una parte del corpo di Dio. Come non rendersi conto che, essendo un membro del corpo di Dio si è, di conseguenza, Dio?

Come possono le religioni, che dovrebbero comunicare e creare quest'unione, essere le prime a creare una separazione? Sono le prime a "offendere" Dio, dicendo che le parti del Suo corpo sono sporche, contaminate, piene di difetti e peccati? Vi rendete conto? Ma non preoccupatevi, perché Dio non si offende se, per svista, "morde la propria lingua" - al contrario: Egli corre per curarla e riparare i danni con tanto amore. Così funziona la famiglia di Dio. TUTTI NOI, TUTTO CIÒ CHE ESISTE - È DIO!

Pensare che ci sia una separazione tra Dio e tutti gli esseri senzienti, fa parte di una cultura ancora primitiva. Le culture più evolute dell'universo, sanno che non c'è separazione tra loro e Dio, ma che ognuno di loro sta vivendo un'esperienza individuale col TUTTO.

Esiste un'unica cosa, il TUTTO UNO, di cui siamo parte. Ogni parte possiede l'aspetto individuale del "TUTTO" (immagine e somiglianza). Una goccia del mare è uguale in qualsiasi parte dell'oceano. L'oceano è Dio e noi siamo ogni goccia del mare. Ognuna di queste parti ha la sua essenza che chiamiamo anima, ed essa ha la coscienza del TUTTO.

Io ho dato loro la gloria che mi hai dato, perché siano uno come noi siamo UNO.(Giovani 17:22)

SECONDA PARTE

LA "VOCE" DI KRYON

CAPITOLO XIV

RIVELAZIONI SORPRENDENTI

Nelle pagine che seguono, sentirete, letteralmente, la "voce" angelica dell'intelligenza divina, che noi chiamiamo *Kryon*. Le informazioni spianeranno la strada per una maggiore comprensione della vita e per ciò che sta accadendo sul nostro pianeta, sia in piani sottili sia a livello fisico.

Queste informazioni possono essere il mezzo che ci aiuterà a utilizzare la chiave spirituale, per interpretare gli eventi che riempiono la nostra vita e ci aiuta a vedere l'amore che si nasconde spesso dietro ognuno di loro. Kryon parla di fisica, chimica e matematica in una forma profonda e spesso, di difficile comprensione per il meno preparato in queste materie. Ma, senza dubbio, lascerà anche un segno indelebile, impresso nella mente di ogni individuo, anche per coloro che non hanno mai aperto un libro di fisica. Questa impressione porta a conoscenza delle cose cui, forse, non sono state mai viste o sentite prima. E, come dice Lui, dopo essere stato informato di qualcosa, è impossibile cancellarla. Una volta che qualcosa è assorbita dalla mente, soprattutto dentro l'energia spirituale del DNA, è impossibile per noi ignorarla. Si può cercare di dimenticarla, mai annullarla.

Così, lasciatevi toccare dall'amore di Dio, in un modo mai provato prima. Fate un viaggio attraverso le strade dell'universo, scoprite i misteri della sua creazione, la vera storia dell'evoluzione umana, scoprite il reale motivo delle antiche piramidi, costruite in tutto il pianeta e chi le ha costruite; scoprite, finalmente, i segreti dell'anima, da dove proviene e dove va. Godete del vento della saggezza e dell'inebriante Amore di Dio in un modo completamente nuovo.

Siamo tutti interconnessi. Siamo il grande **"IO SONO"**, *come si è detto nelle vostre Scritture su Dio. Quando dico la frase "Io sono Kryon", è implicito che io appartengo al Tutto e che la mia firma è Kryon. Noi siamo Dio. Tu sei un pezzo di Dio e hai il potere di diventare così elevato dalla vostra parte del velo, quanto eri prima di venire qua. Siete amati oltre misura. Ognuno di voi è un'entità elevata che ha concordato, prima di venire, di restare esattamente dove si trova adesso. Siamo tutti un collettivo nello spirito, anche mentre si è sulla Terra, velati dalla verità. Benché siamo un collettivo, l'AMORE è di origine o sorgente singola. Questo può sembrare confuso, ma considerate questo come un fatto di primaria importanza, in modo che possiate capire quanto ciò è speciale per il vostro presente tempo.* (Kryon)

Kryon parla di un Dio Personale

Se tu fossi Dio, come creeresti un essere umano?
In tutti questi anni, vi abbiamo parlato degli attributi dello Spirito, perché volevamo che sapeste di un Dio personale.
Come un uomo saggio, tu puoi capire ora che il corpo umano ha un DNA intelligente. Tutti i geni, tutte le informazioni delle cellule staminali, vengono memorizzati come informazioni nel corpo. Questo sembra accidentale o casuale? Con la mente di Dio, come avreste fatto questo? Dio ha introdotto l'essenza della creazione dentro di voi. Ora, vi è evidenza che la stessa energia di Gaia, naturalmente, è legata alla coscienza umana.

Immaginate, per un momento, che avete la mente di Dio. Nel corso di miliardi di anni, Dio ha creato un universo e l'ha costruito per la vita. Contro ogni probabilità, voi siete qui. Allora, se tu fossi Dio, come avresti costruito un essere umano? Sarebbe un "mammifero casuale" sul pianeta?

Accuratamente, tu (come Dio), hai preparato questa magnifica e bellissima terra, il giardino in cui l'essere umano sarebbe vissuto, hai progettato il DNA intelligente, e hai persino associato l'Essere Umano alle rocce, agli alberi e alla griglia magnetica. Avrebbe creato l'essere umano potente e con una profonda "immagine" spirituale. Così, ti chiedo, Essere Umano, se tu svolgessi il ruolo di Dio, quale attributo consegneresti all'uomo, a questo punto?

Il Progetto Umano

Molti dicono che Dio ha creato l'umanità in questo modo: "Io introdurrò gli esseri umani sulla Terra e li farò soffrire con il dolore. Farò in modo che questo sia davvero difficile, così darò loro la sensazione di essere nati con il peccato. Così gli inserirò la colpa immediatamente, in modo che loro soffrano e si sentano, per sempre, vittime di qualcosa che è accaduto molto tempo fa. Li farò strisciare e inginocchiare per trovare me. Io farò in modo che si sentano esseri molto inferiori".

Pensate davvero che una cosa simile sia affiorata nella mente di Dio? In questo meraviglioso giardino? Questo ha senso per qualcuno di voi? Vi chiedo di aprire il vostro cuore alla compassione. Sarebbe così che voi lo creereste, cari? E se per caso dite: "No, no. Io non lo farei così." Allora, come lo fareste? Nella misericordia di Dio, come voi fareste l'Essere Umano?

Lasciate che vi dia una visione alternativa di come potreste pensare, se voi foste Dio: "Io creerò un bel giardino, darò agli umani un DNA sacro che svilupperà un meraviglioso sistema di ricordi antichi e di salute. Poi, li collocherò sulla Terra come magnifici. Ognuno avrà in sé un frammento mio. Io darò loro la sacra immagine del Creatore e la impianterò nel loro DNA. Così, allora, potrò anche dire 'fatto a immagine di Dio'. Allora, io gli invierò molti maestri con il DNA sacro attivato, per mostrare loro cosa sono in grado di fare, in modo che gli umani non si dimentichino che anche loro hanno tali capacità. Nel corso del tempo, seguiranno grandi insegnanti e facilitatori per avere sempre degli esempi. Gli darò potere sulla natura. Se riusciranno a scoprire questa magnificenza, potranno cambiare il proprio corpo, attraverso il libero arbitrio. Potranno cambiare la loro cultura. Potranno cambiare la Terra. Io li farò così potenti che, se molti di loro si uniranno, potranno anche evitare che i terremoti accadano. E saranno collegati a Gaia".

*Cosa ne pensate? Quello che avete appena letto è **la Verità**, e sapete chi ha preso atto di questo in primo luogo? Furono gli antichi che hanno vissuto nella zona del Cile. Se osservate ciò che loro hanno mostrato e insegnato, potete vedere che gli indiani celebravano Gaia, l'energia (spirito) Madre del pianeta; ed essa era considerata sacra. Era legata alla vita e lo è tuttora. Qual è la prima cosa che gli indiani fanno quando iniziano una cerimonia? Celebrano i loro antenati! In questo, c'è una conoscenza intuitiva che hanno, forse, vissuto prima, e che la saggezza dei loro antenati era anche la loro. È possibile che la saggezza dei secoli possa essere trasmessa spiritualmente? Sì, e il lignaggio quantico del DNA è molto diverso del lignaggio chimico lineare. Oh, miei cari, voglio che sentiate questo come la verità. È tempo perché voi cominciate a utilizzare una logica compassionevole e spirituale.*

Ora vi rivelo un segreto: la vibrazione stessa della Terra, anche la velocità del tempo, è determinata da ciò che gli esseri umani hanno imparato spiritualmente. <u>Se avete l'epifania che Dio è dentro di voi, se iniziate a vivere in maniera diversa a causa di questo, il dramma inizierà a scomparire dalla vostra vita e sarete in grado di uscire dal buio e mai più tornare a esso. Imparerete a rivendicare il potere che è divino dentro di voi, e di avere la gioia.</u>

Voi influenzate la terra e ogni vostro passo è conosciuto da Gaia. Diffondete la luce ovunque andate. Siete conosciuti da Dio e da Gaia. La vostra magnificenza e la vostra maestria cominciano a fornire alla Terra stessa, una vibrazione più elevata. Mentre risolvete i vostri problemi, la stessa vibrazione del pianeta aumenta. Che sistema! È incredibile. Gli esseri umani non sono stati messi qui a caso, per soffrire. Capite questo? Avete capito la logica spirituale di questo? Vogliamo che vediate il volto di Dio, che è sempre pieno di gioia, perché c'è un pezzo del Creatore dentro di voi.

La storia dell'umanità è una farsa. Ecco tutta la verità!

L'antropologo *Semir Osmanagich*, fondatore del *Parco Archeologico Bosniaco* - il sito archeologico più attivo del mondo - basato su l'età di alcune strutture che sono state costruite da civiltà avanzate di oltre ventinove mila anni fa, dichiara che le prove scientifiche, *inconfutabili*, venute alla luce sull'esistenza di antiche civiltà con tecnologia avanzata, non ci lasciano altra scelta se non quella di riscrivere la storia dell'Umanità Terrestre.

Riconoscere che siamo testimoni di prove fondamentali dell'esistenza di antiche civiltà avanzate, risalenti a oltre ventinove mila anni fa, e un esame delle loro strutture sociali, costringe il mondo a riconsiderare totalmente la sua comprensione sullo sviluppo della civiltà attuale e della sua storia. I popoli antichi che hanno costruito quelle piramidi, conoscevano i segreti della frequenza e dell'energia. Hanno usato queste risorse naturali per sviluppare tecnologie, e per intraprendere la costruzione di scale che non abbiamo visto in nessun altro posto della terra. Le prove dimostrano, chiaramente, che le piramidi furono costruite allineandole con la griglia energetica della Terra, ed erano come macchine che fornivano energia al potere della guarigione. È giunto il momento di condividere liberamente la conoscenza, in modo che si possa capire e imparare dal nostro passato. (Osmanagich)

È tempo per noi di aprire le nostre menti alla vera natura della nostra origine. La nostra missione è di riallineare la scienza con la spiritualità, al fine di progredire come specie, e questo richiede un chiaro percorso di conoscenza condivisa.

Una verità sorprendente! Trovato Codice genetico dei Pleiadiani nel nostro DNA "spazzatura".

È scientifico. All'interno dei nostri geni, è nascosto il "marchio" del produttore intelligente, codificato da migliaia di anni fa, da qualche parte nel cosmo. Gli studiosi sostengono che il codice genetico sembra essere stato inventato fuori dal sistema solare, miliardi di anni fa. Una dichiarazione che dà credito all'idea della *panspermia* - l'ipotesi che la Terra sia stata seminata da vita interstellare.

Una sorta di conquista della galassia, basata sull'eternità di un'impronta genetica aliena (DNA *fingerprinting*), *studiata e impiantata ovunque, da super-esseri.* (Shcherbak e Makukov, scienziati).

Un gruppo di ricercatori che lavorano al Progetto Genoma Umano, capitanato dal Prof. *Sam Chang*, hanno comunicato una sorprendente scoperta scientifica: loro credono che le cosiddette sequenze non codificanti del DNA umano, quelle considerate come *Junk* (spazzatura), non siano altro che il codice genetico di forme di vita extraterrestri. In pratica, gli UFO sarebbero nostri parenti stretti. *Chang* stabilisce l'ipotesi di che una forma di vita extraterrestre superiore, sarebbe stata impegnata nella creazione di una nuova forma di vita su pianeti diversi, di cui la Terra sarebbe uno di essi.

Alla fine dobbiamo fare i conti con l'idea incredibile che ogni vita sulla Terra, porta con sé un pezzo genetico di un parente o cugino extraterrestre e che l'evoluzione non è quello che pensavamo che fosse, afferma Chang.

231

Gli scienziati assicurano che la stragrande maggioranza del DNA umano, è di un altro mondo!

Dopo un'analisi approfondita con l'aiuto di altri scienziati, programmatori informatici, matematici e altri ricercatori, il professor *Sam Chang* crede che l'apparente "DNA spazzatura" sia stato creato da una sorta di "programmatore" extraterrestre. Sarebbe come una "griffe", un timbro indelebile di una maestra civiltà aliena, che ci ha preceduto di milioni o miliardi di anni.

Indica che, *se pensiamo in termini umani, questi programmatori extraterrestri, stavano molto probabilmente lavorando su un super codice composto di diversi progetti, e questi progetti avrebbero dovuto produrre varie forme di vita per altri pianeti.*

Due scienziati kazaki, il matematico *Vladimir I. Shcherbak* dell'Università Nazionale del Kazakistan al-Farabi, e *Maxim A. Makukov* del *Fesenkov Astrophysical Institute*, hanno ipotizzato che *un segnale intelligente potrebbe essere incorporato nel nostro codice genetico attraverso un messaggio matematico e semantico, un insieme d'impronte aritmetiche e ideografiche, tipiche del linguaggio simbolico, che non è coerente con l'evoluzione darwiniana. Costituendo, quindi, una memoria eccezionalmente affidabile per una firma intelligente. Questa "firma" aliena, deve possedere modelli nel codice genetico, statisticamente molto significativi, e funzioni intelligenti che non sono compatibili con qualsiasi altro processo naturale conosciuto, e appaiono come un risultato di assoluta precisione* - hanno scritto gli scienziati.

Ora, potrete conoscere la sorprendente storia dell'umanità, vista da una forma **INCREDIBILE,** data da chi ci conosce dal primo seme. Sembra molto surreale, ma non tutto è come si pensa! Avviso, quindi, ai naviganti: sarà difficile per una mente lineare, comprendere e accettare! Chi ha orecchi per intendere, intenda! Non tutti c'è li hanno. Ma non scoraggiatevi. Ogni persona ha il momento giusto per svegliarsi... e per intendere!

Centomila anni fa, esistevano circa venti tipi di esseri umani in processo di sviluppo

Il seguente messaggio di Kryon, dato nel 2008, è una rivelazione sorprendente circa la vera origine dell'umanità, sulla storia della Terra, dall'inizio del genere umano, rivelando l'impressionante cronologia di come tutto è accaduto.

Il piano originale della Terra è intuitivo ed è dentro ognuno di voi. Abbiamo insegnato questo per quasi diciannove anni (oggi, più di venticinque anni). Qual è stato il libero arbitrio che ha cambiato la storia umana? Ora voglio parlare di molte di queste cose.

La Terra è molto antica, ma l'uomo è venuto molto più tardi. C'è stato un lungo ed evoluto viaggio biologico, che molti hanno chiamato evoluzione. Infatti, la biologia del pianeta si è evoluta, e questa è la via sacra in cui Dio ha scelto per svilupparla. Ciò non è in conflitto con nessuna cosa, tranne che con il pensiero limitato di molti esseri umani, che non vorrebbero che fosse in questo modo.

Difficile da credere, ma nascosto nel vostro DNA, in quelle migliaia di miliardi di frammenti di energia spirituale e biologica, ci sono molte energie che sono quantistiche. Sono attributi interdimensionali della biologia che i Pleiadiani vi hanno dato, più di cinquantamila anni fa. Suona strano, ma è la verità.

Lasciate che vi porti indietro, solo poco tempo fa, così come vedo io, come vedono le rocce. Permettetemi di dipingere un quadro del pianeta.

Centomila anni fa, ebbe inizio quello che si potrebbe chiamare l'essere umano illuminato (spirituale). In realtà, c'è stato lo sviluppo di umanoidi, molto prima, ma gli esseri umani non avevano, per così dire, l'equipaggiamento spirituale all'interno del DNA. Era solo la biologia. I vostri antropologi vi diranno circa

233

l'età degli esseri umani. Troveranno molte ossa e vi racconteranno molte storie su come poteva essere l'umanità primitiva. Quelle erano solo creature biologicamente evolute, non facevano ancora parte dello scenario in cui gli esseri angelici fanno parte del DNA.

La storia che sto per raccontarvi, è quella che abbiamo già menzionato molte volte. Ma permettetemi di dipingere il quadro prima: c'era parecchio di biologia sviluppata, allora. C'erano circa 17-20 tipi di esseri umani sul pianeta e i vostri antropologi hanno identificato molti di loro. Erano tutti diversi, lo sapevate? Alcuni avevano le loro teste in un modo diverso e alcuni avevano persino la coda. Circa venti tipi di esseri umani che coesistevano. Questo è un fatto normale dell'evoluzione sul pianeta, perché, se guardate in qualsiasi mammifero, noterete molte varietà dentro ogni specie. Questo è come lavora la natura e ha lavorato molto bene, anche centomila anni fa. Venti tipi di esseri umani erano in fase di sviluppo. C'erano diversi luoghi, dove loro si stavano sviluppando più velocemente di altri, e i vostri antropologi lo sanno. Non sono iniziati in un unico punto del pianeta. Erano nei luoghi che chiamate Europa orientale o Medio Oriente e in un altro luogo insolito - il centro dell'oceano Pacifico! L'evoluzione stava creando, lentamente, molti tipi di esseri umani, proprio come la natura fa con tutte le cose...

Poi, il pianeta è stato toccato dal disegno – un progetto sacro

Ora, preparatevi perché ad alcuni di voi non piacerà quello che leggeranno. Ascoltate: sta accadendo una cosa meravigliosa... magnifica! È successo qualcosa che è stata pianificata e vi aspettavate quando stavate creando il pianeta, miei cari. Quando eravate con me e lo osservavate raffreddarsi, sapevate che sarebbe successo. Era un piano divino. Nella vostra galassia chiamata Via Lattea, c'è un ammasso di stelle chiamato le Sette Sorelle. Sono sette stelle e una di loro è circondata da una formazione planetaria. Il nome dato a questa formazione è Pleiadi, e coloro che provengono da questo sistema solare sono i Pleiadiani. Sono quelli che hanno visitato la Terra centomila anni fa.

Con un progetto sacro, questo pianeta è stato visitato, in modo quantico, da queste creature illuminate, che non erano angeli. È difficile descrivere come una cosa del genere potesse accadere, ma è successo. **Ascoltate**, *c'è abbondanza di vita nell'universo e alcuni di loro stanno imparando come voi, altri invece, no. Ci sono creature biologiche che vivono su altri pianeti come il vostro, con un clima come il vostro, ma non c'è nessuna guerra. Vivono in uno stato quantico, dove si trova un accordo sul motivo per cui sono lì.* **State ascoltando?** *Essi rappresentano vecchie società, più del doppio di quella della Terra. Questo gruppo illuminato esisteva allora, ed esiste ancora. Loro si trovano anni luce di distanza da voi, ma vi hanno visitato facilmente. Sono venuti su questo pianeta per piantare i semi della sacralità nel vostro DNA. Sono venuti con il permesso, con un progetto e con il consenso di tutti gli esseri angelici dell'Universo. Non è stato un incidente e non era parte di un piano di conquista, era il loro lavoro d'amore. Molto è stato detto circa i Pleiadiani, perché quando si tratta di certe cose, in cui un tipo di creatura arriva e tocca l'intero pianeta, molti potrebbero dire: "Questo non è appropriato, deve essere sbagliato." <u>Ma no, non lo è</u>. C'è stata molta disinformazione circa i Pleiadiani. Loro hanno i semi dell'illuminazione della razza umana e hanno la saggezza e l'amore per la Terra, perché voi siete i loro semi. È difficile da descrivere questo in un discorso tridimensionale. Utilizzando i doni dell'essere in uno stato quantico con* **tutto**, *hanno dato all'umanità sul pianeta, due nuovi strati di DNA. E si è verificato improvvisamente, a solo uno dei venti tipi di esseri umani: il tipo che avete ora. Solo un tipo era pronto a ricevere questo dono. Chiedete ai vostri antropologi su questo. Oh, non chiedete sui Pleiadiani! Chiedete su quello che è successo circa centomila anni fa agli Esseri Umani. Vi diranno che, contro ogni probabilità naturale, un solo tipo di essere umano emerse nel pianeta. E gli altri diciannove? Andarono estinguendosi lentamente, incapaci di competere con quelli che* *avevano il nuovo DNA. Questo è qualcosa che è contrario alla logica e potrà far inarcare le sopracciglia di coloro che considerano la selezione naturale. Questo, quindi, è qualcosa di cui prendere nota poi fornirà la prova di quello che sto dicendo.*

Così, questo diventa la storia della creazione in gran parte della mitologia del pianeta. Perché è successo così in fretta e così di recente nella storia della Terra, che porta con sé la sensazione che tutto sia successo di colpo, senza, quindi, alcuna evoluzione da permettere che ciò accadesse. Per questo, sorge il pensiero da parte di molti, che non vi sia stata alcuna evoluzione, e che Dio ha creato gli esseri umani all'istante. Capite? Vedete, c'è un seme di verità in tutte le cose, ma, molto spesso, sono collocate in una scatola tridimensionale per renderle più facili da spiegare e comprendere. Un bel giardino, la tentazione che rappresenta il bene e il male - questo è davvero vicino alla visione metafisica di ciò che è accaduto, quando un gruppo di esseri umani ha ricevuto i due nuovi strati di coscienza nel DNA. Improvvisamente, loro hanno cominciato ad agire all'interno della dualità; la coscienza della luce e del buio. Sono stati preparati gli strati aggiuntivi per il test della Terra, che sarebbe diventato l'unico pianeta della libera scelta del suo tempo. In uno strato sarebbe incluso il Registro Akashico, una sorta di archivio di tutte le anime angeliche che vanno e vengono all'interno di un corpo umano. L'umanità ha cominciato a diventare spirituale - non immediatamente, ma molto, molto lentamente, nel corso di altri cinquantamila anni. Gli Angeli hanno iniziato il processo venendo nel pianeta con un corpo umano, un veicolo adatto a creare questo test della Terra. Solo allora, gli esseri umani sono diventati ciò che state vedendo ora. Ciò significa che l'umanità, veramente illuminata, in realtà, ha solo circa cinquantamila anni - infatti, davvero molto nuova.
(Kryon)

Gli autistici sono esemplari di una nuova specie umana!

Kim Peek, autistico savant[22] ha la capacità di leggere un libro in un'ora e ricorda ogni parola: finora, ha memorizzato circa 12.000 libri. È, inoltre, in grado di eseguire calcoli complessi con sorprendente rapidità, compreso la scomposizione in fattori primi, anche di numero molto elevato. Come è possibile che alcuni bambini autistici, con solo due anni di età, siano in grado di leggere, fare uso del computer, scomporre in numeri primi e le altre grandi capacità di apprendimento?

<u>Qui ne vedrete delle belle!</u>

I dati recenti e la mia esperienza personale, suggeriscono che è il momento di cominciare a pensare all'autismo come un vantaggio in alcune aree, e non come una croce da sopportare. In molti casi, le persone con autismo hanno bisogno di sostegno, ma raramente di terapia.
Di conseguenza, riteniamo che l'autismo debba essere descritto e studiato come una variante accettata all'interno della specie umana, non un difetto che deve essere eliminato. (Dott. Laurent Mottron).
State vedendo una forma di evoluzione che potreste definire come strana e insolita. Semplicemente, sono le prime persone che stanno arrivando con un DNA quantico attivato.

L'evoluzione umana, in genere, avviene in una graduale progressione nel corso del tempo, attraverso il normale processo di nascita e morte. Questo vale per tutte le altre creature. Non ci si aspetta nessun tipo di una vera evoluzione di un singolo essere umano, durante la sua vita. Dal 1987, lo sviluppo umano ha superato la pre-confezione che è sempre stata, nel corso dei secoli. Quando siete nati, il paradigma vibrazionale era lineare. Questa è

---

[22] Savant sono gli autistici che presentano abilità geniali, in alcuni settori quali il calcolo, la musica o il calendario

stata la consapevolezza che esisteva al momento della vostra nascita, e fu lo stesso con i vostri predecessori. Nel vostro cervello, ci sono muri di coscienza - muri che impediscono di pensare per concetti. Siete così lineari che non riuscite nemmeno a sentire due conversazioni contemporaneamente. Sì, siete capaci ma i muri v'impediscono di comprendere che lo potete fare. Dovete tenere sempre separata la comunicazione lineare, a causa della linearità della vostra comprensione che, a sua volta, è unidirezionale. Potete ascoltare una sola parola alla volta. Com'è limitante! I muri v'impediscono persino di concepire questo. Ma ora tutto sta cambiando. Chi è vivo ora, sta cominciando a cambiare ciò che normalmente poteva essere creato soltanto nel corso di molte generazioni. La coscienza umana sta cambiando, ed è di questo che abbiamo parlato nel 1989. Ciò che sta cominciando ad accadere, è l'inizio di un modo non-lineare di pensiero che, alla fine, creerà una società concettuale. Molto lentamente, dopo il 2012, la razza umana sta cominciando a utilizzare alcune capacità perdute di DNA che è ancora nel vostro corpo, ma per migliaia di anni, non sono state utilizzate. Permettetemi di darvi alcune caratteristiche cui, forse, non avete mai pensato; un segreto, una conoscenza che magari potrete anche contraddire, perché è davvero molto strana.

Vi abbiamo detto che, quando le creature interdimensionali visitano questo pianeta (cosa che spesso lo fanno), vi vedono come figure in bianco e nero su un pezzo di carta, in due dimensioni. Vi rendete conto di quanto siete lineari? Voi non sapete nemmeno in quale dimensione vi trovate! Neppure che non siete a "colori"! Loro vi guardano e se ne vanno. Qui non c'è nulla che interessi loro e non possono comunicare con un fumetto. Questo è ciò che la linearità vi fa, e nemmeno lo sapete. Semplicemente, non potete pensare oltre la vostra dimensione; e non avete la consapevolezza di ciò che non conoscete. È tutto intorno a voi ma non riuscite a vederlo. Ma queste caratteristiche stanno cambiando. Molti di coloro che stanno leggendo ora, sono preoccupati per l'autismo. Si chiedono perché ora nascono così tanti autistici. È più di una

238

coincidenza che, improvvisamente, ne stiano comparendo così tanti, non trovate? Oggi, nascono più bambini autistici che mai, su questo pianeta. Si vuol sapere che cosa c'è di sbagliato. Sarebbe la chimica degli alimenti? Forse i vaccini? Si stanno aggrappando a tutte le ipotesi, per risolvere il mistero del perché così tante persone, oggi, nascono autistiche.

Queste sono le prime persone che stanno arrivando con un DNA quantico attivato!

Solo poche persone si sono chieste: "Stiamo forse evolvendoci e questa è la prima ondata di quello che vedremo in futuro, non mentalmente squilibrato, ma con un modo non lineare di pensare?" In realtà, è così. State vedendo una forma di evoluzione che definite strana e insolita. Semplicemente, queste sono le prime persone che sono nate con un DNA quantico attivato. Il DNA di questi precursori non è ancora attivato in modo controllato e, quindi, devono imparare a dare un senso a tutto. Questo è quello che stanno facendo e, ogni generazione di savant, troverà l'occasione migliore per scoprire che cosa è lineare e che cosa non lo è. L'autistico ha una mente non lineare. Le barriere sono cadute. Eccolo qui, in un mondo in bianco e nero, mentre lui è a colori. Volete che lui continui in un modo lineare, quando il normale per lui, è andare in tutte le direzioni, contemporaneamente. Questo spiega, anche, perché le uniche energie che li calmano, sono quelle interdimensionali: musica, arte e amore. Ciò comincia ad avere un senso per voi?

Molto è stato detto circa la coscienza dei nuovi bambini che arrivano su questo pianeta. Immaginate un bambino che arriva sapendo di essere già stato qui prima. Non hanno i dettagli, ma un senso innato del fatto che "sono già stati qui e hanno fatto una certa cosa." Che tipo di bambino è? Prima di tutto, è un bambino che non vuole imparare in un modo lineare, perché vede il risultato finale e l'intero concetto, mentre voi, che siete lineari, cercate di insegnarli le singole parti. Questo è ciò che sta *accadendo oggi, se avete notato. Così, vi trovate con dei bambini che non vogliono star seduti, quando l'insegnante cerca di dare loro la "zuppa" di linearità, poiché lui ha già un quadro quantico di tutta la questione. Quando i bambini si annoiano e si comportano male, li contrassegnate come dei bambini con ADHD. Li mettete in gruppi e li drogate. L'educazione di oggi sul pianeta è convinta che la natura umana sia statica e immutabile. Così, finisce per sviluppare sistemi d'istruzione arcaici. Cercano di migliorare queste procedure, ma si tratta di vecchia coscienza, con più di cent'anni. Credono che i bambini nati oggi, abbiano la stessa consapevolezza che avevano loro, i loro genitori e i genitori dei loro genitori. Ma questo si chiama **evoluzione umana.***

L'umanità si sta evolvendo proprio davanti ai vostri occhi. Questa è evoluzione, non una malattia! Questo è un aumento della conoscenza. È meraviglioso. È fantastico. Gli esseri umani si stanno evolvendo... sia quelli che stanno nascendo, sia quelli che si sono concessi di arrivare a questa nuova energia.

Lasciate, ogni tanto, la traccia conosciuta e immettetevi nella foresta, sicuramente troverete qualcosa che non avete mai visto.
(Alexander G. Bell)

Come è nata la spiritualità

Ognuno di voi porta in sé i semi che provengono dalle stelle, ho già citato prima. I semi stellari che sono nella vostra biologia, sono stati messi di proposito, da esseri provenienti da altri luoghi. Questo è stato fatto con amore e adattamento al fine di farvi gli esseri spirituali che siete. C'è stato un tempo che, in diversi luoghi della terra, sono venuti esseri portatori dei semi stellari e, attraverso questi "visitatori", quel sacro seme biologico è stato dato a quelli di voi che erano pronti. Ecco il motivo per cui dico ai vostri scienziati che non troveranno mai l'anello mancante; infatti, esso non potrà mai essere scoperto nella materia, ma ci sarà un giorno in cui esso si presenterà a voi.

Abbiamo già detto che ci sono molte cose che non potete vedere all'interno della serie di dati e istruzioni del vostro DNA, e vi chiedete come sia possibile, in quanto avete potenti microscopi a vostra disposizione. Mi spiego con un esempio: immaginate che circa centocinquanta o duecento anni fa, alcuni scienziati, attraverso un miracolo della tecnologia, fossero stati in grado di muoversi verso il futuro fino ai tempi attuali, e, così, avessero potuto osservarvi a distanza, per scoprire come comunicate ora. Non sarebbero stati in grado di sentire, ma soltanto vedere da lontano. Una volta ritornati indietro nel tempo, avrebbero riferito ai loro simili che i sistemi di comunicazione non sembravano essere cambiati molto, poiché gli esseri umani del futuro parlavano ancora muovendo le labbra; inoltre, avevano una grande quantità di fili ovunque; dunque, quello doveva essere il modo più probabile di comunicare su lunghe distanze. Tuttavia, riguardo ai sistemi di comunicazione in sé, non sembravano esserci stati molti cambiamenti.

Vi rendete conto del quanto questi scienziati hanno perso della realtà di comunicazione di oggi; come le immagini e tutte le informazioni trasmesse attraverso l'aria (radio, televisione, telefonia mobile) e anche tutte le trasmissioni satellitari? Perché hanno perso tutte queste informazioni? Perché non potevano VEDERLE! Loro non erano pienamente preparati a ricevere questo tipo d'informazioni e conoscenze. Loro non conoscevano niente del genere e non avevano la tecnologia per poterle vedere. La stessa cosa vale per gli scienziati di oggi; guardano il DNA attraverso microscopi potenti e di altre attrezzature, ma analizzano solo ciò che loro conoscono e possono vedere - il componente chimico.

Loro sono impreparati a vedere o capire ciò che sta all'intorno l'aspetto chimico; non hanno idea del set d'istruzioni magnetiche del DNA, quelle che contengono tutte le informazioni sulla vostra vita, ma non solo, esse predispongono anche il vostro "intento

241

spirituale." È un'impressione magnetica posta nella chimica del DNA. Questa è la "meccanica" di quella **scienza** che chiamate l'astrologia.

I Pleiadiani sono i nostri "genitori"

Se a questo punto non avete ancora chiuso il libro, forse ora lo farete. - *Kryon* **continua:**

Allora, nella formazione planetaria che chiamate **Pleiadi,** *ci sono quelli che hanno visitato la Terra centomila anni fa e non ci hanno impiegato molto a venire qua. Questa razza Umanoide è semi-quantica, proprio come voi. Ciò per dire che la loro coscienza è una miscela di 3D e quantisticità. Non esiste il tempo, non esiste lo spazio, non esiste la distanza. Volevano essere qui e qui apparvero. Loro hanno posto i semi su questo pianeta, così da avere un frammento di Dio in voi. Questo ha creato un "**Umano spirituale**", diverso da qualsiasi altro umano presente sul pianeta a quel tempo.*
Contrariamente allo sviluppo evolutivo di tutti gli altri animali del pianeta, un solo tipo di umano è sopravvissuto.

Fu intenzionale, benedetto e appropriato. **Voi siete l'unica specie di un solo tipo su tutto il pianeta.** *Loro vennero per piantare il seme del DNA quantico divino, all'interno degli Esseri Umani in via di sviluppo sulla Terra, e restarono per il tempo necessario. Un po' per volta, tutti gli altri generi di Esseri Umani scomparvero e ne rimase solo uno... il genere con i semi del creatore. Il genere di Umano che c'è oggi. Questa è la storia della creazione originale e divina, datavi dallo Spirito con intenzione e bellezza. Le sorelle e i fratelli Pleiadiani assomigliano a voi. Non hanno la pelle da lucertola, non hanno braccia e gambe strane, occhi particolari o grandi teste. Non hanno un'agenda e non controllano il pensiero Umano. Sono solo un po' più alti, ma assomigliano a voi! Verrà il giorno, quando sarà giusto e*

242

appropriato, in cui si mostreranno. Non sarà durante questa vostra vita perché sono in attesa che sul pianeta ci sia una specifica vibrazione per questo.

Ascoltatemi: *non c'è nessuna cospirazione. Nessuno ha fatto nulla alla Terra o all'Umanità che voi non abbiate pianificato. Non c'è nessun problema di controllo e non si sta nascondendo nulla. Per progetto e con un proposito, lo Spirito ha permesso loro, dietro invito, di venire e darvi questo dono. Gli esseri biologici, gradualmente, hanno ottenuto il loro DNA quantico e così è nata la spiritualità.*

*Queste sono informazioni controverse, e chi sta leggendo ora, non deve necessariamente crederci. Usate il vostro discernimento per definire se sono una Verità. Se non suonano vere alla vostra anima, passate oltre; ma sappiate che, in un modo o nell'altro, **dentro di voi c'è Dio**. Forse non è necessario che sappiate in qual modo, ma sentite il creatore all'opera nel vostro DNA. Ci sarà una forte polemica, e non bisogna forzare nessuno. Non si tratta di evangelizzare questo concetto, si tratta, semplicemente, di vederlo come elemento di un quadro più grande. Ma il vostro seme biologico è venuto da lì, ed io vi ho solo detto la verità.*

Per quanto strano, ci sarà chi vorrà continuare con la mitologia che Dio è venuto sulla Terra, e che in fretta e in pochi giorni ha presentato al pianeta l'intero sistema spirituale. Non vogliono credere che l'incredibile storia di alieni venuti sulla Terra dallo spazio, abbia a che fare con Dio o con la natura spirituale dell'Essere Umano. Per loro è una cosa ridicola! A loro piace raccontare la storia del serpente. Allora sarà quella che avranno, perché la storia celata non deve essere qualcosa che distacca un Umano dalla sua fede o lo allontana dal suo credo.

I Lemuriani avevano una comprensione quantica della vita e nel loro DNA sapevano tutto sul sistema solare.

I Lemuriani furono la società Umana originaria del pianeta e si trovavano dove i Pleiadiani erano atterrati all'inizio, sulla cima delle montagne più alte della Terra, quando si misurano dalle pendici alle vette... la più grande isola delle Hawaii, è dove ora sono sepolte le "canoe" Lemuriane.

I Lemuriani avevano una comprensione quantica della vita e nel loro DNA sapevano tutto del sistema solare. Il loro DNA era quantico al 90% e non al 30% come il vostro di oggi. Un DNA quantico, operativo al 90%, crea una coscienza che è "una cosa sola con l'Universo". Tutta la quantisticità del loro DNA, era attiva perché quello era ciò che i Pleiadiani avevano passato a loro. Lemuria fu la più antica civiltà del pianeta, quella che durò più a lungo e che non vide mai la guerra.

*Lemuria non era una società tecnicamente avanzata, non aveva nessuna capacità tecnica, eppure, sapevano come guarire con il magnetismo. Era nel loro DNA, capite? La tecnologia si sviluppa attraverso la percezione dimensionale, innata nell'essere umano. Era un'informazione intuitiva. Il DNA quantico produce delle informazioni di natura intuitiva. Essendo **una** cosa sola con l'Universo, sapevano tutto del DNA. Tutto! Ne conoscevano anche la forma... tutto senza il microscopio. È questo che il DNA quantico fa. Conoscevano bene il sistema solare e la galassia in generale. Osservavano le stelle nel cielo e sapevano ciò che c'era. Questo aveva creato una società apparentemente avanzata ma senza nessuno dei progressi tecnici che voi avete ora. Molto tempo dopo che i Lemuriani se ne furono andati, migliaia di anni più tardi, c'è la chiara prova che quegli antichi avevano una tale*

244

conoscenza. La versione attuale della storia Umana non dà credito che trentamila anni fa, c'era un'umanità avanzata che era Lemuriana. A mala pena, riconosce un'esistenza Umana di diecimila anni fa. Questo cambierà con nuove scoperte e con il tempo.

Un segreto svelato! Abbiamo manufatti che dimostrano l'esistenza di Lemuria - ma ce li stanno nascondendo.

Ora, ecco qualcosa che non ho menzionato prima. Tutte le prove dell'antica Lemuria sono state cancellate (i Lemuriani sono la più antica civiltà del pianeta, ma poco conosciuta nella storia).
Le correnti oceaniche sotto i mari, sono molto forti, quasi come i fiumi che straripano, portando via tutto insieme alla sabbia e fango, per le ere. Pertanto, alcuni diranno, "Ciò significa che non troveremo mai manufatti di Lemuria?" Non solo ne troverete alcuni, ma avete già tale prova, però le stanno nascondendo. Quando questi collezionisti le mostreranno alla scienza, saranno messi in ridicolo. Perché ci sarà un ossimoro, una contraddizione nel reale artefatto. Sarà troppo vecchio perché abbia le caratteristiche che ha. Almeno, secondo il pensiero moderno. Che cosa accadrebbe se aveste trovato parte di una macchina che risale a tremila anni fa? Sarebbe una scoperta che teoricamente "non potrebbe esistere." Vedi, così sarà per i manufatti di Lemuria. Perché ci saranno mappe stellari e informazioni biologiche che "non potrebbero essere conosciute." (**Prendete nota!**)

"E perché qualcuno dovrebbe avere una reliquia di Lemuria?" Ho appena detto che Lemuria è stata distrutta. Molti di loro viaggiavano nelle tempeste, portando ogni giorno con le navi, oggetti Lemuriani - artefatti. Alcuni sono in attesa di essere scoperti e alcuni sono già stati trovati e nascosti dai collezionisti, che non possono mostrare ad alcuno, perché non se ne capirebbe il senso.

CAPITOLO XV

L'INVOLUZIONE UMANA

Abbiamo perso la conoscenza quantica!

La razza Umana, una volta era evoluta, molto avanzata e aveva una coscienza quantica che era in grado di conoscere quasi tutto dell'Universo. Conosceva come funzionava il proprio corpo, comandando e gestendo la salute. Questa capacità quantica, però, è andata persa lentamente e oggi, per comprendere il poco che riuscite a capire della complessità dell'universo e della vostra biologia, si sono dovuti costruire degli apparecchi apposti per recuperare un po' di cose che intuitivamente sapevate. Che tristezza! Alcune persone dell'antichità, infatti, vivevano due o tre volte più a lungo di voi e ciò dipendeva dal luogo in cui si trovavano e da quanta quantisticità avevano perso. Cos'è successa? Sveliamo ciò che è evidente: che siete regrediti significativamente, ma solo di recente.

Quando parliamo di ciò, c'è sempre chi vuole credere che alcune forze strane furono responsabili dell'"occultamento della conoscenza" che vi ha lasciato deboli. Questi sono gli Esseri Umani che negano di avere controllo sulla vibrazione della Terra. Lo Spirito onora la libera scelta e l'idea che sottostà al vostro essere qui ora, è di esaminare dove questo pianeta andrà, secondo quello che gli Umani faranno, tramite il libero arbitrio. La separazione di Lemuria e la frammentazione della società Umana allora, crearono una serie di modi in cui si perse quella che era la *coscienza collettiva. Fin tanto che le società avevano una comunità quantica, c'era concordia nella comprensione. Quando ci fu la separazione, pian piano e nel corso del tempo, la conoscenza più intuitiva, accettata da secoli, semplicemente svanì. Se avete dei dubbi al riguardo, allora come spiegate che gli antichi conoscevano ciò che la "moderna astronomia" vi ha detto soltanto in questi ultimi pochi anni? Nell'aspetto magnetico del vostro DNA vi è molto altro, compreso il seme stesso della vita... e la serie d'istruzioni riguardanti la vostra "estinzione". Esso regola la lunghezza della vostra vita, facendola diventare meno di un decimo di quello che potrebbe essere. Il corpo umano è stato progettato per essere in grado di ringiovanirsi continuamente a livello cellulare ed è questa serie d'istruzioni che determina il processo d'invecchiamento, fermando quello di ringiovanimento. Ogni singolo essere umano ha in sé una serie d'istruzioni che comanda il rilascio dell'ormone della morte. Se così non fosse, potreste vivere oltre novecento anni. All'interno della struttura del DNA e dei geni di ogni singola cellula del vostro corpo, c'è un orologio che comanda il graduale rilascio dell'ormone della morte. Perché questo? Sembra così triste! Una tragedia! Voi avete pianificato tutto ciò! Era necessario che il ciclo delle vostre vite fosse corto in modo tale da creare il motore del Karma[23] necessario ad aumentare la vibrazione di questo pianeta. Voi avete aumentato le vibrazioni del pianeta aldilà di ogni previsione. **Voi!** E ora, il sistema per cui l'ormone della morte era stato creato, sta iniziando a essere rimosso... il sistema che prevedeva corte vite, sta cambiando!*

Fu così che il DNA, di solito al 90%, lentamente si ridusse al 30%: quello che avete voi oggi. Capite questo? Siete ripartiti,

---

[23] *Principio di causa-effetto in cui ogni azione provoca una reazione*

letteralmente, da capo. Avete perso la conoscenza quantica intuitiva, la comprensione dell'origine del vostro seme, di come funziona il corpo. Gli Umani hanno dimenticato l'astronomia più elementare, e non credevano neppure che la Terra fosse una sfera. Tutta la meravigliosa intuizione sul funzionamento dell'Universo e del DNA Umano sparì. Ora siete vicini a un cambiamento, pian piano siete arrivati a dove siete oggi.

Nel vostro DNA c'è il vostro schema spirituale e tutte le istruzioni per essere chi voi siete. Tutto questo sta nel 90% che è quantico. È tempo di collegare le cose e riflettere sul quadro più grande: in quel 90% di DNA quantico c'è la coscienza Umana.

Ascoltate*: Nella coscienza Umana, c'è la capacità di parlare con il DNA, di controllarlo, di operare con esso e diventare parte di esso. Uno dei più grandi segreti della vostra realtà, è che avete la capacità di assumervi la responsabilità del vostro corpo e delle sue funzioni fondamentali.*

Agli scienziati, quindi, io dico questo: quando svilupperete delle lenti quantiche, lo vedrete, ma voi ora vedete la chimica del 90%. Risplenderà sotto l'influenza della quantisticità e allora saprete che ho ragione. Poi, cambieranno i colori per l'attivazione che state creando e potrete vederlo ed esaminarlo, ma – al momento – non avete delle lenti quantiche. Non esiste sul pianeta un apparecchio che misuri la quantisticità dell'Universo, ma vi ci state avvicinando. Quando lo farete la prima rivelazione, sarà nella vostra biologia.

Eccovi un altro indizio: continuate a esaminare ciò che sta in uno stato di entanglement, perché questo è l'inizio del vero stato quantico che è modificabile con la tecnologia 3D.

248

Si può essere in molti luoghi contemporaneamente. Fantascienza?

Come potremmo descrivere qualcosa che è fuori della vostra possibilità di comprensione? Vi vedete come separati, ma non lo siete. Tuttavia, in una prospettiva 3D lineare, questo è tutto quello che potete vedere. Quando vi guardate allo specchio, quanti riusciti a vedere? "Che cosa intendi dire con 'quanti', Kryon?" La domanda è: quanti umani vedete nello specchio, vecchia anima. Io ti dico che se hai la mente di Dio, vedrai tutti gli altri "tu". Nella tua Akasha, sono registrate le centinaia di espressioni della tua anima, vissute sulla terra.

Nello specchio di Dio, tu sei tutti loro e anche un pezzo del Creatore. Come possiamo spiegare che si può essere in molti posti contemporaneamente? Come si può spiegare che la stessa saggezza che portate, è immessa sul pianeta, mentre vivete? Il tempo non esiste nello stato quantico. Io non parlo di reincarnazione e non ci sono quelle che chiamate "vite precedenti". In un senso quantistico, si sta ancora vivendo tutte queste vite, aiutando il pianeta. Sul pianeta Terra, una vecchia anima brilla intensamente nello spettro quantico della spiritualità.

Vedo ora, quegli che da trentamila anni stanno facendo un cambiamento sul pianeta. Gli Indigeni e gli antichi sono qui. Alcuni di voi sono i vostri antenati! "Cosa? Kryon, io non so di cosa stai parlando." Lo so. Lo so. Guardate con i miei occhi per un attimo! È meraviglioso quello che avete fatto, e ritornate in questo pianeta per continuare a farlo. Anche se alcuni di voi dovessero attraversare il velo in questi prossimi anni, ritornerete ancora. Perché non volete perdere il grande finale! Non sarà la fine del pianeta, ma la fine di una vecchia energia e l'inizio della nuova Terra. (Kryon)

Che visione magnifica! Ma ora, sospendete per un attimo la vostra linearità, perché ciò che sarà descritto in questa sezione, potrà sembrare a molti, la cosa più sorprendente e difficile da accettare, di tutto ciò che è stato detto finora. Ma è qualcosa di così solenne e grandioso, da lasciarci davvero sconcertati. Sono cose che, forse, non avete mai sentito o visto. Aprite il vostro cuore e lasciatevi trasportare in questa narrazione dolce e sublime. Perché si tratta della TUA storia: la storia di TUTTI noi!

Per la prima volta nella storia umana, si potrà venire a conoscenza di chi eravamo, anche prima di ESSERCI. Una rivelazione sorprendente! Collegate adesso le vostre "antenne quantiche".

Il Vento della Nascita

*Come si descrive il **Vento della Nascita**? Nel vostro tempo, esso rappresenterebbe il momento prima che tu nascessi. Oh, di un modo quantico ed eterno.*

Questa è una storia incredibile del sorprendente essere umano. Questa non è la storia di un Essere Umano Speciale. Non è la storia di un Essere Umano che ha superpoteri. Non importa che siano ricchi o poveri o quale status rappresenti sulla Terra. Voglio darvi la storia dell'essere umano, dalla mia prospettiva - che cosa succede quando lasciate il mio lato del velo, e quello che accade quando ritornate. Questo sei tu - ognuno di voi. Ascoltate, perché questo può contraddire quello che vi è stato detto in passato. Potete dire che la vita inizia semplicemente, ma non è così.

Cari esseri umani, sono stato con ciascuno di voi nel Vento della Nascita. Vorrei spiegarvi su cosa succede quando nascete sulla magnificenza della pluralità dell'essere umano; che cosa voi avete lasciato dietro per venire qua ed essere in grado di camminare su questo pianeta, senza alcuna idea di chi siete. Tutto questo è un test di vibrazione, in modo che la terra abbia una possibilità, senza pregiudizi, per ricevere vibrazioni di coloro che si sono risvegliati da soli. Questo è ciò che sta accadendo. In tutto il pianeta, si sta verificando un risveglio. Esso non fa un grande rumore, e non ci sono campagne pubblicitarie o programmi televisivi. È qualcosa di lento, individuale, e sta accadendo dal 1987. Voi lo state sentendo, e molti sono ora più consapevoli di quanto non fossero prima. Anche coloro in torno a voi che non si sono ancora risvegliati, cominciano a volere quello che possedete. Forse non credono in ciò che credete, ma vedono in voi un essere umano pacifico tra coloro che sono in subbuglio. Vedono il modo con cui badate voi stessi. Questo fa la differenza. C'è un profeta dentro ognuno di voi.

Se quello che vi dirò sembrerà vero, allora è perché c'è un grande piano che anche voi conoscete. E se fosse tutto grandiosamente unito in un sistema quantistico e non fosse assolutamente aleatorio? E se ci fosse uno scopo per ogni cosa? Tuttavia, dal momento in cui siete bloccati in un sistema lineare, in linea retta, non potete vedere nulla oltre le cose che occorrono in due direzioni - passato e futuro. Così, tutto sembra casuale e caotico. Ma, in realtà, tutto dipende dalla libera scelta umana. La vostra realtà dipende dall'energia che viene sviluppata sul pianeta, attraverso questa scelta, e più alta è l'energia, meglio il piano sarà visto e percepito.
Tuttavia, vorrei riportarvi al vento della nascita. Voglio darvi una sua descrizione e vi chiedo, per la prima volta, di visualizzarlo con me, in una modalità 4D.

Il vento della nascita è una metafora, parzialmente in 4D e parzialmente in multiple dimensioni, quando siete arrivati su questo pianeta, da una vita precedente, sia sulla terra o no. Si tratta di un portale ed io sono sempre lì. Ci sono ora. Ci sono, ogni giorno, con le migliaia di coloro che stanno decidendo di iniziare il processo di ritorno in questa terra. Sono pezzi di Dio che esaminano quello che dovrebbero fare, in coordinamento con tutti i lavoratori, quelle multiple parti di se stessi (difficile da spiegare) prima di separare la maggior parte di loro e di venire sulla terra. Ero lì quando siete venuti e sono lì in questo momento.

251

Visualizzate, se possibile, qualcosa delle dimensioni di uno stadio, come un abisso gigante. Siete in un'altra dimensione e quasi pronti a venire nella 4D (l'attributo dimensionale del Piano della Terra). Apparentemente, voi rientrate in quell'abisso. Ma c'è un forte vento che sta sorgendo da quest'abisso, come un ciclone. È silenzioso, soffia verso l'alto. È multicolore e bello; brilla e ha delle luci che irradiano in tutte le direzioni, provenienti dal basso verso l'alto. Non potete "sentire" la luce come io posso, ma è possibile vedere parti di essa. Se vi poteste appoggiare a quel vento, esso sosterrebbe letteralmente il vostro peso energetico. Allora, in un momento opportuno, vi lascereste cadere in quello che noi chiamiamo il Canale della nascita. Il passaggio seguente sarebbe sentire la mano del medico e poi la vostra voce, per la prima volta, nella nuova vita sulla terra.
È un sistema, lo sapete? È più grande di quanto si pensi. Aspettate fino a quando scoprirete chi siete.

Quando inizia realmente la vita?

Le domande lineari che spesso voi fate, sono: "Quando inizia la vita? È nell'inserimento dell'ovulo o nove mesi dopo?" "Quale anima è stata nel feto mentre si sviluppava"? Molti attendono la risposta di Kryon su di questo, ma non vi piacerà perché va oltre la vostra apparente mente etica 3D.
Vi ho detto prima che la vita umana, in realtà, inizia con il permesso tra i genitori e il bambino da creare. Per quanto complesso possa sembrare, prima di arrivare in questo pianeta, siete a conoscenza di tutte le sincronicità che potrebbero verificarsi. In questo processo, scegliete i vostri genitori e loro vi scelgono. Si tratta di un evento spirituale, non fisico. Biologicamente è manifestato solo dai due geni.

"Kryon, non può essere così. Vedi io sono un orfano. Non ho mai conosciuto i miei genitori." Oh, Essere Umano 3D, non stai ascoltando. Tu, dalla tua profonda saggezza, hai scelto i genitori che ti avrebbero lasciato orfano.

Si potrebbe rispondere: "Beh, perché dovrei fare una cosa del genere?" È perché quando siete dalla mia parte del velo, avete la mente di Dio.

L'essere umano non è stato costruito per avere il pieno ricordo di chi è, nella parte del velo dove si trova, altrimenti, in questo modo, non potrebbe esserci alcun test. Se io offrissi la prova empirica di tutto ciò che state leggendo, o se voi poteste esperimentare ciò che veramente rappresenta, allora non ci sarebbe alcun test. Invece, si tratta di persone che chiedono discernimento. Potrebbe essere vero tutto ciò che è stato presentato? Potrebbe davvero essere come dice lui? Se state prestando attenzione, i messaggi riempiranno i vostri cuori con la verità che siete molto più di quanto pensate. È difficile spiegare questo perché siete bloccati in una struttura di tempo lineare ma Dio no, ma il piano no.

A volte, voi scegliete le sfide, al fine di aiutare il pianeta con le possibili soluzioni. Ascoltatemi. Nessuno è venuto qui per soffrire. Siete venuti per chiarire l'enigma della vita, e coloro che s'interessano a leggere questo, stanno facendo proprio questo.
C'è un sistema in tutto questo ed è meraviglioso. Si tratta di nascita, vita e morte. Le potenzialità di chi troverete su questo pianeta, sono conosciute da voi, prima che arriviate qua. Le sincronicità di chi troverete ci sono già lì! Non è indovinare o prevedere il futuro. Piuttosto, sono predisposizioni basate sull'energia.

Così, quando inizia la vita? In realtà inizia eoni prima che tu nascessi. Questo è l'amore di Dio che opera, e ciò dovrebbe dirvi qualcosa: non è un caso che voi siate qui.

Ognuno di voi è un pezzo del Creatore. Ognuno di voi è iniziato nel mio lato del velo. Tuttavia, il mio lato non è un luogo. Non potete davvero capire questo, perché nelle tre dimensioni ci deve essere un luogo fisico da dove si viene. Dio non sta in un posto. Dio semplicemente È. Questo è difficile da capire per voi, data la vostra linearità. Ma siete davvero un frammento di quella zuppa chiamata Dio.

Non vi è alcun attributo fisico di Dio. Essere una parte di Dio non è spiegabile in 3D. Io sono di fronte a voi, ma io non sono singolo. Io sono, come voi, un frammento di Dio. Il mio nome sull'altro lato del velo non è Kryon. Questo nome è stato creato da voi. Io abito nell'energia di questo essere umano (Lee Carroll), in questa comunicazione, come un gruppo. Vedo coloro che leggono queste righe e vedo coloro che ascoltano questo messaggio. Potete immaginare questo?

Così, l'umano non inizia alla nascita, in assoluto. Tu Sei sempre esistito! Prima che l'universo fosse creato, tu esistevi già. Voi appartenete a Dio e siete della famiglia di Dio, scegliendo di venire sulla terra con uno scopo; un proposito conosciuto da tutti nell'universo, tranne che da voi. Ti dirò qualcosa su Kryon che non sapevi. Chi pensi io sia davvero? Un Angelo? Sì. Lo siete anche voi. Un fornitore di magnetismo per il pianeta? Sì. Anche voi lo siete. Sapete quanto era grande la delegazione che mi ha aiutato a mettere le griglie su questo pianeta? C'erano circa un trilione di voi. Ogni singola persona che cammina su questo pianeta e che nascerà in tutto il futuro della Terra, ha contribuito a porre le griglie del pianeta. Eravate lì e avete aiutato ad avviarlo. Parte del rapporto è quello che siete stati nell'energia del pianeta.

Il motivo della venuta su questo pianeta, è qualcosa che abbiamo cercato di spiegare molte volte. È difficile farlo questo perché, in realtà, non ha molto a che fare con la Terra, ma sì con l'Universo. Ha a che fare con le energie future che voi stabilirete dalla vostra esperienza qui. È difficile spiegare il mondo esterno a un pesce in un acquario perché il pesce conosce solo l'acquario. Se si dovesse informare il pesce sul sistema solare e dei suoi dintorni, il pesce non capirebbe. Sa solo ciò che conosce. Diciamo, quindi, ancora

254

una volta, che ciò che fate in quest'acquario, influenza qualcosa di molto più grande all'esterno.
Non ci credete, ma voi avete desiderato venire nel pianeta. Quando avete visto le potenzialità dei vostri genitori e dove sareste nati di nuovo, avete detto: "Sì! Non vedo l'ora di tornare. Lasciatemi andare ora."

Ognuno di voi sa cosa sarebbe successo nella propria vita. Ora potete pensare: "Kryon, se io avessi conosciuto i potenziali di ciò che ho dovuto affrontare nella mia vita, penso che non sarei venuto." Questo è l'incredibile Essere Umano, caro. Sì, lo sapevate. Conoscevate quello che avete vissuto finora. Questo era lì come un potenziale e siete passati attraverso di esso e lo avete sperimentato.

"Perché Dio ama tanto l'umanità?". Abbiamo già risposto. Conoscevate i potenziali e siete venuti comunque. È perché amate questo pianeta come me. Perché c'è qualcosa di più potente in corso. Si tratta di conoscere dove andrà la vibrazione di questo pianeta. Sarà alta? Bassa? Vada come vada, tutto ciò che accadrà lì, creerà qualcosa di molto, molto più grande. E al fine che questo test sia d'integrità, gli esseri umani devono nascere su questo pianeta e cercare il Creatore nascosto al suo interno, dimenticando chi sono veramente.

Ascoltate, dopo avere stipulato il momento della nascita, e dopo che l'embrione è pienamente sviluppato, io rimango con voi metaforicamente, nel cosiddetto Vento della Nascita. Si tratta di un portale tra la linearità e la dimensionalità. Non è un luogo, ma un'energia che è divina.
Io guardo la tua energia e tu guardi la mia. Ciò che avviene in seguito, è ciò che è capitato a ciascuno di voi, perché io rappresento il gruppo che vi dice addio... e ciao. Io sono Kryon, amante dell'umanità. Così, in questa energia meravigliosa, io vi ho detto: "Siete pronti? Siete sicuri di quello che volete?" E ognuno di

voi mi ha dato una bella energia per abbracciare. Così, voi scomparite, e un processo incredibile è incominciato...
Nascere sul pianeta non è facile. La prima cosa che succede a voi è dividersi. Non tutti i pezzi di Dio in voi sono trasferiti al corpo umano. Alcuni di essi rimangono dall'altra parte del velo. Per questo, voi spendete tanto tempo a cercare il pezzo che è stato separato... cioè, il vostro Sé Superiore tenta sempre di connettersi con esso. Ma con la nascita, diventate individuali. È molto isolante, lo sapete? Poiché partite da un essere interdimensionale a un individuale, in 3D. Il Sé Superiore è la migliore rappresentazione di chi siete veramente. È l'energia essenziale dell'anima, ed è davvero voi. Questo è il motivo per cui vi sentite così bene quando finalmente vi collegate. Si tratta di una connessione che avete chiesto, e ciò diventa un ricordo.

Così, al momento della nascita, vi dividete. Questo non è tutto, ed è qui che diventa difficile per voi capire. Frammenti e parti del vostro spirito sono dalla mia parte del velo, che non è il Sé Superiore. Queste energie che sono anche "voi", diventano ciò che chiamate le vostre guide - o gli angeli custodi. Vi ho appena svelato un segreto: le vostre guide siete voi stessi. Questo è il motivo per cui vi sentite così bene quando loro sono intorno a voi, e siete così disorientati quando non avvertite la loro presenza. Al momento della nascita sul pianeta, questi angeli vi circoscrivono e poi, rimangono con voi fino all'ultimo respiro. Nelle prime settimane di vita di un bambino, si può vedere come loro rimangono con gli occhi spalancati, guardando gli angeli! Il bambino può puntare il dito, talvolta addirittura sorridere a loro, anche con due o tre settimane di vita, perché li riconosce. Tutti voi lo avete fatto. In realtà, i primi giorni dopo aver lasciato il grembo materno, quando ci sono così tanti cambiamenti e tante cose nuove cui abituarsi, gli angeli sono un conforto per il bambino. Ve lo ricordate? Poi, lentamente, questa realtà vi sfugge. Pian Piano. A molti di voi sarà capitato di vedere che quando un bambino piccolissimo guarda il vuoto, sembra felice per quello che vede.

"Kryon, spesso mi sento molto depresso e solitario." Sentiamo spesso questo di voi. C'è qualcuno leggendo questo che si sente in questo modo. Se voi avreste un quadro interdimensionale della vostra vita, come ho io, vedreste un entourage intorno a voi, tutto il tempo. Abbiamo detto questo molte volte: "Non siete mai soli Non potete essere soli." Ma in 3D sembra così, vero?

Alcuni di voi che sono depressi, non hanno mai aperto quella porta allo Spirito, vero? Se lo avessero fatto, si sarebbero resi conto che c'è un'energia; l'energia del Sé Superiore che vi spinge a conoscere che, in realtà, c'è qualcos'altro. Ognuno di voi può sentire questo.

Vedo spesso qualcuno piangere in un angolo, molto depresso, molto solo, disperato. Vedo la bella energia delle guide lì intorno, ma non può fare nulla... perché quell'umano non ha mai dato loro il permesso di fare qualcosa, in nessun modo. Tuttavia, tutti voi li avete!

Così, sulla Terra arriva l'essere umano con una divinità nel DNA. Non avete diviso la vostra divinità, ma solo la vostra dimensionalità. Il vostro DNA è pieno di sacralità. Così è, perché se vi riunite con il vostro Sé Superiore, è perché possedete anche la divinità nella vostra struttura cellulare. La prima cosa che succede alla nascita, è un processo interdimensionale che è eterno. Nel momento in cui un bambino nasce, c'è una struttura cristallina attivata nella Caverna della Creazione.[24] La Terra sa quando siete ritornati, o chi sta arrivando per la prima volta. Per una vecchia anima, la struttura cristallina è stata in attesa di voi, perché è davvero l'essenza di tutte le vostre esistenze in attesa della prossima. Voi dovete capire che avete avuto altre vite qui. Può

---

[24] *Un "luogo" interdimensionale sul pianeta, che Kryon sostiene di essere dove tutti noi andiamo quando "moriamo" prima di lasciare la terra, per depositare una sorta di "cristallo di memoria"; un registro da aggiungere al già esistente, su tutto ciò che abbiamo fatto durante il nostro soggiorno qui.*

sembrare strano che questo sia vero e quali erano queste vite, ma avete un amico comune in ciascuna di esse. È l'Io Superiore. È lo stesso Io Superiore che avete ora. Che cosa significa questo, caro Essere Umano? È che quelle vite passate non sono state un'esperienza strana, in nessun modo. Perché eravate presenti in ciascuna di esse, attraverso il vostro Sé Superiore.

È importante che capiate, perché questo vi darà il permesso di ricordare, e anche di scegliere, alcuni dei talenti che avevate prima. La struttura cristallina del vostro stesso cristallo è attivata – si potrebbe quasi paragonare agli anelli di un albero che rappresentano i suoi anni. Ogni esistenza è così rappresentata, e può essere vista. Ora, ecco qualcosa che dovete sapere: tutto quello che avete fatto spiritualmente su questo pianeta, è immerso in quel cristallo. Tutto ciò che avete imparato nell'ardua strada, è intriso nel cristallo, Ed è lì ora, nel vostro DNA, perché è stato trasferito al vostro DNA, alla nascita, in due strati interdimensionali che chiamiamo il Registro Akashico del DNA. È così in questo modo, perché possiate svegliarvi per iniziare a fare domande spirituali, e tutto ciò che avete conosciuto o vissuto nel corso dei secoli, possa essere accessibile.

Questa è una buona notizia per molti che leggono questo. Significa che, dei vostri sforzi qui, attraverso i secoli, non sarà perso nulla. Quando tornerai, caro Essere caro Umano, tutto ciò che hai imparato in questa vita, è ancora lì, e non c'è bisogno di impararlo di nuovo. Non dovete passare attraverso tutto di nuovo se non desideriate. Capite quello che sto dicendo in questo momento? Per chi volesse spingere la porta, trovare il Dio interiore, raggiungere davvero il Creatore, si aprirebbe letteralmente il vaso della spiritualità di tutto quello che ha già imparato. Lentamente, si rovescerà su di voi e lo ricorderete.

Così, molti di voi stanno facendo le domande: "Che cosa devo fare? Come faccio? Che cosa viene dopo? Quali sono le procedure? Come, come, come?" E abbiamo detto, da oltre venti anni, che quando s'inizia ad aprire la porta, l'intuizione comincia a presentare quello che avete già imparato! Sapete già. Al fine di dare un senso a ciò, nuovi processi sono stati messi sulla terra per contribuire a strutturare tutto ciò, in modo che possiate capire. Si tratta di processi che non sono mai esistiti prima del 1987.

Tutto ciò che fate, è registrato su questo pianeta come energia, ed essa rimane nella Griglia Cristallina, dopo che voi ve ne sarete andati.

La Griglia Cristallina:

Ci sono sistemi di supporto in tutto il pianeta, di cui non siete a conoscenza. C'è un sistema di memoria registrata in una rete invisibile e multidimensionale che circonda la terra. È la memoria del pianeta, chiamata Griglia Cristallina. Questa rete si attiva con i vostri pensieri e le vostre azioni; tutto ciò che fa l'umanità, è impresso in questa rete in forma di energia. È la lavagna su cui è inserita l'energia rilasciata da ogni essere umano. La griglia cristallina è uno specchio per il DNA, perché riceve segnali provenienti dall'umanità e allo stesso tempo risponde, comunicandosi direttamente con il DNA. Tutto è correlato ed è parte di un grande e meraviglioso sistema.

I geologi sanno che la maggior parte della roccia su questo pianeta, in particolare la crosta, è cristallina. I cristalli fanno qualcosa che la maggior parte di voi capisce: essi trattengono l'energia e hanno memoria. Anche gli scienziati conoscono l'energia della memoria in una sostanza cristallina. Non c'è bisogno, quindi, di usare molta immaginazione per capire che tutto quello che fate, è conservato in questo banco di memoria e resta qui per sempre. Ogni passo che fate in integrità, va al nucleo del pianeta. E quando la vita si conclude, è solo un'altra pagina in un vasto giornale del tempo, dove ogni pagina è una vita e ogni vita contribuisce con il TUTTO! Questo è ciò che succede, con una vibrazione più elevata del pianeta. È quello che avete fatto,

Dio è Quantico ed è nel DNA – Rivelazioni – Eliude Santana

collettivamente, in tutte le vostre vite, che rimane qui per rendere a questo pianeta una vibrazione più elevata. Questa energia è ora, sorprendente! Poiché, l'incredibile Essere Umano, ha cambiato la Griglia Cristallina anche nelle ultime due settimane! Vivete la vostra vita. Alcuni di voi trovano il segreto di queste cose, e altri no. I segreti sono solo le cose nascoste alla percezione manifesta. Ma essi si rivelano chiaramente, quando alcuni esseri umani li cercano.

Ma qui non c'è alcun giudizio. Tuttavia, in termini umani, nella linearità, volete che Dio li giudichi, non è vero? Il pensiero che al momento della morte, si potrebbe andare tutti allo stesso posto glorioso, non ha senso per voi, vero? Voi dite: "Bene, Kryon, e per quanto riguarda il cattivo? Io sono stato bravo, lui è stato malvagio. Andremo entrambi allo stesso posto?" Sì, Essere Umano, tutte e due andranno a casa. Lavoro fatto! Vi abbiamo dato questa informazione nella vostra cultura, nel Vecchio Testamento. L'avete visto? Avete capito? È stato chiamato il Figliol Prodigo. Questa non è informazione nuova.

In questa parabola, il padre rappresenta Dio e i due figli rappresentano gli esseri umani sulla Terra. Uno fa tutto bene e l'altro fa tutto sbagliato. Entrambi vanno a casa alla stessa energia; condividono la stessa festa! Capite ora?

Verrà un giorno che tutti voi esalerete l'ultimo respiro. Non è un giorno triste per voi. Potrebbe essere un giorno triste per chi avete lasciato alle spalle, ma non per voi. Tutti voi siete stati lì prima. Coloro che ascoltano (la registrazione), coloro che sono in questa stanza e quelli che stano leggendo... ascoltatemi: con la conclusione della vita naturale, voi viaggiate verso la Caverna della Creazione (è il sistema multidimensionale che mantiene il registro di tutte le esperienze umane all'interno del pianeta). È quando voi lasciate nel cristallo, l'essenza di tutto ciò che avete fatto. Tutti i pensieri meravigliosi che avete avuto, e che vi hanno fatto imparare le cose, tutte le vostre epifanie (manifestazioni divine), tutto rimane impregnato in quell'oggetto interdimensionale.

Allora, la parte di voi che non era umana (la parte interdimensionale dell'anima) lascia questo pianeta e ricombina con il Sé Superiore. Tutto ciò che è stato diviso - la divinità delle cellule, tutte le guide, ritornano al frammento appropriato di Dio. Questo è ciò che si dovrebbe celebrare. Io celebro! Perché quando v'incontro dall'altra parte, io trovo un fratello/sorella. Lo sto facendo ora. Sto dicendo addio a coloro che mi stanno lasciando, nascendo, e sto dicendo ciao a coloro che hanno fatto la transizione e stanno tornando a casa. "Kryon, come puoi essere in tanti posti contemporaneamente?" Non potreste fare questa domanda se aveste capito. Io non sono individuale. Io sono un pezzo del Creatore, come voi.

Così, qui siete voi su questo pianeta. Esseri biologici, completamente scordati della parte angelica di chi eravate, prima di venire. Alcuni di voi sono sintonizzati abbastanza, per riuscire veramente a leggere parti del vostro registro Akasha. E questo registro v'illuminerà su chi siete stati e su alcune delle vite passate che avete sperimentato. Questo registro vi darà un'indicazione di alcuni dei motivi per cui riuscite a sentire la strada percorsa, questa volta. Questo spiega molto sulla vostra vita attuale, con la consapevolezza di sapere chi eravate. Ma chi siete veramente? Vi dirò. Vi ho detto alcune di queste cose prima, ma ve lo dirò di nuovo.

La prima cosa è che siete parte di Dio, e questo significa che siete sempre stati e sempre sarete - ieri, oggi e sempre. Non c'è inizio né fine. È un cerchio. Lasciate che vi faccia un esempio di come vedo le cose: che cosa avete intenzione di fare domani? Non lo sapete questo, poiché è il vostro futuro, perché non è ancora successo. Quando domani arriverà, sarà il presente e lo manifesterete. In un certo senso, avete già manifestato il futuro (come avete visto il giorno prima). Quando il domani passerà, allora si torna il passato. Per tutto questo, c'è voluto un giorno perché il futuro, da sconosciuto diventasse conosciuto e passato. Una cosa diventa un'altra. In quale momento il futuro sconosciuto diventa passato conosciuto? La risposta è: "Quando si vive." Ebbene, nella mia percezione, lo avete già vissuto! Io vedo tutti i momenti, come uno. Vi dico questo: "Vivetelo ogni giorno, consapevolmente." Così state creando sempre il futuro.

Io conosco tutti i potenziali possibili di ciò che potreste fare, ed essi sono disposti di fronte a me come una mappa. Ogni cosa potenziale che si potrebbe fare, è lì. Quale percorso potreste prendere, è sconosciuto e si manifesterà con il vostro libero arbitrio, ma io vedo tutti i potenziali. Tuttavia, so già una delle cose che farete. Questa è l'"Adesso" ed è molto difficile da spiegare poiché esistete in una struttura di tempo che è lineare. Vediamo tutti i potenziali della Terra, insieme e vediamo dove li state portando. Lo state portando dritto al centro della Nuova Gerusalemme! State entrando nella caverna che è così buia, e un grande cambiamento è davanti a voi, e voi entrate con tanto coraggio! Capite perché vi amiamo nel modo che amiamo?

Chi siete veramente? Anziani? Tutti voi siete al di là di anziani. Tutti voi non avete avuto un inizio, ma alcuni di voi sono anziani su questo pianeta. Alcuni di voi sono stati qui per cinquantamila anni. Per voi è un lungo periodo di tempo. In realtà non lo è. Pensando al tempo in cui avete messo le griglie con me, cinquantamila anni è solo una frazione di secondo, nell'orologio del mondo. Cinquantamila anni fa, alcuni di voi erano Lemuriani, alcuni sumeri, alcuni poi sono diventati egiziani. Avete scelto alcune delle società più alte tecnologicamente che avete mai conosciuto su questa terra. Non definite dalle macchine, ma dalla coscienza. Capite, questa è la vostra percezione. È davvero un supporto culturale! Pensate che le vostre invenzioni, oggi, rappresentino la più avanzata tecnologia, però, la più avanzata tecnologia non è una macchina. L'apice della scienza è quando l'essere umano conosce intuitivamente la padronanza sulla percezione dimensionale e la pratica ogni giorno. Non richiede alcun computer. Così erano i Lemuriani. Quale spiegazione ci può essere allora, che tanto i Lemuria quanto i Sumeri sapevano tutto sul Sistema Solare? Come hanno potuto praticare l'astrologia - la scienza più antica della terra - senza conoscere i pianeti? Senza telescopi, come potevano sapere sull'astronomia? Come potevano conoscere i movimenti dei pianeti, nonostante siano vissuti molto prima del telescopio? Pensateci.

Voi siete una meravigliosa creazione, in un bellissimo giardino, fatto per voi, e avrete la saggezza di prendervi cura di lui per la prima volta nella storia umana. Questo vi fa sentire che siete nati peccatori? Pensate che siete qui per soffrire sulla terra? Dio ha creato un universo per la vita, per l'abbondanza e la Luce. Il Creatore non solo ha dato all'Umano un bel giardino, ma ha anche dato un frammento di questa energia creativa all'interno di ogni anima. Dio è luce ed è dentro di voi. È il segreto della nuova energia e voi lo state scoprendo di nuovo. Questo non è in contrapposizione ad altri sistemi di credenze, ma intensifica la conoscenza profonda, in modo che loro possano evolvere e creare legami ancora più forti con l'energia creativa e con i maestri che rappresentano. Miei cari, non aspettatevi che le "chiese" scompaiano. Aspettatevi che loro si evolvano in qualcosa di più commisurato con la vera energia di culto – ciò che onora il Creatore interiore.

CAPITOLO XVI

L'ANIMA

SIAMO VERAMENTE ETERNI?

La vita è circolare

Anche se nessuno può vedere la prova di questo, e benché sia invisibile - e resterà così - conoscete già il concetto di ciò che chiamiamo "vite multiple." Ma voi le vedete in modo lineare, una pila di tempo, ma non noi.

Sapete anche che, ogni volta che entrate in questo pianeta, in una diversa espressione fisica, ognuno presenta lo stesso Sé Superiore. Il vostro Sé Superiore sa tutto ciò che siete stati; la vostra storia planetaria in 3D, poiché questa parte vostra è sempre stata lì, in tutte le vostre manifestazioni! Vorrei riuscire nell'intento di chiarirvi una spiegazione complicata: in questo sistema di potenziali interdimensionali, ci sono anche pezzi e parti di voi, dall'altra parte del velo, che vi aiutano. Questo deve esistere. Ciò spiega il sistema di co-creazione. Come voi avreste potuto co-creare su questo pianeta, se ci fosse solo una parte di voi? Non riuscite a capire che, se siete parte del sistema che fa funzionare le cose, dovete essere molte parti del motore della realtà? Non potete essere una sola parte che chiede aiuto alle altre. Vedete questa è un'antica dottrina che non co-creerebbe nulla di per sé. Voi siete più energie (energie multiple), e lavorate sempre collettivamente per creare sincronismo.

Immaginate che quello che voi chiamate l'Universo, così come tutti gli altri Universi, esiste contemporaneamente in molte realtà dimensionali. Si può dire che anche la vostra esistenza, occorre in molteplici realtà dimensionali, simultanee. In realtà, ci sono molti di voi, tutti esistenti fianco a fianco in realtà dimensionali leggermente differenti. In ciascuna di esse, è possibile prendere decisioni che sono anche leggermente diverse; quindi, ognuna di queste realtà dimensionali, potrà portarvi in una strada leggermente variata.

Per una creatura che è cresciuta in 3D è molto difficile da capire l'interdimensionalità. Vorrei definire le vostre caratteristiche interdimensionali. Siete angeli. Siete sempre stati e sempre sarete. Siete temporaneamente su questo pianeta come forma fisica 3D, e questa parte di voi è umana. Ora, pensate che tutto il vostro intelletto sia con voi, giusto? Ma non lo è. Qui c'è solo una parte. Il resto è nascosto da voi, ma sempre collegato e disponibile. Voi siete con voi stessi in uno stato quantico, e il resto di voi è da qualche altra parte.

La maggior parte delle religioni concorda sul fatto che l'anima è eterna e dopo la morte fisica, l'anima rimane in un altro stato di esistenza. In quasi tutti questi sistemi, gli esseri umani hanno una vita dopo la morte, ma non hanno una vita prima di quella vita! Com'è possibile? Non si capisce come un'anima eterna "arriva" su pianeta, senza alcuna storia o energia precedente (perché tutto è energia e, di conseguenza, anche l'anima). Da dove viene, quindi? È impensabile. Ti guardi allo specchio e vedi "UN" Essere Umano. Vedi una sola anima individuale. Parli del tuo Sé Superiore, come se fosse da qualche parte completamente e totalmente oltre le nuvole. Non è in voi, perché pensate di essere "uno", così completo come si è. Ed è in questo stesso modo che create anche uno scomparto per Dio. Vi è un solo Dio, per cui vi è un solo modo per arrivare a Lui. C'è una sola via, e molti dicono che sarebbe meglio seguire quest'unica via altrimenti, alla morte, se non si è seguito bene il percorso, senza guardare a destra o sinistra, non si potrà trovare il creatore. Avete notato il pregiudizio di essere "UN SOLO"? C'è una scala che conduce a Dio e dicono che sarebbe meglio per voi di essere nella scala giusta... perché ne esiste solo una! (Kryon)

A questo punto, quindi, sarebbe bene che ci chiedessimo: *"Se l'anima è eterna, da dove è venuta? Inizia a essere eterna da quale punto e quando comincia a esistere?"* Il significato di eternità, è: *"Perpetua, senza inizio e senza fine"*, quindi, o è eterna - sempre è stata e sempre sarà - o non è eterna e finisce con la morte, perché è iniziata a un certo punto - alla nascita. Ma l'anima di ognuno di noi È, da sempre, quindi è ETERNA. Nulla è celato o sconosciuto da lei.

Qual è, allora, il vero obiettivo dell'anima? Conoscersi sperimentalmente!

L'anima conosce tutto concettualmente. Conoscere un concetto è diverso da sperimentarlo. Allora, l'anima cerca di "sperimentare se stessa" attraverso ogni nostra esperienza, in ogni azione individuale, in ogni modo, anche in quello che bolliamo come "male", attraverso le espressioni fisiche. Pertanto, non vi è alcun punto d'inizio per l'anima. Essa è sempre esistita e sempre esisterà, ieri, oggi e sempre! Quando lasciamo questa dimensione (4D) e il tempo scompare, questo è facilmente comprensibile da noi ed è un normale stato d'essere. È dove rimaniamo coscientemente, quando non siamo in forma fisica. Non ha un inizio e non ha una fine. È un cerchio. La vita è circolare. Il passato e il futuro non esistono. L'unica cosa che esiste è l'ADESSO. Ogni momento che viviamo nel presente, creiamo sia il futuro sia il passato.

Siamo esseri immortali. Siamo stati <u>vivi</u> da sempre, facendo parte di un sistema vivente che si ricicla all'infinito. Modificare l'espressione fisica non significa cessare di esistere. Quando si muore, scompare solo la figura che si vede nello specchio, il che non rappresenta affatto, la nostra totalità. La forma fisica è solo il "veicolo" che l'anima usa per "sentire" (con i cinque sensi) e sperimentare ogni concetto.

Così, l'anima è la parte di Dio che è individualizzata. Questo è il vero significato dell'anima. Non c'è nessun'altra spiegazione, ed è inutile cercare di studiarla per dare un significato che si ottiene con la logica umana 3D/4D. Ogni anima è la parte di Dio che cerca di vivere attraverso ogni individuo. L'unico modo per l'anima di provare l'effetto dei sensi, è materializzandosi. Non si tratta di uno spirito solitario, alla ricerca di un corpo errante da incarnare. L'anima di Giovanni è unica in ogni espressione fisica che Giovanni abbia vissuto o vivrà. Non va girovagando alla ricerca di un "rifugio". Se l'anima di Giovanni decidesse di ritornare in una nuova espressione fisica, sarebbe la stessa anima che ha occupato il suo corpo, cioè, è lui che ritorna con un corpo trasformato.

La confusione che facciamo quando ci riferiamo all'anima

Nei sistemi di credenze popolari, l'anima è una singola entità, che appartiene all'Umano che vede la sua faccia nello specchio. Niente di più sbagliato!
È necessario che capiamo qualcosa d'importante. Noi siamo corpo e anima. Il corpo biologico con il suo apparato mentale psicologico, logico e cognitivo, sono parte del corpo umano. Termineranno insieme con la biologia umana, quando essa perirà. Ma nessuno degli apprendimenti, nessuna delle esperienze che facciamo qui e che il corpo biologico abbia provato come sensazioni, influenzerà, danneggerà o corromperà l'anima. Tutto ciò che l'anima esperimenta, le è già conosciuto concettualmente. L'anima non ha bisogno di alcuna esperienza umana per ESSERE o evolversi. **MAI**. Ecco perché quando un essere umano fa delle cose terribili qui sulla terra, dopo la morte non può avere alcun luogo di graduatoria, dove collocare la sua anima.

Ed ecco la grande sorpresa: l'Anima non è singola, non appartiene all'individuo come essendo esclusivamente sua ma ogni anima è interconnessa con tutte le altre anime... con il tutto che È! Interessante questo, no?

Ma ora, avrete alcune informazioni sorprendenti su altri attributi dell'Anima, in una forma incredibile e spettacolare, mai

267

immaginata. Sarà impossibile non commuoversi e onorarla! Così, sarà più facile capire il motivo per cui, persone come Hitler e altri "malvagi" della terra, non sono andati all'"inferno", come la maggior parte pensa e l'umanità finora non riesce ad accettare. **Preparatevi!**

Quello che vorrei rivelare, non è qualcosa che si possa facilmente assimilare, e non è qualcosa che siate davvero pronti a comprendere appieno. Ma anche nella vostra confusione, voglio che vediate la grandezza di tutto ciò. Tu sei parte di me ed io sono parte di te. Per noi, questa è la cosa più difficile da spiegare, ma bisogna informarvi perché è una verità fondamentale. La mente lineare non può capirlo, e questo è intenzionale. Se poteste vedere chi siete veramente, non sareste in grado di stare sul pianeta nel modo in cui ora pensate di essere. Chi siete veramente, è nascosto da voi. Alcuni insegnamenti della nuova energia ora, consistono in un ampliamento della coscienza, proprio per farvi vedere meglio chi siete veramente. Il Creatore permea ogni molecola di DNA. La sua presenza non può essere specificata o misurata. Così, mio caro, non si possono nemmeno contare le anime sul pianeta, perché loro non sono individuali o contabili.

L'anima umana è parte di un campo di energia multidimensionale e non è indipendente. Non è collegata a un unico corpo. Essa può essere divisa ed essere in molti luoghi contemporaneamente. In alcune credenze, ciò è chiamato il "Sé Superiore" e rappresenta una vera energia quantistica.

Vorrei dire questo: la Fonte Creatrice dell'Universo che chiamate il Creatore, e che avete definito come Dio o lo Spirito, è sempre esistita e sempre esisterà. Questa fonte esisteva anche prima dell'esistenza di quest'universo. È l'origine di tutto ciò che esiste ovunque, tra cui gli universi prima del vostro, che ormai convivono insieme. È l'origine delle cose che conoscete, di quelle che non sapete nulla o che non saprete mai (finché viviamo in questo corpo biologico, ndr). Questa è la Fonte Creatrice, che chiamate Dio. Si tratta di una "zuppa" di energia quantistica che va ben oltre il fisico che conoscete.

Voglio che capiate molto bene questo: potete immaginare che cosa significa essere in questa realtà? È uno stato che vi permette di vedere, letteralmente, ogni parte del vostro bell'universo, compreso lo stesso tempo della creazione. Immaginate di essere di fronte a una supernova, guardarla esplodere, vedere tutta l'energia, sapendo che tutto è parte della fisica naturale del processo di creazione e dei cicli di energia; questo senza la preoccupazione o la paura di farsi danno nel guardarla!
Che spettacolo!

*La cosa importante è che tu sei una parte della Sorgente Creatrice. Nel rimuovere le restrizioni dell'umanesimo, caro Essere Umano, il Dio in te comincia a mostrarsi. Non sei una parte di Dio, **tu sei Dio!** Capisci questo? È così perché la "zuppa" di Dio non si compartimentalizza, scivolando nei corpi umani che hanno nomi e personalità. Ed è su questo che voglio parlare ora con voi.*

Le anime non sono individuali

*Questo è qualcosa di controverso per il vostro intelletto! Le anime che ritenete essere "vostre" non sono individuali o singole, ma sono parte di **un tutto**. Cosa facile da dire, ma difficile da capire. Quando incontri un altro essere umano e lo saluti, stai onorando il Dio in te, salutando il Dio in lui. Avete mai pensato che potrebbe essere la stessa anima? Se sono parte dello stesso Dio, allora devono essere la stessa anima. Ma non la pensate così. Pensi di avere la tua anima e l'altro, la sua. Questo è quello che pensate ed è il meglio che possiate fare, perché, se pensate di unire le due, la vostra mente lineare avrà problemi di logica. La mente che è lineare vede la propria anima come se fosse solo sua, e questo già basta a impedirvi di comprendere questo messaggio. Solo quando attraversate il vostro ponte di comprensione, ampliando la* *coscienza, potrete ampliare la prospettiva per queste cose. E questo non toglie nulla circa la magnificenza della vostra anima.*

Quello che voglio dire è che non esiste una cosa come "anima singola/individuale" perché sono tutte sempre connesse con il TUTTO. La "zuppa" che è Dio, è sempre in uno stato quantico. Potete definirlo un collettivo, se volete, perché non è separato dal TUTTO. Le sue parti e frammenti, se così li volete chiamare, dimorano nella coscienza umana; voi identificate queste parti come se fossero vostre, personali, ma sono molto più di questo. (Kryon)

L'anima non è limitata agli esseri umani, e non è qui per "imparare".

Credo che, da ciò che abbiamo già compreso da questi messaggi, non è più necessario chiarire che l'universo brulica di vita!

Ora vorrei demolire alcuni paradigmi che vi sono stati insegnati. L'anima umana, come la chiamate, non appartiene all'umano; è parte della creazione in tutte le parti dell'universo. E, quindi, altre entità biologiche spirituali hanno un'anima esattamente come la vostra. Non tutta la vita intelligente della vostra galassia, ha un'anima, solo quella che è stata "seminata" di spiritualità.
-Nel capitolo XXV sarà spiegato il modo incredibile di questa seminagione.

Il termine stesso "anima umana" non è corretto. Non esiste una cosa come l'anima in uno stato di apprendimento. Le anime non imparano, sono gli esseri umani che imparano. Tuttavia, vi è stato detto che le anime vanno e vengono per imparare qualcosa. Vi hanno riferito che alcune sono più sagge di altre. Siete tutti vecchie anime, solo che alcune hanno fatto parte di esseri umani per più tempo di altre. Anche il termine Vecchia Anima non ha senso, perché non c'è il tempo per l'anima. Le anime sono sempre state e saranno sempre parte di Dio. Così, in realtà, Vecchia

Anima non è una definizione corretta, ma gli esseri umani continuano a usarla perché assume un significato diverso quando si è nella realtà 3D. Questa è la descrizione di un essere umano che ha vissuto molte vite.

Ascoltate: *Le anime non stanno imparando a diventare anime migliori. Alla fine, non c'è nessun luogo dove si promuovono le anime. Si tratta di un condizionamento mentale che l'Essere Umano attribuisce alla sua realtà. Gli esseri umani imparano, gli esseri umani sono promossi, passano da un livello a un altro. Ma non le anime, cari. Voi, semplicemente, avete sovrapposto la vostra realtà su un altro sistema, senza capire che non è come pensate. Allora, abituatevi a questa e altre cose che riguardano l'anima. L'anima non ha una realtà umana. L'anima ha la realtà di Dio. E se ti dicessi che la tua anima è identica nella sua magnificenza, a qualsiasi altra anima del pianeta?*

Preparatevi a sentire questo: *chi è l'umano peggiore che ti viene in mente? Che si tratti di un personaggio storico, vivo o morto... chi è il peggiore? Volete sapere una cosa? Lui o lei ha la stessa anima che avete voi, un pezzo perfetto di Dio, che lo crediate o no. Questo ha a che fare con la libertà di scelta. Vi posso dire che questo bel frammento di Dio è disponibile in tutta la sua potenza. Una delle regole dello Spirito è che noi non possiamo interferire con la libera scelta dell'Umano. Vediamo quando fate gli "errori" e girate le spalle alla vostra magnificenza interiore, ma non possiamo interferire o anche inviare dei segnali, lo sapevate? Vi vediamo sviluppare e alimentare il "male"; vi vediamo uccidere e fare delle cose orribili, a volte anche in nome di Dio, e non possiamo fare nulla. Siete voi a fare la scelta. Coloro che sono stati esseri umani per più tempo su questo pianeta, sono quelli che fanno le scelte migliori. A un certo livello, loro sono consci di Dio in se stessi. Questo è solo un aspetto che voglio demistificare. Non ci sono "livelli" di apprendimento per le anime* (Kryon vuole dire qui che non c'è un posto dall'altra parte del velo, dove le anime saranno giudicate e classificate come buone o meno buone).

L'anima non ha avuto inizio come un 'hamster' per poi diventare un essere umano

Alcuni esseri umani hanno l'idea che un'anima può iniziare come animale e progredire a uomo. Secondo questo pensiero, in qualche modo, l'anima sarebbe passata attraverso una serie d'incarnazioni come Essere Umano meno evoluto - o forse come animale - per essere promosso a un'anima vecchia e saggia. Non funziona in questo modo.

Ripeto, miei cari, che la realtà e la sua natura logica umana, creano livelli essenziali di progresso per voi; e poi, applicate questo sistema a Dio e insegnate la stessa cosa. Non capite che questo vorrebbe dire sprezzare la Fonte Creatrice? **"Kryon, vuoi dire che gli animali non hanno un'anima?"** *Non ho detto questo. Gli animali hanno un diverso tipo di ciò che chiamate anima. Ma ascoltate questo: il sistema non attraversa la barriera tra l'animale e umano. MAI!*

L'energia del Creatore che avete, è preziosa e sacra. Questa galassia, appartiene a entità che sono state inseminate con la spiritualità cui è stata data la libera scelta di espandersi in uno stato asceso. Questo è quello che hai in te, Essere Umano, e non è il dono di un delfino, un cane o un cavallo. Appartiene al tuo DNA umano spirituale ed è parte di un grande piano. Non è iniziato come un animale. Ci sono alcuni che credono davvero che un animale inferiore corrisponda a un'anima inferiore. C'è l'idea che inizi come un criceto, e un giorno diventi un delfino, e infine un essere umano. Questo genere di cose viene ancora insegnato in alcune zone della Terra. Voglio dire loro che non è così, in assoluto; questo è un modo di pensare dell'umanesimo, trasferito nel regno della mitologia e che non onora chi siete o ciò che abita in voi.

L'anima è eterna. È immutabile. È perfetta e meravigliosa. È il Sé, con una vibrazione più elevata del vostro "tu"; è una parte di Dio. Tuttavia, pretendete che questo Sé porti il vostro nome, vero? Non sapevate che l'anima non ha una personalità? L'anima non ha nessuno degli attributi dell'umanesimo. Oh, se potessi darvi il quadro completo! Mi piacerebbe tanto farvi vedere! Nell'universo c'è una perfezione che condividete con ogni altro essere umano sul pianeta. È in voi, pronta a essere sviluppata. Sapete che cosa è realmente una coscienza umana spansa? È quella che costituisce il punto di collegamento con l'anima. È quando arrivate davvero a capire che siete tutti uguali.

Ora, voglio dire qualcosa che è ancora più profondo. Ci sono due punti sui quali è necessario lavorare, per andare oltre. Vi abbiamo detto che non è possibile trasferire le caratteristiche umane su Dio e che è uno "sbaglio" pensare che il Creatore dell'Universo abbia modalità umane, ma c'è un'altra cosa su cui dovete riflettere. Si tratta di un concetto della vecchia energia che dovrà scomparire, prima che possa causare qualcosa di significativo su questo pianeta.

Il primo *riguarda il concetto di giudizio. Il giudicare è un attributo umano, e appartiene alla vecchia energia. È un attributo di separazione da un essere umano a un altro, o da una cultura all'altra, così, si decide che l'altro non stia facendo la cosa giusta o sta, in qualche modo, interferendo con lo status quo. È un elemento della modalità di sopravvivenza e non è un elemento equilibrato. Il giudizio è ovunque, in tutto il pianeta ed è sempre stato lì. Il giudizio crea guerre e aumenta la separazione. Tuttavia, quando costruite le vostre strutture religiose, decidete che il giudizio appartiene anche a Dio. Non è così. Appartiene esclusivamente agli esseri umani. Tuttavia, dall'instante in cui è così strettamente inculcato nella vostra coscienza, lo avete indirizzato, spontaneamente, al potere più alto che ci sia. Avete la necessità che anche Dio sia separatista, che divida gli esseri* umani in quelli che lo fanno e quelli che non lo fanno. Dovete capire questo: Dio non giudica o separa le parti di se stesso!

Il secondo è: vi sentite piccoli. Perché? Perché vi umiliate davanti a Dio? Vi è stato detto che essere umile davanti a Dio è una buona cosa! Beh, se siete un pezzo di Dio, perché voi dovete umiliarvi davanti a voi stessi? Ha senso per voi? È il momento di usare il buon senso spirituale evoluto. Se fate parte della creazione, non dovete inchinarvi davanti a voi stessi. È ora di assumere il potere della benevolenza, generosità e l'integrità, non di umiltà. Cominciate a capire che siete un frammento della stessa maestà di Dio! L'"onnipotente" è in voi; è in ogni molecola individuale delle migliaia di miliardi di molecole di DNA; rappresenta il Sé Superiore di ogni essere umano ed esso ha una consapevolezza molto paziente e tranquilla, in attesa che scopriate chi siete veramente. Pensate davvero che il Sé Superiore voglia essere adorato? La risposta è **NO**. Vorremmo che iniziaste a riflettere su Dio, sull'anima e quello che avete in voi, in un modo diverso. Meritate di svegliarvi alla vostra magnificenza. La magnificenza umana non si mostra compiacendosi con se stessa. Non vi erigete dicendo a tutti quanto siete bravo. Nessun Maestro l'ha fatto. Consiste, tuttavia, a un risveglio alla propria saggezza interiore e alla maturità della maestria. Saranno le persone che vedranno ciò in voi! Smettete di umanizzare Dio. Smettete di attribuire a Dio, qualità di situazioni che sono umane.

Un'altra cosa: quante volte avete sentito dire che ci sono delle anime intrappolate da qualche parte? Dicono che possono essere bloccate tra un luogo e l'altro, e poi, gli umani decidono cosa sia quel posto. È tutto una produzione umana. Come possono le parti del Creatore dell'Universo, essere intrappolate? Non vi è nessuna energia di anima individuale. Non è qualcosa in 3D e non vivono da se stessi. È tutto parte di un TUTTO. È un collettivo, che fa parte di ciascuno di voi.

Ascoltate: al livello anímico, NON ESISTONO PROBLEMI TERRENI e NON ESISTE alcun purgatorio. Sono tutte strutture *umane che vengono applicate a Dio. Non esiste una gerarchia di anime. La tua anima è parte di Dio e Dio è il Creatore di quest'universo. Qual è la gerarchia degli organi nel vostro corpo? Quali non son necessari? Quale vi tiene in vita? Tutti loro lo fanno! Ma spesso rendete evidente il cuore, come il più importante. Questo è una verità o è semplicemente "parlare per tutti"? Ah, e qual è l'organo che si è ribellato contro gli altri e ha abbandonato il vostro corpo? Vedete i pregiudizi umani qui?*

Ora, tutto quello che dovete sapere, è che quest'energia di Dio vi ama immensamente, e tutto ciò che è stato dato a voi, è benevolo. Non state facendo una corsa ad ostacoli, cari. Non è necessario mettersi alla prova, in un modo o nell'altro. Concedetevi, invece, che il nucleo divino in voi si manifesti chiaramente.

Ricompensa e punizione

Noi abbiamo detto prima e ne parleremo di nuovo. Voi dite: "Ci deve essere una ricompensa o una punizione in cielo, è giusto ed è corretto. Se sei bravo, si ottiene una ricompensa. Se sei cattivo, devi essere punito... " Beh, non è così dalla mia parte del velo, cari umani. Non troverete questo nel regno angelico. Non vi è alcuna ricompensa o punizione. È un sistema divino e non funziona nella dualità come la vostra. Eppure, voi cercate di mettere la ricompensa e la punizione sulle spalle di Dio. Un individuo trascorre l'eternità con il Padre Celeste e un altro, con l'angelo caduto, Lucifero. Che visione! Ma non è così, naturalmente. Un'eternità nel cielo, potrebbe durare tre minuti per me! Vedete come questo si adatta così bene con la vostra versione di punizione e ricompensa? Vi abbiamo detto spesso che questo non è il modo in cui Dio agisce. Tuttavia, ci sono quegli intellettuali che avrebbero detto, "beh, ci deve essere un sistema come questo. Come si potrebbe, allora, controllare qualcosa?" Vi diciamo che questo è il vostro sistema. Questa è la vostra dualità, quindi, controllatelo. Tuttavia, questo non è il sistema di Dio. Non abbiamo bisogno di controllare gli angeli o gli esseri umani su questo lato del velo. "Allora, Kryon, vuoi dire che un essere umano può venire su questo pianeta e diventare la peggiore persona che sia mai vissuta e uccidere milioni di persone per genocidio e poi, quando raggiunge l'altro lato del velo, non c'è punizione?" Ed io vi dirò di nuovo. È esattamente così. È perché non comprendete il test. Siete liberi di fare qualsiasi cosa scegliate, mentre siete qui nella dualità. Non supponete, tuttavia, che sull'altro lato del velo questo sistema è espanso. È solo per voi qui.

Questo è stato chiaramente dato a voi nelle Scritture, nella parabola del Figliol Prodigo e ripeto per chiarire: Questa parabola rappresenta Dio come il padre che invia due figli al mondo, il che significa inviare due angeli per essere umano sulla Terra. Uno fa tutto correttamente, l'altro fa tutto sbagliato; uno fa solo il bene, l'altro fa solo il male - molto bianco e nero per voi. Tuttavia, le vostre scritture vi dicono che quando ritornano all'altra parte del velo, ottengono lo stesso trattamento! Che cosa questo vi dice questo? È la spiegazione più semplice per ricordarvi che ciò che operate sulla terra, rimane qui, non vi accompagna dopo la fine terrena.

Questo è il test del pianeta e se tratta di dualità. Si tratta del perché e che cosa fatte con il pianeta mentre siete qui.
Le percezioni dell'umanità sono quelle in cui dovete, in qualche modo, piacere a Dio con la vostra bontà. Voglio dirvi, angeli, che siete già piaciuti a Dio solo perché siete qui! Questo è il motivo per cui ci saranno guarigioni qui oggi, perché siete qui - perché vi state svegliando per capire chi siete e state trovando la vostra divinità interiore. Già piacete a Dio! Non dovete pensare di aver paura o essere preoccupati di fare qualcosa che potrebbe dispiacere a Dio, pensando all'esistenza di una sorta di super-sistema di ricompense e punizioni, dall'altra parte del velo. Non c'è ne sono. È già abbastanza difficile mentre siete qui, vero? Se sapeste quanto siete amati, non pensereste mai, nemmeno per un momento, che potrebbe esserci una punizione dall'altra parte del velo, anche per il più tenebroso tra di voi. Tuttavia, le vostre

maggiori religioni sono tutte basate su questa caratteristica. Un miliardo di voi sente di essere arrivati "sporchi", già deboli e portando il peso delle opere più scure dell'umanità. Così, se vi unite ed eseguite certi rituali e credenze, potrete superare questo terribile destino. Coloro che non hanno mai scoperto su come questo funziona, vanno all'inferno! Tuttavia, Dio vi ama così tanto che la maggior parte di voi brucerà all'inferno. Questo ha senso spirituale per voi? È tempo di capire che questo concetto è umano!

Se avete intenzione di realizzare qualcosa per piacere a qualcuno, allora, gradite la divinità con cui siete venuti. Cercate la pace sulla Terra e vedetevi come strumento d'intelligenza divina che vi ha creati. Invocate l'angelo interiore; erigetevi e affermate che siete pronti a essere il faro che rappresentate, in un tempo di prove e difficoltà. È tempo di abbandonare tutta l'energia di punizione e ricompensa divina, perché ciò nutre sentimenti di difesa, depressione, una vita insoddisfatta, il controllo da parte di altri e un atteggiamento timoroso... avete bisogno di una religione? Allora cercatene una che amplifichi il potere dello spirito umano e che v'insegne che siete un pezzo divino dell'universo di Dio. Beati coloro che insieme celebrano il potere dell'amore di Dio all'interno dell'essere umano e tutto ciò che può essere realizzato per il pianeta.

Risposte alle domande difficili

Dio condanna l'aborto, il sesso al di fuori del matrimonio, il fumo, l'alcool, i Gay? Che cosa pensa Dio di chi commette omicidi, o dei soldati che uccidono in guerre? Dio non giudica le persone che fanno queste cose?

Le risposte a queste domande, o sono sempre cadute nel vuoto o sono state troppo radicali, scegliendo spesso una tangente al problema o entrando in un contesto stereotipato, confuso e insoddisfacente. In situazioni come queste, siamo portati, molto facilmente, a pensare con la mente degli altri, a consegnare agli altri il nostro potere e l'autorità di discernere e decidere ciò che è giusto o equo, senza collocare prima a noi stessi tali domande. Siamo abituati ad avere sempre qualche "autorità" che ci dica cosa fare in determinati casi, ma quasi mai facciamo una riflessione sul fatto di ciò che è giusto o sbagliato, dal punto di vista dell'anima. La verità è che quasi nessuno vuole pensare. *"Fatemi vivere con facilità, ditemi cosa devo fare, quali sono le regole? Quali sono i miei limiti?"* Ecco come siamo abituati a vivere. Alla fine, siamo sempre insoddisfatti, frustrati e molto desiderosi di fare la guerra, dal momento in cui le decisioni di chi considera le nostre autorità, quasi mai sono d'accordo con i nostri desideri. Allora, cosa c'è che non va? Quello che costituisce la base delle nostre decisioni sono le esperienze, ma nella maggior parte dei casi, scegliamo di accettare le decisioni degli altri, che giudichiamo più competenti di noi. E questo spiega il perché rinunciamo al pieno controllo di ciascun campo della nostra vita e di molte altre questioni che sorgono nell'ambito della sfera umana. Molte di esse includono importanti argomenti per tutta l'umanità.

Prendiamo posizioni così estreme in alcuni reati, e altri li giustifichiamo, anche se si tratta dello stesso reato. Atroci omicidi in una guerra sono legittimi e talvolta meritano perfino decorazioni. Atroci omicidi fuori da tale contesto, sono considerati un abominio che indigna tutta l'umanità. Lo stesso tribunale che condanna un assassino è lo stesso che uccide in una sedia elettrica. Ecco qui un terribile pregiudizio, ma la maggior parte di noi è propende ad accettare quello che ci dicono essere morale o immorale, utilizzando la stessa arma che ha commesso un reato. Quale spiegazione dare a una mentalità così primitiva?

Uccidere qualcuno intenzionalmente o per finalità moralistiche e disciplinari, può essere riassunto in una sola cosa: assassinio. Quando una persona uccide un altra, diamo un peso eccezionale a quest'assassino e se potessimo, condanneremmo persino la sua anima. C'è una ragione giustificabile per uccidere qualcuno? Non c'è bisogno di chiedere a una fonte superiore per ottenere la risposta. Basterebbe osservare ciò che si prova al riguardo, e la risposta diventa ovvia e ciascuno si comporterebbe in conformità. Questo vorrebbe dire agire in base alla propria autorità. Ma quando si agisce e s'interpretano certe situazioni basate sull'autorità di altri, si perde il livello equo dei valori, e si danno pesi e misure diversi per la stessa azione. I governi sono autorizzati a servirsi della morte di qualcuno, per raggiungere obiettivi politici? Le religioni dovrebbero usare la loro autorità per uccidere qualcuno per imporre i propri imperativi teologici? Le società dovrebbero servirsi dell'omicidio di qualcuno come reazione contro coloro che hanno violato i loro codici di comportamento? L'omicidio è un rimedio politico appropriato, un sistema di persuasione spirituale, o la soluzione di un problema sociale?

Un omicidio è sempre un omicidio non importa da quale mano o ente sia stato commesso. Il governo vorrebbe farci credere che uccidere per soddisfare un ordine, puramente politico, è perfettamente giustificabile, mentre un individuo che commette la stessa azione, è un pericolo per la società e molti governi usano lo stesso metodo per punirlo, cioè, l'uccisione di quell'individuo. Che ne dite di questa conclusione? Ma lo Stato ha bisogno che accettiamo la sua decisione sulla questione, al solo scopo di esistere come entità di potere e per lo stesso motivo, le religioni, le società etc. (N. Walsch) Fonte: CCD.

Immaginate di chiedere direttamente a Dio su questi temi, se per caso lo incontraste faccia a faccia. Che cosa pensate lui risponderebbe? Beh, questo è accaduto veramente a Neale Walsch in un dialogo diretto con la sua parte divina - il suo Sé Superiore - che egli chiama Dio, e che ha rivoluzionato il mondo dopo essere stata pubblicata la trilogia "Conversazione con Dio – CCD - un dialogo fuori dal comune". E questa è stata la risposta saggia e inattesa:

La maggior parte di voi, preferisce lasciare agli altri le decisioni. Pertanto, generalmente, non siete delle creature che si sono fatte da se stesse, ma frutto delle abitudini, create da altri.

*Il libero arbitrio non sarebbe tale, se utilizzandolo in un modo piuttosto che in un altro, producesse una punizione. Sarebbe solo una contraffazione della libertà. Dovete capire che siete in un processo di definizione di chi siete, e ogni azione che fate individualmente, definisce chi siete. Se siete soddisfatti del modo in cui avete creato voi stessi, continuate così. In caso contrario, fermatevi e cambiate l'idea di ciò che pretendete di essere. Questa è evoluzione. L'unica cosa che cambia nel corso dell'evoluzione, è la vostra idea di quello che pensate sia veramente utile, e questo si basa su ciò che ognuno pensa di voler fare. Se trovate sia utile andare in guerra e uccidere i vostri simili, fatelo; se si pensa che interrompere una gravidanza sia utile per la propria evoluzione, fatelo; è utile friggere un animale per mangiarlo, respirare nicotina, bere alcol o mangiare le viscere degli animali? - Se si prende un aereo con l'intenzione di andare a Napoli, è utile scendere a Roma?[25] Beh, questo non è moralmente "sbagliato", è semplicemente inutile. Essere consapevoli di ciò che s'intende fare, è di fondamentale importanza, non solo per la tua vita in generale, ma in ogni momento della tua vita. Perché è nei momenti che viene creata la vita. Quando vi state preparando per abortire, fumare, mangiare carne, sorpassare qualcuno in auto sulla strada con il traffico congestionato, o semplicemente tagliare i capelli; che sia una scelta di maggiore o minore importanza, c'è solo una questione da considerare: **questo è quello che scelgo di ESSERE?** Ma ricordate nessuna scelta è priva di conseguenze. La conseguenza di ogni azione definisce, quindi, CHI SEI!*

Siete nel processo di definizione di voi stessi, ora, e in qualsiasi momento. Questa è la risposta sulla guerra, sull'omicidio, fumo, il sesso, mangiare carne e <u>qualsiasi altra domanda sul</u>

---

[25] *L'esempio delle città è ndr*

comportamento. Ogni azione è un atto di auto-definizione. Ogni cosa che pensiate, diciate o facciate, dichiara: "Questo è quello che IO SONO!" La definizione di chi vogliate essere è di grande importanza perché determina non solo il risultato della sua esperienza, ma crea la natura della MIA! So che si tratta di una profonda ristrutturazione della vostra comprensione. Ma è necessario, se si vuole completare il vero lavoro per il quale siete venuti qua sulla Terra.
In ogni momento, Dio si esprime in voi e attraverso di voi.

Le sacre scritture e la vita dei Maestri che ho inviato a voi, dimostrano questa verità eterna: voi ed IO siamo UNO. Quello che siete, IO SONO. Voi definite Dio. Questa è la pura e unica verità su chi siete.

Vi ho mandato in una forma fisica, al fine di conoscere ME stesso in modo esperienziale, così come io MI conosco in forma concettuale. La vita è uno strumento nelle mani di Dio, che serve per trasformare i concetti in esperimenti. Serve anche a voi per lo stesso scopo. Perché tu sei Dio che lavora per questa realizzazione. Vi ho creato in modo che possiate ricrearmi. Questa è la nostra Sacra Opera. Questa è la nostra gioia più grande, questa è la nostra stessa ragione d'essere... (N. Walsh - CCD)

Che dichiarazione meravigliosa! La stessa regola vale per tutti gli altri, come i peggiori dittatori o gruppi mobilitati sotto la bandiera della nazione, dell'etnia, della razza e della sessualità che molti hanno deciso, per conto proprio, di demonizzare, condannare, disprezzare ed eliminare dalla lista delle persone degne. Il fatto è che ancora non siamo riusciti a separare lo spirito dalla materia. Il corpo materiale è qui con questa sembianza per uno scopo. L'anima, quindi, si sperimenta attraverso il corpo, ma non può subire mai le stesse conseguenze, in alcun modo. L'associazione è complessa per un pensatore lineare perché si mescolano le cose sensoriali con le spirituali, in un modo assolutamente fuori dalla nostra realtà. Come, per esempio, se qualcuno fosse allergico ai gamberi e sentendone l'odore, gli venisse un desiderio irrefrenabile di mangiarli. E, mangiandoli, si sentisse veramente molto male. Che cosa vorreste fare, quindi, con quel *maledetto* desiderio? Vorreste mandarlo all'inferno? Come? Non si potrebbe dire: "È colpa di quell'odioso desiderio. Dobbiamo condannarlo all'inferno." Capite la complessità? Lo stesso accade per l'anima. Tutto quello che facciamo qui per la nostra libera scelta, rimane all'interno della vita terrena. MAI possiamo portare le nostre "colpe e peccati, " i nostri dolori e supplizi dall'altro lato del velo, perché, per quanto si desideri e se insista sul fatto che sia in questo modo che le cose funzionano, è del tutto impossibile. L'anima non può essere danneggiata perché è divina ed eterna, è la nostra parte di Dio... **L'anima è Dio!**

Ecco, allora, perché Hitler sarebbe finito in "cielo", facendo indignare tutta l'umanità, dopo essere stato condannato all'inferno da tutte le religioni del mondo!

N. Walsch, nel chiedere alla sua parte divina - il Sé Superiore - perché Hitler non fu mandato all'inferno, ottenne la seguente risposta:

Dio: *Prima di tutto, lui non potrebbe andare all'inferno perché l'inferno non esiste. Il vero problema è di stabilire se Hitler ha agito in modo" sbagliato "o meno. L'idea che fosse un mostro, si basa sul fatto che ordinò l'uccisione di milioni di esseri umani. Dico bene? E se ti dicesse che quello che chiami "morte" non esiste, ma è la cosa migliore che potesse capitare a loro? La morte non è una fine, ma un inizio, non è un terrore, ma una gioia. Quello è il momento più felice della vita, perché rappresenta una continuazione, così magnifica, esaltante, saggia e piena di pace, che è difficile da descrivere e impossibile da capire nella vostra limitazione. Vi dico questo: nel momento della morte, scoprirete la più grande libertà, la maggiore pace, la gioia più grande e l'amore più profondo che abbiate mai conosciuto. Dobbiamo punire Sora Volpe, perché ha ucciso suo fratello Coniglio? Pensateci.*

Hitler non ha fatto niente di "sbagliato", semplicemente, ha fatto quello che ha fatto. Sbagliato, è un termine relativo, che rappresenta l'opposto di quello che chiamate "giusto". Il bene e il male sono solo definizioni attribuite a eventi e circostanze, in base alle vostre decisioni in questione. Ricordate che per molti anni, milioni di persone pensarono che le azioni di Hitler fossero "giuste". Se tu esprimessi un'idea folle e dieci milioni di persone fossero d'accordo con te, probabilmente trovereste l'idea non proprio così pazza. Alla fine, il mondo ha deciso che Hitler aveva "sbagliato". In altre parole, le persone hanno avuto l'opportunità di ridefinire Chi Erano e Chi Scegllevano di Essere riguardo all'esperienza vissuta con il dittatore. Sono esistiti altri Hitler e altri Cristi, ed esisteranno ancora. Siate sempre vigili, perché, in mezzo a voi, vivono persone con livello alto e basso di coscienza. Quale consapevolezza scegliereste per voi stessi?

In realtà, Hitler era convinto di aiutare la sua gente. Nessuno fa niente di "sbagliato", se è in linea con la propria concezione del mondo. Chi crede che Hitler si sia comportato come un matto con consapevolezza, non ha colto per niente, la complessità dell'esperienza umana. Egli pensò di star lavorando per il bene del suo popolo, che era d'accordo con lui! E quella fu la vera follia. Avete dichiarato che Hitler " sbagliò" e, quindi, avete raggiunto una comprensione più profonda di voi stessi, e questo è bene. Ma non condannare Hitler per aver consentito una migliore comprensione di **Chi Siete**. *Qualcuno dovrebbe farlo.*
Non si può conoscere il caldo senza aver sperimentato il freddo, né l'alto senza conoscere il basso. Non prendetevela con uno e benedite l'altro; perché così facendo si dimostra di non aver capito. Per secoli, l'uomo ha condannato Adamo ed Eva per aver commesso il peccato originale, "mangiando il frutto proibito" ma vi ha risvegliati alla conoscenza del "bene e del male". Anche come metafora, è una grande verità, perché se Eva avesse continuato in "Paradiso", non si potrebbe definire ciò che è la perfezione, perché non si conoscerebbe niente più di quella. Senza

l'imperfezione, la perfezione non esiste. Così, si dovrebbe condannare o ringraziare Adamo ed Eva? Pensateci.

Vi dico questo: l'amore, la compassione, il perdono, la saggezza, l'intenzione e lo scopo di Dio, sono così vasti che possono comprendere il crimine più atroce e il criminale più spietato. Forse non sei d'accordo, ma non importa. Hai appena imparato qualcosa che volevi sapere.

In ogni caso, Hitler è andato in "cielo" per i seguenti motivi:

1. Non esiste l'inferno, quindi, non c'era nessun altro posto dove potesse andare.

2. Le sue azioni erano, semplicemente, le azioni "sbagliate" da un essere non evoluto, e gli errori non devono essere puniti, ma corretti, dando una possibilità, a chi ha commesso, di evolversi.

3. Gli errori di Hitler non hanno causato alcun danno agli esseri che sono morti a causa sua. Quelle anime sono state semplicemente liberate dai loro obblighi terreni, come le farfalle che sono uscite dal bozzolo.

Parliamo dello Scopo: tutto ciò che accade, tutte le esperienze sono progettate per creare opportunità. Sarebbe sbagliato considerarle "opere del diavolo", "punizione divina", "ricompense celesti" e così via. È ciò che pensate, fate e siete a proposito di questi eventi, che vi danno un significato. I fatti e le esperienze sono creati da voi, individualmente o collettivamente. La coscienza crea l'esperienza.

*State tentando di aumentare la vostra coscienza e potete utilizzare qualsiasi esperienza come strumento per capire **Chi Siete**. Come la mia volontà è farvi vivere chi siete, vi permetto di sperimentare ogni caso scegliate. La vita non è un prodotto del caso. Le esperienze e gli eventi di ordine planetario sono la manifestazione* *di una coscienza collettiva globale, e risulta dalle scelte e dei desideri del gruppo nel suo complesso.*

Gli eventi che stanno accadendo sul vostro pianeta, da tremila anni fa, riflettono la **Coscienza Collettiva***. E il termine che meglio descrive il livello della coscienza umana oggi è "primitiva". L'esperienza Hitleriana è stata il risultato di una coscienza di gruppo, e sarebbe troppo facile incolpare solo lui. Hitler non avrebbe potuto fare nulla senza la cooperazione o la sottomissione di milioni di persone.*
I tedeschi potrebbero assumersi un grande carico di responsabilità per l'olocausto ma gran parte del peso, cade anche su tutto il genere umano che è rimasto indifferente e ha deciso di agire solo quando la Germania ebbe raggiunto una tale sofferenza, tanto che nessun poté più ignorarla. La coscienza collettiva ha preparato le basi per il movimento nazista, Hitler raccolse il momento, ma non lo creò.

È molto importante imparare questa lezione: la coscienza di gruppo, basata sulla separazione e sulla superiorità, produce necessariamente, una perdita di compassione di massa, seguita inevitabilmente, della perdita di coscienza. Un nazionalismo rigido, conduce a ignorare le condizioni degli altri gruppi e a ritenerli responsabili per i propri problemi, giustificando così la rappresaglia e la guerra.

L'orrore dell'esperienza Hitleriana risiede non tanto in quello che il dittatore ha fatto all'umanità, ma ciò che l'umanità gli ha permesso di fare. Non sorprende che sorse un Hitler, ma sì il fatto che così tante persone lo abbiano seguito e sostenuto. È vergognoso, non solo che quell'uomo abbia ucciso milioni di ebrei, ma anche che sia stato frenato solo dopo milioni di morti. L'obiettivo dell'esperienza Hitleriana era di mostrare l'umanità a se stessa. Nel corso della storia, avete avuto molti grandi maestri che hanno fornito le straordinarie opportunità di ricordarvi chi siete, mostrando il massimo e il minimo del potenziale umano.

Ricordate, la coscienza è tutto, e crea l'esperienza. La coscienza di gruppo ha un grande potere e produce meravigliosi o terribili risultati. La scelta è sempre vostra. Se non siete soddisfatti con la consapevolezza del vostro gruppo, cercate di cambiarla. <u>Un genocidio è sempre tale, sia ad Auschwitz, sia nel resto del mondo.</u>

Walsch: *Allora Hitler è stato inviato per darci una lezione sugli orrori che l'uomo può commettere e quanto giù possa cadere?*

Dio: *Hitler non "è stato inviato" a nessuno, è stato creato da voi, dalla vostra coscienza collettiva, senza la quale lui non sarebbe esistito. Questa è la lezione.*
*L'esperienza Hitleriana è stata causata dalla coscienza della separazione e della superiorità di "noi" contro "loro". La coscienza della Divina Fratellanza, Unione, Unità... di <u>nostro</u> al posto di <u>mio</u>, dà origine all'esperienza di Cristo. Quando il dolore è <u>nostro</u> e non solo <u>tuo,</u> la gioia è <u>nostra</u> non solo "<u>mia</u>", quando tutto è **Nostro**, allora, l'esperienza di vita è REALE![26]*

---

[26] T*testo adattato, estratto dal libro Conversazione con Dio – N. Walsch*

Capitolo XVII

La Morte non esiste, c'è solo una percezione interdimensionale

Le scienze che sono invisibili

Cosa pensi ti separi da qualcuno che hai amato e recentemente perso? Vi dirò la verità: non esiste alcuno spazio tra voi! Sapevate? Io vi dico che quando questo messaggio raggiungerà le orecchie in quattro dimensioni, sembrerà una favola! Sarà assurdo per molti. Forse l'assurdità di oggi sarà la realtà di domani?

Il tema di questa lezione è cercare di darvi una vera scienza che è invisibile. Questo può sembrare fantasia, ma estenderà la vostra logica a cose che sono fuori della vostra realtà. Sono cose invisibili, ma in verità, ci siete adesso ben dentro. Prima di iniziare, vogliamo darvi una comprensione percettiva per qualcosa non comprensibile.
Voi vivete in quattro dimensioni, considerando il tempo. Ed è giusto che sia limitata, perché si tratta di una scelta vostra; questo è stato l'accordo per il test.

*La difficoltà del test, quindi, è la capacità umana di scavare nella propria biologia, scintilla interdimensionale che vi permetterà di superare questo limite, così che molte altre cose accadano. Questo, alcuni l'hanno chiamato di **attivare pezzi e frammenti di DNA**. Oh, questo è solo una descrizione lineare! Va ben oltre, ma non si può vedere, perché è completamente al di fuori dei confini della vostra percezione. Semplicemente, non può essere spiegato. Come si può descrivere il colore a un cieco? È così difficile da spiegare la 12° dimensione a un umano 4D (quarta dimensione), ma cercheremo di farlo. Considerate due mele, messe alle due*

287

estremità di un tavolo. Come lo descriveresti? "Beh, Kryon, vedo una mela e poi c'è uno spazio e poi vedo un'altra mela. Vedo anche il tavolo."

*Questo è molto quadridimensionale, ed è normale per la vostra realtà. Ma eccovi alcune informazioni che si trattano di scienza: <u>non esiste alcuno spazio tra le due mele</u>. Tutto esiste in una costante ininterrotta di piena energia, sempre mutevole. E se tu avessi occhiali interdimensionali, non vedresti due oggetti e un tavolo. Vedresti, invece, un processo! E in questo processo, i colori ti direbbero, dove le differenze di energia avrebbero creato ciò che si considera solido o spazio. Essi non sono oggetti! È un processo di energia che è costantemente in movimento. Non posso spiegare tutto, salvo che, questi occhiali interdimensionali metaforici, vi riveleranno una cosa drammatica (in quanto incomprensibile): vi mostreranno che **<u>non esiste una cosa come lo spazio tra due oggetti</u>**.*

*Vi sentite, quindi, separati da una persona cara? Forse può essere sull'altro lato della terra? Non esiste, assolutamente, lo spazio tra voi! **Non esiste!** Vi siete collegati in questo momento. A livello quantistico, vi siete connessi. Oh, lasciate che vi dica qualcosa che dovete sentire di nuovo. Che cosa pensi ti separi da qualcuno che hai amato e perso di recente? Ascoltatemi, sto parlando con te! (Kryon sa chi sta leggendo). Che cosa pensi che vi separi? Uno spazio immenso? Pensate che sia la morte? Vi dichiarerò la verità: **<u>non c'è spazio tra voi, ma c'è solo una percezione interdimensionale.</u>***

*All'interno della vera dimensionalità (non la 4D), non c'è tempo lineare e non c'è distanza. **La vita è per sempre.** La vostra percezione della vita è la vostra vita umana, come se essa fosse tutto ciò che esiste. È pure divertente. Non c'è spazio tra voi e quelli che avete amato e perso. <u>Assolutamente NULLA!</u> Ma in 4D sembra così, e piangete per quelli che, nella quarta dimensione, se ne sono andati a causa di quello che voi chiamate morte umana.*

Ma quando utilizzate gli occhiali interdimensionali, loro sono proprio qui!

Nell'interdimensionalità, le dimensioni la forma, il tempo, la distanza - non sono affatto come nella vostra dimensione. Così, cerchiamo di entrare in alcune questioni scientifiche che sono interessanti per molti. Nella quarta dimensione, quando la vostra scienza ha cominciato a notare la forma dell'atomo e le sue parti, avete scoperto che vi era una grande quantità di spazio tra il nucleo e la massa degli elettroni di ogni atomo. Era un enorme spazio in relazione all'unità stessa (la materia dell'atomo). Uno scienziato esaminando questo, ha detto: "Lo sapevate che la maggior parte della materia è fatta di niente... è solo spazio"? La sua logica quadridimensionale sostiene un concetto per cui gli oggetti fisici nella loro realtà, sono, per la maggior parte, vuoti tra le parti atomiche. Ma non lo è per niente!

Ora utilizzate quelli occhiali interdimensionali e vedete che non c'è spazio tra il nucleo e la massa di elettroni. Al contrario, c'è un processo ed è pieno di qualcosa che non ha ancora alcun nome per definirlo e nemmeno noi possiamo indicarlo. Dovete scoprirlo da soli. Dico solo che è il nome di una collaborazione di due energie: Magnetismo e Gravità.
E queste due energie-sorelle sono assolutamente inseparabili.
*Non troverete mai uno senza l'altra. Gli scienziati stanno cercando di separare un processo. Vogliono mettere gravità e magnetismo in compartimenti separati, ma non possono farlo. Il Magnetismo e la gravità sono inseparabili, e quando si vedono anomalie in uno, è l'altro che le sta causando. È un processo invisibile, lo sapete? Gli esperimenti con il magnetismo, altereranno la gravità e cambieranno lo spostamento di fase della materia stessa, modificando i parametri di distanza e anche del tempo. Ma la vostra mente lineare non consente di vedere il processo. È invisibile a voi. Pertanto, quello che voi chiamate di morte non è altro che un processo... perché la vita non finisce **MAI.** (Kryon)*

La morte è un'illusione!

Ogni momento si conclude nello stesso instante in cui inizia. Se non comprendete questo, non capirete la bellezza di tutto ciò e non chiamerete questo momento "comune". Ogni interazione comincia a terminare nel momento in cui inizia ad avviarsi. Solo quando hai contemplato e capito profondamente questo, si aprirà davanti a te il tesoro totale di ogni momento e della vita stessa.

La vita non può darsi a voi, se non capite la morte. È necessario fare più che capire. Dovete amarla come voi amate la vita. La negazione nel contemplare la propria morte, conduce alla negazione del contemplare la propria vita. Non si potrà vederla com'è veramente. Quando si osserva attentamente qualcosa, si vede attraverso di essa. Ciò significa contemplazione. Quando contempli, l'illusione scompare. Così, si vede qualcosa come realmente è. Solo allora, si può goderne appieno.

Si può, quindi, godere anche l'illusione, perché si saprà che d'illusione si tratta e in ciò vi è il piacere! È come un film in cui venite coinvolti, godendo tutta la trama ma, una volta terminato, si stacca e si dimentica tutto, perché si sa che nulla è reale. Il fatto di pensare che ogni cosa sia reale, è la causa di tutto il dolore. Nulla è doloroso quando si capisce che nulla è reale. Lasciate che vi ripeta questo. **Nulla è doloroso, quando si capisce che nulla è reale.** *Quando si capisce che la morte è anche un'illusione, allora, si smette di soffrire e si può gioire, anche per la morte di altri.*

La morte non è una fine, ma un inizio. La morte è una porta che si apre, non una porta che si chiude. Quando si capisce che la vita è eterna, si comprende, anche, che la morte è la sua illusione. Un'illusione che ti preoccupa e ti fa credere che sei il tuo corpo. Ma tu non sei il tuo corpo e, quindi, la sua distruzione non dovrebbe interessarti. La morte dovrebbe insegnarvi che la vita è ciò che è reale. E la vita insegna che non è la morte a essere inevitabile, ma l'impermanenza. L'impermanenza è l'unica verità.

290

Niente è permanente. Tutto è in movimento, ogni istante, ogni momento.

*Altrimenti, non potrebbe nemmeno esistere permanenza, perché il concetto stesso di essa dipende dall'esistenza dell'impermanenza per avere senso. Non si conosce il caldo se non si prova il freddo. Guardate con attenzione. Contemplate questa verità. Capitela e comprenderete Dio. Siamo sempre stati solo **UNO**. Siete voi che avete creato l'illusione della separazione, in modo che la nostra Unione potesse avere senso. Tuttavia, osservando la vostra vita svolgersi davanti a voi, non vi lasciate catturare dall'illusione. Ammiratela, godetela, ma non dovete essere parte di essa.*

Non sei l'illusione, ma il suo creatore. Tutto nel mondo è illusione. Siete in questo mondo, ma non appartenete a esso. Pertanto, utilizzate l'illusione della morte! Permettete che essa sia la chiave per capire e godere il meglio della vita. Se guardate il fiore come qualcosa destinato a morire, sarete tristi. Se, invece, vedete il fiore come parte di un albero che sta cambiando e che presto darà i suoi frutti, allora, scoprirete la vera bellezza del fiore. Quando comprendete che il fiorire e l'appassire del fiore sono il segno che l'albero è pronto a dare i suoi frutti, allora, comprenderete la vita. Osservate ciò attentamente e vedrete che la vita è una metafora di se stessa.

Ricordate, sempre, che non siete il fiore e non siete nemmeno il frutto. Siete l'albero e le sue radici sono profonde, fisse in Me. Io sono il terreno da cui siete sbocciati e i vostri fiori e frutti torneranno a Me, creando terra più ricca. Così la vita genera la vita e non può conoscere la morte, mai! (CCD-N.Walsch)

CAPITOLO XVIII

KRYON PARLA DI FISICA E MATEMATICA

"Che cosa ha a che fare la fisica con la spiritualità? Perché un "essere angelico" sarebbe venuto a parlarci di scienza?"

Dopo aver appreso queste informazioni importanti attraverso Kryon, sapremo che è davvero impossibile separare la fisica da Dio. Pensiamo in questo modo, perché si tratta di una tendenza della nostra esistenza tridimensionale preconcetta. Escludere Dio dalla fisica, sarebbe lasciare Dio fuori dalla creazione dell'intero Universo.

Il nuovo paradigma della Fisica/Matematica

Immaginate una matematica con i numeri influenti, dove ogni numero non è empirico ma influenzato dai numeri adiacenti, oppure, il numero "*Pi*" che cessa di essere greco per diventare solo un "**pi**" risolto; o lo zero, che non è più quel "miserabile" a sinistra che vale nulla, e si diventa il potenziale di tutte le risposte probabili.

L'anti-gravità che non esiste per niente, ma è solo il controllo della massa; e la luce che non viaggia in linea retta; anzi, non vi è nulla che sia veramente una linea retta... sembra una pazzia, no? Beh, che ci crediate o no, è tutto vero.

Secondo le informazioni di Kryon, di seguito, c'è un nuovo paradigma in corso, con proprietà mai immaginate prima, e che è contrario a tutto ciò che abbiamo imparato nella nostra linearità 3D.

Vi dirò qualcosa che già conoscete, ma è contrario a tutto quello che avete imparato in tridimensionale. Nella vostra dimensione, *anche in geometria e matematica superiore, tutto è impostato in una linea retta, e voi amate definire un cerchio come un poligono con un numero infinito di linee rette. Molto divertente! Quasi come se nella natura non esistesse il cerchio e gli esseri umani avessero creato una formula che utilizza linee rette per crearlo. Parlerò sulla tendenza umana alla linearità e come potrà sembrare strano, quando questo sarà notato. Il cerchio esiste naturalmente anche nello spazio; pensate ai pianeti. Ma gli esseri umani vogliono dipingerlo come un numero infinito di linee. Avete già il sospetto che il magnetismo e la gravità sono naturalmente curvi. Non seguono una linea retta e non l'hanno mai fatto. E la luce? Nemmeno lei. Quando è influenzata dalla gravità e dal magnetismo, essa si curva. Questo dovrebbe dirvi qualcosa, no? **Non c'è nulla che sia veramente in linea retta**. Le uniche linee rette sono il vostro cervello.*

Non utilizzate nemmeno il giusto tipo di matematica, e questo lo abbiamo già detto da molto tempo. C'è una matematica elegante che è quantistica ma se inizio a parlarne, anche nel modo più semplice, vi sembrerà veramente complesso.

È in arrivo una nuova matematica

*La Matematica quantica utilizza qualcosa che dovrà ancora essere scoperta, a cui assegnerete il nome di **numeri influenti** (influential numbers). Questi numeri non hanno valori empirici, ma i valori che sono influenzati dai numeri intorno a loro. Il quattro non è un quattro, sarà modificato dai numeri vicini, come in una formula, o allineati come in un conteggio. Questo perché tutti i numeri della formula sono modificati dai numeri che sono vicini a loro. Questi sono i numeri influenti. Se il quattro viene utilizzato in modo lineare, sarà influenzato dal tre e dal cinque. Tutti influenzano i numeri che sono vicini, in base a questo concetto. La ragione è che la realtà quantistica è una realtà che non è mai lineare, o non ha le caratteristiche che pensate siano "normali". Per quanto complesso possa essere, non è a caso, ed è un elegante sistema...*

una cosa magnifica quando scoprirete le sue caratteristiche e vedrete la coerenza delle alterazioni. Il caos non sembrerà tale, quando capirete le "regole del caos." Infine, quando lo vedrete, avrete la formula del cerchio come un numero intero, e non come il numero irrazionale che è ora. Non sarà più il pi greco, ma sarà un "pi risolto".

Guardate la natura del vostro pianeta. Quasi tutto è presentato con fattori di dodici. I fattori dodici più comuni in natura sono tre, quattro e sei.

Quando l'acqua cristallizza (fiocco di neve), si manifesta come un modello a sei braccia. Le formazioni cristallizzate sono di base dodici e mostrano chiaramente i fattori dodici. Abbiamo già detto che l'elegante scienza della fisica dovrebbe essere su base-12. Si tratta di una matematica interdimensionale che include lo zero, che qui non significa "niente" o significa infinito.

Lo zero nella matematica universale di base dodici significa il potenziale di tutte le risposte probabili. Questa non è una matematica empirica come quella in 3D, tale matematica quando inizierete a usarla, vi porterà a una comprensione più profonda. Ad esempio, ha senso che una delle più profonde equazioni che avete – quella del cerchio - (pi-greco), sia un numero irrazionale?[27] Questo ha senso per una delle formule più importanti dell'Universo?

Ci appelliamo ai fisici per lavorare a ritroso, se necessario, per ottenere un pi con un numero intero. Questo è un suggerimento per voi, ed è a partire da lì, che si dovrebbe fare il resto dei calcoli.

---

[27] *In matematica, un numero irrazionale è un numero la cui espansione non finisce mai e non forma una sequenza periodica quando espresso in decimali*

Il Santo Graal della fisica

Ora vi darò una matematica superiore ed essa vi servirà, perché quando comincerete a comprenderla, finalmente capirete qualcosa che potrebbe essere chiamata il **Santo Graal della fisica**.

Nel vostro pensiero lineare, nei vostri pregiudizi, avete molte formule in 3D. Ma quando vedete i fondamenti della fisica, dite che la materia ha massa. Nelle cose che hanno massa, avete scoperto la struttura e la densità atomica. Siete orgogliosi della coerenza delle formule che si basano su ciò che si vede intorno a voi, e pensate che siano statiche, giusto? Pensate che ci sia una formula per tutto, che spiega come le cose si muovono, reagiscono, e così dite. "Se questo ha una certa massa e densità atomica, quindi, pesa così, a una certa gravità" Sembra tutto risolto. In effetti, è così, ma solo nella vostra realtà 3D. Dal momento in cui diventate più quantici, queste formule si sbriciolano ovunque e non saranno più le stesse. Tutto questo per dire, ancora una volta, che è possibile cambiare la massa di un oggetto, non importa quanto grande, piccolo o denso sia. È possibile modificare la massa e, quindi, l'effetto della gravità su di esso. Come ho detto, non esiste l'antigravità, ma solo il controllo della massa. Pertanto, qualsiasi formula in 3D che vi dica quanto dovrebbe pesare una cosa, questa cosa può essere cambiata, controllando la massa dell'oggetto in questione. (Kryon)

Cari scienziati: non perdete tempo cercando l'antigravità. Essa non esiste!

L'antigravità sembra essere presente in molte opere di fantascienza, ma non è stato ancora scoperto alcun modo per annullare il campo gravitazionale con qualche altro campo, che di solito viene definito come antigravità. Questo è ancora un argomento tabù per il mondo scientifico, tanto che la NASA ha scelto, previamente, di ricercare l'antigravità attraverso progetti con nomi tipo *Breakthrough Propulsion Physics Project* (1996-2002).

Il fatto è che non ci sono prove di una tale forza chiamata antigravità. I voli con gravità zero a bordo del velivolo modificato C-9 della NASA non sono esempi di antigravità. Né l'effetto di levitazione ottenuta nel 2007 dall'effetto Casimir - una forza quantistica che, in sostanza, porta gli oggetti ad avvicinarsi l'un l'altro - dimostra l'antigravità. E che dire del Re del Pop, Michael Jackson? Ancora meno. I suoi mirabolanti passi che hanno creato l'illusione di un'inclinazione antigravitazionale nelle coreografie dei suoi spettacoli, sono stati raggiunti a causa di una scarpa speciale che Jackson ha brevettato negli USA (*Anti-Gravity Lean Illusione*) che si adattava a un gancio sulla superficie del palco.
Pertanto, tutti quegli impressionanti congegni antigravità noti nei film, dovranno rimanere nel regno della fantascienza.

Kryon presenta una profonda lezione di fisica e insegna agli esperti nel settore, come creare oggetti senza massa.

Le informazioni qui riportate, sono avanzate e potranno portare luce a molte questioni profonde, ma faranno anche riflettere molti astrofisici che non riescono pensare fuori della confortevole "scatola 3D", dove insistono per rimanere.

Il termine antigravità è incorretto. Per caso si direbbe mai che una persona presa dall'odio sarebbe piena di anti-amore? La gravità risulta interamente dagli attributi della massa e del tempo, uno dei quali è possibile modificare.

Quello che mi propongo di descrivere ora, non è una novità, ma non è stato ancora sviluppato sul vostro pianeta. Dovreste sapere questo: la maggior parte delle vostre leggi fisiche sono corrette. Le matematiche sono funzionali e i postulati che applicate ai comportamenti della massa sono anche buoni. Voi sapete già che la gravità è un attributo della massa, e che è sempre presente.

Tuttavia, quello cui non avete dato molta importanza nelle vostre riflessioni, è:

1. Come la gravità svolge una relazione col tempo (cosa che non potete concepire o cambiare facilmente).

2. Che la questione della gravità/massa/tempo non è lineare.
Parliamo solo del tema massa/gravità. Pensate aver osservato, nei confini dell'Universo, oggetti di grande massa e gravità, ma con una piccola dimensione fisica. Questo vi ha portati a concludere che la densità è anche molto importante nella formula della massa. Tuttavia, <u>la vostra idea di come la massa diventa densa, non è corretta.</u>
Siete riusciti a misurare come un oggetto si muove nello spazio e, quindi, avete potuto calcolare la sua massa. Se conoscete anche la sua dimensione, potete, così, calcolare la sua composizione (gas, roccia, ghiaccio, vapore, ecc) poiché considerate la densità, che è la chiave effettiva della misurazione della massa. La maggior parte dell'universo è costituita da elementi con semplici proporzioni di dimensione/densità e la vera chiave del mistero della massa e della densità degli oggetti, è come loro si muovono in relazione ad altri oggetti. Tuttavia, vi sentite sconcertati quando trovate degli oggetti che non si comportano in questo modo particolare.

Ricordate ciò che segue:
*<u>Le vostre osservazioni sono limitate dalla stessa struttura del tempo.</u> Significa che le proprietà della gravità, sono il risultato della massa e del tempo e **non sono lineari**. Così, vi limitate a vedere le proprietà che riguardano la vostra stessa struttura del tempo (che è lineare). Se foste in grado di allontanarvi da quella posizione, anche se di poco, avreste visto uno scenario di attributi della gravità, completamente diverso.*
Che cosa succederebbe se tu, uno scienziato, abituato a utilizzare solo l'osservazione, essendo appena arrivato sulla Terra, dovessi trascorrere trenta anni in un'isola primitiva dell'equatore? Avresti

potuto studiare le proprietà dell'acqua, che avrebbe in abbondanza, il più profondamente possibile, fino ad avere la sensazione di comprenderla pienamente. Ti sentiresti a tuo agio con le sue proprietà: la sua forma di spostamento, il rifrangersi visivamente, lo scorrere in piccoli corsi d'acqua sulla terra, il suo peso durante il trasporto, etc. Tutto questo diventerebbe una certezza fisica. Improvvisamente, però, sorge una nave spaziale che ti porta al polo nord.

Una volta arrivato lì, certamente ti sentiresti sconcertato per aver scoperto immediatamente, un nuovo attributo dell'acqua: Quando fa freddo, diventa dura come una roccia! Immagini che novità? L'acqua dura! Che concetto! Tuttavia, tu non saresti mai potuto giungere a questa conclusione da solo, perché nella tua isola non potevi simulare queste condizioni. Pensavi di aver capito completamente l'acqua, ma scopre improvvisamente che non sapevi tutto a riguardo.

È lo stesso con la vostra osservazione limitata della massa, nella vostra isola del tempo. Molti di voi hanno concluso, correttamente, che il magnetismo e l'elettricità svolgono un ruolo fondamentale nel determinare gli attributi della massa e che le variabili magnetiche che li determinano, funzionano spesso all'interno di particelle molto piccole per creare la densità di un oggetto e la sua struttura tempistica. Se siete in grado di vedere ciò che sembrano essere piccole particelle, ma con attributi di massa enorme (elevata massa/forte gravità), per caso vi è mai venuto in mente di pensare al contrario? Quello che sto dicendo è che, quello che chiamate anti-gravità corrisponde, infatti, alla vostra ricerca di ciò che lo chiamerei una condizione "senza massa".

Come modificare la massa di un oggetto?

È la meccanica della particella piccola che determina, di fatto, la massa di un oggetto e, quindi, la gravità e la struttura del tempo intorno all'oggetto. Riuscite a immaginare un oggetto con densità pari a zero, indipendentemente dalle sue dimensioni? Ci sono poche cose nell'universo in questo stato, sebbene sia qualcosa che possa essere creata artificialmente, utilizzando solo il meccanismo della densità delle particelle che determinano la massa dell'oggetto.

Le vostre formule scientifiche non consentono di fare questo, e alcune delle migliori teorie che concepite, non sono ancora preparate per permettere l'esistenza di un oggetto privo di massa. Attraverso le vostre migliori teorie, potete dedurre che - se quello che vi dico è corretto - l'energia di un oggetto privo di massa sarebbe pari a zero. Avendo postulato che la massa moltiplicata per il quadrato della velocità della luce, equivale all'energia di un sistema isolato, questo postulato stesso deve equivalere, per un oggetto senza massa, a un'energia zero. Avete già immaginato le situazioni che un oggetto con massa negativa potrebbe creare? Che concetto avete, riguardo all'energia negativa?

Potreste anche essere interessati - pur non avendo alcun rapporto con questa discussione scientifica - nella reazione della luce davanti a un oggetto privo di massa. Se avete calcolato che una forte gravità piega la luce, cosa ne pensate che la totale assenza di massa, energia e gravità, potrebbe fare alla luce attorno a un oggetto? Conviene riflettere su questo. Tuttavia, considerate anche la massa negativa, l'energia negativa e la gravità invertita.

La sperimentazione con le linee d'influenza di un campo magnetico, che corrono perpendicolarmente all'altro campo elettrico, proporzionerà anche risultati nella vostra ricerca al fine di cambiare la massa di un oggetto. Questi sono i meccanismi per cambiare temporaneamente il comportamento della polarità di una piccola particella, il che si traduce in densità per la sua assenza o inversione (densità negativa). La quantità, la configurazione e gli altri parametri di questo lavoro, dipende da voi. Quando scoprirete come si può farlo, fate attenzione, perché con questo, si creerà anche un piccolo spostamento del tempo.

Questo potrà essere fisicamente pericoloso, finché non comprendete come gli oggetti interagiscono correttamente negli spostamenti del tempo modificato.

Anche se capite che questo sistema meccanico deve essere circolare, non formulate alcuna ipotesi circa la configurazione dei campi elettrici e magnetici che interagiscono, né su quello che dovrebbe essere il mezzo per creare le polarità in questo sistema. Ricordate, però, che per trasportare un carico, è anche possibile utilizzare il gas e metalli liquidi. Anche se sembra un mistero, dentro di questa discussione, non stupitevi, se scoprite che l'acqua sotto pressione ha anche un ruolo importante in questo sistema.

Con grande ironia vi dico che questo stesso stato "senza massa", è stato creato nel laboratorio di un grande scienziato (Nikola Tesla) vincolato all'elettricità, nella cultura del continente americano, non molto tempo fa. Se si potesse visitare il suo laboratorio, si noterebbero i buchi nel tetto e negli isolatori di vetro smerigliato, da dove sono usciti, letteralmente sparati, gli oggetti senza massa, volando in tutte le direzioni. Se quello scienziato fosse nato cinquant'anni più tardi, avrebbe potuto padroneggiare il controllo della sua esperienza. Ma, allora, lui non poteva avere gli strumenti di precisione che avete a disposizione ora, per condurre e controllare tal esperienza. Non c'erano i computer o qualsiasi altro degli strumenti sofisticati che avete oggi per misurare o creare piccole fluttuazioni nei campi magnetici. Tesla è arrivato a eseguire la variazione nella massa di un oggetto, creato dal magnetismo che è stato il soggetto base dell'esperimento nel suo laboratorio.

Nikola Tesla ha pensato fuori dagli schemi; è stato l'unico a darvi un progetto di come la corrente alternata potrebbe funzionare, ma era frustrato perché aveva scoperto la creazione di oggetti di massa nulla, ma non sapeva come. Anche le soluzioni (fluidi) possono essere magnetizzati per creare le forme magnetiche intelligenti all'interno dei campi magnetici; a volte, con gli angoli giusti tra loro, a volte non, al fine di predisporre la condizione che cambierà la massa. Nessuna di queste cose è fuori dello scopo dello sviluppo umano. Quanto tempo ci vorrà? Non lo sappiamo, dipende da voi.

Ma sapete che cosa cambierà? **Tutto***! Ciò significa che, quello che era fantascienza, finirà per diventare, finalmente, reale. Quello che chiamate anti-gravità è semplicemente un oggetto della massa controllabile che galleggerà, indipendentemente dal peso. È fattibile. Non sarebbe, forse, venuto il tempo di realizzarlo? Dico questo perché cominciate a pensare in un modo più quantico, perché possiate velocizzare le vostre invenzioni,* **lasciando fuori la politica***. I paesi che possono farlo, sono quelli che hanno le competenze tecniche più avanzate e anche le strutture più organizzate, che sono già sulla strada per farlo. È tempo perché certe persone capiscano e lascino liberi i fisici senza i legami di quelle cose che sono "appropriate" per la politica, per l'industria e per la produttività. Forse, alcuni non sanno di cosa sto parlando, ma i fisici, sì.*

In questo processo, sarà prolungata la durata della vita; si potrà anche avere il tempo di capire che questo messaggio è accurato e veritiero. Da qualche parte, lungo questo processo, una volta avviato, vi troverete davanti a un enigma, **non è vero, fisici?** *Se stai ascoltando (leggendo) questo messaggio, stai affrontando un rebus. Giunto a un certo livello, potrai dire che è la verità. E a un certo punto, in futuro, si dovrà ammettere che la spiritualità e la scienza sono alleate e che l'energia che ha creato la Terra, il magnetismo, la gravità e tutte le cose che avete studiato, è un frammento di ognuno di voi. Perché il Creatore è in ciascuno di voi. Allora, tutte le cose di cui abbiamo parlato, che siano scientifiche o che abbiano a che fare con l'anima o il Sé Superiore, sono date per una ragione: per rendere più facile la vita in questo pianeta. Questo in modo che possiate trovare la compassione che è il collante che vi lega alla creazione, modificando la Terra stessa, perché il cambiamento è imminente.*

Gli UFO utilizzano oggetti privi di massa per entrare nella nostra gravità

Vi ho già dato indizi su ciò che realmente accade nel campo d'influenza di un oggetto privo di massa, ma dovreste capire che un vero oggetto senza massa, non obbedisce più alle leggi della fisica della vostra struttura temporale.

Le apparizioni inaspettate e arresti dei motori degli UFO, le velocità e improvvisi cambi di direzione, denunciano, chiaramente, l'evidenza di un oggetto privo di massa, perché un UFO crea la propria influenza di energia su tutto ciò che lo circonda. Da capire anche che, come ho detto, l'inquadramento temporale di un oggetto privo di massa è leggermente diverso dal vostro, questo vi farà sembrare più lenti di lui. La reazione di questo tipo di oggetti alle molecole di massa "tradizionale" è anche prevedibile: A causa del leggero spostamento del tempo, tendono a modificare il numero di elettroni degli atomi con cui vengono a contatto diretto. Questa è una chiave di come rilevare un oggetto senza massa, anche se non potrete vederlo.

*Un vero oggetto senza massa non è influenzato dal suo campo gravitazionale, nonostante questi veicoli che vi visitano dimostrino grande manovrabilità. Da ciò, si potrebbe già dedurre che gli attributi di massa possono essere modificati e reindirizzati. Che cosa succede se la massa negativa (non sincronizzata con la vostra struttura temporale) fosse diretta contro la massa tradizionale? La risposta è la **repulsione**. Questo sarebbe il risultato del focalizzare una massa negativa contro la massa comune della Terra. Di conseguenza, ora sapete che gli attributi della massa sono davvero sintonizzabili e che, con più di un motore di massa, un sistema di oggetti interconnessi potrebbe essere multiforme o avere più attributi contemporaneamente. Alcune parti di un sistema interconnesso, possono sintonizzarsi con certi attributi di massa,* *mentre altri possono essere sintonizzati in modo diverso; anche se questo non esiste in natura nell'Universo.*

Una parte può avere una massa negativa (in repulsione con la massa comune), mentre un altra può avere gli attributi di questa massa comune, che è più pesante della massa negativa. Poiché sono coordinato precisamente, questo sistema può consentire un movimento molto controllato in tutti i piani.

Rivelato il mistero della "flessibilità" dei dischi volanti

Questo dovrebbe anche spiegare le anomalie magnetiche, collegate alle esperienze con gli UFO, che avete documentato, così come le interferenze che producono nei vostri apparecchi radio.

Questi non sono, in realtà "suoni" ma, semplicemente, il risultato di una costante e precisa sintonizzazione della densità dei motori di massa, che possono essere fino a sette. Il magnetismo coinvolto in questo, produce interferenze con i trasmettitori radio che, dopo tutto, sono magnetici. Ogni motore di massa controlla un piccolo piano di massa in questione. Accade spesso che alcuni dei sistemi di questi veicoli siano legati a un sistema controllato in modo tale che, molti dei quali sembrano muoversi insieme come se fossero un unico. Questo è un modo efficace per prevenire che i motori di massa di molti sistemi interferiscano tra loro, nel reagire con la gravità terrestre. Non è solo efficiente, ma anche necessario.

Perché questo funzioni, l'operatore dei motori deve conoscere, pienamente, gli attributi comuni di massa degli oggetti che tirano e spingono, perché le leggi di gravità rimangono costanti in una determinata struttura di tempo. Così, per spingere o per tirare una quantità nota di massa, basta solo cambiare la densità di massa e la polarità dei piani del veicolo. Tuttavia, le anomalie gravitazionali della Terra possono causare danni in un tale sistema, e per questo motivo, a volte, alcuni di questi veicoli cadono. *Alcune anomalie della consistenza gravitazionale del pianeta sono conosciute da loro, anche se altre sono sconosciute. Credetemi, la maggior parte di loro, è stata ben studiata e appare nei libri di registro di coloro che vi visitano regolarmente. Sono come le scogliere sommerse di un porto, apparentemente tranquillo per una barca di legno che attraversasse gli oceani.*

Gran parte degli sviluppi tecnici in questo campo, sono raggiunti attraverso l'applicazione di attributi di alta e bassa densità, le quantità sempre minori di materia, riducendo così la dimensione dell'apparecchio che esegue il lavoro. Più conoscete la struttura atomica, più chiaro ciò diventerà.

La chiave globale è la polarità della particella e il suo comportamento

Forse, la vostra ricerca dovrebbe iniziare dal basico: imparare come gli atomi interagiscono quando sono esposti a parametri elettrici molto specifici. Anche una piccola variazione della distanza tra il nucleo e le orbite degli atomi può significare una grande differenza nella densità di massa. Scoprite le regole del perché sono così grandi le distanze tra il nucleo e le particelle che lo orbitano.

Come si può alterare questo?

*Un ultimo avvertimento, molto importante su quest'argomento: proteggetevi quando fate questo sperimento! I risultati di un unico motore efficiente di massa possono influenzare la vostra biologia con una sola piccola esposizione. Quando, finalmente, scoprirete come utilizzare il sistema, dovrete proteggervi, se decidete fare uso di esso. **La protezione è fondamentale!** Iniziate sperimentando il vetro smerigliato come isolante. Ben presto scoprirete le sue proprietà; il resto sarà evidente. (Kryon)*

Il Big Bang non è mai esistito, anzi, è ancora in atto in questo momento!

Questo è un concetto avanzato, come quasi tutte le informazioni sulla fisica dell'universo, trasmesse da Kryon. Ma anche se non avete molta conoscenza di fisica, Kryon vi coinvolgerà in un modo tale dentro dell'argomento, che sarebbe impossibile non esserne interessati e persino non innamorarsene.

La scienza umana è molto orgogliosa della teoria del Big Bang. Gli scienziati pensano di aver capito tutto e hanno anche una linea temporale di quest'evento. Come si può avere una linea temporale per un evento quantistico? Non c'è tempo in uno stato quantico. Gli scienziati hanno capito che c'è un elemento residuale misurabile come prova che hanno ragione. Lasciatemi chiedere questo: che cosa mi dite dell'odore che arriva dalla cucina, mentre il pane è al forno? Questo fatto vi dice, per caso, che quattro milioni di anni fa, il pane si stava cuocendo lì o vi dice che si sta cuocendo ora?

È il preconcetto del pensare in modo lineare, in un'unica dimensione di tempo, che vi fa calcolare subito da quanto tempo il pane è stato cotto, non appena ne sentite l'odore. Così, non vi è chiaro che l'evento quantistico del Big Bang è ancora in corso. Questo spiega l'energia di espansione dell'universo. Inizia anche a spiegare "l'energia di ciò che gli scienziati vedono." Il residuo che misurano è la prova della realtà di un evento ancora in corso, quando è visto in 3D, ma è un evento che mostra la realtà della creazione in uno stato quantico.

Avete visto che nell'"evento creativo" del vostro universo, manca un'energia perché sia stato formato così com'è stato. Inoltre, la forma insolita in cui la galassia gira, è anche stata osservata. Così, avete calcolato che, perché tutto questo rimanga così al proprio posto, ci dovrebbe essere la materia tridimensionale che manca; e gli hanno assegnato anche un nome - la materia oscura.

*Com'è divertente! Avete mai pensato che potesse trattarsi di un effetto multidimensionale che potete osservare e calcolare ora, il quale ha un potere immenso, ma non può essere visto? Non è "materia" in nessuna ipotesi, e non è tridimensionale. È energia quantica. Tutti ciò che i vostri scienziati hanno visto in fisica, avviene in coppie. In questo momento, ci sono quattro leggi della fisica, nel vostro paradigma tridimensionale. Esse rappresentano due coppie di tipi di energia. **Alla fine, ce ne saranno sei.** Nel centro della vostra galassia, c'è quello che chiamate "buco nero", ma non è una cosa singola. Si tratta di una dualità. La "singolarità" non esiste. Potremmo dire che è un'energia con due parti - una forza quantistica debole e un'altra forte. E la cosa strana è che lei sa chi siete. È il motore del creatore. È diversa da altre galassie. Lei è unica.*

La fisica stessa della vostra galassia si posiziona per quello che fate qui. Gli astronomi possono osservare il cosmo e scoprire che ci sono diversi tipi di fisica in differenti galassie. Sarà che qualcosa stia accadendo nelle altre galassie simile a questa? Non risponderò a questo.

Il centro della vostra galassia emette la materia che siete voi!

*Guardate la discrepanza **3D** della teoria corrente:*
Come può qualcosa provenire dal nulla e poi, a una velocità superiore della luce, espandersi immediatamente, violando tutte le leggi note della fisica, per creare in un nano-momento, la massa attuale dell'universo? Ma il preconcetto del modo lineare di pensare, fa sì che tutto accada nella linea di tempo di un momento e, quindi, gli scienziati hanno capito tutto!

Beh, lasciate che vi dica una cosa che non ho mai, mai descritta prima. Il centro della vostra galassia emette la materia di cui siete fatti. La scienza crede il contrario. I gemelli al centro della vostra galassia si dirigono verso i due gemelli che sono nel centro di tutte le altre galassie. Milioni di galassie, miliardi di galassie. Sono tutti collegati in un modo che non si può nemmeno immaginare - fuori dello spazio, fuori dal tempo, come i legami tra amici che hanno una coscienza. Non il tipo d'intelligenza e di coscienza che vedete nel vostro cervello, no! Si tratta di una colla intelligente che proporziona l'Universo con l'amore. Ho detto che non avresti capito!

*Questo è un concetto elevato e nobile, e **molti - semplicemente - non sono preparati per questo.***

L'Effetto Gaia

La vita e la sua creazione sul pianeta, è un tema controverso, perché ci sono scienziati che linearizzano tutto.

Darwin *vi ha dato la possibilità di un sistema in cui la vita va sviluppandosi. Ha mostrato come, forse, potrebbe aver funzionato attraverso una selezione casuale biologica che, nel corso di miliardi di anni, ha creato quello che vedete ora. Ma poi, arriva l'***Effetto Gaia.***
Alcuni scienziati, osservando la storia della Terra, stanno cominciando a vedere che una coscienza deve aver creato la vita. È chiaro che gran parte degli scienziati non vuole che si pensi così, perché la modalità del pensiero lineare 3D, dell'attuale scienza, non consente che esistano delle regole fuori dalla scatola di una coerenza globale. L'ironia di questo è che, il pregiudizio stesso di coerenza, non consente il preconcetto di un creatore. L'universo può avere una propensione per la vita? La mente umana tende a una dimensione limitata del pensiero, ma l'Universo tende a una colla chiamata* **Amore,** *che è complessiva e che unisce tutte le cose.*

La questione controversa è che la storia della Terra dimostra che la vita ha continuato a essere creata e distrutta da quattro miliardi di anni. È stata avviata e arrestata, creata e distrutta più volte. Mentre nel passato la vita è stata vista come qualcosa "contro ogni probabilità", e che non esisteva in nessun altro posto nell'universo, ora è vista come creata e ricreata più volte in TUTTO l'Universo!

Alcuni dicono, "È stato un evento che è accaduto per caso." Davvero? Qual è la probabilità che, dopo l'auto-distruzione della vita, ci possa essere un evento come questo, incredibile da riorganizzarsi? Sarebbe un'evoluzione? Qualcosa che non ha funzionato e che, tuttavia, ecco che risorge tutto di nuovo? Cosa ne pensate? Gli scienziati stanno cominciando a prendere in considerazione l'Effetto di Gaia come una coscienza che, in qualche modo, proviene da qualche parte e che tende a creare la vita. È fuori dallo scopo di quello che si potrebbe chiamare possibilità. È andata ripetendosi più e più volte, fino a quando il pianeta si fosse abbastanza sviluppato. La fotosintesi è una risposta perché ha creato l'equilibrio - piante e alberi che utilizzano il sottoprodotto della vita. Così, alla fine, si è avuto un equilibrio.

Ci ha voluto molto tempo, ma la vita è sempre stata ricreata finché il "sistema" non si fosse sviluppato. Anche quando era rimosso dal sistema, la vita ritornava! Anche quando la terra era sterile per qualche ragione che non ha funzionato, la vita è stata ricreata... per cinque volte. La scienza sta cominciando a vedere e si chiedono come sia possibile che la terra abbia questa tendenza a creare sempre la vita. Alcuni dicono che c'è una coscienza, altri dicono che, semplicemente, non è possibile. Tuttavia, sì, cari esseri umani, ed è una coscienza interdimensionale che lega tutte le cose, perché quando si va in uno stato interdimensionale, si arriva a toccare il volto di Dio; l'energia creativa dell'universo, un'energia che, di fatto, tende all'amore.

Lo show del Big Bang continua, è un evento quantistico ancora in corso!

Quando investigate sull'universo che vi circonda, signori scienziati, che altro evento trovate si sia verificato una sola volta?

*Che cosa vi porta a concludere che è stato un solo evento creativo espansivo? Oggi, in questa epoca moderna, molti scienziati sono ancora convinti che tutta la materia che vedono nell'universo - la Terra, il sistema solare, la galassia e tutte le altre galassie, fin dove si può osservare – siano pervenuti da un singolo evento espansivo, che avete chiamato **Big Bang.***

Questo è, in realtà, una premessa scientifica illogica, ancorché, metaforicamente, abbia lo stesso tipo di significato che ha avuto l'episodio di Galileo, per coloro che sono vissuti trecent'anni fa, perché ha promosso un senso di unità con Dio, facendo sì che la Terra divenisse il fulcro di tutto ciò che vedevano. Questo scienziato è stato arrestato perché ha avuto l'audacia di affermare che la terra girava intorno al sole.

Galileo pubblicò dei documenti in cui si dichiarava d'accordo con Copernico. Concordava con il fatto che i calcoli matematici non indicavano che l'universo ruotava intorno al vostro pianeta.

In quei giorni, c'era una triade energetica interessante, formata dal governo, dalla religione e dalla scienza, che agivano in comune accordo. I governanti erano anche sacerdoti, e i sacerdoti erano anche scienziati. Questa situazione aveva un significato a quell'epoca.

Ora, accade circa lo stesso, ma la verità, però, è un altra - e lo so che citandola, gli occhi si gireranno nelle orbite degli scienziati... così come ha fatto girare nelle orbite dei sacerdoti che si ritenevano scienziati. Che altro evento si è verificato una sola volta? La risposta è che le vostre osservazioni indicheranno che non è mai esistito nessun altro evento che se inserisca in questa premessa.
Anzi, osservate esattamente l'opposto: una miriade di eventi spaventosi di moltissimi tipi, succedendo intorno a voi. E attraverso le osservazioni, scoprite, anche, più varietà di quanto si

fosse immaginato. Pertanto, che cosa vi porta a concludere che è stato un solo evento creativo espansivo?

Quando puntate i vostri strumenti ai confini di quello che si possa osservare, per caso indicano che tutto ha la stessa età? Così dovrebbe essere per indicare un solo momento della creazione. Anche se consideraste il "paradosso dell'orologio", naturalmente **non dovreste trovare oggetti lontani, più giovani del vostro pianeta. Eppure... li trovate!**

Avete fatto caso che l'universo si trova disperso, uniformemente, man mano che viaggiate e vi spostate da un punto-fonte? Così dovrebbe essere per sostenere l'idea di un unico evento creativo. Ma, come ben sapete, non è ciò che accade. Più potenti sono gli strumenti, più chiara si mostra questa menzogna... se siete disposti ad ammetterla.

Osservate grandi aree vuote, altre con materiali (galassie) ammassate insieme. Non vi è nemmeno dispersione e nessuna traccia che indichi la fonte consistente di un unico evento creativo.

È ora di cominciare a pensare a una nuova teoria, a osservare con nuovi occhi scientifici

La verità è che ci sono stati molti eventi espansivi, distanziati lungo una quantità enorme di tempo. In realtà, il vostro pianeta è tra uno dei tanti eventi creativi che si sono sovrapposti, alcuni dei quali hanno avuto luogo prima del vostro.

Gioverebbe se esaminaste che cosa provoca questo, in modo che, quando succederà il prossimo, non vi sentiate così sorpresi e impreparati. **Il processo creativo della materia è determinato dalla pura logica e dalle matematiche fisiche.**

Questo sarà un argomento di grande dibattito, poiché, ancora una volta, scuoterà le fondamenta dei sacerdoti che insistono sul fatto che c'è stata una sola creazione. **Come potete limitare Dio in questo modo?**

Così, coloro che sono nati con un unico "ricevente di colore", diranno, "Nell'universo c'è solo un colore, e (naturalmente) è il colore di Dio." Limitati solo da quello che credono di vedere, tendono a imporre questa verità su tutte le cose che vedono. Così, alcuni dei vostri scienziati affermano di poter dimostrare che c'è stato un solo evento, perché hanno la sensazione di poter misurare (vedere) il residuo di questo evento in torno a loro, nello spazio. **Come potete essere sicuri che non state misurando solo il residuo del vostro stesso evento locale?**

Se la galassia galleggiasse in un serbatoio d'olio e guardando fin dove fosse possibile, si vedesse solo l'olio, per caso avreste presupposto che anche tutte le galassie, in qualsiasi parte, starebbero galleggiando nell'olio? O lascereste aperta la possibilità che, oltre ai vostri sensi di misurazione, potrebbero esserci altre galassie che possono galleggiare in altre sostanze? Tale è la logica delle vostre conclusioni.

La forma dell'Universo - Una dimostrazione incredibile sul funzionamento dell'Universo

Ora, quello che vi dirò, è tutt'altro che logico. Nulla ha senso d'ora in poi, in 4D. Forse, non avete mai sentito parlare di un <u>toro di Mobius</u>, non è vero? Beh, questo è esattamente la caratteristica del toro interdimensionale che è il vostro universo. La fisica multidimensionale è diversa dalla vostra fisica 4D. Permette delle porte e strade al di fuori del pensiero lineare e sembra consentire agli oggetti (e alla luce) di essere in due posti allo stesso tempo. Non lo sono, ma quando si elimina il tempo lineare, così sembra. Siete abituati alla linearità e gli elementi intorno a voi che si comportano in un certo modo, ogni giorno. In 4D, non avete materia che passa attraverso la materia, o le cose che passano attraverso se stesse.

La vostra realtà contiene due aspetti - la gravità e il magnetismo - che sono molto interdimensionali. Entrambi violano le leggi della fisica 4D; questo perché ancora non sapete quali sono le vere leggi. La gravità passa attraverso qualsiasi cosa, quasi come se la vostra dimensione le fosse invisibile. È una forza interdimensionale che si relaziona con il toro (o toroide), alla forma dell'Universo stesso. Il Magnetismo, a sua volta, fa la stessa cosa. Nella vostra realtà, il magnetismo è la base di tutte le vostre trasmissioni. Trasmette in una frequenza magnetica modulata e passa attraverso i muri degli edifici, della maggior parte degli oggetti e arriva direttamente a casa vostra. Se si dispone di un ricevitore, si potrà manifestare nella vostra realtà ciò che essa contiene. Le due sono forze interdimensionali.

La vostra scienza ancora non capisce nessuna delle due, così, applica questi principi a quello che sto per mostrarvi, metaforicamente. La forma dell'universo è messa dentro e fuori di un toro[28] ma queste forze sono collegate in un modo che non potete visualizzare nella vostra mente di quattro dimensioni. Pensate al vostro universo con le stesse caratteristiche della gravità e del magnetismo, che sembrano essere in grado di permeare quasi tutto. Con questo in mente, le parti e pezzi possono assomigliare a una sedia che - chi sa come - termina in fondo alla pila, anche se è stata collocata sopra. Essa passa attraverso le altre perché ci sono leggi fisiche interdimensionali che richiedono che essa trovi la sua vera posizione universale, basate su cose differenti, riguardo a ciò che si ritiene esistere nella linearità 4D.

La scienza e l'osservazione logica dicono che siete, letteralmente, a centinaia di milioni di anni luce di distanza da un oggetto. Ma questo è un'illusione. Nell'Universo Multidimensionale, quello che sembra essere un viaggio di un centinaio di milioni di anni luce lineari, può essere la porta al suo fianco. La forma dell'universo è anche curva, in modo che ci sia una forma prevedibile e matematica di passare il "muro" (proprio come fa la gravità), consentendosi di saltare su altre parti delle superfici interne ed esterne. L'Universo è un push/pull di sistematizzazione di energia. Sta creando se stesso continuamente. Non si distrugge mai, ma

---

[28] *Ha la forma approssimativa di una camera d'aria pneumatica*

*semplicemente si muove tra le dimensioni, secondo una disposizione in cui il tempo, il magnetismo e la gravità richiedono che si equilibri. Ci sono strutture all'interno dell'Universo per rimuovere e aggiungere la materia. Intere galassie sembrano sparire e ritornare (visto dal paradigma di una dimensione). Lo spostamento dimensionale è, quindi, il motore del vostro universo e di tutto ciò che vedete nella vostra 4D. È responsabile di quello che considerate come l'inizio del vostro Universo, anche se questo non ha nulla a che fare con un **bang**.*

*Quello che chiamate buchi neri che sono presenti nel centro di ogni galassia, sono parte del motore di spostamento dimensionale. Sono i portali che aprono le pareti del tubo. Abbiamo anche detto che nel centro di ogni galassia ci sono almeno due buchi neri. Sono sempre a coppie, uno tira e l'altro spinge. Solo uno tuttavia, è evidente a voi. L'altro appartiene all'altro lato della parete ed è nascosto. Tuttavia, voi lo vedrete presto. Lo spostamento dimensionale è anche il motore del **Reticolo Cosmico.**[29]*

Un'altra indicazione sul funzionamento del vostro universo: Abbiamo parlato dell'attività di raggi gamma per almeno un decennio. Vi abbiamo detto di "cercare un'intensa attività di raggi gamma." Abbiamo detto che quando li vedete, sapete che sta avvenendo una creazione - qualcosa di speciale sta accadendo.

Ora, noi identificheremo ciò come un cambiamento dimensionale. È sempre accompagnato da potenti raggi gamma, specialmente d'intensità molto elevata. Questa è una caratteristica dello spostamento dimensionale e vi dice anche che qualcosa sta accadendo. Potete vedere nei bordi della galassia per sapere che qualcosa sta avvenendo. È un mini big-bang, se si vuole utilizzare questo termine. Fa parte del cambiamento continuo dell'universo che si sta muovendo tra push/pull.

---

[29] *La sostanza intelligente che permea tutti gli spazi vuoti dell'Universo.*

Benché ciò sembri essere lontano miliardi anni luce, non è così. In realtà, è proprio lì nel vostro cortile, ma non c'è alcun rischio di un collasso temporale vicino a voi, o che compaia un nuovo universo nel vostro sistema solare.

La sua fisica lo mantiene separato e nella sua struttura di tempo. Ciò significa anche che il "centro" dell'universo è ovunque. State diventando interdimensionali, esseri umani, perché avete cambiato la realtà sul vostro pianeta. Siete l'unica creatura dell'universo con una dualità, ma anche in grado di cambiare la dimensionalità del vostro pianeta! È l'unico pianeta dove gli abitanti possono prendere il controllo e modificare la struttura del tempo della loro realtà e, effettivamente, creare uno spostamento dimensionale. E questo, caro Essere Umano, è la differenza tra ieri e oggi.

Il pericolo di trasmissione di energia attraverso la materia planetaria

Vogliamo darvi un avvertimento riguardo all'esperienza che fate sul vostro pianeta, e che si relaziona con la specialità di Kryon: Alcuni dei vostri governi stanno esperimentando la trasmissione di energia attraverso la terra del pianeta.

Immaginiate un tubo pieno d'acqua con 8 km di lunghezza e un diametro di un pollice (2,54 cm). Supponiamo che in una delle estremità del tubo, sia iniettata rapidamente una certa quantità di acqua. Istantaneamente, esce dall'altra estremità del tubo, la stessa quantità di acqua, giacché il tubo è già pieno. Con questo, non si è trasmessa istantaneamente l'acqua iniettata lungo l'otto km del tubo, ma, semplicemente, è stata spinta l'acqua già esistente, a una corta distanza, in modo che la stessa quantità si sia rovesciata nell'altra estremità.

Attraverso eoni di tempo, il vostro pianeta ha catturato l'energia statica (che la definiamo come quella che è conservata e pronta per essere trasformata in energia attiva). Tramite l'attrito con

314

l'atmosfera e quello che chiamate "vento solare", la materia planetaria è piena di elettricità statica.

Guardate i risultati quando una tempesta "colpisce" violentemente la terra e sposta l'elettricità, causando enormi scintille, che chiamate fulmini, sia sopra sia sotto il fenomeno meteorologico.

Nella vostra terminologia elettronica, questo sistema di accumulo di energia statica della Terra, corrisponde a quello che avete chiamato condensatore di capacità elettrica. Di conseguenza, e in questa sessione d'insegnamento, potete considerare il pianeta come un gigantesco condensatore elettronico, pieno di elettricità immagazzinata.

Uno dei vostri scienziati,[30] solo cent'anni fa, ha dimostrato la fattibilità dell'apparente trasmissione di energia attraverso la materia planetaria. In tal modo, approfittava dell'energia già accumulata nella terra (come nel tubo di acqua). Nell'"iniettare" l'energia in una parte del pianeta, essa sembrava uscire attraverso un portale da qualche altra parte. Sembrava che l'energia fosse stata trasmessa, ma in realtà, era stata solo spostata.

---

[30]*Lo scienziato citato è Nikola Tesla, che ha dato una dimostrazione delle caratteristiche di onde scalari - longitudinale - in Colorado Springs, Stati Uniti, nel 1880. Ha costruito un trasmettitore di onde scalari di 10 Kw. In circa 40 km di distanza, ha messo un ricevitore su una collina, e, allo stesso modo, in una radio e ha sintonizzato, così che fosse in risonanza con il trasmettitore. Il ricevitore posto in risonanza, era in grado di ricevere i 10 kilowatt di trasmissione di energia e di accendere una serie di lampadine. Una strano fenomeno ha cominciato a verificarsi con le mucche e cavalli nell'ambiente: hanno mostrato un comportamento completamente anomalo, che scomparve solo quando il ricevitore ha assorbito la quantità totale di energia trasmessa. Ci si potrebbe chiedere: "Non potrebbe essere in corso, anche a noi umani, esposti alle onde scalari in tutto il mondo, anche se l'intensità è inferiore alla esperienza storica di Nikola Tesla?*

Uno dei problemi matematici di questa trasmissione di energia, deriva dal fatto che è difficile sapere dove l'energia uscirà quando viene "spinta". Attualmente, la scienza lavora a questo processo, avendo scoperto che le onde scalari sono una soluzione parziale per aiutare a dirigere l'energia esattamente dove s'intende che sorga.

Un avvertimento: le onde scalari sono estremamente pericolose

Anche se questa esperienza di onde scalari è un grande avanzamento tecnologico, in tutto il processo di trasmissione d'energia, l'avvertenza è questa: le onde scalari sono molto pericolose; molto di più di quello che sapete. Chiediamo, specificamente a coloro che lavorano in questo campo, di andare piano. Fate sperimenti con potenze più basse. Altrimenti, potreste presto scoprire che questo tipo di sollecitazione influenza la tettonica a placche - il movimento delle placche che supportano i continenti. In questo preciso momento si stanno verificando movimenti di questo tipo, causati da tali esperimenti.

Le Previsioni di Scallion

Le seguenti informazioni vi stupiranno, ma chiariranno l'interazione tra il passato e il futuro. Miei cari, così come le antiche visioni terrificanti del passato, allo stesso modo, la previsione che Scallion[31] ha fatto sulla mappa del mondo futuro, è il risultato diretto della sperimentazione umana che utilizza le onde scalari. Non è il risultato di una sorta di scenario spirituale della "fine dei tempi".

---

[31]Gordon-Michael Scallion ha previsto che, a partire dal 1998 fino al 2012, ci sarebbero stati disastri naturali di dimensioni enormi, come il riscaldamento globale, liquefazione dei poli, tsunami, terremoti, eruzioni vulcaniche, ecc,

Una buona parte di ciò che gli indiani Hopi hanno visto, di ciò che ha visto Nostradamus, e di quello che, nei tempi moderni ha visto Scallion, è il risultato diretto delle vostre manipolazioni scientifiche. Tutte queste previsioni sono accurate e di qualità e sono il risultato diretto di un'alterazione massiccia della crosta terrestre, qualcosa che può facilmente accadere se l'energia sarà "spinta" in un modo specifico, utilizzando un'onda scalare. Cercate di capire i fattori di risonanza del mantello terrestre, prima di continuare con queste esperienze. Tutte queste previsioni sono futuri potenziali che potrebbero accadere davvero sulla terra. (Kryon)

I "cerchi nel grano" è un incentivo a trovare un inquadramento matematico di base dodici

Tutti questi modelli sono presentati per darvi buone informazioni sul funzionamento dell'universo e di ciò che dovrà raggiungere il pianeta. L'importante codice, che è ora trasmesso attraverso successivi modelli, è un messaggio importante sulla vostra matematica planetaria. (Kryon)

I cerchi nel grano sono disegni e modelli che appaiono istantaneamente nei campi di frumento, orzo, colza, soia, mais. La perfezione con cui sono fatti, ci porta a immaginare che solo entità extraterrestri sono in grado di crearli. Sono arte frattali, create con precisione e simmetria geometrica, simile a una geometria sacra, che porta alla speculazione e a un dibattito avvincente da parte dagli archeologici e religiosi; sono studiati da diversi gruppi di scienziati e ricercatori, paranormali appassionati, ufologi e ricercatori di anomalie. Cercano di trovare una qualche spiegazione a questo fenomeno, ma le uniche conclusioni indiscutibili, cui sono giunti finora, sono che i disegni non sono stati fatti da esseri umani e che il fenomeno è ancora inspiegabile.

Questi disegni e forme, di complessità e perfezione matematica, appaiono da un giorno all'altro e sono stati documentati in vari modi.

La prova che ci sono esseri extraterrestri che sono stati e sono tuttora al servizio della terra per garantire l'evoluzione del genere umano, sono numerose, e negare questo fatto non cancella l'evidenza che la geometria e la matematica, espresse nei disegni delle piantagioni, ci rimandino all'archetipo di Dio. (Lunardon Alba)

Kryon parla della geometria dell'universo

Miei cari, abbiamo già detto che la matematica dell'universo è geometrica, in relazione con le forme e con le energie che la circondano. Non possiamo offrire messaggio più importante di quello da indurvi a osservare il simbolismo metaforico che circonda le soluzioni ai problemi geometrico/matematici comuni. Essi parlano veramente della vostra stirpe, parlano dell'uomo e della donna e del loro rapporto con Dio. Tutto ciò procede dalle forme contenute nei circoli. Ogni angolo o vertice trattiene una storia spirituale. È bellezza e semplicità ed è un **sistema di base dodici.**

Ciò che chiamiate "crop circles" è ciò che noi chiamiamo "modelli o disegni nei campi." Questi modelli rappresentano un codice multiforme. Sono tutti realizzati in una sola volta, rapidamente, spesso il mattino. Si tratta, certamente, di modelli reali, poiché il metodo non rompe lo stelo della pianta, ma lo piega. Coloro che lo esecutano, lo raffigurano come "modelli di energia". Non è necessario alcun tipo di navicella o disco volante, per realizzarli, possono essere fatti da una grande distanza - il che accade spesso. La vera ragione di quest'evento è permettervi d'imparare a

*discernere il tipo d'informazioni con il quale dovrete mettervi in
contatto nel futuro.*

*Immaginate questo: diciamo che alcuni dei vostri scienziati
decidano di tentare un esperimento. Per fare questo, posizionano
un trasmettitore nello spazio, servendosi delle migliori attrezzature
elettroniche, e comincino a inviare le immagini a Terra,
aspettando possiate creare un processo per riceverle. Se con tutta
la vostra saggezza, decidete che avete solo bisogno di alcuni
orologi elettronici per ricevere i segnali, potreste rimanere molto
delusi, perché non riuscirete mai a ricevere alcuna immagine,
usando gli orologi elettronici.*

*Come avete capito, anche utilizzando un dispositivo elettronico,
questo non sarebbe appropriato. L'ideale sarebbe dare "chiavi" in
grado di far sì che il metodo di ricezione sia adatto al metodo di
trasmissione. Ed è così, miei cari, che questi "nuovi esseri" - che
un giorno conoscerete – v'inviano i messaggi in campo
matematico. L'obiettivo è di farvi comprendere il codice universale
della geometria, in modo da poter assemblare il puzzle ed essere
pronti a entrare in comunicazione.*

*Perché la geometria? La geometria è la matematica comune a
tutto l'universo. La matematica inerente alle forme è comune a
tutti i tipi di calcoli, ed è assoluta. È il metodo ideale, dunque, per
comunicare i principi della scienza.*

Gli UFO che progettano i "crop circles" sono parenti nostri.

Ora, strabuzzerete gli occhi perché diremo che il fenomeno dei modelli nei campi di grano è molto simile a ricevere le lettere dai parenti! Alcuni capiranno completamente quello che stiamo per dirvi, altri no: primo arrivano le lettere... e presto, arriveranno i parenti!

Quelli che ignorano questi modelli, potranno esperimentare una rivelazione, quando arriveranno i parenti! Questi modelli, quindi, sono messaggi di simboli e di matematica che vi vengono inviati di persona. Si tratta di un processo molto simile a quello in cui voi attaccate targhe con immagini e simboli sulle navi spaziali, quando le mandate fuori dal sistema solare, nella speranza che qualche altra forma di vita le veda e capisca. Lo stesso accade con i modelli nei campi di grano.

Con l'emergere di questi modelli, vengono prodotte tre reazioni:

La prima procede dagli esseri umani che sono fermamente convinti che tali modelli possano essere stati fatti dai propri umani. Osservano i disegni, e semplicemente continuano a vivere, senza esserne colpiti.

La seconda è la più pericolosa, perché sono quegli umani che s'irritano quando li vedono. Guardano come se fosse un trucco o una frode per l'umanità. Così, si dispongono a creare i propri disegni per screditare, in qualche modo, l'origine di quelli veri. Copiano e imitano, con successo, gli originali, e poi dicono: Vedi... I nostri sono identici. Perciò, gli originali sono falsi!
La logica contenuta in questo ragionamento è insana: Se siamo in grado di imitare i modelli, gli originali devono essere già stati fatti da altri esseri umani. Ma dove è la logica dell'affermazione che

copiando qualcosa, significa che l'originale non è autentico? Nonostante non abbia alcun senso logico, la maggioranza delle persone ha accettato la tesi con le braccia aperte e ha convenuto che così dovrebbe essere. Chi, allora, sta ingannando qui?

Il trucco di questo tipo di logica non è nuovo: in tutta la storia, infatti, molti hanno cercato di negare l'esistenza di Dio, imitando i suoi miracoli. E poi, hanno detto, "Siamo in grado di simulare questi miracoli apparenti tramite l'illusione; di conseguenza, gli originali sono anche loro un'illusione, e quindi non c'è Dio ". Per trovare un esempio di questo, consultate le scritture nel libro dell'Esodo.

La terza, è costituita da quelli che comprendono che sono davanti all'inizio di un nuovo paradigma. Essi sono coloro che fanno la differenza per il pianeta. Ed è a questi che offriamo le seguenti informazioni: miei cari, tutti questi modelli sono presentati per darvi buone informazioni sul funzionamento dell'universo e di ciò che sarà raggiunto dal pianeta. L'importante codice che viene trasmesso attualmente, attraverso i successivi modelli, è un messaggio importante sulla vostra matematica planetaria. E questo, ancora una volta, farà roteare gli occhi ai grandi scienziati... quelli da voi stessi scelti come autorità.

Tutta la vostra scienza e la matematica sono basate su quello che definite come "sistema base 10" (sistema decimale). Conviene che sia così perché permette una capacità di calcoli di forma molto rapida. Tuttavia, la matematica galattica, così come quella dello Spirito, ha una base dodici. Questa è l'unica informazione essenziale che dovete conoscere e cominciare a capire, al fine di comunicare correttamente con chi arriverà presto. (E molti governi lo sanno!)

La Base 12 – Una matematica universale, galattica e Sacra!

Di seguito, ci sono esempi interessanti di come, da eoni di tempo, lo Spirito cerca di offrirvi informazioni sul sistema di base dodici, di cui l'essenza ignorate.

L'astrologia comporta una conoscenza scientifica - non è magia, ma una scienza in relazione con la Terra.

Il motivo per cui l'astrologia è citata qui, è perché essa ha una base scientifica. Si tratta della misura del magnetismo al momento che l'individuo entra sul piano terra. È un'impronta che l'umano riceve alla nascita e che determina gli attributi di "programmazione" a livello cellulare. - E sono questi attributi che l'astrologia usa per definire i segni zodiacali. Quando, infine, riuscirete a capire come il magnetismo causa la "programmazione" nelle cellule, capirete, anche, perché il magnetismo del sistema solare influenza la vostra vita.

Ecco un invito a considerare il sistema di base dodici in astrologia: Quanti segni zodiacali ci sono? Quante case ci sono? Perché c'è un periodo di ventiquattro ore? Perché le cose sono così concepite? Se questo rappresenta il magnetismo del pianeta, della luna e delle stelle, qual è l'importanza di tutto ciò che si basa su un sistema di base dodici? La ragione è che l'astrologia ha a che fare sostanzialmente con la Terra. E questo la converte in una vera Geo scienza (Science relazionata con la terra), e l'intera geo scienza dovrà avere un sistema di base dodici.

La geometria è veramente il linguaggio dell'universo. Abbiamo detto di cercare la stella tridimensionale a sei punte - il vostro stesso Merkaba. Questa stella è costruita all'interno di una sfera, e la geometria sferica è la geometria dell'universo, che rappresenta anche tutta la dimensionalità. È, infatti, piena di bellezza, molto *più di quanto non indichi la sua forma semplice... tutto ciò si poggia sul numero dodici.*

Credevate essere una coincidenza che il calendario ebraico di dodici mesi sia riuscito a sopravvivere così a lungo? Perché dodici mesi? Perché si tratta di Geo scienza. Dovevano essere dodici mesi per essere correlati con la Terra e con il sistema di rotazione intorno al sole. E solo perché aveva un senso, è stato mantenuto come sistema di base dodici. Lo stesso si può dire della bussola che ha 360 gradi, ed è Geo scienza. Dev'essere così perché svolga una relazione con la geometria sferica. Non è un mistero che tutto quello che è legato alla Geo scienza, raffigura un sistema di base dodici, poiché la Geo scienza rappresenta un circolo (come in geometria).

Tutto ciò che si relaziona con la terra, funziona con il "12"!

Tutti quelli che hanno fatto grandi sforzi per introdurre il sistema metrico nella società, sono rimasti molto stupiti dopo aver scoperto che ci sono dodici pollici in un piede e trentasei pollici in una iarda. Potrebbe mai essere un errore, il fatto che la vostra società abbia progettato, in origine, un sistema di misurazione basato su dodici? Perché 12? Perché trentasei? Perché tre piedi? Questo non vi dà alcun indizio?

È la geo-scienza a richiedere che ci siano ventiquattro ore nella rotazione della terra e dodici ore di luce diurna. Ciò significa che il vostro corpo vibra secondo un orologio interno, suddiviso in periodi di dodici. Pensateci.

Ora, portiamo quest'esempio al piano spirituale. Non è stato un caso, che Giacobbe abbiano avuto dodici figli... e che questi dodici figli abbiano fondato le dodici tribù d'Israele. Si tratta di un numero sacro! È matematica universale, galattica. Ed è qualcosa d'intuitivo. E quando il Maestro Gesù è venuto sulla terra, pensate sia stato un caso che si sia circondato di dodici discepoli? No! Perché si tratta di matematica universale e galattica; e ha un senso. Potrebbe essere questo un altro indizio?

Il numero "pi" non è irrazionale!

E ora, riveleremmo qualcosa su questa sacra matematica galattica, qualcosa che farà sobbalzare gli scienziati di tutto il Pianeta: il numero che chiamiate "pi" non è corretto! Miei cari, per quale motivo lo Spirito vi darebbe un numero così irrazionale, dentro di una geometria sacra? Il numero pi non si estende all'infinito. Inoltre, è importante notare che è vincolato solo alla vostra struttura temporale. Il pi universale è differente dal vostro. Questo sarà chiaro solo quando comprenderete cosa fa il tempo con le forme geometriche (c'è un vero rapporto di alterazione fisica). Di conseguenza, il pi dovrà essere regolato in modo che si relazioni con la struttura temporale della forma. All'interno dell'Universo, potrete notare che ci sono molti valori di pi, poiché ci sono molte zone con i propri attributi specifici di spazio/tempo. Pertanto, ogni singola zona è legato ai propri parametri fisici.

Coloro che hanno familiarità con la guarigione attraverso il suono, hanno già lavorato a stretto contatto con una scala musicale, che è comune agli strumenti musicali sulla Terra. Vi siete mai chiesti perché vi offriamo dodici intervalli musicali di base? Questo è qualcosa di così potente, che sembra strano non essere stato introdotto immediatamente nella vostra matematica. In che modo i dodici attributi vibrazionali dei dodici intervalli musicali si relazionano alla matematica? Questo dimostra chiaramente un sistema di base dodici!

Il DNA ha dodici strati e non due!

Cerchiamo di applicare, infine, questo tema alla vostra biologia. Miei cari, avete dodici filamenti di DNA e non due. Perché dodici? A chi non lo crede, chiediamo, semplicemente, di osservare quelle due in cui si crede. Guardando le due catene biologiche visibili, che cosa notate nella loro organizzazione? La risposta è che vedete un modello di quattro, ripetuto tre volte. Così, la vostra biologia e la struttura del DNA, hanno un sistema di base dodici. E a chi ha studiato la scienza di base per l'agopuntura, vi chiediamo: Quanti meridiani ci sono su ciascun lato del corpo umano? Naturalmente, la risposta è dodici!

Vi chiediamo di riflettere su queste cose, dal biologico allo spirituale, passando per la geometria... fino ad arrivare all'astrologia. È preciso e corretto. Esiste, perché tutti possano vedere. E i disegni nei campi di grano parlano di queste cose, v'incoraggiando a cercare una struttura matematica di base dodici.
In sostanza, vi dicono: cominciate a capire e usare la base dodici, giacché sarà necessaria per quando arriveranno i "parenti".
(Kryon)
(Chi ha orecchi per intendere, intenda!)

L'energia libera è possibile e l'abbiamo sotto il naso - Il segreto? Pensare infinitesimamente piccolo!

La così detta *Free Energy* - Energia Libera e gratuita (da non confondere con l'energia rinnovabile) – dovrebbe essere un diritto di tutti. Eppure, c'è qualcuno che non vuole proprio parlarne.

325

Secondo la teoria cospiratrice della *Free Energy*, le evidenti scoperte scientifiche che sembrano permettere di ottenere energia gratuitamente, verrebbero continuamente ignorate da tutti i governi del mondo, per avvantaggiare le società di trasformazione di energia basate principalmente sullo sfruttamento delle fonti energetiche di origine fossile (petrolio, carbone, gas naturale). Così, molti si chiedono, giustamente, è mai possibile che nessuno studioso si sia mai chiesto perché mai, nel Ventunesimo Secolo, debba essere necessario bruciare del carbone per far bollire dell'acqua per generare vapore che fa girare le palle... (le turbine, per intenderci)?

Le cose più difficili da vedere, sono sempre quelle che abbiamo sotto il naso. Il nostro attuale sistema di generazione dell'energia è una realtà culturalmente agghiacciante, retriva e onerosa.
Il pianeta Terra, è un grande organismo vivente, contenente enormi quantità di energia, essendo, di fatto, un gigantesco generatore e accumulatore di tutti i tipi conosciuti di energie.

Perché in un sistema come questo, continuiamo a schiavizzare migliaia di persone, armandole di piccone per scavare e tirare fuori del carbone che finirà in una caldaia progettata e costruita da altri schiavi della metallurgia, per scaldare dell'acqua e farla fuoriuscire sotto forma di vapore? A rigore di logica, non sarebbe più facile creare un "accumulatore" che prenda l'energia che scorre liberamente e con enorme imponenza intorno a noi?

Per voi, Fisici, qui c'è qualche sorpresa!

-Due cose POSSONO occupare lo stesso posto allo stesso tempo.
-La membrana di caratteristiche esiste davvero.
-La fisica è variabile... e per alcuni, questa non è una bella notizia.
-L'anti-materia riposa in un differente modello temporale.

*Parleremo dell'**Energia Libera**. Non è comprensibile per tutti, ma qualcuno dei lettori, la conoscerà.*
*Per un certo tempo, l'Umanità era convinta che potesse esserci qualcosa chiamato **Energia Libera**. Questa potrebbe manifestarsi con un apparecchio in grado di auto-alimentarsi, apparentemente senza carburante. È possibile? **Sì**, lo è sempre stato. Alcuni capiranno come potrebbe funzionare, poiché interessa fondamentalmente il magnetismo. E ci sarà anche chi lo scoprirà a livello macroscopico - ma non sarà una cosa molto efficiente. Ciò che desideriamo fare, è darvi delle risposte che potrebbero sorprendervi, ma che vi permetteranno di raggiungere la meta dell'energia libera in modo molto più facile e veloce.*

Forse, da bambini, vi stupivate di quei magneti statici che, tenuti tra le mani, respingevano con forza lo stesso polo di un altro magnete. Vi divertivate per quanto dovevate spingere contro il metallo cercando di unire i due poli della stessa polarità. Il materiale magnetico sembrava veramente respingersi e allontanarsi! E più erano grandi i magneti, più si ribellavano all'avvicinamento. Qual è la forza respingente? Perché, anche spingendo con tutta la forza, questi metalli si respingono? Qual è il meccanismo?

I fisici, naturalmente, hanno sviluppato risposte sull'energia intrappolata e l'hanno chiamata cinetica. Attualmente c'è tutta una serie di disquisizioni che tentano di descrivere il motivo per cui c'è una forza respingente imprigionata nel metallo. Nulla di ciò è corretto! C'è qualcosa sul magnetismo che alla fine verrà scoperto. Ha uno strato interdimensionale cui state solo ora avvicinandovi; non è definibile nelle quattro dimensioni (la vostra realtà). Il vero motivo della repulsione non fa parte della vostra fisica quadri-dimensionale. Gli avete assegnato un nome, ma senza comprenderlo.

Alcuni scienziati continuarono a domandarsi: Che succederebbe se facessimo in modo che i magneti spingessero contro altri magneti? Se progettassimo qualcosa d'intelligente dai magneti che si spingono tra loro, e se potessimo usare questa energia circolarmente – all'interno di una macchina – magneti con magneti? Potremmo usare questa incredibile spinta naturale estraendo energia in un mutuo spingere/respingere. Si potrebbe, quindi, avere un motore che si alimenta con una forza naturale!

Questo è, quindi, il modo semplice in cui, dapprima, la scienza ha iniziato a pensare all'energia libera. Oggi, se parlate a un fisico, scoprirete che questo non è possibile. Questo scienziato vi dirà che ci sarà sempre ciò che è chiamato "contropartita" o ciò che qualcun altro chiama "chi paga i suonatori". Non si può avere qualcosa per niente. C'è sempre qualcosa che interferisce con l'energia libera, dicono. Hanno ragione? SI'! Ma lasciate che vi dica cos'è quel "qualcosa": la fisica 4D! Il limite in cui vi trovate. Il motivo per cui non funziona, è dovuto alla vostra realtà dimensionale. Questa è la risposta.

Perché le costellazioni e sistemi solari non seguono le leggi del moto di Newton

Il Magnetismo e i punti neutri, sono anche al centro della vostra galassia, ciò significa che la galassia è in uno stato di concordanza con se stessa. Questo spiega ora, perché tutte le costellazioni e sistemi solari non seguono il movimento di Newton. Invece, si muovono insieme come una sola cosa intorno al centro, poiché essi sono correlati. Ho appena spiegato la ragione e la scienza comincerà a capirlo presto. Finora è stato un mistero, ma ora sapete.

Così, ora avete il macro-entanglement. La cosa più grande che si possa immaginare la galassia, è correlata con se stessa. Ci possono essere altre situazioni di correlazione che non conoscete o non potete vedere ogni giorno della vostra vita? La risposta è SI. La fisica che si applica, è valida quando trovate un postulato 100% verificabile nel vostro mondo di realtà 4D. Quando questo accade, vi sentite appagati. Il problema è che, quando progettate una qualcosa con questa regola, pretendete applicarla a tutto l'universo. Così, la fisica newtoniana, einsteiniana ed euclidea - le regole che sembrano governare tutto a tutti i livelli - per voi, è assoluta. Una volta scoperta nella vostra realtà, è cementata in tutte le realtà. Ebbene, non è così! Avete mai provato questa fisica in tutte le forme possibili di esistenza? Oppure sono solo conclusioni che avete emesso? Pensateci!

La membrana quantica - una "membrana di caratteristiche"

*In passato vi abbiamo dato delle formule che indicavano dei pezzi mancanti, che ancora non comprendevate nei concetti fisici di base. Vedete, **la fisica è variabile...** e per alcuni questa non è una bella notizia. Qual è la più grande variabile della fisica? <u>La grandezza</u>. Il rapporto delle caratteristiche tra massa, magnetismo e gravità cambia con la grandezza.*

*Definiremo questa variabile e la chiameremo **la membrana quantica**. È una membrana di caratteristiche. È quella che si attraversa, a quel livello quantico dove la fisica cambia. Ora, queste cose sono state viste, ma finora, chi le ha osservate, le ha viste come stranezze. Alcuni hanno discusso di questo, domandandosi se potrebbe esistere questa membrana di caratteristiche. **Sì, esiste**.*

*Quando si passa attraverso questo livello, avvengono molte cose strane e particolari - <u>cose che potrebbero illuminare davvero la strada per l'energia libera.</u> Sarò più specifico. Questa è, invero, una **membrana dimensionale** – si potrebbe chiamare spostamento da quattro a cinque dimensioni. Naturalmente, non è corretto dire così, perché quando vi muovete fuori dalla quarta dimensione, non c'è più linearità, poiché il vostro tempo è cambiato. Senza linearità non è più possibile contare, non è vero? Così, "cinque" diventa veramente una "impossibilità". Allora, diciamo solamente che vi state "spostando fuori dalla vostra dimensione".*

Due cose POSSONO esistere nello stesso posto, allo stesso tempo!

Ascoltate. *<u>Vi darò delle informazioni che i vostri fisici convalideranno fra breve</u>. Vi domando: secondo i vostri fisici, possono due cose esistere nello stesso posto, allo stesso tempo? E voi potete dire, sicuramente no. È impossibile. Cambierò la domanda. Che dite se due cose fossero veramente la stessa cosa due volte? Direste, "Bene, non l'ho mai sentito dire". È ciò, appunto, che accade quando la materia passa attraverso la membrana quantica! La stessa particella esiste con caratteristiche di due dimensioni, nello stesso tempo.*

Ascoltate! *Faremo un'esposizione di questo, mai fatta prima, e vogliamo darla in modo che i lettori capiscano.*

*Quando la materia passa attraverso la membrana, c'è un istante, un'infinitesima frazione di tempo, in cui la materia contiene realmente entrambe le polarità - positiva e negativa. Sembra veramente che le parti siano nello stesso posto, nello stesso tempo. Si potrebbe quasi chiamarlo uno scambio di anti-materia. Nell'attraversare la membrana, c'è un momentaneo, infinitesimale squilibrio, di quello che abbiamo chiamato il Reticolo Cosmico. E, in quel momento, si crea energia apparentemente dal nulla. Ma non è dal nulla, bensì **dal tutto**! Il Reticolo Cosmico rappresenta tutta l'energia dell'universo in stato di equilibrio, nello stato di zero - del "nullo" - in attesa di un colpetto. Lo abbiamo già descritto in passato. Qual è il segreto di dargli un colpetto?*

__Il segreto dell'energia__ libera è un magnetismo infinitesimo che attraversa la membrana - cioè, è una forza interdimensionale all'opera. È il salto quantico - la cosa che sembra far da ponte all'irraggiungibile, dove le particelle possono passare da una parte all'altra e nello stesso tempo dare la sensazione che non abbiano mai attraversato il passaggio che intercorre.

E se le particelle, in realtà, non "viaggiassero" affatto? Se si rimbalzassero in un'altra dimensione, come forzate da una condizione di star occupando lo stesso spazio nello stesso tempo? E se non andassero davvero da nessuna parte, ma nella vostra dimensione (come osservatori), sembrasse essere così?

331

Qui vi do una chicca:

Il segreto dell'energia libera è in apparecchi piccoli, piccolissimi... e tantissimi, in modo che possano lavorare insieme. *Se poteste fare degli apparecchi sufficientemente piccoli, potendoli allineare a uno scopo unitario (una spinta comune), vi potreste avvantaggiare di ciò che vi ho appena comunicato. Quando tratterete il magnetismo a livello molecolare, scoprirete che esso agisce in modo diverso. L'energia libera è oggi ottenibile tramite una vasta schiera di piccolissimi apparecchi e non solo è possibile, ma è lì in attesa. E non è per niente libera. Non è la creazione di energia dal nulla. Invece, si tratta dare un colpetto al Reticolo Cosmico, dove montagne di energia sono disponibili.*

Matematici! Ecco quando una forza è superiore alla somma delle parti!

Ecco un'altra cosa che scoprirete, una cosa molto divertente per i matematici.
La grande schiera di apparecchi molecolari totalizzerà una forza superiore alla somma delle parti! Questa da sola dovrebbe essere l'indizio di un'energia "nascosta" al lavoro.

L'indizio finale che vi daremo in questa panoramica di consigli sull'energia libera, è: poiché ci vorranno dei magneti piccolissimi per farlo, c'è bisogno anche di polarità piccolissime per la sua realizzazione. Come? Non dimenticate che potete magnetizzare certi gas.

Nuovi modi per ottenere il calore geotermico, direttamente dalla terra e gratuito

Arriva un momento in cui si dovrebbe pensare fuori dagli schemi delle tre dimensioni, quando parleremmo di alcune cose che sono già state presentate prima. Pensate in linea retta, non perché volete pensare così; voi presupponete che il pensiero sia stato creato in modo lineare. Pensate che avete oggi, grandi invenzioni high-tech e questo è dovuto alla scarsa consapevolezza di comprensione. Il potente sistema informatico che utilizzate, è programmato solo per una realtà 3D. Un giorno, troverete questo divertente.

Avete a disposizione un'energia incredibile, direttamente dalla Terra, ed è gratuita. Non è energia libera, perché per essere estratta, dev'essere costruito un estrattore. Questa energia è ovunque, è per sempre e si chiama <u>energia geotermica</u>.

È tutto sotto i vostri piedi, non è così profondo ed è calore naturale. È abbastanza caldo da creare vapore. Se potete ottenere calore attraverso il processo naturale di energia geotermica, potete operare le turbine a vapore e produrre elettricità - l'energia che è necessaria per superare gli inverni più rigidi previsti. L'elettricità non è il metodo più efficace per riscaldare una casa, ma è pulita e più conveniente per l'uso quotidiano di quanto non siano i motori a vapore complessi e onerosi, come i reattori nucleari che utilizzate ancora oggi. L'energia nucleare, per quanto pulita e utile che possa essere, possiede alcuni sottoprodotti pericolosi, e voi lo sapete. Anche l'energia geotermica, nonostante sia molto pulita, può essere pericolosa.

<u>Ma ecco la novità!</u>

Se trivellate per circa cinque chilometri sottoterra, troverete abbastanza calore da far funzionare un motore a vapore. Per voi, cinque chilometri non è tanto quando si misura in linea retta sulla

333

superficie della terra. Ma se trivellate tale profondità, tecnicamente diventa difficile e pericoloso per il pianeta. Per raggiungere cinque chilometri sotto la crosta terrestre, si attraversano alcune "sacche", tra cui, forse, quelle che rilasciano gas; sacche che, forse, potranno rilasciare acqua e fuoco. Inoltre, a volte, si può anche rompere l'integrità della roccia scistosa. Questo può anche sollecitare il potenziale per provocare un terremoto e tutto questo con una perforazione di cinque chilometri.

Vi dirò, quindi, come produrre vapore senza perforare così in profondità, ma bisogna pensare fuori dagli schemi, fuori di tutto quello che avete sempre immaginato. Finora, si è sempre pensato a trivellare e mettere una tubazione per terra con dentro l'acqua. Mettendo l'acqua, il vapore sale. Ma si dovrebbe perforare solo un segmento di quella lunghezza per trovare abbastanza calore da far bollire un liquido. **"Impossibile!"** Si potrebbe dire. "Questo succede nei luoghi più caldi della terra, dove il calore è molto vicino alla superficie ma questa caratteristica non si trova nella maggior parte dei luoghi in cui dobbiamo trivellare." Il segreto è ***non usare l'acqua***.

È il momento di combinare la tecnologia più avanzata che avete sul pianeta, con le cose che voi mai avete pensato potessero essere abbinate, e questo è pensare fuori dagli schemi. Si tratta di cominciare a pensare in un modo più quantico, vedendo l'intero quadro, invece di vedere solo le parti che si pensa dovrebbero essere lì, o semplicemente quello cui siete abituati.
Ecco alcune soluzioni e alcuni di voi sanno già quali sono. C'è una chimica elegante che entra in ebollizione a una frazione della temperatura alla quale l'acqua bolle, allora, la soluzione è: imparare a utilizzare queste sostanze e fluidi aventi questo tipo di chimica, all'interno di un sistema chiuso geotermico, e non bisogna scendere a una profondità di cinque chilometri, ma solo circa due chilometri. Utilizzando questa chimica nota, si può perforare solo una profondità parziale, per ottenere il calore necessario per produrre vapore. Diciamo questo perché sarà

necessario farlo. Se accettate questo consiglio, scoprirete che il tempo e la sincronia per questa scoperta sono a portata di mano. Questo è solo per dirvi che voi capirete e riconoscerete tutti gli elementi da combinare per avere il vostro motore a vapore. Non ci vorrà nemmeno cinque anni per costruirlo, non sarà pericoloso e non dovrete coprirlo con un'armatura. È molto più semplice di quanto si pensi. Non emetterà fumo, non inquinerà e non sarà pericoloso stargli vicino. <u>Pensate... calore naturale, da Gaia, per sempre!</u>

Produrrà l'elettricità che è necessaria per riscaldare le case e i luoghi di lavoro. Perché, credetemi, certamente farà più freddo di quanto siate abituati.

L'anti-materia è tanta quanto la materia positiva

*Vogliamo darvi anche questa informazione su materia/anti-materia. Tra i fisici c'è chi crede che l'universo debba contenere l'antitesi di se stesso, accanto a sé. È come dire che la materia positiva e l'anti-materia devono trovarsi insieme da qualche parte perché vi sia equilibrio, cosa richiesta dai calcoli matematici della fisica. Allora, la cosa interessante è che, benché la materia positiva sia tutta intorno a voi (quella che siete abituati a vedere), la sua controparte - l'anti-materia - manca. La domanda, quindi, che i fisici potrebbero farsi è: <u>"Dov'è l'anti-materia? È tanta quanto la materia positiva?"</u> La risposta è **SÌ**.*

Dov'è l'anti-materia? Riposa nelle caratteristiche della membrana quantica. Sta anche in un modello temporale leggermente differente. Quando inizierete a capire la capacità insita nella fisica di cambiare la realtà del modello temporale, tutta l'anti-materia si mostrerà da sé. E la ragione è che: dev'essere lì per l'equilibrio! E c'è uno scherzo qui, un grandissimo scherzo cosmico. Questo fenomeno dell'anti-materia che riposa in un differente modello *temporale è responsabile di ciò che avete erroneamente identificato come il **big bang**.*

Ascoltate scienziati, e sospendete i vostri pregiudizi 4D per un momento.

*La materia si è palesata dappertutto, tutta in una volta. Non c'è stata esplosione. La membrana cambiò e si creò l'universo. Oh, non quello che vedete oggi, ma un universo iniziale. E il residuo di quel cambiamento della membrana, è ovunque guardiate, e **non troverete alcun punto specifico che possa indicare l'origine di un big bang**. Non troverete mai un centro per alcun Big Bang. Questo perché la realtà divenne realtà, tutta in una volta sola. Quando scoprirete la verità di queste cose, scoprirete anche il segreto della comunicazione istantanea su lunghe distanze... tramite quelle caratteristiche interdimensionali che sospendono tutte le regole di tempo e luogo.* (Kryon)

Una comunicazione quantica attraverso il vento solare!

Galileo ipotizzò che le macchie solari fossero delle nubi che si trovano al di sopra della superficie, impedendo alla luce solare di arrivare fino a noi.

Le macchie solari furono studiate da *Galileo* e da *Scheiner* all'inizio del '600, e in seguito accadde una cosa molto strana: per circa settant'anni (1645-1715) esse divennero una rarità. Alcuni ritengono che la scomparsa delle macchie solari sia stata dovuta all'inusuale clima freddo che si verificò. Fu solo nel 1843 che l'astronomo dilettante *Heinrich Schwabe* notò che il loro numero aumentava e poi diminuiva, con un ciclo piuttosto irregolare, della durata di circa undici anni. La natura delle macchie solari rimase sconosciuta fino al 1908, quando *George Ellery Hale*, segnalò che la luce proveniente dalla regione delle macchie, era modificata in un modo da indicare che essa era generata in un intenso campo magnetico. Gli astronomi ritengono che le correnti elettriche, che scorrono nel plasma solare e generano questi campi, traggano la loro energia dalla rotazione non uniforme del Sole - più rapida all'equatore - la quale a sua volta è alimentata dal flusso globale di gas solare.

E qui si spiega il mistero:

Le macchie solari possono essere create dalla forza gravitazionale

Al momento stanno avvenendo molti cambiamenti sul pianeta. Anche il magnetismo sta cambiando. Il magnetismo del sistema solare e del sole in particolare, influenza il vostro tempo atmosferico. Quante macchie solari avete visto ultimamente? Vi ricordate di aver visto qualcosa di simile durante la vostra vita? Che cosa significa? Ve lo dirò, cari Esseri Umani: è tutto collegato a ciò che sta ora avvenendo sulla Terra. Forse voi non ne vedete una correlazione, ma io vi dico che c'è una correlazione profonda. E se le macchie solari fossero create dalla forza gravitazionale o da altre forze interdimensionali prodotte dall'orbita dei pianeti? È stata forse fatta una correlazione tra macchie solari e posizione dei pianeti? Troppo strano? V'invitiamo a vedere queste correlazioni.

Il sole è il fulcro degli attributi di attrazione gravitazionale multidimensionale dei pianeti che gli orbitano intorno. C'è un'informazione interdimensionale – chiamatela configurazione gravitazionale, se volete – generata dal sole in ogni istante. Quando i pianeti esercitano la forza di attrazione/repulsione sul fulcro del sistema solare, influenzano l'atteggiamento del sole. Questi modelli sono ogni giorno diversi e intersecano il campo

337

magnetico della Terra, quando sono emessi dal Sole ed è ciò che chiamate vento solare.

Il vento solare ha delle proprietà multidimensionali

Vi ho dato delle informazioni in modo scientifico, con l'induzione, di come il sistema solare prende il suo imprinting gravitazionale e lo invia, letteralmente, all'interno dell'eliosfera; una comunicazione quantica attraverso il vento solare. Il vento solare, incontrando e interfacciandosi con la griglia magnetica della Terra, si sovrappone a essa che, a sua volta, si sovrappone al campo generato dal vostro DNA. Pertanto, gli stessi messaggi che riceve il sistema solare, li ricevete anche voi. Di conseguenza, questo è il substrato magnetico in cui siete.

Il vento solare è l'eliosfera magnetica e ha delle proprietà veramente multidimensionali. Questo vento magnetico colpisce e s'interseca con il campo magnetico della Terra, e voi lo potete vedere! Lo chiamate Aurora Boreale. È un gigantesco campo magnetico (del Sole) che s'interseca con un altro campo magnetico (della Terra). La scienza chiama questo fenomeno induttanza. In questo intersecamento di energia, avviene un trasferimento di configurazioni informative del sole (in quel momento) verso la griglia magnetica della Terra.

*Ora è proprio nella griglia magnetica del pianeta che voi siete dentro. E lo siete per tutta la vita. Il campo intorno a voi – lo imprinting del vostro DNA chiamato **Merkaba** - che misura circa otto metri - riceve le informazioni solari dalla griglia magnetica, e le istruzioni in esso contenute vengono passate direttamente al DNA, che a sua volta è magnetico.*

*Credete che la catena di trasmissione magnetica appena illustrata, sia una cosa esoterica. Ma **NON lo è.** È pura scienza. Ma il pensare che gli attributi gravitazionali, magnetici e interdimensionali del sistema solare passino al vostro DNA, sembra essere molto esoterico. Alcuni la chiamano "astrologia". La verità è che vale per l'umanità, e anche per Gaia!*
(Kryon)

La geometria sacra - Ci sono tre numeri interdimensionali che vengono dopo il nove!

Per molti, questa parte non ha alcun senso. Saltatela, se così preferite. Ma per alcuni, sarà un nuovo riferimento fuori da qualsiasi informazione che qualcuno abbia acquisito nel suo corso di studi matematici.

Se sei un matematico o un appassionato della materia, ti suggerisco - per una migliore comprensione - di tentare usare la mente quantica e pensare fuori dagli schemi, uscendo, per un momento, da tutte quelle regole studiate, considerate uniche e immodificabili, perché ciò che segue ti manderà fuori rotta. Kryon parla di cose profonde e ancora fuori dalla nostra consueta percezione. Ad esempio: <u>Ci sono tre numeri in più dopo il nove, che non hanno valori numerici e non sono gli zeri, ma modificano gli altri nove, alterando così, l'intero sistema</u>. Che ne dite? Dico solo che anche il più ossessionato dalla matematica e persino gli esperti di numerologia, avranno difficoltà a cogliere queste informazioni avanzate. Allacciate le cinture!

Una Matematica concettuale!

Anche la numerologia più complessa, tende a concentrarsi sui numeri della vostra linearità, quelli che vedete nelle 4D. Tendete a lavorare dagli uno (1) fino al nove (9) e con i sistemi concernenti a essi. È ora di includere i tre "numeri" che non vedete. Proprio come per il DNA, ce ne sono altri che modificano o entrano in risonanza con quelli che vedete.

Ora, può sembrare molto strano dirvi che nel vostro sistema ci sono tre numeri in più che non hanno valore numerico, ma che è come se lo avessero. Per chiarezza, non è diverso dal domandare a qualcuno: "Che numero è il colore blu?" ricevereste come risposta, un'altra domanda, "Che cosa intendi? I colori non hanno una numerazione. Sono solo colori. Però hanno dei nomi." E, infatti, è così, hanno energia, si combinano e fanno parte di un sistema.

I tre numeri interdimensionali

Così, pensate ai nuovi numeri in questo modo: illustreremo i tre numeri interdimensionali che modificano quelli che siete abituati a utilizzare.
Ciascuno di quei tre numeri dopo il nove ha un simbolo (geometria sacra) e un nome. Se desiderate davvero accelerare la vostra comprensione, dovreste includerli agli altri nove perché essi li modificano, cambiando così l'energia del sistema.

Vorrei darvi un esempio. Se vedete il numero uno (1), potreste associarlo a "un nuovo inizio" - l'interpretazione più facile. Sarebbe semplicemente lì e direbbe: "Io rappresento dei nuovi inizi, un punto di partenza". Ma, se ora prendete uno dei numeri che sono oltre il nove e lo mettete accanto a esso, modifica il numero uno in qualcosa di diverso.

Com'è possibile? Pensando fuori dagli schemi!

Per ulteriore chiarezza, vi dirò cosa sono i tre non-numeri nella loro forma più semplice. Nella linearità rappresentano l'energia del passato, del presente e del futuro. Saranno questi i nomi che daremo loro per ora, ma non sono in alcun ordine. **Sono, dunque, numeri concettuali e non numeri assoluti.** I primi nove sono *numeri con un valore (con un valore lineare assoluto). I tre successivi sono concettuali, non hanno un valore quantitativo ma modificano gli altri.*

*Questi tre numeri interdimensionali non hanno una loro propria energia. Devono avere gli altri numeri, per funzionare. E questo li rende anche dei catalizzatori. Inoltre, li posiziona nel circolo con gli altri invece di porli allineati o in colonna. **Qualcuno lo capirà e qualcun altro no.** Se avete i numeri da uno a nove in colonna - scritti sulla pagina che state guardando, pensate agli altri tre come sospesi in aria al di sopra della colonna. Questo è il meglio che riusciamo a fare per spiegare un qualcosa che è fuori dalla vostra normale percezione 4D.*

Torniamo, dunque, al nostro esempio. Che cosa accadrebbe all'interpretazione del numero uno se il numero interdimensionale del "passato" gli fosse vicino? Vi darebbe informazioni personali extra sull'energia del numero. Amplia notevolmente la visione d'insieme. In questo caso, vi dice che l'energia di nuovo inizio circonda il vostro passato. Che cosa potrebbe significare? Non è contraddittorio? Per molti di voi non ha senso. Quello che potrebbe significare sarebbe che l'energia del vostro passato, che influenza il vostro presente, è riallineata. "Che Cosa?", potete dire, "Come può il mio passato influenzare il mio presente?" Non è difficile, mio caro. Cosa ti porti dietro che ti rende arrabbiato? Cos'è successa nel tuo passato che ti dà dolore o tristezza? Il numero uno nella lettura, combinato con questo nuovo modificatore, direbbe al lettore di numerologia che ci sono energie di un nuovo inizio, intorno a quelle cose che hanno caratterizzato i tuoi sentimenti e le tue reazioni per anni e anni. Lo capisci?

Che succederebbe se ci fosse un numero modificatore del "presente" insieme al numero uno? Indicherebbe che intorno a voi c'è l'energia del nuovo inizio che tende a presentarsi proprio in quel momento nel tempo lineare 4D! Indicherebbe un cambiamento in "tempo reale" e vi aiuterebbe a capire l'azione da intraprendere per modificare la vostra vita stessa, in quello stesso giorno!

L'energia del numero del "futuro" vicina al numero uno indicherebbe che c'era un nuovo inizio in potenza - non adesso, non nel passato, ma un potenziale che voi vedevate - che avrebbe potuto aiutarvi a pianificare - che avrebbe potuto cambiare il vostro pensiero su cosa fare in seguito. Capite come questi tre nuovi numeri concettuali potrebbero interagire con i sistemi esistenti? Questo crea, del resto, molta più complessità. Aggiunge tre strati sopra di quelli conosciuti.

Infine, per aggiungere altro a una già esistente complessità, cosa succederebbe se più di un numero concettuale intervenisse sul numero uno? Che cosa significherebbe avere presente e futuro vicino al numero uno? Creerebbe un inserimento - un nuovo sistema - che chiameremo "numerologia interdimensionale". È uno strumento nuovo fiammante.

Naturalmente, la domanda è: "Chi può vedere questi nuovi numeri concettuali?" Voi tutti, se lo volete. Fa parte della nuova luce. Fa parte del "vedere nel buio". Tutto fa parte di ciò che vi è stato dato e che riscriverà i testi spirituali e tutte le antiche scritture da voi tenute così in considerazione, prima che si accendesse la luce.

CAPITOLO XIX

RIVELAZIONI IMPORTANTI DI KRYON

Se avete una coscienza delle dimensioni di una pallina da golf, quando leggete un libro, avrete una comprensione delle dimensioni di una pallina da golf. Quando guardate all'esterno avrete la consapevolezza di una pallina da golf. E quando vi svegliate al mattino, avrete uno stato di vigilanza dalle dimensioni di una pallina da golf. Ma se potete espandere questa coscienza e poi leggete il libro, avrete più comprensione. Se guardate all'esterno avrete più consapevolezza e quando vi svegliate, sarete più vigili. È Coscienza. E c'è un oceano di Coscienza pura e vibrante all'interno di ognuno di noi. E si trova proprio alla fonte e alla base della mente, proprio alla fonte del pensiero ed anche alla fonte di tutta la materia. (David Lynch)

Qui avrete incredibili conoscenze su certe cose che, in una logica razionale, sembrano essere completamente prive di senso, fuori da ogni probabilità. Kryon elenca alcuni fattori ad alto potenziale che si avvereranno sul pianeta, e che faranno scuotere la testa a molti. Ma quando parla di come la pace in Israele, potrà essere raggiunta, anche quelli meno scettici, che già prevedono questa possibilità, si sorprenderanno perché è qualcosa d'incredibile e meraviglioso, e molti penseranno sia troppo bello, perché sia vero!

Il riscaldamento globale non è creato dagli esseri umani

Ci sono cose che sono successe su questo pianeta che sono, semplicemente, contro ogni previsione. Gli esseri umani non osservano abbastanza da vederle per quello che sono. Vorrei portarvi attraverso i miracoli degli ultimi venti anni.

343

Le prime informazioni che ho dato sono stata nel 1993. Ho detto che la griglia magnetica del pianeta sarebbe cambiata... molto. Di fatto, è accaduto, mentre siete ancora in vita. Vi ho detto che, contro ogni previsione, si sarebbe visto che la griglia si sarebbe mossa più in dieci anni che negli ultimi cento. E così è avvenuto. E oggi, si può misurare facilmente con una bussola. La scienza è venuta a conoscenza di esso. È un dato di fatto, nei registri scientifici che, anche l'eliosfera del sole è cambiata molto. Vi è una fonte magnetica che sta entrando il vostro sistema solare, che fa parte dell'allineamento galattico, e lo state già sperimentando. Tutto si sta verificando, entro i tempi previsti. Tutte queste misure sono adeguate, caro Essere Umano.

Tutto questo è in linea con ciò che i **Maya** *vi hanno detto: una delle più alte vibrazioni, mai viste sulla terra, si sta sviluppando in questo momento. Siete dentro il cambiamento e la griglia magnetica è parte di esso. Così come la terra impiega un anno per girare intorno al sole, l'intero sistema solare ha bisogno di ventisei mila anni per completare una rotazione galattica. Così come la terra appresenta cambiamenti "naturali" durante il suo percorso, a causa della sua esposizione al sole, anche il sistema solare "subisce" - per così dire - delle perturbazioni inquietanti nel suo viaggio. Questo cambiamento planetario causato dallo spostamento del sistema solare, spiega in maniera accettabile e logica, l'origine del petrolio, delle piramidi di tutto il mondo, il sale nelle catene montuose delle Ande, o l'affondamento di Atlantide.*

Il sistema solare, grazie alla sua età esistenziale, ha fatto molte volte questo viaggio cosmico. Ora, sta ancora una volta, entrando in un periodo in cui questi eventi si stanno intensificando. Siccome non si è mai visto questo prima, pensate di essere voi i creatori di tali eventi. Ma si tratta di qualcosa che è ciclica ed è un evento naturale. (Kryon)

Il ciclo dell'acqua sta interessando il clima

Questo messaggio sensazionale di Kryon sul riscaldamento globale, spiega il motivo del cambiamento climatico così rilevante, che ora sta investendo il pianeta.

Ciò che state vedendo nei cambiamenti climatici di questo pianeta non è creato dagli Umani. Ciò che chiamate riscaldamento globale non è per nulla un riscaldamento globale, e ve lo dico nuovamente: fa parte di un ciclo che c'è sempre stato. Questa non è un'informazione nuova poiché già nel 1989, abbiamo parlato di tali cambiamenti, e che ora state osservando. Molto prima che l'idea di riscaldamento globale fosse comune, vi dissi di aspettarvi questo ciclo.
Il polo nord si è sciolto parecchie volte e poi si è riformato altrettante. È ciclico. Il ciclo di evaporazione dell'acqua (che Kryon chiama il ciclo dell'acqua) è il modo in cui funziona **Gaia**. *Non sono gli Umani ad averlo causato. Vi do questa informazione, così che non ci sia alcun allarme al riguardo, affinché non se intraprendano possibili azioni con risposta a una falsa idea.*

Ciò che emettete nell'aria è importante, perché mette a rischio la vostra salute. Quello che emettete nell'aria fa male all'Umanità, non necessariamente a Gaia. La Terra è ben più resiliente di quanto pensiate. Gaia si risistema in modi che non vi aspettate, e più velocemente di quanto vi aspettereste. Il vostro contributo all'inquinamento è insignificante, rispetto ad alcune delle eruzioni vulcaniche del passato. Gaia si prende cura di Gaia, e il processo non è nuovo, né è una sorpresa. Il nostro consiglio, comunque, è di ripulire l'aria e vivrete più a lungo. Non si tratta, con ciò, di fermare un ciclo dell'acqua causato da voi. Proprio per nulla! Si tratta di semplice buon senso per vivere meglio.

Nel 1993, ho detto che i modelli climatici avrebbero cambiato molto. Ho detto che in venti anni, si dovrebbero vedere cambiamenti radicali. Avete osservato? Il riscaldamento è un'occorrenza ciclica naturale, per potere, poi, essere seguito da un raffreddamento! Si tratta del ciclo dell'acqua di questo pianeta e dal punto di vista geologico, ha accelerato. Il tempo è relativo e i vostri migliori scienziati ve l'hanno detto. In un cambiamento vibrazionale, il pianeta ha accelerato il tempo - non il tempo sugli orologi meccanici, né il tempo misurato da ciò che viene rilasciato dagli isotopi radioattivi... non è questo tipo di tempo. E l'interdimensionalità del tempo - qualcosa causata da uno spostamento interdimensionale. E voi, collettivamente, lo avete accelerato. Si sta muovendo molto più velocemente, e il vostro corpo lo sa. State sentendo questo. E lo stesso succede con la terra. La Geologia sta accelerando. State notando cose che i geologi non si aspettavano che accadessero nei prossimi cent'anni. Questo è il cambiamento del ciclo dell'acqua che sta interessando il clima. Abbiamo detto che state seduti su di esso.

I Bastioni della finanza stanno cadendo

Tre anni fa vi ho detto che non era una profezia, e neppure una predizione, ma che stavo riferendovi uno dei più forti potenziali esistenti nella vostra realtà. Si tratta di eventi che si vedono arrivare perché siete voi che pian piano li state creando. Noi abbiamo la capacità di vedere i potenziali di ciò che state creando ma che non riuscite a vedere, io l'ho visto e vi ho detto che una grande nazione appena a sud dei vostri confini (gli USA) stava per perdere la stabilità delle sue più importanti istituzioni: i bastioni della finanza sono crollati. Avevo detto che questo avrebbe avuto inizio con le assicurazioni, e così è stato.

Se guardiamo queste istituzioni che sono, letteralmente, il sogno americano, che appartengono agli Stati Uniti, quelli che hanno inventato e creato la industria automobilistica per il resto del mondo... oggi sono in fallimento.

Se vent'anni fa aveste chiesto a un dirigente dell'industria automobilistica se sarebbe potuto accadere, avrebbe risposto: «No. Noi siamo forti. Non potrebbe mai succedere.» Eppure, è successo. Ed è importante che capiate perché. Carissimi, qui non c'è nessuna punizione. Gli affari non sono crollati perché erano corrotti. Non sono crollati perché avevano fatto qualcosa di sbagliato. Non è così che funziona. Se funzionasse così sulla Terra, molte cose sarebbero crollate già nel corso del tempo... non funziona così. Avete avuto, piuttosto, i primi semi di un cambiamento nella finanza e nel sistema bancario che parla d'integrità. La coscienza collettiva ha deciso di reinventare come i banchieri gestiscono le banche, come le compagnie di assicurazioni gestiscono il loro denaro. Le regole dovevano cambiare e così sta succedendo! Molti ancora si chiedono cos'è successo. Su questo pianeta è in corso una potatura che è partita dal Nord America, e noi questo ve lo abbiamo detto alcuni anni fa. Contro ogni previsione, è successo come avevamo detto.

Ora, cosa ne farete di queste informazioni? Cominciate a capire il quadro ora? Quanti di voi hanno il coraggio, la maturità e il discernimento di celebrare la recessione? Potete dire: «Grazie, Dio, perché ci stiamo muovendo con un po' più d'integrità su sistemi che pensavamo avrebbero potuto anche mandarci a fondo»? I cospiratori vi diranno che sta per succedere questa e quella cosa e che sarete tutti finiti. E la prova è, ironicamente, la recessione! Ancor non viene capito che quel che state facendo è potare il sistema a favore dell'integrità.

Che questo sia un momento di consapevolezza, dell'evoluzione scientifica con integrità, con un'economia che deve svilupparsi con integrità, con un governo che sta lentamente cambiando la vecchia *energia. C'è un nuovo paradigma in corso, le cose che in passato non sarebbero mai potuto essere unite. È un paradosso - cose che non possono esistere insieme - come l'integrità e governance; integrità e sicurezza; integrità e sistema bancario. <u>Un nuovo paradigma è imminente, ed è un cambiamento difficile.</u>*

Vorrei dirvi ancora qualcosa sugli USA. Contro ogni previsione, hanno un presidente di colore, cosa che non ci si aspettava almeno prima di altre due generazioni. Chiedete a un sociologo, poiché i sociologi fanno degli studi sui potenziali. C'era troppo odio, troppi pregiudizi, troppe questioni e troppi problemi razziali per permetterlo. Eppure, è successo. Contro ogni previsione, hanno eletto un uomo di colore. Questo è potuto succedere solo grazie a un cambiamento di coscienza. È molto in anticipo sui tempi, secondo chi studia queste cose.
Questi non sono avvenimenti esoterici. Sono avvenimenti della vita reale che vedete intorno a voi, e c'è un motivo per cui vi sto presentando queste cose da esaminare.

La ricostruzione del Tempio di Salomone inizierà con l'aiuto di fondi islamici. Sarà l'Iran a portare la pace in Israele?

Vi ho dato il potenziale di ciò che stava per accadere e che non potete vedere. Ho detto che sarebbe avvenuto un cambiamento in Iran. E ora vorrei farvi conoscere il resto della storia. Ha avuto inizio quest'anno (2009). I semi sono lì pronti per una grande rivoluzione iraniana. Cresce in questo momento, mentre vi parlo. Pochi controllano molti in quel paese che è stato chiamato, letteralmente, di un Impero del Male. Non è strano? Così è successo anche con i sovietici, e guardate cosa è successo. Lasciate che sia la storia a mostrarvi che cosa accadrà, perché io vi sto solo dando il potenziale.

Una rivoluzione in Iran che sarà chiamata di "Grande Rivoluzione", farà cadere i Mullah!

*La rimozione dei Mullah si verificherà. Se i potenziali sono così forti come oggi, lo vedrete. E con la rimozione dei Mullah, si troverà una giovane civiltà iraniana che sarà matura nella sua fede, che sa quello che vuole e che creerà stabilità. In realtà, così stabile che - siete pronti per sentire quest'affermazione? - L'Iran potrebbe, infine, promuovere la stabilità in Medio Oriente. L'influenza iraniana può realmente **portare la pace in Israele.***

Ebrei e arabi insieme finanzieranno la ricostruzione del Tempio di Salomone

*La prossima rivelazione che vi darò, sarà significativa per alcuni di voi e gli altri scuoteranno la testa e diranno: "**Non ci credo.**"*

Ascoltate: *il completamento della ricostruzione del tempio di Salomone a Gerusalemme, inizierà con l'aiuto dei finanziamenti islamici, combinato con un finanziamento da parte dei sostenitori di Israele.*

Vent'anni fa ho detto: "Come vanno gli Ebrei, così va la Terra". E vi dico ora che la soluzione che state aspettando non arriverà dal Nord America, come molti pensavano. Molti pensano che solo le Nazioni Unite possano riuscirci. Ma la soluzione fluirà dallo stesso Medio Oriente. Come ho detto prima, un Iran maturo e stabile creerà la pace tra quelli che gli stanno intorno, forse stabilendo un'unione di stati islamici, e con le loro risorse e la maturità economica vedranno che la soluzione di uno stato unico può funzionare in Israele. Perché il contrario, avrà un impatto sulla loro stessa stabilità. Non comincia ad avere tutto più senso per voi, ora?

"Adesso sei andato troppo in là, Kryon. È un'affermazione davvero ingenua. È un'affermazione ignorante e un po' insultante per gli ebrei".

È vero è molto delicato. Vorrei spiegarvi cosa avviene in questo momento. In Gerusalemme, in verità, ci sono tre importanti religioni alle estremità opposte della scala dell'odio che devono condividere un suolo che per ciascuno di essi è il più sacro. Si trova in una delle regioni più instabili della terra... Israele. Potete immaginare le dimensioni di una tale sfida? Immaginate l'ansia e l'energia della delicatezza e del potenziale esplosivo di quel posto? Questa sarebbe la scintilla che dovrebbe creare l'Armageddon, intorno 1998-2001, nella vostra struttura di tempo. Questo è stato scritto nelle profezie dai sacerdoti, in quasi tutti i libri sacri. Esisteva un grande potenziale perché ciò accadesse ed era atteso da millenni, e molte religioni hanno proclamato che questo conflitto sarebbe stato la causa della fine dei tempi. Ma questo, ovviamente, non è accaduto.
Nel luogo dove il tempio deve esser ricostruito, è avvenuta l'ascensione astrale di Maometto, il profeta dell'Islam. Questo luogo è il Monte del Tempio, ed esso è altrettanto prezioso sia per gli ebrei sia per i cristiani.

Gli ebrei sostengono che lì, Isacco, figlio di Abramo, fu sul punto di essere ucciso. La loro storia è chiara su questo punto e anche i cristiani lo credono. Tuttavia, per il mondo islamico, fu Ismaele, l'altro figlio di Abramo, ad avere quell'esperienza sul Monte. E così entrambi condividono gli stessi luoghi sacri e vivono insieme in una pace dettata dalla necessità. Lo avete notato? Non è qui il punto caldo di Israele. Lo è tutt'intorno a loro, ma il Monte del Tempio rimane sacro. Di fatto, stanno condividendo questo luogo, da due generazioni, capite?
Ora, lasciatemi inserire la nuova energia. Ciò che vi dirò è già di prossima attuazione e, anche se sembra improbabile affermare che ebrei e arabi si uniranno nella raccolta di fondi per la ricostruzione del Tempio di Salomone, i semi di questo si stanno

già presentando. Pensate per un momento alle incredibili risorse di entrambi i gruppi!

Questa sarebbe la terza ricostruzione per il Tempio degli ebrei. Deciderebbero insieme delle dimensioni grandiose del Tempio Islamico nel Monte.

Insieme, costruirebbero qualcosa che condividerebbero e continuerebbero a condividere, e nel processo, lo farebbero ancora più grandioso... forse, più grande che qualunque cosa sia mai stata costruita! Insieme creerebbero modi per visitare entrambi la loro parte, e i palestinesi la visiterebbero, per la prima volta, liberamente e apertamente. Anche chi non è musulmano, potrebbe venire e ammirare, per la prima volta, la bellezza di questo luogo sacro, senza essere circondato da armi, come avviene adesso. Contro ogni previsione, e per la prima volta nella storia, la nazione degli ebrei e quella degli islamici si troverebbero in un'area neutrale per loro stesso accordo, e con l'aiuto dell'Iran.

Finalmente, ci sarebbe stabilità. Chi sarebbe il vero benefattore di questo? Sarebbe l'Iran, la più vasta e stabile nazione del Medio Oriente.

Verrà il giorno in cui il Medio Oriente e i suoi conflitti saranno un lontano ricordo. Cosa vi ricordate dell'Irlanda e dei suoi problemi? E di quelli della Germania, del Giappone o della Russia? Vecchi nemici da mezzo secolo stanno ora liberamente commerciando tra loro e le loro economie sono intrecciate. È tempo di vedere questa stessa cosa nel Medio Oriente. Impossibile? Contro ogni previsione? Come vanno gli ebrei, così va la Terra, vi dissi.

Quando vedrete i semi di questo potenziale in Israele, saprete che siete diretti verso la pace sulla Terra. In questo potenziale, si può vedere l'inizio di ciò che può avvenire sul pianeta. Nemici di migliaia di anni possono guardarsi uno negli occhi dell'altro e dire: "Non ci piacciamo a vicenda ma noi possiamo cooperare e costruire qualcosa di speciale. Facciamo che sia una cosa unica e che entrambi possano goderne. Creiamo il modo. Non siamo d'accordo tra noi e abbiamo avuto le nostre guerre, ma questo luogo Santo è troppo bello per star dentro in un odio come questo".

Ecco un potenziale che è chiaramente nel vostro tempo. Ci sarà un momento in cui un giovane palestinese e un israeliano rimarranno in piedi e, guardandosi negli occhi uno dell'altro, faranno un accordo, cominciando qualcosa di diverso - qualcosa che non avete mai visto prima in Medio Oriente. Saranno d'accordo e non importa quanto è successo nella terra in cui si trovano - chi ha fatto cosa a chi - chi ritiene di avere questo o quello, o chi è venuto per primo. Piuttosto, essi decideranno di riscrivere la storia, e faranno in modo che inizi ora. Faranno questo senza cambiare le loro convinzioni spirituali e senza cambiare le loro culture. Soltanto la coscienza del passato cambierà. Perché ciò avvenga, la griglia cristallina di questo pianeta avrebbe bisogno di cambiare.

Questo potenziale è sullo schermo del radar del vostro futuro immediato, così fortemente che potremmo anche assegnarvi il suo nome, ma non possiamo ancora, perché questo nome potrebbe essere uno tra diciotto persone. Tutti vivi in questo momento. E uno di loro, potrebbe essere una donna.

CAPITOLO XX

PREVISIONE E RIVELAZIONI

Circa nel 13.000 a.C., esisteva già una civiltà con una cultura avanzata abbastanza da fare lunghi viaggi di navigazione e ricerche; detentori di conoscenze cartografiche e matematica colossali, di triangolazione geometrica e uso di trigonometria sferica per produrre mappe con un elevato grado di precisione.

Quali esseri avrebbero aiutato i nostri antenati a ottenere informazioni importanti che li hanno portati a creare lettere così complesse? Non sarebbero, per caso, gli Dei menzionati nei libri storici, e anche nella Bibbia, che combattevano in navi aeree, utilizzando congegni simili alle armi nucleari, come quelli descritti nel poema epico indù *Mahabharata*? Quali esseri hanno potuto erigere la struttura chiaramente artificiale che vediamo sotto le acque della costa giapponese *Yunaguni*, e che copriva tutto quel tratto di terra, più di diecimila anni fa?

Chi ha costruito, per esempio, le Grandi Piramidi Egizie, le mura di *Sacsayhuaman*, con le pietre che pesano più di cento tonnellate e molti altre costruzioni che hanno sorpreso e incuriosito molti ricercatori storici, che ancora oggi non capiscono come gli antichi, senza conoscere la ruota, hanno potuto manipolare strumenti e le leggi fisiche per ottenere i risultati descritti? E le pietre colossali, che si trovano a *Baalbek*, che sono state trasportate per chilometri, pur pesando cinquecento tonnellate, un'impresa difficile anche per la nostra tecnologia di costruzione moderna?

Non sarebbero, per caso, gli Dei astronauti venuti dal cielo per civilizzare l'uomo, come ha rivelato Ezechiele nella Bibbia, in più citazioni?

Quello che sappiamo è che, una saggezza molto più avanzata di quella ammessa dagli ortodossi, è stata utilizzata per creare le mappe menzionate, e una conoscenza, forse, paragonabile alla nostra, è stata in grado di costruire gli edifici colossali nel Nuovo Mondo, destando la più grande meraviglia negli europei che la scoprirono.

I Sumeri, discendenti direttamente dai Lemuriani, hanno progettato con precisione il nostro sistema solare, modo in cui i nostri scienziati hanno cominciato a "vedere" solo alla fine del 1700. Ciò è dimostrato dal sigillo accadico, chiamato *Sigillo di Berlino*. Tuttavia, non hanno mai avuto telescopi. Come si spiega questo?

Il mistero delle Piramidi – Rivelazioni sconcertanti

Dopo secoli di studio e di ricerca, poco si è stato scoperto sui veri obiettivi e le ragioni per la costruzione delle piramidi egizie. Le piramidi custodiscono segreti importanti per il pianeta Terra, che fino a ora non si potevano essere condivise. Sembra che ciò richiederebbe un livello sufficientemente elevato di vibrazione collettiva dell'umanità e, quindi, una maggiore espansione della coscienza, per una comprensione completa. È evidente che molte piramidi furono costruite come tombe, ma ce ne sono alcune e, tra di loro, la più importante dal nostro punto di vista, in cui non è stato trovato alcun sarcofago. Ci sono molte ipotesi, ma ci sono anche molte domande, molti misteri sulla funzione effettiva delle piramidi più importanti. Partendo dall'enorme massa di dati che i progettisti hanno sviluppato, le tecniche di costruzione fino il tipo di energia utilizzata, i materiali, macchine, gru, ponteggi usati. Vi sono, tuttavia, alcune domande fondamentali: chi ha costruito le piramidi sono state semplicemente menti umane o altre menti hanno influenzato o collaborato alla costruzione? Impegnarsi in un compito così laborioso... per quale scopo?

Molti ritengono che la costruzione delle Piramidi abbia qualcosa a che fare con il pianeta perduto chiamato *Pianeta X*. Molti astronomi, nel corso degli anni, si sono dedicati allo studio e alla ricerca del decimo pianeta del sistema solare, il *pianeta X*. I risultati dei calcoli suggeriscono che il quinto pianeta gigante è stato espulso dalla sua orbita, circa 4,5 miliardi di anni fa. A oggi, non vi è ancora una spiegazione universalmente accettata per la catastrofe lunare che avrebbe espulso il pianeta mancante, ma solo ipotesi.

Tra tutte le ipotesi che ognuno è libero di proporre, vi è quella metafisica, che ci permette di entrare nella questione con sorprendente chiarezza per coloro che sono in armonia con essa, e fa riflettere quanti ancora nutrono molti dubbi e difficoltà a fidarsi completamente delle teorie metafisiche:

Nei primi cicli di vita sulla Terra, abbiamo avuto alcuni visitatori

Ci sono state molte ere in cui la maggior parte della vita sulla Terra è stata spazzata via, per poi tornare lentamente; avete visto accadere ciò innumerevoli volte. L'ultima volta che la vostra scienza ne ha preso conoscenza è stata quando ci fu l'estinzione dei dinosauri. A quel tempo, la maggior parte della vita sulla Terra è stata distrutta perché una tempesta incredibile di polvere ha ostacolato letteralmente il sole. Pertanto, nessuna forma di vita è potuta sopravvivere, a parte un paio di creature che hanno superato tale linea temporale. Gli scarafaggi sono una di loro.

Venere e Marte sono i due pianeti che vi circondano, ma il successivo, che dovrebbe essere lì, non c'è perché è stato fatto a pezzi. Ci sono molti nomi che sono emersi per descrivere questo pianeta mancante nel sistema solare. Non attribuiremo un nome, ma in realtà è esploso. È successo molto rapidamente e vi è ancora evidenza di questa esplosione. In molti dei pianeti che circondano il sole, si può vedere la prova di questa esplosione. Guardate l'altra faccia della luna come prova. Nel luogo in cui il pianeta dovrebbe circolare intorno al sole, ora c'è un'enorme cintura di asteroidi, composta di più di due milioni di loro. Ha una enorme scia di polvere nello spazio, costituita da particelle grandi e piccole di polvere, che __stanno portando nuove forme di vita e i semi della vita universale.__ C'era vita su quel pianeta, prima che esplodesse, prima che fosse fatto a pezzi. La Terra si sarebbe potuta trovare a girare intorno al sole in quel momento, ma è stata protetta da un campo di forza.

Molti, ora, sanno che all'inizio dei cicli di vita sulla Terra, tra cui i due cicli di vita prima di voi, la Terra ha avuto alcuni visitatori. Avevano in mente il più alto potenziale per voi; volevano proteggervi e aiutarvi in molti modi, nonostante questo sia un pianeta di libera scelta. Sembra strano, ma molte di queste storie esistono ancora oggi, nei vostri testi religiosi. Voi adoravate molti di questi esseri, pensando che fossero dei perché avevano delle abilità incredibili. Erano lì per aiutarvi e hanno lasciato alcune matrici per essere utilizzate da voi, come una guida. Molte delle storie della Bibbia hanno a che fare con questi esseri che sono venuti ad aiutarvi. Prima di lasciarvi, hanno creato una base che molti di voi hanno seguito per secoli.

Uno dei fondamenti che hanno lasciato, è stato quello delle piramidi sulla Terra; non avete idea di quante piramidi esistono ancora sulla Terra, e tutte rimasero attive fino a poco tempo fa.

Rivelato il Grande Mistero: le piramidi hanno creato uno scudo attorno alla Terra per proteggerci da meteore

Che cosa sono le piramidi? A cosa servono? E perché tutte le antiche culture, in ogni latitudine e longitudine, hanno usato questa geometria per costruire numerose strutture sparse in tutto il mondo? È possibile che si tratti di una tecnologia perduta, in grado di incanalare l'energia cosmica e produrre energia, come alcuni hanno sostenuto?

La più grande matrice che vi ha guidato e protetto, è lo scudo di protezione che è stato messo intorno alla Terra per proteggervi da meteore che potrebbero trovarsi nel vostro percorso. Le meteore arrivano al vostro pianeta ogni giorno, anche se la maggior parte delle persone non può vederle e, quindi, non sono riportate. Le piramidi hanno creato uno scudo attorno alla Terra, che si è gradualmente attenuato. Perché questo? In realtà, vi trovate in una cintura di meteorite, un percorso che le conduce di solito alla Terra, con regolarità. Anche ora, è possibile guardare il cielo alla fine di agosto e, talvolta, in dicembre, dopo la mezzanotte, e vedere la più incredibile pioggia di meteoriti in minuscole particelle pervenute da un'esplosione accaduta molti anni fa e che, ancora oggi, sta vomitando le particelle. Questo accade ogni anno. Vi diciamo ora, perché siete cambiati e la terra pure. A partire dal 2012, si è fermato quell'appiglio che avevate a ogni matrice di orientamento.

Noi non siamo figli della Terra

Ogni forma di vita che esiste su questo pianeta, compresi gli esseri umani, non hanno avuto origine qui. Questo pianeta stava morendo, perché questo era il piano di origine. Dovevate uccidere il pianeta tra il 2000 e il 2012; la Terra sarebbe molto simile a Marte ora, perché Marte è la sua sorella, e in realtà, è stata Marte a salvare la terra. Certe cose per voi, sembrano strane ma, a un certo punto, Marte e Venere hanno dato l'anidride carbonica alla Terra, sacrificando le loro stesse forme di vita, al fine di preservare la Terra. Tutta l'energia delle tre sorelle è venuta sulla Terra, in modo che si potesse evolvere per realizzare un grande piano per l'universo, e fu allora che questo scudo protettivo è stato posto sulla terra. Ci sono voluti anni e anni, migliaia di anni per costruire quelle piramidi che hanno mantenuto questa struttura sul posto. Anche quando quegli esseri hanno lasciato il pianeta, la struttura è rimasta al suo posto e vi ha protetti dalla maggior parte degli asteroidi e comete, che avrebbero potuto colpire il vostro pianeta regolarmente. Ora, è cessato. Perché?

La polvere cosmica è il seme della vita

Ascoltate questo: tutte le comete e meteore portano la vita in qualche modo. Stanno ripopolando la Terra proprio ora. Avete, ancora una volta, ricominciato il gioco, iniziando un nuovo tragitto. Se avete notato molte specie si stavano estinguendo in modo sistematico, su una base regolare. Avete appena piantato molte nuove specie, che, nel corso dei prossimi cent'anni, inizieranno a evolversi molto rapidamente. Sono arrivate con le meteore, perciò, la forza di quello scudo protettivo, doveva essere ridotto per permettere che questo potesse accadere e accogliere nuove specie di vita. Ma ancora non è finita. Più meteore stanno ancora arrivando, ma non le dovete temere. Per ben due volte finora, sono state deviate, una a Mosca e un altra che avrebbe colpito tutta la costa orientale degli Stati Uniti. Vi diciamo che devono arrivarne altre, godetele, piuttosto che temerle. Guardate il cielo nelle belle serate e sappiate che un miracolo è in azione, cui avete preso parte. Verrà un tempo in cui, improvvisamente, decresceranno e sembreranno quasi cessare, per poi ricominciare. Ma in questo momento, è necessario perché sono un'iniezione di una forza di energia vitale che pianterà i semi di nuove forme di vita, che ora cresceranno sul pianeta Terra. Accettate e celebrate il loro ritorno. Se il pianeta avesse seguito il piano originale, gran parte della vita sulla Terra sarebbe già stata estinta e la nuova energia vitale sarebbe ricominciata, rigorosamente, dalle meteore, ripopolando il Pianeta con nuove forme di vita. Ma poiché siete ancora qui, non vi è la necessità di inondare la terra con una quantità enorme di meteore. Questo è il motivo per cui sono diminuite.

Voi siete Dio e, tuttavia, vi guardate allo specchio e non siete in grado di vedere voi stessi, perché, queste sono state le regole che avete stabilito. Potete vedere Dio in un'altra persona, ma non riuscite vederlo in voi stessi.[32]

La desalinizzazione dell'acqua - per gli scienziati e fisici

*Ora vi daremo un'informazione già nota ma confezionata e venduta dall'industria in una forma impropria. La maggior parte di voi non capirà il concetto, ma saranno gli scienziati e i fisici che poi, dovranno implementarlo. Non avremmo parlato di questo, se non fosse arrivato davvero il momento. La risorsa che l'umanità avrà più bisogno, con la crescita della popolazione e il cambiamento climatico, è quello che, probabilmente, avete già pensato - **l'acqua potabile!** Già adesso è in calo. Potrete notare che la neve cadrà, sempre più frequentemente nei luoghi più improbabili e, molto spesso, in zone dove non ci sono strutture per la raccolta, una volta sciolta. Serbatoi e acquedotti sono costruiti per la vecchia energia, per modelli climatici antichi. Mentre la popolazione cresce, l'acqua diventerà un problema.*

Ecco una risposta immediata:

È desolante sapere che la terra è composta principalmente di acqua, ma non si può bere! La soluzione è quella di utilizzare l'acqua del mare e oceani e riconvertirla. Oggi, il metodo di dissalazione è inefficace. Grandi quantità di acqua devono entrare e rimanere in grandi bacini, mentre si utilizza il calore in diversi modi. Ci sono differenti sistemi, alcuni dei quali emettono vapore, altri no. Ci vuole molto tempo per completare il processo, è costoso e inefficiente. Non è un sistema efficace per soddisfare un'intera città e, solo i luoghi completamente privi di acqua dolce, hanno un tale sistema. Pertanto, invece di essere una buona soluzione, diventa una necessità molto costosa e inconveniente.

---

[32] Fonte: Kryon e 'Il Gruppo" S. Rother

Ora, vi chiedo di nuovo, di pensare fuori dagli schemi, e vi dirò come desalinizzare l'acqua in un modo nuovo!

La maggior parte delle grandi città sulla terra si trova lungo la costa oceanica, molto vicina all'acqua. È da lì che si dovrebbe iniziare. Non è difficile, solo c'è bisogna usare qualcosa che non è stata ancora considerata.

La nanotecnologia è un dono di Dio

Imparate ad apprezzare la scienza che vi è stata data per allungare la vostra vita, perché è opportuna e data all'umanità per questo motivo. La tecnologia più avanzata che avete oggi, ha a che fare con la cosiddetta nanotecnologia. Si tratta di chimica e anche di macchine chimiche estremamente piccole, che assumono la forma di robot. Questi robot ultra-piccoli, con la dimensione di una molecola, esistono oggi e sono il culmine dei vostri sforzi creativi. Al momento, la vostra scienza sta riflettendo su come inserirla nel sangue umano, in un tentativo di eliminare la malattia, come una versione moderna dei globuli bianchi. Questo per dire quanto piccolo sono le nano-particelle.

Naturalmente, ci sono obiezioni a questo, perché alcuni pensano che esse cambino il corpo umano. Non è così - non più di ogni altro supplemento che non è naturale e che può aiutare ad alleviare il dolore, la malattia, l'equilibrio chimico o anche per favorire il sonno. Questo è, quindi, un insieme di forze che è stato dato al genere umano attraverso la scienza, per mantenervi in vita. Ricordate, anche se v'insegniamo che un essere umano può utilizzare la propria coscienza per fare questo, milioni di persone non credono o non sono interessate. Così, la scienza riceve questo incarico, per così dire, e ci sono oggi molte cose – non metafisiche - che aiutano nel miglioramento della qualità della vita umana. Si tratta di un equilibrio, è giusto e opportuno. Tuttavia, ci sono quelli che lasciano morire i loro bambini, invece di usare la scienza per contribuire a riequilibrarne la salute. Queste persone credono che tutto ciò che non sia stato dato direttamente da Dio, non è adeguato. È tempo di capire bene, che la buona scienza è, semplicemente, la scoperta e l'attuazione di come Dio ha creato l'universo. Utilizzata con integrità, è opportuna, è un dono di Dio, è benedetta e le scoperte sono dovute a una vibrazione più elevata della Terra. In altre parole, vi meritate guadagnarla! Pertanto, rifiutarla o chiamarla "male", significa non capirla.

La nanotecnologia sta diventando sempre più interessante. La scienza sta imparando a produrre robot intelligenti con la chimica, la logica e l'elettronica. Questi minuscoli robot possono aiutare a desalinizzare l'acqua.

*Vi darò un indizio: costruire un impianto di dissalazione in cui l'acqua non si arresta mai, e il sale viene estratto in tempo reale, producendo un sottoprodotto di cui non avete, ancora, la minima idea. L'acqua non deve mai fermarsi e non deve essere bollita. Il calore non fa parte del processo. Utilizzando le nanotecnologie, l'acqua entra da un lato della macchina ed esce dall'altro, in un flusso costante. Entra l'acqua salata - ed esce l'acqua dolce, pronta per la purificazione normale. La prima fase di questo sistema richiede che si ottenga un numero sufficiente di questi nano-robot in azione, per trovare i sali disciolti, e quindi, attaccarsi a essi. Comunque, **ecco il segreto**: ogni robot è magnetizzato!*

Così, con questi piccoli nano-robot attaccati, il sale diventa magnetico.

*La prossima tappa: passando alla zona successiva, l'acqua è esposta a un potente elettromagnete per estrarre completamente il sale dell'acqua, perché il sale è ora magnetico! Poi, l'acqua esce potabile. Potrebbe essere troppo semplificato, ma è così che funziona. Nessun calore. Ora, per quanto riguarda il sottoprodotto... non ci crederete! Oh, sarà una scoperta controversa, sì. I campi magnetici applicati all'acqua, creano un'acqua che serve, spesso, per curare. **Potete vedere la grandezza di ciò?***

Che apparecchio potrebbe essere mai questo! Sarebbe, ovviamente, quantico, perché utilizza il magnetismo. Alcuni diranno che l'acqua trattata magneticamente fa male, poiché la modifica viene apportata in un modo che nessuno capisce. Queste persone non si rendono conto della quantità di energia che altre persone hanno utilizzato per trovare le acque curative della Terra! Ora, lo otterranno un po' di più, appunto, desalinizzando l'acqua! Non ci sarà neanche una prova contro, e questo renderà la cosa controversa. Tutto quello che si saprà, è che, poche persone si ammaleranno! Questo è quello che vi diciamo oggi. Questo è stato registrato oggi, in modo che possiate ascoltare e quindi pubblicare. Noi vi diciamo quello che vediamo per il futuro, in base al potenziale che voi stessi avete sviluppato.

Il mondo sta vivendo un Inverno Spirituale!

Il trigger per l'Armageddon ha fallito. La fine del Mondo prevista e annunciata da molti, non si è avverata e questo ha causato all'umanità l'inizio di un *Inverno Spirituale*. C'è stato un grande cambiamento nella nostra civiltà, un salto di coscienza, arrivando in un momento in cui non è più possibile per le persone non definirsi, un tempo in cui l'umanità ha deciso di continuare, piuttosto che distruggersi. È ora di smettere di puntare il dito contro l'altro e mostrare un piano di pace. Con tutta la modernità del pensiero e le grandi invenzioni tecnologiche che abbiamo, *com'è possibile che tutti possano vedere il problema, ma nessuna organizzazione sulla Terra abbia la soluzione? Dove sono gli umani saggi? Dove sono i pacificatori?* (Kryon)

Tu puoi essere l'unica luce, finché non arriverà la primavera!

Vorrei che immaginaste per un momento, come sarebbe venir da un pianeta la cui orbita intorno al sole prendesse centinaia di anni per completare il ciclo di 365 giorni che avete ora. E che foste su un pianeta dove potreste vivere tutta la vostra vita dentro di una o due stagioni dell'anno. Ciò significa che ci sarebbero solo alcuni di voi che avrebbero la possibilità di partecipare a un cambio di stagione. Immaginate di essere una di quelle persone, non sarebbe spaventoso? Non sarebbe terribile entrare in una stagione che non si era mai vista prima? Potete immaginare che cosa si potrebbe provare, entrando nell'autunno o nell'inverno quando, per centinaia di anni, l'umanità ha conosciuto solo la primavera o l'estate?

Immaginate se voi, i vostri genitori e nonni, foste vissuti tutta la vostra vita in una stagione, in cui il clima della Terra fosse sempre stato mite. Il caldo predominante, con gli uccelli ogni giorno e la natura che celebrava la vita. Improvvisamente, sembra che una maledizione cominci a colpire il pianeta: gli alberi perdono le foglie, la luce del sole è debole! "Cosa c'è che non va? Le piante sono malate? Stanno morendo? Dove sono andati tutti gli uccelli? Guardate gli alberi, completamente spogli! Oh, ma cosa sta succedendo? Tenebre, buio... morte." Non avete mai visto l'autunno prima. Per voi, gli alberi sono morti - "Guardateli, sono morti e tutto intorno a noi sta morendo. Moriremo tutti!".

Il sole non sorge più e non potete più passeggiare, perché fa troppo freddo. L'acqua del lago che bevevate sta congelando. Il pozzo pure! Come potreste sopravvivere? Come coltivereste il cibo? Il pianeta sta morendo e anche l'umanità. Non sarebbe questo un atteggiamento possibile? Certamente! Ci sarebbero suicidi di massa e molta ansia. I governi cadrebbero e cambierebbero le priorità. Sarebbe la fine del mondo, se non ci fosse conoscenza di queste cose. <u>Alcune cose possono essere spaventose quando si dorme nella culla dell'ignoranza.</u>

Ora, proiettate le vostre percezioni a questa possibilità. Poi, potete immaginare che cosa succederebbe quando l'umanità vedesse la Primavera, dopo quattro o cinque generazioni? "Wow! Sarebbe questo il paradiso?" Miracolo dopo miracolo - gli alberi non erano completamente morti. Erano solo in letargo! Chi poteva mai saperlo? Nuovi germogli, nuova vita - il sole, il caldo e anche gli uccelli sono tornati! Gli esseri umani possono cantare di nuovo. La percezione di una guarigione gigantesca ha avuto luogo, e tutta l'umanità celebra.

*Sciocchezze? Vi presentiamo questo esempio perché conoscete bene le stagioni dell'anno. Pertanto, questa è una metafora che capite, perché siete abituati a questi cambiamenti. Quello che voglio dire è questo: <u>voi vi trovate nell'energia di qualcosa che non avete mai visto prima, né i vostri genitori, né i vostri nonni, neanche quelli prima di loro. Cari Esseri Umani</u>, **state vedendo un Inverno Spirituale.***

*Il cambiamento interdimensionale della Terra, sembra portare il mondo a una totale oscurità, viste le notizie. L'oscurità è in aumento. Gli alberi stanno morendo... gli alberi della logica civilizzata; gli alberi della pace; gli alberi del pensiero della vecchia energia. Anche gli uccelli hanno smesso di cantare e c'è un silenzio sconfortante, vero? <u>Siete ansiosi? Siete in un inverno spirituale, ed è la prima volta che accade sulla Terra!</u> Questo è ciò che succede quando la terra decide di cambiare dimensionalità. Vi abbiamo detto nel 2000, in Israele, Gerusalemme, che il potenziale che questo accadesse, era reale. Ricordate, cari? Vi abbiamo detto che il tempio sarebbe stato ricostruito ed è stata una metafora per la coscienza del pianeta. Vi abbiamo detto che per la terza volta, sarebbe stato ricostruito, ma che si sarebbe dovuto raschiare, pulire prima le fondamenta. Questo è ciò che state facendo, e questo si chiama **Inverno Spirituale**.*

*Ovunque guardate, niente ha senso, giusto? Sentite una disconnessione? Pensateci: <u>una disconnessione riguardo alle cose spirituali, non è insolito nelle sacre scritture.</u> Questo solitamente accade, prima di un cambiamento. Gli esseri umani che fanno transizioni profonde, sentono anche questo tipo di disconnessione. Leggete su di esso. **Gesù stesso ha sperimentato questo quando viveva il processo di ciò che pensava fosse la morte. <u>Questo è il significato della crocifissione.</u>** Gesù era pronto a cambiare* *dimensionalità e passare al livello successivo. "Padre, perché mi hai abbandonato?".*

Il Figlio di Dio, la Divinità Suprema in un corpo umano, supplicando. Perché? Perché Egli sentiva una completa separazione di ogni rapporto e una disconnessione totale. E gridò: "Dove sei andato? Che cosa è successo? Perché mi hai abbandonato?" Anche in situazioni attuali, ci sono alcuni di voi che sono passati da un livello a un altro e sentiranno una completa disconnessione fino a quando non sarete portati in una nuova coscienza. Ma ci doveva essere una disconnessione perché potesse verificarsi una nuova percezione dimensionale.

Sul Monte del Tempio, nella città vecchia di Israele, brulica costantemente una preparazione per il combattimento. Questo ha acceso un odio che colpisce tutti nel mondo. Questa è la ragione del terrorismo globale e quello che ha creato la polarità che esiste nel mondo ora. Ci sono tanti che lo stanno esperimentando. E il nucleo della sfida è in Israele! S'immaginava di essere questo l'innesco per l'Armageddon, ma è diventato il fattore scatenante di un inverno spirituale - un importante cambiamento della civiltà, un tempo che non è più possibile che la gente non prenda una posizione, un tempo per il Lemuriani ritornare, un tempo in cui l'umanità ha deciso di continuare o no.

Allora, ecco la questione logica, caro Essere Umano: In questo giorno e in questa era, con tutto ciò che hai davanti a te, con tutta la modernità del tuo pensiero e tutta la leadership e saggezza antica sul pianeta, mostraci il tuo piano di pace! In questa regione dove tutti sanno che un'eruzione sta a ribollendo a fuoco basso, dov'è la soluzione? Non ce ne sono. Nessun piano. E se ci pensi, questo non ha senso, vero? Com'è possibile che tutti possano vedere il problema, ma nessuna soluzione? Dove sono i pacificatori?

Questo succede perché è arrivata una stagione in cui nessuno riesce pensare a cosa fare, perché nessuno aveva mai visto una situazione simile prima. Gli alberi della logica stanno perdendo le loro foglie. Siete in un inverno spirituale, dove le cose non hanno alcun senso. Non esiste un piano di pace per la vera situazione che continua a fornire il seme dell'odio che brucia, a creare le guerre, e perpetuare il terrorismo che è al centro della vecchia energia contro la nuova energia sul vostro pianeta. Dove sono i vostri eroi? Non c'è nessuno. Riuscite a ricordare un momento come questo, in cui non c'era alcun punto luminoso di speranza? Non c'è un eroe politico o spirituale, nessun "eroe della pace" in vista. "Tuttavia, c'è sempre stato un salvatore", direte. Ma non in un Inverno Spirituale.

I "Fari" impediranno alla nave dell'umanità di affondare!

Quando fa buio e si entra in un inverno spirituale, c'è un intero gruppo di voi che si posiziona qui, e sono chiamati "I Fari", che impediranno alla nave dell'umanità di schiantarsi contro le rocce. E questi sono i lettori e ascoltatori, e molti, molti altri che cominciano a svegliarsi.

Lettore, stai cominciando a capire? Decine di migliaia di voi stanno leggendo questo ora. È per questo che siete qui. Ecco perché esistete, per mantenere questa luce nel corso di questo inverno spirituale. Questo non migliorerà ancora per un po' di tempo. Ma non disperate. Mantenete la luce. È per questo che siete venuti, e perché siete vivi sul pianeta in questo momento. È per mantenere l'energia del pianeta in equilibrio, in modo che possiate passare attraverso questa sconnessione e lasciarla durare il tempo che sia appropriato.

Infine, vi diremo questo: nel cielo - l'altro lato del velo – in questo momento, una canzone viene cantata - una canzone senza tempo e storica, e parla di un bel posto nel passato, chiamato Terra. La canzone parla delle entità che vivevano lì - voi - e hanno fatto qualcosa d'incredibile, da soli, sull'unico pianeta del libero arbitrio – l'unico che ha il potere di scegliere una dimensione *superiore. Hanno creato per se stessi la Nuova Gerusalemme; pace in un pianeta diviso. È un evento che resterà nella storia dell'Universo e sarà inciso sulle pareti dei luoghi più divini che esistono. Le entità s'incontreranno con voi in tutto l'Universo e vedranno, dai vostri colori, chi siete e tutto ciò cui avete partecipato. Questo è il potenziale che state creando in questo preciso momento. In qualche modo, la canzone si sta già cantandola, dal momento che siete sulla strada, al fine di svolgere il compito che molti di voi sono venuti a compiere. <u>Questa è la ragione per cui siete qui, Fari.</u> Voi siete la luce nel buio di questo inverno spirituale. <u>Può essere l'unica luce fino l'arrivo della Primavera!</u> Voi esistete a causa di questa tempesta.*

*Alcuni di voi cominciano a percepire questo, si stanno svegliando e vedendo che è così. Dopo l'inverno arriverà la primavera. E quando sentite quegli uccelli e vi rendete conto che gli alberi non sono morti e quando i paesi inizieranno a fiorire con i leader sensati, vedrete che **effettivamente la pace sulla terra è possibile**. Oh, ci saranno sempre lotte. Ci saranno sempre gli scontenti. Ci saranno sempre coloro che hanno diverse opinioni e idee, ma tutto questo può esistere su un pianeta pacifico.*
Questi sono i tempi finali di cui abbiamo parlato per oltre venti anni e siete esattamente dove dovreste essere, sostenendo tutto questo insieme!

CAPITOLO XXI

KRYON PARLA DI POLITICA

Una visione inaspettata di Kryon su un argomento attuale

Il mondo oggi sta vivendo una sorta di guerra, mai affrontata prima, e si sta combattendo tra la vecchia e la nuova energia del pianeta. La Terra sta combattendo una battaglia metafisica e la nuova energia sta vincendo. La vecchia energia ancora lotterà disperatamente per la sua sopravvivenza, ma, secondo Kryon, anche se rimarrà ancora per un certo periodo, è solo una questione di tempo.

Il buio, rappresentata dalla vecchia energia, per la prima volta, si trova in modalità di sopravvivenza! Per oltre due anni, Kryon ci ha comunicato affinché potessimo prepararci a questa fase, perché la vecchia energia non si arrenderà senza combattere; e ora la stiamo vedendo materializzarsi. Ma Kryon dà anche un avvertimento di non cedere il potere alla paura, perché essa è potente ed è ciò che fa spegnere la luce.

La paura è scura. Se avete paura, non c'è luce. Potete essere il più grande operatore della Luce, ma se avete paura, non importa quanto tempo avete svolto il lavoro di luce, o quanta luce avete accumulato personalmente. Tutto scompare con la paura. Capite questo? (Kryon)

L'ultimo "cavaliere dell'Apocalisse"?

Contando sul finanziamento di miliardi di dollari, il gruppo terroristico **ISIS** - *Stato Islamico dell'Iraq e della Siria* - apparentemente è venuto dal nulla, per seminare orrore in molte

368

parti del mondo. L'ISIS è un esercito permanente che richiede la sponsorizzazione dello stato - miliardi di dollari che comprende soldi in contanti, gli attrezzi, le armi e la logistica, intelligence e sostegno politico. Da dove viene tale finanziamento? C'è un metodo per indebolire e debellare questo male dalla radice? Uno sguardo di Kryon inaspettato su un argomento attuale che ultimamente ha creato terrore nella mente di molte persone.

Siete sconvolti dall'improvvisa esistenza dell'organizzazione di cui non citerò il nome (in questo messaggio). Da dove viene? Come può essere così bene organizzata e così ben finanziata? Quest'organizzazione potrà avere la propria nazione, presto! Si potrebbe anche chiamare "il Paese Oscuro della Vecchia Energia", perché è quello che rappresenta.
Il passato barbaro dell'umanità avanza per mostrare il suo volto. È sempre stato lì, nascosto sotto rocce e fessure dell'umanità civilizzata. La vecchia energia finora non è riuscita a mostrarsi, ma adesso ne ha bisogno. Vedere il male personificato in azione, è abominevole. È così orribile e non è per i deboli di cuore, non è vero miei cari? Non potete guardare con un cuore gentile. Ma, carissimi, Dio non è parte di essa, e questo è ovvio.
Vorrei dirvi che cosa è davvero il male. Il male è la manifestazione dell'energia oscura in un essere umano che fa volutamente uso di quest'oscurità e la genera, la amplifica e si focalizza in essa. Alcuni dittatori del pianeta hanno fatto questo perfettamente e li avete visti. Non sono stati necessari gli spiriti maligni esterni per fare ciò. Alcuni esseri umani sono stati in grado di concentrarsi e di manifestarla così bene che tutti intorno a essa, hanno collaborato e l'hanno assimilata. Questo è il male. Loro non hanno avuto bisogno di un'entità conveniente, con le corna e la coda. Loro stessi l'hanno creata. È questo che gli esseri umani sono capaci di fare!

Ora sapete che questo è un potente attributo dell'umanità, e l'energia della luce e del buio può essere presentata attraverso il libero arbitrio. L'umanità non ha bisogno di aiuti esterni per creare il male.

Tuttavia, la Luce è vincente! La ribellione della coscienza alle tenebre non si sarebbe mostrata con tale forza o così in fretta, se fosse altrimenti. Questo è esattamente quello che vi ho detto di cercare, ed è la prova che, coloro che rappresentano questa coscienza oscura, sono in difficoltà. Cari, la coscienza dell'oscurità ha sempre avuto un sistema collaudato. Si nasconde nelle ombre e influenza tutti i luoghi di potere sul pianeta - il governo, il commercio, la finanza. Improvvisamente, non può più nascondersi e deve venire allo scoperto.

Allora, da dove proviene il denaro per quell'organizzazione? Viene da un magazzino che è sempre esistito, cari. Il denaro non è apparso dal nulla. É sempre stato accumulato, in attesa di essere utilizzato, al fine di diffondere la paura e l'oscurità per salvare quello che credono essere la propria strada.

Vi rendete conto di quanto velocemente si sono riuniti? Sembrava solo ieri non esistesse alcuna organizzazione di quel tipo. Avete mai notato che c'è una certa esitazione a combatterli? Perché i cittadini delle terre che loro stanno invadendo esitano a combattere contro di loro? Invece, questi leader stanno chiedendo ad altri di aiutarli. Perché anche gli altri esitano? Voglio mostrarvi che ci sono alcune irregolarità di logica che non hanno alcun senso, perché questa è un tipo di battaglia che non avete mai visto prima su questo pianeta. Noi abbiamo sperato per questo, ma non voi. Si tratta di coscienza, non di terra o di risorse.

Il segreto su come sconfiggerli senza nemmeno perdere una vita? Basta prendere il loro capitale. Non possono esistere senza il loro denaro. Il capitale dev'essere organizzato, accumulato e distribuito. Dev'essere generato in modo che si possa anche farlo passare come istituzioni. Avete sentito? Tutto quello che dovete fare, è fermare il sistema. La vittoria non si verificherà con i bombardamenti. Dovrà essere fatta in modo intelligente, con un *pensiero intelligente e la retorica finanziaria. È tempo di fare attenzione a certe cose e non avere paura di guardare a questo puzzle, ma agire diversamente dal passato. Non applicare la stessa energia che loro utilizzano per combatterli, perché in questo modo non si vincerà. È l'ultimo bastione delle tenebre organizzate e del male su questo pianeta che si riunisce per cercare di sopravvivere all'assalto della vostra luce. <u>Non abbiate paura di guardare la strada per bloccare il capitale, non importa dove vi porti.</u>*

Saggio consiglio al dittatore Kim Jong Un, della Corea del Nord:

Molte questioni che vedrete come dei problemi, continueranno ad apparire, ma in realtà si tratta di una "pulizia quantica." Ci sarà il potenziale per un nuovo paradigma logico per una nuova epoca. Nuovi concetti sostituiranno l'attuale modo di pensare, portando una rivoluzione di come potrebbe essere la vita sul pianeta. Tutto questo fa parte dell'evoluzione della coscienza umana, che potete osservare nel vostro DNA.

Per ventitré anni, abbiamo dato informazioni nella zuppa dei potenziali che leggiamo intorno a voi, come i potenziali più probabili che esistano. Queste cose finiscono per diventare la vostra realtà, perché sono la vostra libera scelta e sappiamo che cosa state pensando. Sappiamo quali siano i potenziali, perché conosciamo quali sono i pregiudizi e vediamo l'umanità come un intero. I potenziali sono energia e questo ci dà la capacità di proiettare il vostro futuro in base a come state elaborando questi potenziali. L'abbiamo fatto per molto tempo! Ventitré anni fa (oggi, 25) abbiamo parlato di molte cose che potrebbero accadere e che sono ora la vostra realtà.

Ma ora, mi distaccherò da quello scenario e vi darò un potenziale presente su un leader che dovrà fare una scelta. Si tratta di un paradigma che sta cominciando a cambiare.

Parliamo della Corea del Nord. C'è un nuovo leader, molto giovane lì. Egli sta affrontando un dilemma, perché è giovane e conosce le differenze nell'energia della sua terra. Egli la sente. Il lignaggio del suo scomparso padre grava su di lui, e su tutti coloro che gli sono intorno e che si aspettano che egli sia un **clone**. *Ci si aspetta che egli porti avanti le cose che gli sono state insegnate e renda grande la Corea del Nord.*

<u>Ma lui sta cominciando a ripensare</u>. *Certo, vuole essere un grande leader, essere ascoltato e visto, pretendendo lasciare il suo segno nella storia della Corea del Nord. Suo padre gli inculcò che questo era molto importante. Perciò, egli medita su una domanda:* **che cosa rende grande un leader mondiale?**

Se domandaste a Napoleone: "Che cosa rende grande un leader mondiale?", egli risponderebbe, "Dipenderà delle dimensioni dell'esercito, di quanta terra si può conquistare in modo efficiente con una data quantità di uomini e di risorse; di quanto apparirà importante come leader, di quanti cittadini lo chiameranno imperatore o re; delle tasse che può imporre, infine, in quanti lo temeranno". Non solo questa era la realtà di Napoleone, ma aveva anche ragione, a causa dell'energia di cui faceva parte a quel tempo. Così, Napoleone si alternò fra leader mondiale, generale e prigioniero. Egli conseguì quasi tutto ciò cui si dedicò. La sua competenza fu evidente e voi ricordate il suo nome ancora oggi. Egli fu famoso.

<u>Che cosa rende grande un leader mondiale? Quella che vi sto mostrando è la differenza fra allora e adesso</u>. Ci sono delle scelte che questo giovane Essere Umano in evoluzione, deve fare e che potrebbero cambiare tutto sul pianeta, se lo volesse. Suo padre direbbe a questo ragazzo che, a rendere grande un leader mondiale, è il dominio del potere missilistico o quanto si potrebbe arrivare vicino al possedimento di un'arma nucleare; di quanto si oppone al potere dell'Occidente o in che modo egli riuscirà ad

aggravare e a provocare dramma – essendo uno stato così piccolo - per generare paura e attrarre l'attenzione. Suo padre gli avrebbe detto che questa è la sua eredità e questo è ciò che gli è stato ripetuto per tutta la vita. Suo padre lo fece bene e si circondò di consiglieri che poi, passò al figlio.

Ora, c'è una probabilità del cinquanta per cento che là avvenga qualcosa, ma non è un potenziale forte, cari. Ve ne parlo perché così, possiate guardare lo svilupparsi, in una direzione o nell'altra. Perché, se il figlio seguirà le orme di suo padre, è destinato al fallimento. L'energia sulla terra lo vedrà come vecchio e sarà visto come un pazzo. Se, però, egli capirà, potrebbe diventare l'uomo più famoso del pianeta... che è realmente ciò che voleva suo padre.

Se io dovessi consigliare quel giovane, gli direi che potrebbe diventare il più grande statista che il mondo moderno abbia mai conosciuto, perché ciò che egli realizzerà sarà qualcosa che il mondo vedrebbe come un punto di demarcazione, dalle vecchie modalità. Non solo, ma quello che egli facesse ora, rimarrebbe per sempre nei libri di storia e, grazie alla sua giovane età, egli avrebbe il potenziale di permanenza più lungo di ogni altro leader del pianeta! Avrebbe, quindi, una notorietà più prolungata di chiunque altro.

Inoltre, direi questo: "Dì alle guardie di confine di andare a casa. Saluta il sud e inizia a unificare la Corea del Nord e la Corea del Sud nel modo che nessun profeta del passato abbia mai pronosticato. Permetti ai due paesi di essere separati, ma rendili, le due parti, utili per diventare una più ampia famiglia Coreana, con commercio e viaggi liberi. Dai il via a delle alleanze con l'Occidente e mostra loro che fai sul serio. Lascia stare i programmi missilistici, perché non ne avrai mai bisogno!".

Questo porterà al popolo della Corea del Nord una ricchezza che non ci si sarebbe mai aspettata! Avranno un grande sostegno *economico, scuole, ospedali e più rispetto che mai per il loro stupefacente leader. Il risultato sarebbe fama e gloria per il figlio, mai conseguite dal padre, <u>qualcosa di cui il mondo parlerebbe per centinaia di anni</u>. Farebbe alzare in piedi le Nazioni Unite ad applaudire, all'ingresso del figlio alla Grande Assemblea. Io gli chiederei "Non ti piacerebbe questo, ragazzo?"*

Ma tenetelo d'occhio. Egli ha una scelta, ma non è semplice. Egli ha ancora i consiglieri del padre, <u>ma uno l'ha già liquidato</u>. Potrebbe capirlo, oppure no. C'è una probabilità del cinquanta per cento. Ma io vi dico che, <u>se non lo fa adesso, lo farà quello dopo di lui. Perché è talmente evidente!</u>

Vi mostriamo questo per dirvi che questo è l'evolversi della specie Umana. È la lenta realizzazione che <u>UNIRE</u> le cose è la risposta a tutto, invece di <u>separarle</u> o di conquistarle. Coloro che cominciano a promuovere il compromesso e iniziano a creare queste energie che non sono mai state qui prima d'ora, saranno quelli che si ricorderanno. Miei cari, succederà tra i leader, in politica e negli affari. È un paradigma nuovo.

Adesso, il mondo può osservare che cosa fa questo ragazzo. Se è abbastanza sveglio da vedere la nuova energia, ed è in grado di farlo, egli, forse, diverrà uno dei leader più amati del mondo. Sarà valutato più saggio della sua età, e acquisirà una fama che nessun altro potrà raggiungere. Ma la vecchia energia è forte e anche il dramma e la paura sono invitanti.

<u>Lentamente, ci sarà chi inizia a capire e a vedere che l'unificazione è la risposta a tutte le cose. Per quanto sia dura per i nemici unificarsi con i nemici, sarà la loro sopravvivenza, perché andare avanti come hanno fatto finora, significherà morire sul nascere. Fateci caso. Succederà più prima che poi.</u>

Essere Umano, non temere ciò che stai per vedere, perché la vecchia energia si agiterà e darà del filo da torcere e non se ne andrà facilmente verso il tramonto a capo chino. Combatterà. Te la do come una metafora. Lo vedrai e quando lo vedrai, lo saprai. <u>Cercate, quindi, di comprenderla, non temerla.</u>
 Ci sarà un periodo di ricalibratura e di adattamento, mentre questa Terra entrerà lentamente in una nuova energia, come spostarsi al sole venendo dall'ombra. La città sulla collina viene lentamente rivelata. **La Nuova Gerusalemme**

I cambiamenti fisici, politici e sociali per la nascita della nuova Terra

La fisica quantistica porta importanti contributi alla medicina. Oggi, siamo in grado di vedere il corpo fisico come veicolo di manifestazione della coscienza. Ma non è stato sempre così. Ammettere la comunicazione tra qualcosa di sottile come la mente e qualcosa di "rude", come il DNA, c'è voluto un po' di tempo per essere costruito. Il materialismo scientifico si è allontanato dalla saggezza degli esordi della medicina. Aristotele, il padre della medicina, considerava l'esistenza di una sostanza unica, come l'origine di tutto. Molti eventi, scoperte e rivelazioni, si sono verificati dal 400 a.C. fino a oggi, che ha distanziato i medici dalla comprensione di un'unità come la fonte di tutte le cose, dall'esistenza di una sostanza primordiale che avvolge tutto e tutti. (Milton Moura)

La magia del Nuovo Pianeta sta cominciando proprio ora. La nascita di una Nuova Terra e della Nuova Umanità, potrà avvenire solo quando la Terra rinascerà. E perché questo avvenga, il sentimento di separazione tra i popoli deve cambiare. Lasciate che la vostra mente e il vostro cuore siano aperti alle possibilità che l'umanità non ha mai visto prima. La storia vi dice che gli Umani sono separati. Guardate l'Europa e chiedetevi come possono, paesi così vicini dentro di una piccola area territoriale, avere

375

tante lingue e culture diverse? Cinquanta anni fa, alla fine della guerra mondiale, gli europei hanno voluto seguire l'esempio di quello che l'America aveva fatto. Così è nata l'Unione europea. Che cosa l'Unione Europea ha creato? Non solo l'euro. <u>Ha creato un gruppo di paesi che non entreranno mai in guerra uno contro l'altro nuovamente! Non possono farlo, ne va della loro economia.</u>

Non stupitevi se anche le tante caselle organizzate di spiritualità cominceranno a unirsi, perché ci sarà più forza se lo faranno. Raggiungeranno più persone se lo faranno. Devono fare questo o, probabilmente, le singole caselle scompariranno. Pensateci.

L'attuale sistema politico scomparirà

Ora, lasciate che vi dica qualcosa inerente a un futuro più lontano, che non crederete o capirete. <u>Sarà la fine del sistema politico che avete ora.</u> Quando comincerete a capire i nuovi attributi dell'energia sul pianeta, non sarà opportuno aver partiti di opposizione. Al contrario, sarà conveniente avere chi riceve l'incarico sulla base del proprio messaggio di unificazione, oltre che un partito. E quando andrete alle urne, dovrete votare per il loro messaggio, non per la loro appartenenza.

Invece di separazione attraverso l'affiliazione, avranno l'unità per realizzare il proposito. Loro avranno idee che saranno uniche e meravigliose, piuttosto che una dinamica competitiva di forte polarizzazione ideologica, rappresentata dai vostri sistemi partitici. Un giorno, il sistema bipartitico sembrerà così vecchio per voi, come i dittatori sulla Terra oggi. Essi stanno scomparendo, avete notato?

Le cinque valute uniche mondiali

Vi abbiamo detto che ci sarebbe stato un tempo sul pianeta dove ci sarebbero state solo cinque monete, perché i continenti avrebbero deciso di unire i paesi, non di separarli.

In Brasile, ora, c'è un Comitato che comincia a pensare: Che cosa succederebbe se accomunassimo tutti i paesi del Sud America ed eliminassimo i confini e, infine, pianificassimo una moneta? Sembra familiare? Sarà una delle cinque valute del mondo!

L'Unificazione creerà forza e pace su questo pianeta. C'è un mastodonte, che voi chiamate terrorismo in Medio Oriente, e che credete di essere il grande problema per questo processo, ma vi dico che ci sarà una svolta che nessuno, nessuno poteva prevedere. Siete rimasti sbalorditi dalla caduta dell'Unione Sovietica? Questo non era il punto cruciale del perché grandi quantità di armi sono state create? E perché il Pentagono è così grande? Tutto è successo da un giorno all'altro. Qualcuno si aspettava questo? Lo stesso accadrà e sarà anche molto scioccante. Un problema che è oggi davanti a voi senza una soluzione, diventerà storia e inizierà l'Unità.

La Terra è incinta - è in preparazione per accogliere, con maggiore abbondanza e saggezza, tutta l'umanità

Spesso ci lasciamo ingabbiare dalle teorie più in voga del momento, sul riscaldamento globale. Ci affrettiamo a utilizzare le solite frasi retoriche, continuamente pubblicizzate dai media o ambientalisti incorreggibili. **"Stiamo uccidendo il pianeta!"** Ma, come ha informato Kryon, quello che noi chiamiamo il riscaldamento globale non è qualcosa creata dagli esseri umani come molti pensano; fa parte di un ciclo che è sempre successo, ma, per noi, è nuovo perché è la prima volta che accade durante il periodo dell'esistenza di molte generazioni passate, fino al nostro presente. I ricercatori coinvolti in Scienze della Terra e dell'atmosfera, hanno fatto delle ricerche dettagliate e sostengono che il nostro pianeta è sempre stato in grado di guarirsi e prendersi cura di se stesso. Esso sa reagire molto bene ai cambiamenti climatici e atmosferici e persino si rivitalizza dagli incendi nelle grandi aree di foreste e boschi. In questo messaggio di seguito,

Kyron parla di cose di cui i media non hanno mai parlato, ma rappresentano la verità su ciò che sta realmente accadendo al pianeta, e oggi possono essere avvalorate scientificamente.

Molti sono spaventati da alcuni sintomi della Terra e credono che il pianeta sia malato. Dicono: "Come possiamo aiutare la Terra a guarire?". Vi diciamo che la Terra non è malata. È incinta. State osservando la Terra procreare la Terza Terra, attraverso i vostri pensieri. I semi stanno entrando proprio ora, tramite le particelle che state ricevendo dal sole. Come la donna durante la gravidanza, subirà alcuni momenti irritabili. Probabilmente ci saranno alcuni "sobbalzi" in questa gravidanza, ma potete prendervi cura di lei e lavorarci insieme.
Lei darà alla luce la Nuova Terra - le vostre creazioni, i vostri progetti, un luogo che vi sosterrà, non importa quello che farete, non importa in quale direzione andrete. Avete creato voi stessi un ambiente magico per vivere. Questa è la creazione del Cielo sulla Terra.

Guardate il sole che è in fase di cambiamento. Ciò avviene secondo un disegno intelligente –l'amore di Dio il Creatore cambiando le cose per la vostra coscienza. È un nuovo modo di pensare che si sta sviluppando e sta, letteralmente, toccando il campo del DNA di ogni essere umano. Questo cambia le informazioni all'interno del DNA e permette all'essere umano di catturare e migliorare gli attributi di una nuova realtà che non ha mai avuto prima. Anche la natura sta cambiando. Avete sentito parlare dei salmoni recentemente? Ce ne sono parecchio di loro! Dove non ci sono quote, non c'è eccesso di pesca e loro saltano sulle barche! Contro tutte le aspettative e le proiezioni degli ambientalisti e biologi, loro stanno imperversando gli oceani in Alaska - vi è una moltiplicazione dei pesci.

Che cosa vi dice questo? È possibile che Gaia si prenda cura di se stessa? Questo è ciò che lei sta cercando di farvi vedere. Quest'allineamento consentirà all'umanità di alimentarsi. E se Gaia fosse in alleanza con voi? E se l'aumento di consapevolezza che ha generato la vibrazione del vostro DNA abbia allertato Gaia per modificare il ciclo climatico, preparandosi a nutrire l'umanità? Qualcuno l'ha pensato? State osservando l'oceano in cui la fuoriuscita di petrolio si è verificata? Si sta riprendendo in un modo assolutamente imprevedibile. Che cosa sta succedendo?

Il ciclo di vita stesso sta alternandosi per la variazione di temperatura dell'oceano e molto di quello che si crede di essere il paradigma della vita in mare, sta lentamente cambiando. Sta venendo fuori un nuovo sistema di vita, com'è già successo prima, ed è adesso vicino a voi, ancora nella vostra esistenza. Questo vi esporrà a un nuovo concetto: __Gaia aggiorna regolarmente il ciclo della vita sulla Terra.__ E questa è la verità!

L'intera gamma di materia vivente sulla terra, dalle balene ai virus, dalle querce alle alghe, potrebbe essere considerata come costituente di una singola unità abitativa, in grado di manipolare l'atmosfera della Terra in base alle sue esigenze e dotata di facoltà e poteri superiori a quelli dei suoi singoli componenti. Si tratta di un sistema cibernetico unificato e onnisciente, in un feedback costante che può intelligentemente autoregolarsi. (James Lovelock)

In questo processo, ci sarà l'estinzione di alcune piante e animali, uccelli e pesci. Il mio consiglio per voi, e in particolare agli ambientalisti, è quello di comprendere il ciclo della vita, in modo che possano accettare ciò che la natura ha sempre fatto. Lei colloca la vita sul pianeta per servirlo in un determinato periodo. Quando quella specie non serve più il pianeta nel modo in cui è stata programmata, la specie scompare. L'estinzione della vita, in particolare attraverso il cambiamento climatico, è normale per

Gaia. Questo è onorato, appropriato e naturale, anche se non la pensate così. Non cercate di salvare tutti gli animali che stanno scomparendo, i pesci e gli uccelli! Alcuni dovranno sparire. E, miei cari, non assegnate questo intero processo a qualcosa causata da voi. Non è colpa del genere umano! La Terra sta diventando sempre più sacra. Gaia è con voi per questo. Lei sta collaborando in un modo mai pensato da voi, in un modo cui i biologi mai avrebbero potuto credere. Pensate che voi la stiate uccidendo? NO! Invece, lei sta portando alla luce un sano sistema ecologico cambiato e appropriato!

Capitolo XXII

Nuove idee, nuove importanti invenzioni!

Sappiamo che la tecnologia ha cambiato, letteralmente, le nostre vite in un breve periodo, accelerando notevolmente il processo di apprendimento, lavoro, cura, bellezza e altro ancora. Tuttavia, se siete stupiti da quest'accelerazione tecnologica, rimarrete estasiati da queste predizioni sorprendenti, esposte qui da Kryon. Molte di loro potrebbero presto essere manifestate anche nella nostra realtà. Pertanto, allacciate bene le cinture, in quanto ciò potrebbe scombussolare il vostro intelletto programmato. Chi vivrà vedrà!

Una nuova tecnologia ci può trasportare da una parte all'altra del pianeta in pochi secondi! Potrebbe mai accadere?

La maggior parte delle tecnologie della serie televisiva, Star Trek è già stata manifestata sulla terra. Ma una tecnologia che non è mai apparsa, è il trasporto molecolare del materiale vivo, umano, biologico. È stato chiamato di teletrasporto ed esso è proprio di fronte a voi in questo momento, se la vibrazione collettiva dell'umanità sarà abbastanza elevata da sostenerlo. Vedrete quanto velocemente questo cambierà alcune delle più grandi sfide che l'umanità affronta oggi. Quanto rapidamente sarete in grado di aiutare la Madre Terra a ringiovanirsi, aiutandola nel processo di rinascita.

Quando questa nuova tecnologia sarà aderita alla terra, ci saranno molti cambiamenti e avverranno rapidamente. Non è un segreto che se tale tecnologia dovesse funzionare, ci sarebbero molti che la contrasterebbero, perché sembrerebbe troppo bella perché sia vero. Ci sono molte aziende e governi che stanno investendo massicciamente nelle compagnie petrolifere e, sicuramente, non sarà molto vantaggiosa per alcuni che, peraltro, potranno tentare di boicottarla o nasconderla. Dovete comprendere i cambiamenti che sono proprio di fronte a voi, miei cari. Queste sono le stesse cose che hanno creato le guerre sul vostro pianeta, molte volte, ma questo non dovrà succedere ora. Oggi c'è più comunicazione che mai sul pianeta Terra, grazie ai progressi tecnologici. Stiamo, appunto, usando la vostra tecnologia, proprio ora, per raggiungere i cuori, ed è meraviglioso, voi avete creato tutto ciò.

Ogni volta che guardavate programmi televisivi o film di fantascienza, pensavate come sarebbe stato bello per chiunque, essere in grado di scomparire da un luogo per riapparire in un altro e, in questo modo, stavate piantando dei semi che sono ora in procinto di germogliare. Ogni volta che pensate come sarebbe bello questo o quello, state inviando questi pensieri, pari a dei semi per una futura creazione. Quando la vibrazione collettiva raggiunge un livello abbastanza alto da sostenere tali pensieri, allora, essi si manifesteranno. Questa energia è in procinto di manifestarsi. Per la prima volta questa tecnologia può essere sostenuta dalla vibrazione collettiva dell'umanità. Comprendete che il trasportatore umano è solo una delle molte tecnologie che emergeranno molto rapidamente. Tale tecnologia potrà cambiare il volto del pianeta Terra, praticamente da un giorno all'altro. È anche una delle tecnologie più facili da descrivere, perché avete sognato questo, per molti anni. Sono ricordi profondi che avete delle vostre abilità, e quando la vibrazione collettiva sarà sufficientemente elevata, il pianeta Terra farà un passo da gigante. State preparandovi al passaggio attraverso l'evoluzione del pianeta Terra e l'evoluzione dell'umanità. L'avete voluto voi, l'avete creato voi e abbiamo una sola risposta. Così è.

Le prossime scoperte scientifiche - un sistema "wireless" umano, trasferirà alcuni attributi da una cellula biologica a un altra e da un umano a un altro.

Sono parecchie le cose che stanno per succedere nella scienza ufficiale. Primo, scoprirete alcuni segreti del DNA e saranno embrionali. Cominciate a tenere d'occhio gli scienziati che stano lavorando con le cellule embrionali e la magia che avverrà dentro di esse. Voi sapete già che nella placenta esistono delle cellule staminali insolite. Sapete anche che le cellule staminali adulte pre-programmate, sono ancora lì nel corpo. Ma che dire del DNA di chi non è ancora nato?
Pensateci. Cercate risposte all'interno di quel campo che potranno migliorare notevolmente la vostra salute e salvare molte vite umane.

Le cellule embrionali del non-nato, sono intoccabili per la società, e potrebbero persino essere su Marte, perché nessuno nella scienza cercherà di utilizzarle in maniera 3D, che è tutto ciò che sapete fare, in questo momento. Se ci provassero, non funzionerebbe comunque. Ci sono dei processi quantistici che state imparando che, non solo non sono invasivi, ma sono effettivamente utili e possono trasferire degli attributi da una cellula biologica a un'altra e da un Umano a un altro. Pensate al "wireless". Quello che pensavate richiedesse fili lunghi più di 1.500 chilometri, ora è fatto con dei satelliti. È un'analogia che vi dimostra che state andando verso una comprensione del tutto nuova del trasferimento di energia. Ci sono complessità e controversie di pensiero super-intellettuale in tutto questo, perché i vostri cervelli 3D si lanceranno in cerca di qualcosa di sbagliato in tutto questo. Ciò che posso dirvi, è che il sistema quantistico non è un sistema lineare e la vostra logica fallirà, se cercate di analizzare queste cose.

Riuscite a immaginare il tempo in cerchio? Riuscite a vedervi in due posti nello stesso istante, o persino di alterare la vostra struttura molecolare con l'intenzione, per far parte di un altro oggetto? Se riuscite a farlo, allora non vi è permesso di commentare in modo razionale. Perché tutte queste cose fanno parte delle possibilità quantistiche del DNA.

La propensione della fisica

Vi ho fornito in passato, dei messaggi sulla propensione della fisica. Ora, siamo tornati alla questione della polarità. Questa "propensione" è imbevuta nell'invenzione naturale che ha scoperto il Dott. Toddy Ovokaity (medico, scienziato e membro del team Kryon). *La fisica è attiva e cerca l'equilibrio. Vale a dire che ogni campo che lui ha creato con il suo processo ha le caratteristiche del DNA perfetto, con gli attributi del modello del non-nato. Gli attributi possono essere passati all'Umano e ricevuti da quell'Umano in qualsiasi impostazione che la sua struttura cellulare sia in grado di assorbire.*

Questo e altri processi saranno osservati anche dalla scienza. Gli studi embrionali sugli animali, cominceranno a rivelare ciò che dona la capacità di far ricrescere gli arti per gli Umani e molte delle altre cose di cui parliamo da ventitré anni. Aspettatevi che questo genere di cose accada presto e anche l'utilizzo delle cellule staminali adulte in modo più grande. Ed è tutto lì, davanti a voi.

Dio creatore è il Fisico maestro dell'Universo e ha utilizzato questi strumenti per creare il sistema della vita e l'equilibrio dell'amore. Tutto questo migliorerà la vita e la comprensione Umana.
Di nuovo, vi dirò che la distanza fra il nucleo e l'elettrone di ogni singolo atomo è colma dell'amore di Dio. Quello è il minestrone del Creatore, costruito per la vita e pronto a prendervi per mano, se lo volete. È la ricalibratura della conoscenza sul pianeta e il

primo passo in un paradigma quantistico. Preparatevi a questo. (Kryon)

Una Rivoluzione e una Rivelazione!

Arriva una GRANDE SCOPERTA... e sarà una Visione Quantistica!

Voglio darvi un indizio su una scoperta che si trova nell'eterico. Questo per dire che è pronta per essere scoperta, ed è imminente. Gli esseri umani devono scoprire queste cose da se stessi, ci limitiamo a dare solo suggerimenti. Quando ci saranno queste scoperte, ricordate di averne già sentito parlare qui. Si tratta di qualcosa tecnica.

Per anni, gli astronomi hanno messo delle lenti speciali sui telescopi che potessero dar loro delle differenti visioni dell'Universo, oltre a quello che si vede con la luce normale. Captare la luce ordinaria è una cosa obsoleta per la vera astronomia. Ora vogliono captare le radiazioni. Vogliono avere la spettrometria, così da poter analizzare di che cosa sono fatte tutte le cose. Agli astronomi piace misurare la velocità in andata e ritorno degli oggetti, così da poter avere un "redshift" o un "blueshift" (cambiamento dal rosso al blu), per sapere se l'oggetto sta avvicinandosi o allontanandosi dall'osservatore.

Per anni, hanno posto sui loro telescopi delle lenti in modo da poter analizzare ciò che la luce comune non può mostrare. La maggior parte di voi neppure sa che ormai non si guarda più attraverso molti telescopi sul pianeta! Tutto avviene tramite la raccolta computerizzata di ciò che si nasconde nella luce, o di ciò che è disponibile tramite altri metodi di misurazione. Sanno quanto sono caldi questi oggetti di cosa sono fatti, dove stanno andando e le anomalie della loro traiettoria. Procuratevi, però, una lente astronomica multidimensionale. Solo così, potrete vedere esattamente ciò che ho descritto. Innanzitutto, sarebbe in grado di

385

vedere i due buchi neri gemelli che sembrano essere uno soltanto. Una lente interdimensionale che osserva la gravità e il tempo, e il loro curvarsi in modelli.

Se voi guardaste l'Universo con questa lente, vedreste come questi due gemelli si relazionano tra loro, la loro pulsazione, e vedreste, molto chiaramente, i filamenti che collegano le galassie. Non sarebbe fantastico? Spiegherebbe l'energia mancante, non è vero? Darebbe agli scienziati motivo di portare le forze da quattro a sei! Ed è fattibile.

Gli scienziati stanno ipotizzando la possibilità di che esista la materia oscura. Questa sarebbe materia che non potete vedere ma che deve esistere per permettere l'equilibrio dell'equazione energetica. Nessuno ha ancora parlato d'interdimensionalità, ma lo faranno. Devono farlo, perché l'eleganza della matematica, effettivamente mostrerà loro, molto chiaramente, che, forse, quello che sta accadendo nell'Universo, è nell'interdimensionalità. Quello che manca nei loro calcoli sull'energia, è la realtà della materia interdimensionale.

Ora vi darò l'indizio numero uno: quest'invenzione non dovete metterla sulla lente. Dev'essere il più vicino possibile allo strumento di ricezione. Nel caso di un telescopio ottico, è lo specchio. Nel caso di un telescopio elettronico, è il suo bulbo oculare elettronico. Questo per dire che questa lente non può andare altrove se non sul piano focale. La cosa avrà significato per chi costruisce i telescopi. Deve andare là dove si accentra il focus.
Indizio due: *questa lente non è materiale ma di plasma. Il plasma è tenuto insieme da un magnetismo incredibilmente forte. Oh, ed è freddissimo.*

*Quando la svilupperete, vi concentrerete su di essa ed elaborerete gli aggiustamenti al magnetismo che creano coerenza al plasma, avrete il prossimo passo nell'astronomia – **una rivoluzione e una*** *rivelazione*. *La fisica cambierà; la vostra realtà cambierà; e vi dirò perché. Quando si osservano le cose interdimensionali, una delle cose inaspettate che vedrete, è la vita! La vita si mostra tramite la forza vitale. Potete guardare (usando un filtro) in una galassia e vedrete della vita intorno alle stelle che brillano! Che ne dite di questo? E ne saranno tutti terrorizzati. È inevitabile, sapete?*

Perché la fusione fredda di Pons e Felishmann non ha funzionato!

L'energia che circonda il Pianeta adesso, è pronta in modo appropriato per alcune delle teorie che erano in anticipo sul loro tempo, che erano accurate allora come adesso (la teoria di Tesla, Felishmann, ndr). *Aspettatevi l'eruzione improvvisa di nuove scoperte scientifiche, con soluzioni a problemi su cui avete lavorato per anni, soluzioni che vi faranno dire: "Perché non ci hanno pensato prima?". Aspettatevi la **fusione fredda**, a proposito.*

Ve l'ho già detto. L'esperimento con la fusione fredda era accurato (riferendosi al tanto criticato esperimento di Ponds e Martin Fleishmann). Gli sperimentatori non riuscirono a ripetere la loro scoperta, perché non erano a conoscenza degli attributi magnetici che influenzavano l'esperimento - che si svolse in uno scantinato, con tutti i pannelli elettrici intorno. Essi pensavano che fosse semplicemente chimica. Non lo era. Fu una scoperta accidentale della fisica che rimane al momento un mistero, ma che combina la chimica con il magnetismo, <u>cosa che in pochi provano a fare.</u> Lo stesso capitò a Tesla, che riuscì, effettivamente, a osservare un oggetto volare via dal banco di lavoro, ma senza, in realtà, conoscere il perché. Egli sapeva che aveva a che fare con il magnetismo, ma non riuscì a creare il progetto con gli strumenti e la tecnologia dell'epoca. Riuscite a immaginare una cosa del genere? Ora capirete la sua depressione. Spesso è così che avviene il progresso sul pianeta.

Tutte le cose nell'Universo sono create con la polarità - Senza polarità non si ha vita.

Ora, devo svolgere un processo, dove sta una rivelazione. Vorrei portarvi alla struttura atomica di base. L'ho già fatto, ma non vi ho mai portato a questo stadio. Voglio che osserviate con me un elettrone, come se foste là, piccoli quanto lui.

I Fisici dicono che l'elettrone ruota. Non lo fa e non potrebbe mai. Non c'è alcuna superficie su un elettrone, poiché essi sono energia. Essi non ruotano, ma hanno invece un potenziale elettronico. Ogni singola particella di questo pianeta, tutto ciò che potete vedere, tutte le cose di quest'Universo, sono create con la polarità. Queste sono informazioni nuove, ora. Tutte le cose sono create con la polarità e sono progettate per essere auto-equilibranti. E, a causa della polarità di quello che voi chiamate "più e meno", esse si spostano e cercano di equilibrarsi all'interno di un campo – TUTTE le cose, sia fisiche sia di altro genere.

Tuttavia, tutte le polarità sono inclini a essere influenzate da quella che chiamerò <u>pari pressioni</u>. Gli elettroni che presentano quella che voi definireste di carica positiva (ruotano con una polarità) sono attratti da quelli che sono negativi, perciò si annullano. Essi si cercano a vicenda per creare il nulla dell'equilibrio. Cercano di essere bilanciati e, se non lo sono, non sono "contenti". Uso questo termine solo per rilevare la condizione di una particella della fisica che non trova il proprio equilibrio. Ma, persino tra gli atomi, ci sono elettroni che non sono accoppiati, dato che non c'è una legge dell'atomo che dica che gli elettroni saranno sempre creati in numero pari. Dunque, spesso ci sarà quello che chiameremo lo spaiato e, quando questo avviene, l'intero atomo sarà caricato positivamente o negativamente secondo com'è quello spaiato. In questo caso, l'atomo cercherà un altro atomo, che abbia uno spaiato di carica opposta. Ecco, ho appena spiegato il magnetismo. Ora, la scienza ne conosce già una parte. Quello che ancora non si è compreso, però, è che TUTTE le cose hanno una dualità. Si sospetta e ci sono teorie che verranno fuori abbastanza presto ed io ve l'ho detto oggi, perché è sempre esistito nella mente di qualcuno. Quindi, dal molto piccolo al molto grande, persino la galassia... tutto ha dualità. Al centro della vostra galassia, vi è quello che voi chiamate buco nero. Vi abbiamo già detto che non esiste tal cosa come questa "singolarità", e anche la scienza sa che è un paradosso della fisica. Si tratta di uno spazio nero, definito buco perché non si può vedere alcuna luce all'interno. In realtà, non sapete ancora che cosa sta realmente accadendo lì, perché non avete strumenti in grado di "vedere" le energie interdimensionali e le leggi della sua fisica. Ma siete vicini alla scoperta. Quando vi rivolgete al centro della galassia, vedrete due fonti molto evidenti. Si tratta di un motore quantico che tira/spinge.

Perché tutto ha una polarità?

Perché mai sarebbe stato creato così, fino ad arrivare all'elettrone? La più piccola cosa, addirittura, fino a quello che chiamate il Bosone di Higgs - la Particella di Dio - e ai quark, tutti hanno una polarità. Non troverete un frammento in natura, privo di polarità. Perché? Se non fosse così, l'Universo sarebbe un luogo monotono e noioso in cui vivere. Perché, creando una dualità in ogni singola particella, create un Universo attivo che è auto-equilibrante e non è mai a riposo. Se non fosse così, sarebbe statico, immutabile e non creativo. Perciò, senza polarità, non ci sarebbe vita.

La vita è creata dalla presenza di una dualità, una polarità nelle particelle atomiche. La vita è quel che è necessario perché esista l'Universo.

Non c'è motivo di una fisica senza vita – e voi pensavate fosse il contrario, vero? La vita fu un caso su un solo pianeta. Oh, come siete tridimensionale! La Vita È IL PROGETTO.

CAPITOLO XXIII

LE IDEE E LE INVENZIONI NON SONO CASUALI

Le nozze del fisico-mentale-spirituale

Nei prossimi anni, si avrà l'opportunità di vedere i risultati del matrimonio fisico, mentale e spirituale per raggiungere la vera scienza. Al momento non avete una vera e propria scienza, ma una scienza-bidimensionale... una scienza umana, non una scienza universale.

*La parte mancante - quella spirituale - è stata relegata dagli scienziati per centinaia di anni e definita come anti-scientifica. Questo è ironico, perché è **nello spirituale che si trova il vero potere e la comprensione!** Non potrete mai raggiungere alti livelli nei viaggi nello spazio senza il sostegno spirituale. Voi non potrete mai essere in grado di cambiare o capire la gravità, e, soprattutto, la trasmutazione della materia senza di essa. Immaginate come sarebbe interessante per voi... neutralizzare tutti i rifiuti nucleari, in modo che un bambino ci possa giocare, come gioca con la sabbia! Meraviglioso, no? Beh, non è difficile da fare, ma richiede la conoscenza che ancora non è stata usata, ma ora avete il potere e il permesso di svilupparla!*

Avete guadagnato queste cose! Il potere che non avete mai usato, è ancora sotto il vostro dominio. Avete assolutamente enormi fonti di energia naturali, che esistono attraverso la comprensione e l'uso regolamentato dei campi magnetici del vostro pianeta.

L'avanzo tecnologico esiste solo se vi è un'evoluzione spirituale collettiva!

La tecnologia è avanzata più negli ultimi cinquant'anni che in cinquecento, perché c'è stata una grande evoluzione nella coscienza umana. Ciò che la maggior parte non sa è che ci dev'essere un equilibrio tra la tecnologia e l'evoluzione spirituale. Il livello di tecnologia del pianeta è determinato dal livello complessivo di 3/4 della vibrazione collettiva di tutti gli umani sulla Terra. Molte nuove tecnologie inventate, sono state spesso impedite nel funzionamento, perché la vibrazione collettiva dell'umanità non era abbastanza alta da supportare tali tecnologie. Vi ricordate com'erano le vostre vite senza i computer, solo pochi anni fa? La tecnologia informatica è stata un passo enorme che ha avuto un impatto in ogni aspetto della vostra vita quotidiana. Beh, non solo i computer cambieranno drasticamente, ma le tecnologie che erano nei pensieri collettivi dell'umanità, potranno manifestarsi ora, velocemente. Alcune di queste, sono state nei pensieri collettivi per molti anni, aspettando di essere attivate.

*C'è stato un evento cosmico che si è verificato nei giorni di Lemuria che ha contribuito profondamente alla scomparsa di Atlantide. Senza volere, molti Lemuriani hanno creato una separazione dell'umanità e delle anime, mai vista prima sul pianeta. Questo non ha funzionato com'era stato pensato da loro. Invece di aiutare l'umanità a salire al livello successivo, la separazione ha determinato l'affondamento di **Atlantide.** Nei giorni immediatamente successivi il tragico evento, molte decisioni collettive sono state prese per nascondere dal genere umano, alcune tecnologie, perché avrebbero potuto facilmente essere usate in modo non appropriato. Queste sono le stesse tecnologie che*

392

saranno rivelate a voi, molto presto. Non hanno più bisogno di essere nascoste e può essere di grande beneficio alla Terra, in questo momento. (Kryon)

Tutte le idee o invenzioni immaginate dalla mente umana, sono incise nella memoria della griglia cristallina che circonda il pianeta

Come emergono le grandi invenzioni? Scommetto che nessuno se lo è mai chiesto o, se lo ha fatto, ha un concetto del tutto distorto di questa realtà. Sembra incredibile, ma tutte le idee e le invenzioni giungono al pianeta, solo quando esso è pronto, e mai prima. In effetti, sembra che tutte queste grandi scoperte che hanno invaso il pianeta, siano apparse, quasi tutte insieme, solo negli ultimi cinquant'anni, come per magia. Quale potrebbe essere il motivo? Se osserviamo bene, durante tutto il percorso del lungo periodo dell'esistenza umana, ci sono sempre stati esseri umani intelligenti e ricchi di idee... perché, allora, sembra che solo nei tempi recenti si sono verificate quasi tutte le invenzioni moderne? Quello che pochi sanno è che vi è un sistema di memoria inserito nella cosiddetta *Griglia Cristallina*, la rete invisibile che circonda il pianeta. Si tratta di una sorta di capsula del tempo. Tutto ciò che è già stato conosciuto o no, tutte le leggi mancanti della Fisica - teletrasporto quantico ed *entanglement*, lo sblocco dei segreti della struttura atomica, come trasformare l'energia in materia e la materia nuovamente in energia, come creare calore senza calore e freddo senza freddo - tutti i segreti che gli scienziati desiderano che siano rivelati, sono tutti lì. E ci saranno dati solo quando tutti i popoli e le nazioni saranno capaci di vivere senza guerre o conflitti. E dipenderà, in gran parte, dall'uso di un'energia che abbiamo, ma non sappiamo usare. Abbiamo già cominciato a intravedere questo sul pianeta. Il desiderio di sbarazzarsi dei governanti di scarsa conoscenza si sta evolvendo in tutto il mondo. Gli ex nemici da centinaia di anni, ora decidono di mettere da parte le loro differenze e si riuniscono come un'unità. La stessa decisione di unicità invia un segnale direttamente alla Griglia Cristallina, il che informa sulla capacità umana di ricevere certe invenzioni.

Quale forza si nasconde dietro i cristalli?

L'uso dei cristalli è pratica antichissima. Nell'Antico Testamento, ad esempio, si fa riferimento al "Pettorale del Giudizio" ornato da quattro file di pietre preziose, indossato dal Sommo Sacerdote, durante le funzioni religiose, mentre gli Antichi Romani usavano il Corallo rosso per proteggersi dalle energie negative.

Le più antiche leggende e credenze concernenti la magia dei cristalli, ci riportano, addirittura, all'antico continente di Atlantide! È stata formulata l'ipotesi, che gli evoluti abitanti di questa civiltà, usassero i cristalli per imbrigliare e incanalare le forze cosmiche. Pare anche, che i cristalli fossero utilizzati per produrre energia per intere città, oltre che per molteplici finalità fisiche e pratiche. Si è ritenuto che una delle cause per cui questo grande continente fu distrutto, stesse nel fatto che i suoi abitanti avessero abusato di queste conoscenze, facendone un uso non appropriato, più che altro, per fini egocentrici! Alcuni egittologi, ipotizzano che il vertice delle piramidi sia stato rivestito di cristallo, per far convergere la forza cosmica su queste strutture.
Numerosi popoli, civiltà e culture, hanno fatto uso dei cristalli e delle pietre per diversi scopi: da quelli curativi e protettivi, a quelli più chiaramente iniziatici. Li hanno utilizzati i Babilonesi, i Maya, gli Indiani d'America e tutti i popoli orientali (che tuttora li usano!). Di questi usi, esistono delle tracce documentate dagli archeologi, dagli storici e dagli scritti di autori greci, bizantini e romani.

I Cristalli Naturali del nostro corpo

La memoria totale del nostro corpo fisico funziona come quella di un computer o anche meglio! Nel PC, le informazioni passano attraverso dei microprocessori e cristalli liquidi che sono di solito di quarzo, ma anche di silicio e selenio. Nel nostro cervello, in parte, il procedimento è lo stesso: la memoria e i comandi fisici scorrono attraverso dei neurotrasmettitori, collegati al cervello e trasportati sui cristalli liquidi naturali, di cui il cervello è ricco. Per memoria, s'intende non solo il ricordo dei comandi da trasmettere alle cellule, ma anche quello di emozioni, luoghi e pensieri.

La verità inquietanti sul Triangolo delle Bermuda

Alcuni ricercatori hanno ipotizzato che in fondo al Triangolo delle Bermuda, vi è una fonte di energia immagazzinata in una gigantesca piramide di vetro, che può interferire con i trasmettitori radio e radar. Se la leggendaria Atlantide realmente è esistita, questa piramide potrebbe essere costituita dai resti di una potente macchina, di forma piramidale, in grado di produrre energia che è ancora lì, intatta, sul fondo dell'oceano. Potrebbe essere lo storico modello originale in cui le culture successive si sono ispirate più tardi, in tutto il mondo. I ricercatori affermano che questa incredibile macchina di energia, potrebbe essere in grado di attrarre e raccogliere raggi cosmici del cosiddetto "campo di energia" o "vuoto quantico", e che sarebbero potuti essere stati utilizzati come una centrale elettrica per la civiltà di Atlantide.

Il Triangolo delle Bermuda è uno dei luoghi più misteriosi, pericolosi e talvolta mortali, del pianeta Terra.

Eventi climatici, sparizioni di navi e aeromobili e altri eventi enigmatici, che non possono essere definiti come fenomeni naturali. Alcuni ricercatori indipendenti sono convinti che i misteriosi fenomeni del Triangolo delle Bermuda, siano causati da una tecnologia antica - o aliena - sommersa nelle profondità dell'oceano Atlantico. Un dispositivo di energia molto elevata, in grado di creare veri portali spazio-temporali, trasportando le persone e gli oggetti ad altri mondi e altre dimensioni.

Ora, un team di esploratori americani e francesi, in modo indipendente, ha confermato una scoperta sorprendente che i ricercatori conoscono dal 1968: una struttura gigantesca, una piramide di cristallo, forse, molto più grande della Piramide di Cheope in Egitto, parzialmente trasparente che sembra essere appoggiata nel fondo del mare dei Caraibi. La sua origine, età e scopo sono del tutto sconosciuti. La lunghezza della parte inferiore della piramide è di 300 metri per 200 e l'apice sorge a circa 100 metri dalla base. Una mega struttura, quindi. Nella parte superiore ci sono due grandi fori, attraverso i quali l'acqua di mare si muove ad alta velocità, generando vortici che influenzano fortemente la superficie del mare. I ricercatori che lavorano sul posto, hanno ipotizzato che questo vortice di acqua può avere qualche effetto sul passaggio di barche e aerei, creando un alone di mistero intorno alla zona. La scoperta ha sconvolto gli scienziati di tutto il mondo, eppure, al momento, aleggia una sorta di alone di segretezza o di studiato disinteresse. Pare che nessuno si stia affannando per organizzare una spedizione esplorativa di approfondimento.

L'Energia di Atlantide è stata mantenuta dentro dei cristalli. Com'è Possibile?

Non è più un segreto che l'energia di Atlantide è stata mantenuta dentro dei cristalli che sono stati sepolti in profondità all'interno della zona che si chiama il Triangolo delle Bermude. Era importante riporre quei verdi e luminosi cristalli di Atlantide in un luogo veramente sacro e sicuro. I cristalli sono rimasti nascosti fino ad oggi. Sono rimasti in alcuni luoghi di quello che chiamate Oceano Atlantico e sono già stati riattivati, grazie alla vostra aspettativa e alla vostra stessa energia del cuore - (il campo d'energia che circonda il cuore ha la configurazione geometrica compresa fra 1,5 e 2,4 m (il campo parte dal nostro cuore e si estende al di là del corpo fisico, provato scientificamente).

Questo è ciò che ha provocato tutta la turbolenza in quella zona e le modifiche climatiche che la Terra sta sperimentando. L'energia stessa di quei cristalli di potere è rimasta là, fin dal primo giorno. Voi non negate l'energia, poiché essa esiste con o senza di voi. Vi chiediamo di reclamare il vostro diritto di nascita. Vi chiediamo di mantenere quell'energia e di percepirla mentre scorre dentro di voi, ma ciò non significa che la userete per illuminare le vostre stanze o riscaldare i vostri edifici o per i vostri viaggi o la vostra tecnologia, ma che adesso la userete per filtrarla attraverso il vostro cuore. Ci vorranno un po' di anni, prima di scoprire i cristalli reali. Non è importante trovare i cristalli. Ciò che è importante è che utilizzate l'energia dei cristalli. È l'energia non utilizzata di questi cristalli che ha causato così tanti scarichi turbolenti sotto forma di uragani in quella zona. L'uso di questa energia si riduce la necessità di questi scarichi e nel futuro questi eventi riprenderanno la loro frequenza normale.

L'energia di cristallo sta ritornando al pianeta Terra. Pronti o no, avete raggiunto un'elevata vibrazione sufficiente a svelare i segreti dell'energia dei cristalli, ancora una volta. Questa è la stessa energia usata per la vita quotidiana ai tempi di Lemuria e di Atlantide. Tutti i cristalli si stanno riattivando da se stessi perché quando sono stati nascosti, sono stati messi in un punto di trigger automatico, dove si sarebbero attivati quando l'umanità avrebbe raggiunto un livello sufficientemente elevato di vibrazione.

Il potere dei cristalli Atlante - La forza di un'energia spirituale?

*Ora, l'umanità sentirà di nuovo l'energia misurabile, proveniente da quelle zone, perché è già iniziata. Finora l'avete valutata negli uragani e nei cambiamenti del clima. Vi chiediamo di afferrare quell'energia, non degli uragani e dei tornado, ma **l'energia dell'amore**. Fondetela con la vostra. Trovate le connessioni con quell'energia del cuore. Fondete quell'energia e percepitela sulla griglia della vostra vita quotidiana. Questo è il vostro sentiero evolutivo che avete messo in moto e proprio adesso è il momento di afferrare quell'energia. Non abbiatene paura. Lasciate che nel vostro cuore l'amore parli a voce più alta della paura, perché esso inizia da voi. (Il Gruppo – S. Rother)*

La Rete d'Amore - Una rivelazione sorprendente che meraviglierà molti!

La cosa più sorprendente che pochi conoscono e che può generare una discussione, è che vi è davvero una rete di energia chiamata Amore, e che parte dal cuore di ogni essere umano. Si tratta di un'energia potente, ma non sappiamo ancora usarla!

Non si tratta dell'amore che siamo abituati a vivere. Ma di un'energia creativa, Energia Amore/Creazione. La nozione stessa dell'amore come pura energia è difficile da capire e accettare. L'amore che si vive sulla Terra, è spesso l'amore emozionale, l'amore emotivo. Finché viviamo come materia, non riusciamo a capire l'Amore come energia. La confondiamo con l'amore umano, con tutto ciò che comporta e con tutti i tipi di amore che possiamo vivere in questo mondo; talvolta, sono anche molto "elevato". Ma si tratta di un'energia creativa – l'Energia Amore/Creazione – tanto potente quanto la stessa energia elettrica che "crea la luce."

L'energia speciale del cuore - sembra favola ma è realtà

Sappiate che l'energia Amore che emana dalla Fonte, è un Amore talmente potente che se voi ne viveste un'infima dose, potreste esserne sconvolti e trasformati molto profondamente, talvolta anche il vostro corpo potrebbe essere distrutto se non la sopportasse. Questa energia non è affatto un sentimento. Il sentimento non esiste nelle sfere molto elevate.

La tecnologia è un riflesso dello stadio vibrazionale della razza che se ne serve. Di conseguenza, in ogni razza, è l'energia del cuore che deve equilibrare la tecnologia. Se la tecnologia va troppo oltre rispetto all'energia del cuore, essa causa uno squilibrio. Mentre l'energia del cuore cresce, spingerà la tecnologia ad accompagnarla. Ecco la ragione per cui, nella vostra epoca, negli ultimi cinquant'anni, avete raggiunto un così enorme progresso tecnologico. È perché la vostra energia del cuore si è evoluta per supportare la tecnologia e provocarne la crescita.

Nei giorni di Atlantide, effettivamente l'energia tecnologica sopravanzava l'energia del cuore e l'energia del cuore arrancava nello sforzo di raggiungerla. La tecnologia di Atlantide sorpassò così tanto l'energia del cuore che si raggiunse uno squilibrio critico. La maggior parte della gente credeva che la tecnologia fosse un prodotto umano e che l'energia del cuore fosse divina, di conseguenza, le due cose non potevano mai combinarsi. Questa credenza stava alla base della loro paura. Queste due energie dovevano essere in equilibrio per permettere ad Atlantide di progredire. In larga misura, fu la paura ad affondare Atlantide, coadiuvata dallo squilibrio dell'energia del cuore.
La spinta dell'energia del cuore era indescrivibile e la tristezza dell'energia del cuore si fa sentire ancora oggi. Ora le cose stanno

cambiando in questo pianeta e siete motivati a cercare le fonti di energia alternative. Come se i giorni di Lemuria e di Atlantide fossero tornati. Avete già superato quello stadio vibrazionale necessario, perché l'energia del vostro cuore ora, ha la precedenza e trascina la tecnologia dietro se, come sarebbe dovuto essere, allora, l'equilibrio sta lavorando su entrambi i lati – molto più di quanto faceva in quei giorni magici. Cominciate a vedere le opportunità di utilizzare l'energia in modo nuovo e diverso. Vi diciamo che, finché vi è equilibrio tra l'energia del cuore e quella della tecnologia, tutto funzionerà bene.

Ora state ritornando ai giorni di Lemuria e di Atlantide. Comincerete a muovervi in una connessione costante alla Rete d'Amore, con una consapevolezza costante. La Rete d'Amore permette di riattivare l'energia del cuore attraverso i cristalli di Atlantide.

L'evoluzione si diventa un luogo comune

*Non molto tempo fa, che molti di voi stavate scoprendo la parola **ESP** - percezione extrasensoriale (extra sensory perception). Oggi, questa parola non esiste più nella vostra lingua. Parlare di **ESP** vi riporta agli anni '70. Si tratta di una parola antica. Ora, la chiamate "percezione extrasensoriale" fa parte di voi, si è integrata e diventata una cosa comune. Avete cominciato a fare spazio nella vostra vita per utilizzarla su base quotidiana. Tuttavia, non avete più bisogno di parole per descriverla come qualcosa di separato da voi. Questo sta accadendo ora, anche con il concetto di **Rete d'Amore**. Questo fa parte del piano per riportare l'energia del cuore, verso la Terra.*

Quando ebbe inizio la Rete d'Amore.

*Ora, la Rete d'Amore non è altro che un pensiero di Dio. Tu sei un frammento di Dio. Voi siete i creatori e tutto si muove attraverso il vostro modo di pensare, attraverso i vostri pensieri e le proprie idee. Quando Dio ha un pensiero, è come un progetto a cui viene inviata l'energia universale per creare. Questa è la Rete d'Amore. L'avete creato attraverso i vostri pensieri collettivi che hanno un potere esponenziale. La **Rete d'Amore** è iniziata, prima come una rete di comunicazione. Ha avuto inizio quando, nei primi tempi, dei messaggeri erano inviati da una città all'altra, a piedi o a cavallo, e il percorso creato diventava una rete di comunicazione sempre più ampia. Non molto tempo fa, i fili sono stati stesi e quegli stessi sentieri divennero linee telegrafiche. Qui la rete ha preso la sua prima forma. Naturalmente, è andata evolvendosi ed è diventata la rete che chiamate di linee telefoniche, distribuite in tutto il pianeta. Esse non sono distribuite uniformemente, soprattutto nelle zone di densa popolazione. Così, l'evoluzione ha portato l'Internet e ha iniziato il collegamento tra i cuori a livello globale. Il passo successivo, è quello di trasformare questa rete, in una rete di comunicazione luminosa. Poi, dopo che vi abituate alla rete di luce che sarà integrata in ciascuno di voi, non ci sarà bisogno di una rete fisica al di fuori di voi stessi. Nelle generazioni successive, questa rete sarà più uniformemente distribuita in tutto il mondo e non sarà solo d'aiuto alla comunicazione tra voi, ma avrà una connessione con Gaia stessa e vi sarete tutti collegati insieme come **Una Solo Cosa**. E questo è già iniziato. Ci sarà un momento in cui non si avrà più bisogno della rete di luce, perché sarà una parte stessa di ciò che siete voi. (Il Gruppo – S. Rother)*

Molti lavorano alla stessa invenzione, nello stesso tempo, senza neppure saperlo

La Terra sta cominciando a rispondere e vibrare a un livello più alto. Quando i bambini nascono sul pianeta, la prima cosa che loro sentono è la vibrazione della Griglia Cristallina. È come un modello per il loro DNA e la sua capsula del tempo. Loro catturano la vibrazione della Griglia Cristallina, e da lì, cominciano la loro vita, a partire dal livello vibrazionale che hanno ricevuto dal pianeta nel loro primo respiro. La coscienza umana sta cambiando, il vostro DNA sta cominciando a svegliarsi e le capsule temporali individuali stanno cominciando ad aprirsi. Stanno nascendo nuovi tipi di bambini. Vedrete nuove scienze e nuovi talenti. E poi, tutto ciò si comunica con la Griglia Cristallina.

La Griglia Cristallina sta iniziando a cambiare il suo modo di funzionamento. Così come lei memorizza l'azione e l'energia umana, sta cominciando a stabilire anche una messa a punto di reazione all'azione compassionevole. E, maggiore è la compassione, più la rete comunica con il DNA umano. Miei cari, è tutto connesso, è parte di un grande sistema ed è meraviglioso. Pensate, siete vissuti migliaia di anni senza conoscere e capire che cosa fosse un batterio, o senza avere idea dei germi, o senza elettricità! Se si pensa nell'ordine di tempo in cui la conoscenza ha raggiunto il pianeta, ciò è molto rivelatore.

Molti esseri umani hanno lavorato alla stessa invenzione, nello stesso tempo e non lo sapevano nemmeno. Improvvisamente, vi sono stati dati l'invenzione della radio, immagini che viaggiano attraverso l'aria e poi, il volo. Sembra essere arrivato tutto insieme in questi ultimi tempi.

Ci si potrebbe chiedere come questo può essere logico nel sistema in cui funzionano le cose, vero? Sarebbe necessario raggiungere un certo punto della storia, prima che gli esseri umani diventassero intelligenti?

Sembra che tutte queste idee sono state "consegnate" al pianeta quasi allo stesso tempo e improvvisamente, molti hanno capito queste cose tutte in una volta. Come mai? Riflettete. (Kryon)

CAPITOLO XXIV

RIVELAZIONI PROFONDE

Questi sono argomenti molto controversi, non tutti capiranno e sarà difficile per la mente intellettuale accettarli come reali, poiché non si tratta di cose lineari ma interdimensionali, quindi, non fanno parte delle esperienze del nostro intelletto. Tuttavia, è un invito perché possiamo riconfigurare un processo sconosciuto alla maggior parte di noi. Riprogrammare la conoscenza che abbiamo di noi stessi, che è obsoleta, non appropriata a una coscienza espansa - che non si adatta più all'interno della nuova percezione di chi siamo veramente, e che comprende tutti quei misteri della vita, fuori dalla portata della nostra coscienza limitata. Coloro che non si sono ancora svegliati alla profondità di tale conoscenza, potranno aver difficoltà nell'accettarla o, addirittura, pensare che siano "cose assurde", fuori da ogni proposito. Ma tutte queste nuove rivelazioni, sono reali e potranno veramente darci l'opportunità di uscire dal nostro letargo spirituale, pensando che tutto è già stato detto, anche se "tutto ciò che ci è stato detto" in nessun modo chiarisce il mistero della nostra esistenza, la vera ragione per cui siamo qui. Tale inerzia ha raggiunto il limite della sproporzione. Non è più possibile continuare, stando seduti in una splendida culla, dondolandosi nel vento dell'ignoranza e della conformità, intrappolati nel laccio della paura, con il timore di spiccare il volo della propria libertà, al di là delle mitologie diffuse e abbracciate come l'unico rifugio per un'esistenza senza un volto, l'unico porto dove ancorare i dubbi incubati, mai messi in discussione. È il momento di sciogliere le catene del tuo vero Sé, abbattere il muro di separazione tra te e te... il tuo **IO** più grande che si espande oltre ogni confine immaginabile, che sa tutto su chi sei, su chi sei già stato e su chi sarai. Il tuo **SÉ** che ha mantenuto un collegamento costante tra te e la Sorgente Creatrice, senza mai sonnecchiare, in paziente attesa, anche adesso, del tuo risveglio.

Ciò che leggerete di seguito, sarà una rivelazione ma, allo stesso tempo, è qualcosa che tutti conosciamo a livello dell'anima. È un processo quantistico, una meravigliosa descrizione di ciò che accadrà quando lasceremo questo pianeta e quando ritorneremo, per continuare il grandioso lavoro per l'Universo che abbiamo scelto di compiere.

La Caverna della Creazione

La Caverna della Creazione è un luogo interdimensionale, invisibile e pur essendo situato all'interno del pianeta, non sarà mai trovato da nessun essere umano. È il contabile dell'Akasha per la terra. Lì c'è il Registro Akashico del pianeta, è un luogo prezioso, dov'è conservato il vostro lignaggio. C'è un cristallo per ogni uomo, donna e bambino sul pianeta. Quando arrivate e andate nelle vostre numerose espressioni di vita, fate una visita alla Caverna della Creazione per "aggiornare" il cristallo. Pensate a ciò come una struttura cristallina a strati in cui ogni strato - o con una linea messa su di esso - rappresenta un'espressione di vita. Non è spiegabile in 3D, in quanto è un evento interdimensionale.

Quando voi "morite" prima che la vostra essenza lasci il pianeta, visitate la Caverna della Creazione per attivare l'essenza della vostra anima. Lo stesso vale quando arrivate. Tutto quello che avete imparato o no, tutti i vostri successi e realizzazioni, sono tutti depositati lì per tessere la rete cristallina. È in questo modo che la coscienza umana influenza Gaia.

Mentre il globo vibra più alto, cambiano anche le regole della fisica. Questo è l'attributo quantistico della fisica in generale. Avete delle galassie che si evolvono, sistemi solari in evoluzione, dei pianeti in continuo sviluppo e coscienza in evoluzione. Tutto è così perché non c'è un sistema di leggi statico per tutto. Voi, semplicemente le cambiate. Così si potrebbe dire che è un sistema che va ben oltre a quello che abbiamo detto qui.

Alcuni di voi sentono che questa è la loro ultima vita. Quello che non sapete è che, per la maggior parte di voi, questo è la vostra "professione" nell'Universo. Si potrebbe dire che siete degli esseri umani professionisti nell'universale! Perché? Perché siete appassionati della terra! Siete appassionati della famiglia! Quando questo gioco è cessato e la vostra "vita finisce," voi cambiate semplicemente l'energia. La morte è solo un cambiamento di vibrazione. Una parte di voi diventa la guida di altro essere umano - perché è così che funziona l'unicità dell'anima; l'altra parte di voi va all'altro lato del velo, ritornando in una nuova espressione fisica. Il gruppo che siete voi, è sempre al lavoro. Farete questo molte volte perché vi rifiutate di perdere il finale! Avete lavorato troppo a lungo, Lemuriani, per perdere questo. Siete stati parte di esso per un lungo, lungo tempo, e avete visto e condiviso l'amore di Dio. Lo avete visto funzionare. Vi siete offerti volontariamente per le cose difficili, e qui siete, ancora una volta, in una delle ultime ondate, cose che nessuno avrebbe mai potuto pensare sarebbero successe.

Noi siamo i nostri antenati!

In breve, cercate di capire questo: ci sono tre posti in cui esiste l'energia umana, allo stesso tempo.

1. La Caverna della Creazione – che mantiene un registro di chi siete e riempie la vostra vita di esperienza per contribuire alla vibrazione del pianeta. È il sistema multidimensionale che cattura l'esperienza umana di Gaia e rimane con Gaia.

2. Il DNA nel corpo umano vi aiuta mentre siete vivo in ogni vita, per tutto ciò che siete sempre stati, in un'informazione d'energia che viene immagazzinata nella doppia elica. Tutte le migliaia di vite sono lì, se le avete vissute. Sono tutte accessibili. Non dovete mai ri-imparare tutto spiritualmente poiché è cumulativo - cioè, rimane con te da una vita all'altra. Tutto quello che dovete fare, è aprire il vaso spirituale con l'intenzione di ricordare, e si rivelerà la saggezza degli antichi. Questo dovrebbe dirvi qualcosa. Tutti voi siete i vostri antenati. Cosa ne pensiate di questo?

Guardate agli antenati per un momento, perché loro sapevano qualcosa. Guardate la loro saggezza. Gli indiani hanno sempre saputo del loro Akasha perché percepiscono che il cerchio della vita contiene informazioni accessibili. Sanno cosa c'è dentro di loro. Sanno anche di Gaia e considerano la Terra come un partner vitale - un partner nella vita della propria anima. Oh, cari, se studiate gli antichi, troverete tutto ciò che vi ho detto oggi. Loro, intuitivamente, sapevano. Tutti sanno intuitivamente che i loro antenati sono ancora in loro. Prima di prendere decisioni, si rivolgono sempre agli antenati per chiedere loro saggezza.

3. La Griglia Cristallina - una rete spirituale che si stabilisce lungo la superficie del pianeta, che si ricorda tutto ciò che riguarda l'umano e dove si trova. È il ricordo di tutte le cose che sono state messe lì dai Pleiadiani. La Griglia Cristallina è stata creata per questo scopo, dai Pleiadiani. Quando sarà giunto il momento e quando la coscienza dell'umanità raggiungerà un certo grado, queste idee saranno rilasciate. Si tratta di una capsula del tempo delle invenzioni, e altro ancora. Non è qualcosa che viene da fuori dalla terra, ma dall'interno.

Le Capsule del Tempo

All'inizio del 2000, sul Monte Shasta, abbiamo parlato sui Lemuriani nella montagna. Abbiamo parlato delle capsule del tempo che ci sono lì e adesso avete la spiegazione. Quelli dentro la montagna non usciranno per presentarsi e stringervi la mano. Una capsula del tempo riguarda le informazioni e le idee. Le capsule che scoprirete, si riferiscono agli attributi quantici della scienza e della vita.

Ci sono tre tipi di capsule del tempo con le informazioni su tutto. Le informazioni che sono comuni in tutta la galassia; tutte le leggi mancanti della fisica, le cose che avete sempre cercato come l'energia libera, come produrre cibo dal nulla, come nutrire l'umanità e fornire acqua fresca in qualsiasi parte del Pianeta, istantaneamente, e la cura per tutte le malattie. Tutto è lì! Dove pensi che lo scienziato Dott. Toddy abbia ottenuto l'idea per un laser quantico, che sta portando l'informazione quantistica e che potrà curare le malattie del pianeta? Da dove pensate sia pervenuta? E perché solo ora? Queste sono le domande che dovete porre a voi stessi.

Esaminate con me ora, usate il vostro intuito per sapere se è vero o no. Perché la tecnologia del vostro pianeta ha accelerato solo negli ultimi anni? È possibile che abbiate avuto centinaia di migliaia di anni di stupidità? O gli esseri umani erano così stolti e ignoranti? Loro avevano lo stesso intelletto e la stessa curiosità, la stessa intelligenza che avete. Eppure, apparentemente, tutto vi è stato presentato negli ultimi cinquant'anni. Quasi tutto ciò che chiamate di tecnologia oggi, tra cui volare, ha solo un centinaio d'anni. Una goccia nel secchio del tempo. Non avete mai pensato di fare un ragionamento su ciò? Non avete mai considerato il lungo periodo di tempo in cui la civiltà vive sul pianeta? Perché non è accaduto mille anni fa? Questo è logico secondo voi? Non ci sono state idee per un pensiero logico e una creatività più elevata? È che l'umanità è rimasta incosciente per migliaia di anni.

La rivelazione del segreto delle capsule del tempo

Ci sono tre capsule del tempo principali nella Terra. Discuterò due di loro e racconterò la terza. Esse sono tutte interconnesse, una non può esistere senza le altre due.

Le capsule del tempo, le prime, sono nel vostro DNA. Queste sono le più importanti. Esse saranno aperte lentamente, in combinazione con le altre due. E adesso, dobbiamo coinvolgere l'altra che è nella griglia cristallina di Gaia, che è il vostro pianeta. Abbiamo dato già abbastanza informazioni sulla griglia cristallina. C'è un deposito di conoscenze e idee future in queste capsule temporali che chiamate Gaia, messe lì molto tempo fa dai Pleiadiani, e saranno aperte con le nuove idee circa l'unità e la pace, prima di aprirsi alle invenzioni. L'umanità deve diventare più compassionevole, prima che le invenzioni arrivino a voi. Capirete meglio quello che voglio dire nei prossimi diciotto anni (messaggio dato nel 2013, ndr). *Queste sono le capsule del tempo che ci sono sotto i vostri piedi, sotto forma di nodi della Griglia Cristallina, e la velocità con cui queste cose saranno rilasciate, dipenderà completamente da quello che farete di seguito.*

Le capsule del tempo sono state tutte create dai Pleiadiani. Avete bisogno di capire chi furono loro. Dovete capire che non sono degli UFO. Anche se sono di un altro sistema, loro sono il vostro seme/padre. Avete, parzialmente, semi Pleiadiani nel vostro DNA. Capite questo? Siete loro e loro sono voi. Non c'è separazione. Esiste davvero una famiglia galattica e voi siete parte di essa. Ma ciò che è nel tuo futuro, cara anima antica, è qualcosa che non puoi immaginare e ci vorranno generazioni. La prima cosa che accadrà è che, lentamente, voi creerete la pace sulla Terra. Nulla può accadere fino a quando non eseguite quest'azione. Quando lascerete la coscienza di conflitto e di guerra, la capsula del tempo potrà, quindi, consegnare a voi la tecnologia necessaria per passare al livello successivo. Ma mentre ci saranno esseri sul pianeta che vogliono trasformare tutto in armi, questo non potrà accadere. Lo so che questo è un argomento di difficile comprensione, vero? Riuscite a capire cosa sto dicendo?

Ci deve essere una coscienza pacifica sul pianeta in modo da poter ricevere le informazioni che i Pleiadiani hanno lasciato qui per voi. Ora, ci sono forme di quello che chiamerei di accorciare l'apertura delle capsule del tempo. E quando l'avrete fatto questo, come prima cosa cambierà la Griglia Cristallina. Il cambiamento specchia e si riflette verso il vostro DNA. La Griglia Cristallina è quantica ed è ovunque allo stesso tempo.

Pensate che si trovi solo sulla superficie della terra? Lei è la Terra. È una parte di tutto, è la terra, tutta la lava fusa... parte di tutto! Vedete la sua reazione sulla superficie del pianeta, perché è lì che la toccate in tre dimensioni. Pertanto, è lì dove essa può essere attivata. Ma quando la attivate, anche una piccola parte di essa, l'avrete attivata tutta.

Ma troverete le capsule del tempo nei "nodi". E abbiamo già discusso su questo. Sovrapposizioni di energie specifiche all'interno della Griglia, che sono posizionate verso le capsule. È difficile da tradurre in parole. Ci sono alcune cose chiamate "i Punti Nulli" che anche loro hanno questi attributi. Le capsule del tempo non sono uniformi ovunque. Ora, stiamo parlando di energia quantistica e abbiamo detto che essa è ovunque, ma i "nodi", che sono i luoghi in cui loro possono essere attivate, sono specifici.

Cercate i luoghi dove gli indigeni hanno deciso di stabilirsi. Cercate i luoghi del pianeta che sono noti per essere sacri e che sono freddi. E lì troverete le capsule. Poiché i Pleiadiani le hanno lasciate in molti luoghi e gli indiani del pianeta l'hanno sentito, così come li sentite voi, e avete deciso che quelli erano luoghi sacri e vi siete fermati lì.

A volte erano luoghi troppo alti o troppo freddi perché loro potessero viverci. E questi sono spesso ciò che noi chiamiamo "i Punti Nulli". Attraverso il vostro intuito e della vostra stessa capsula individuale del tempo, troverete questi luoghi, dove realmente le capsule si trovano.

Cari umani, questi concetti sono, forse, più avanzati di quanto possiate capire in questo momento. Pertanto, utilizzate il terzo linguaggio con me (un linguaggio interdimensionale, intuitivo, che Kryon cita spesso), in questo momento. Che cosa dice la vostra intuizione su quello che sto descrivendo? Vecchia anima, tu non puoi sentirlo? Tu non sai che sei qui nel posto giusto al momento giusto?

Il sistema alternativo - le balene sono un "back-up" dell'energia umana

C'è anche un sistema di supporto che vive in mezzo a voi. Può essere difficile per voi capire, ma i tre sistemi che vi ho dato, sono principalmente relativi a Gaia. Tuttavia, vi è un sistema di supporto per tutto questo, una ridondanza che non è il tipo di "backup", che si pensa, di tipo lineare, da utilizzare nel caso in cui si perdesse il primo. Questo sistema di "backup" è quello che aiuta gli altri tutto il tempo. Le informazioni di questi tre sistemi combinati, e quell'Akashico, sono memorizzate nei mammiferi che vivono su questo pianeta. Deve essere così perché è l'ultimo strato che ve connette, non solo a Gaia, ma con il resto della vita sulla Terra in modo più profondo. Si tratta di un sistema alternativo di riserva che sarà utilizzato se per caso voi, con la libera scelta o involontariamente, potreste commettere qualche azione che venisse a distruggere o danneggiare gli altri tre. Il sistema è immagazzinato nelle balene e nei delfini esistenti su questo pianeta. Quale altro mammifero è protetto da un trattato firmato da quasi ogni paese della terra? Nessuno. C'è un livello intuitivo di tutta l'umanità che sa di non poter eliminare le balene o si potrà cambiare l'equilibrio della forza vitale della Terra, per sempre. Loro mantengono i registri. Si tratta di un sistema di supporto ed è molto importante. Amate i delfini, non è vero? Ora conoscete il segreto del perché vi sentite così attratti da queste creature. Tutti loro hanno la capsula del tempo, ma non è stata ancora attivata perché questa capsula è molto speciale. E lei non si sveglierà fino al momento giusto. E questo è tutto quello che possiamo dire per ora. Potete vedere la profondità del sistema? Perché dovrebbe succedere questo se non fosse importante, se non facesse parte del piano maestro, se voi non aveste a che fare con il futuro dell'Universo? Pensateci. Questo è il sistema. Gaia esiste per gli esseri umani che si trovano in una lezione sacra su questo pianeta. Vi ho dato questo con amore, oggi. Voglio che riflettiate su tutto ciò. Ovunque andate, siete conosciuti dalla Terra. Che sistema!

I potenziali delle scoperte per la fisica del futuro

La fisica quantistica sta rivoluzionando il concetto di realtà. Tuttavia, non ha ancora iniziato nemmeno a scalfire le convinzioni della maggior parte delle persone. Nel moderno Occidente, l'incontro tra scienza e spiritualità sembra inconcepibile, e si sperava che la scienza si separasse dalla spiritualità. Mentre l'incontro tra spiritualità orientale, o quella dei Greci, e la scienza *tout court* era, in qualche modo, naturale e forse inevitabile. I grandi filosofi dell'antichità erano, in realtà, sempre grandi matematici, persino l'inventore del famoso teorema di Pitagora. Con la fisica quantistica, però, la scienza e la spiritualità possono, per la prima volta, ritrovarsi facendo un percorso occidentale. Tuttavia, quando cominceremo a percepire le implicazioni delle nuove scoperte degli scienziati, il mondo non sarà più lo stesso!

La prima scoperta importante, e che non è molto lontana, è quella di cui vi parliamo da circa due anni. Non è un'idea nuova, e si tratta della capacità di vedere chiaramente e misurare l'energia quantica - o dei modelli nella fisica multidimensionale. Non appena uscirete dalle quattro dimensioni (la vostra realtà), ne avrete percezione come di un'indefinibile bolla di cose vorticanti che non hanno logica lineare... gli Esseri Umani vogliono numerare le dimensioni, vedono molti potenziali e li raggruppano in contenitori con un numero sopra. Ora, questo è un concetto lineare e per nulla preciso, secondo il futuro modo di pensare multidimensionale. Comunque, va bene che sia così, perché si confà al vostro "livello di confort" della fisica. Vi aiuta a identificare le energie che percepite e vi aiuta a compartimentalizzare le cose.

Tuttavia, la verità è che quando andate oltre le quattro dimensioni, tutto quel che segue si auto-modifica costantemente, tutto è dinamico. Non è lineare e non è numerabile. È un brodo di energia dimensionale, costantemente mutevole e interattivo con se stesso. Alla fine, vedrete queste energie come "modelli quantici", in quanto saranno visibili da uno strumento che sarà progettato con una lente che coinvolge quello che noi chiameremmo "crio energia" (cryo energy).

Si tratta di una tecnologia di super-raffreddamento[33], già citata anteriormente, e questa energia di super-raffreddamento ha il potenziale di funzionare quando la lente è fatta di plasma.

Tuttavia, questo non è nuovo. Ciò che invece è nuovo è che stiamo mettendo insieme queste cose in modo che possiate vedere meglio ciò che è in arrivo e perché è così importante.

Perché questa invenzione è così importante? Vi diremo che, quando accadrà, questa lente quantica non sarà usata solo in fisica. In realtà succederà prima in astronomia; però, alla fine, quando sarà di dimensioni più ridotte e sarà rivolta per osservare la vita, la scienza vedrà modelli quantici ovunque! L'umanità li vedrà in tutta la natura e saranno visti nella Merkabah dell'Essere Umano, li vedrà nell'aria e questo sarà un mistero - un puzzle da svelare. Immaginate di vedere una figura quantica ampia otto metri circondare ogni Umano! Capite che sarà l'inizio di alcune domande scientifiche del tutto nuove? «Si tratta di vita o di fisica? Dobbiamo forse ridefinire ciò che è la vita»?

---

[33] Super-raffreddamento, noto anche come sub-raffreddamento, è un processo di riduzione della temperatura di un liquido o un gas sotto il suo punto di congelamento, senza passare allo stato solido

La capacità di osservare dei modelli quantici porterà a una seconda importante scoperta della fisica: la scoperta di altre due leggi. Queste leggi, come vi abbiamo detto, sono le forze debole e forte, multidimensionali. Queste porteranno le leggi della fisica conosciute a sei (al momento ne avete quattro) e introdurranno il concetto di leggi multidimensionali. Queste due leggi mancanti daranno inizio alla spiegazione di quel che oggi è un mistero: l'energia mancante del cosmo.

L'invenzione numero due: Queste due nuove leggi spiegheranno completamente l'energia che vedete nell'Universo e nella vostra galassia. Ora vi darò alcune informazioni che non abbiamo mai veramente spiegato prima. Voi avete la tendenza a utilizzare i termini Universo e galassia come sinonimi, ma non lo sono. Io Non posso comunicarvi delle informazioni di qualcosa che ancora non conoscete o non avete ancora intuitivamente scoperto sul pianeta, poiché dovete trovarli da soli; ma lasciate che vi dia un indizio:

La fisica nella vostra galassia non è necessariamente la stessa fisica per tutte le galassie e, quindi, vi consiglio di limitare le vostre conoscenze e gli studi, sulla vostra galassia. Credetemi, c'è molto altro da vedere. Non estrapolate ad altre galassie e altri cieli, ciò che troverete qui, giacché hanno un proprio sistema spirituale. L'essenza creativa della vita viene dal centro della vostra galassia, e questo è tutto ciò che dirò per ora.

E che cosa hanno da offrire queste due nuove leggi?
La prima è una spiegazione di ciò che è la materia oscura (secondo Kryon, ciò che chiamiamo di **buchi neri**, e che sono presenti nel centro di ogni galassia, fanno parte del motore di spostamento dimensionale).

C'è energia nella fisica multidimensionale. L'aspetto quantico della parte multidimensionale dell'atomo non è stato ancora compreso, ma lì, vi è un'enorme energia che spiegherà ciò che gli astronomi vedono in cielo: un'energia che è stata identificata ma che non si può vedere e, erroneamente, considerata come parte del sistema di Newton, ma non lo è. Si tratta di un sistema non lineare, parte della fisica multidimensionale.

Il secondo è il riconoscimento del fatto che queste nuove leggi della fisica, finalmente, vi offriranno ciò che avete sempre desiderato: l'energia libera! Tutto ciò che finora conoscete dell'energia, un giorno sembrerà antidiluviano, come il tempo in cui hanno inventato la ruota. È davvero molto primitivo! Ma siete in procinto di lasciarvela alle spalle. Quando scoprirete la parte della fisica multidimensionale, allora, potrete creare energia illimitata in un modo molto raffinato.

Ora, alcuni potrebbero dire che sul pianeta già esistono delle invenzioni che lo fanno. Neppure lontanamente! Credetemi, neppure lontanamente. Non conoscete la raffinatezza di come attingere alle forze multidimensionali. Non avete gli strumenti e non riuscite neppure a vedere quello che state facendo. Semplicemente non ci siete ancora arrivati.

Ecco qui la chiave che darà un indizio ai fisici che leggeranno questo messaggio in futuro: non libererete energia per produrre calore. Produrrete, invece, energia che respinge gli oggetti circostanti. Controllerete la massa! Potete immaginare questo?

La terza scoperta: *La coerenza con la Fonte Creatrice.*

La coerenza con la Fonte Creatrice è l'atteggiamento di benevolenza, presente nella creazione, nel disegno intelligente e in altro ancora. È nella struttura atomica. È "Dio nell'atomo". Sarà una scoperta così fondamentale che scuoterà le religioni del pianeta, e non in senso negativo, perché Dio sarà soltanto per tutti ancor più grande. La scoperta che Dio fa letteralmente parte della fisica, sarà sperimentata e collaudata. La coerenza con la Fonte Creatrice mostra una benevolenza nel modo in cui funziona *la fisica. È una fisica che ha una propensione! <u>Ci sarà il riconoscimento della divinità nella materia.</u> Oh, e questo sarà solo l'inizio! Non so dirvi quando succederà, perché questo sarà l'inizio della prova di Dio in tutte le cose.*

«Kryon, questa cosa rovescerà le religioni organizzate?» No! Le porterà a unirsi. La Terra è già un pianeta monoteista, un solo Dio. In tutte le dottrine di tutte le religioni c'è un solo Dio. Siete davvero pronti per quel che verrà in seguito. Tutte le religioni del pianeta già riconoscono che la creazione viene da un solo Dio. Questo sarà musica per le loro orecchie! La prova di Dio in tutta la materia non è uno sconvolgimento della spiritualità, ma la riunirà. Ci sarà una comunione di celebrazione e le dottrine cambieranno un po' per volta. Comunione e sincronicità di credo. Capite? Tuttavia, prima che ciò accada, deve esserci una coerenza tra di loro. Queste cose non succedono mentre ci si uccide a vicenda e ci si odia su vasta scala.

Che cosa succede agli Esseri Umani quando non hanno nulla in comune tra loro? Tendono a separarsi e a farsi la guerra. Che cosa succede agli Esseri Umani che scoprono di avere qualcosa in comune? Tendono a unirsi, a condividere le risorse e a celebrare ciò che hanno. Capite come questo può influenzare il pianeta Terra? Capite come può influenzare voi? Vecchia anima, questo è ciò che stavi aspettando. Non ti saresti aspettato che venisse dalla fisica? Ma è così! E perché no? Perché non dovrebbe? Lo studio di tutte le cose e del loro funzionamento, rivelerà la presenza di Dio in tutto. Il comun denominatore di tutte le cose è l'amore.

__La quarta scoperta__ importante avverrà forse molto più avanti. Sarà la comprensione che la coscienza Umana è un attributo della fisica multidimensionale. La coscienza Umana, questa energia elusiva, sarà vista come facente parte della fisica quantistica multidimensionale, con leggi e regole che possono essere comprese, applicate e utilizzate. Vedete quanto potete andare lontano? Vedete quel che i Pleiadiani hanno già fatto?

Capite perché quelli che vengono dalle stelle se ne stanno in disparte e attendono che voi scopriate ciò che loro sanno? Non saranno loro a darvele. Per libera scelta, dovete essere voi a fare queste scoperte nella vostra realtà. Ma i potenziali già ci sono. Queste nuove scoperte della fisica vi stanno aspettando, ma era necessario che voi passaste la soglia della precessione degli equinozi. Questa è la linea di demarcazione indicante che avete lasciato indietro una vecchia energia e siete capaci di iniziare il processo di risoluzione dei problemi della Terra. Ciò include anche il potenziale di un cambiamento della natura Umana in modo da avere una scarsissima propensione verso la guerra.

Vi abbiamo già detto che ci sarà un rigurgito della vecchia energia contro quella nuova e piccole guerre sparse sul pianeta. Sarà dopo che ciò sarà sistemato che avverranno queste scoperte. Non preoccupatevi di quando, perché sempre una vecchia generazione con vecchie idee deve sgomberare per lasciar spazio alle nuove. Il motivo per cui queste nuove invenzioni non potevano essere date all'interno di una vecchia energia, è perché avrebbero avuto la tendenza a essere usate allo scopo di fabbricazione di armamenti bellici! Ma ora, tenderete, invece, a impiegarle per scoprire come possono nutrire, riparare e produrre energia per una popolazione che ha deciso di vivere fianco a fianco in tollerante cooperazione. Bello, vero? Se glielo chiedeste, un Pleiadiano vi direbbe com'è ottenere queste cose dall'atomo, compresa la benevolenza di Dio.

Infine, dovete anche vedere la chimica come un ramo della fisica. Del resto, tutte le cose chimiche del pianeta, tutti gli elementi del pianeta, seguono le leggi della fisica. La lente quantica mostrerà una vita multidimensionale in tutte le cose, così la chimica della biologia seguirà le nuove regole fisiche. Il DNA è davvero molto speciale. È la combinazione di tutte le regole del pianeta: ha caratteristiche multidimensionali, è quantico e ha in sé i semi della Fonte Creatrice. Nella sua memoria è conservato tutto ciò che siete stati e che sarete. È la creazione multidimensionale più complessa del pianeta e, alla fine, farete un'altra scoperta: un **DNA coerente**.

"Coerente con cosa?"

Il DNA multidimensionale è coerente con le dimensioni e crea quello che si chiama magia. Vedrete che quando il DNA ha consistenza multidimensionale, quando certe dimensioni si allineano, tutto il corpo cambia e questa è la chiave per un DNA migliore. La differenza tra un DNA operante a 30% e un altro a 90%, è l'allineamento dimensionale che chiamiamo DNA coerente.

Ora, vecchia anima, ecco la tua sfida: Quando tu ritornerai, voglio che tu la scopra, e ti darò ragione. Perché quello che ho detto oggi, sarà la prova che questa si tratta di una comunicazione vera. Se vedete una di queste cose, ciò spingerà le scoperte e ne cercherà delle altre. Oggi tu puoi non avere capito nulla di tutto questo, ma nella prossima vita e, forse, nella successiva ancora, lo farai. Questa informazione non sarà mai obsoleta. Ci saranno modi per ascoltare, vedere o di leggere questo, che tu non puoi neppure immaginare ora. Il futuro sarà molto diverso, ma queste informazioni rimarranno per sempre, non tramonteranno mai.

Quello che vi dico e vi presento oggi, sarà testato nel corso del tempo, e sarete qui per poterlo verificare.

Quando sentirete la parola "kryon", voglio che la vostra Akashah vibri in modo tale che vi faccia cercare il significato, forse, persino ricorderete l'energia di questa giornata, in questo luogo e di questo incontro, dove ho detto che ci sarebbe venuto il giorno in cui avreste trovato Dio in tutte le cose. Vedete come questo comincia a plasmare un pianeta asceso?

*Una volta scoperto questo, non si può negare, non è possibile eliminare o rimuovere; insieme tutti sapranno e nessuno lo userà mai contro di voi. L'intero pianeta, lentamente, comincerà a cambiare la propria visione di chi è qui e perché. Chiedete a un Pleiadiano - perché loro hanno vissuto tutto ciò: **"Avete queste invenzioni? Conoscete tutte queste cose?"** "Certo! E molto di più!" Direbbero.*

Avete aspettato troppo a lungo, troppo tempo vecchia anima, perché arrivasse questa stagione. Celebratela! (Kryon)

CAPITOLO XXV

LA NOSTRA STORIA

La storia completa dell'umanità

*Tutto è iniziato tredici miliardi di anni fa. La **Caverna della Creazione** esiste da quando è stata formata la Terra. Si tratta di un evento quantico. Abbiamo guardato la formazione della Terra e abbiamo visto i potenziali per cominciare a esistere. E qui, cari umani, c'è l'informazione che dovete sapere.*

Non trovate strano che tutta la civiltà umana si sia apparentemente manifestata solo negli ultimi tempi, da quando la terra esiste? In tutti questi miliardi di anni, lo sviluppo della vita sulla Terra è iniziato ed è stato interrotto più volte, tuttavia, gli umani non erano ancora qui. I grandi mammiferi sono stati qui per milioni di anni, ma voi non c'eravate. La vostra scienza non vede questo come strano perché non hanno nulla con cui confrontare. Loro guardano a questo e pensano che questo sia il modo in cui si sono verificate le cose. Noi chiamiamo questo di <u>sincronicità pianificata</u>.

Per darvi questa informazione correttamente, devo mostrarvi, ancora una volta, la storia della creazione. Voi non stavate solo guardando. Ognuno di voi stava partecipando altrove. Dovete sapere che voi siete esseri universali. Questo non è il primo pianeta in cui siete stati, ma voi non vi ricordate, non è vero? Questo perché l'informazione su un'altra esistenza in altre galassie, non è registrata nella vostra storia Akashica attuale, l'Akasha nel DNA si basa solo sulla Terra. Così, la memoria di questo tipo di avvenimento sarà formata da supposizioni, intuizione e quello che voi potreste ottenere dal Sé Superiore, che sa tutto, e non solo del vostro DNA che si basa sulla Terra con il cambiamento, ed è per questo che siamo entrati, di nuovo, nella storia della Creazione.

Ora, mi permetto di riportarvi indietro di un miliardo di anni. Siete in questa galassia. Ogni galassia ha un proprio piano spirituale e questo influenza la fisica di ogni galassia. È per questo che la scienza può vedere diversi tipi di fisica nell'Universo, ma non si capisce il perché. A questo punto, se io dovessi dirvi che la coscienza definisce la fisica, potreste non comprendere. Così, lasciamo stare, per ora.

Lasciate che vi porti a un pianeta che sta attraversando quello che state vivendo oggi. Quattro miliardi di anni fa, il vostro stava ancora raffreddandosi. La vita non era ancora iniziata; Non come la conoscete. Oh, i semi erano già lì, ma questo è tutto. Ma in altre parti della galassia, avevano già gruppi sofisticati – i tipi umanoidi. Loro si assomigliavano molto a voi, perché questo era il piano. Questo è avvenuto quattro miliardi di anni fa, quando ebbe inizio la vita sul vostro pianeta, ed era molto diverso. Un miliardo di anni fa, loro hanno subito un cambiamento e una trasformazione. Avevano anche il libero arbitrio e, possibilmente, hanno subito anche una metamorfosi della coscienza.

Sembrava fossero cambiati in modo esponenziale, ma ci sono voluti solo un migliaio di anni per passare dalla forma corporea completa alla forma illuminata. Solo un migliaio di anni, e la maggior parte di loro è diventata pensatori quantistici. La vita era divina e definita separatamente e in modo diverso per loro, perché avevano scoperto le parti quantiche della vita al loro interno. Tutto è cambiato. Loro non sono morti e, secondo i piani, a un certo punto nel tempo del loro futuro, avrebbero dovuto poi, "seminare" un altro pianeta con il loro DNA evoluto. Quando quel pianeta fosse stato pronto, loro avrebbero dovuto seminare la loro conoscenza di luce e buio e intuizione divina, e così hanno fatto, in un pianeta lontanissimo dal vostro. Era un pianeta nella costellazione delle Sette Sorelle, che divenne quello che oggi conoscete come Pleiadi. E così, cominciò la civiltà dei Pleiadi, seminata da altri che avevano il DNA della coscienza.

Milioni di anni più tardi, avete avuto le forme Umanoidi entrando in ascensione, nella <u>Sette Sorelle</u>. Vi sto dando la storia della galassia, non la storia della vita. È la storia della divinità, tutti essendo colpiti dal centro e tutto in uno stato quantico di entanglement. Tutto questo è stato fatto attraverso il libero arbitrio.

La Nostra Storia

Centinaia di migliaia di anni fa, gli esseri umani cominciarono a formarsi negli esseri che conoscete oggi. Questo è solo lo ieri. Da non confondere con lo sviluppo umano. Esso aveva avuto corso per un tempo molto lungo. Ma il DNA che è dentro il vostro corpo, non è il DNA che si è sviluppato, naturalmente, sul pianeta. Il vostro è fuori dal sistema dei processi evolutivi basati sulla Terra, e gli scienziati stanno cominciando a vedere questo. L'"anello mancante" di cui loro parlano non è umano.

Così, ancora una volta vi diciamo che coloro che sono venuti ad aiutare a seminarvi, circa 100.000 a 200.000 anni fa, sono stati i Pleiadiani, che, a sua volta, erano entrati in Stato di graduazione e avevano cambiato la loro coscienza. Erano diventati quantici, con il libero arbitrio, e voi avete ricevuto parti del loro DNA.

<u>Nuove informazioni per voi:</u>
Il processo di semina non è stato un unico evento. Ciò è stato fatto con il passare del tempo e in molti luoghi. Non è nato tutto allo stesso tempo, ed è successo in quel modo, per ragioni che, per ora, rimarranno nascoste a voi. Come detto prima, ora, avete un solo tipo di essere umano, il che si differenzia da qualsiasi altro

mammifero nel pianeta. Questo è stato il progetto e ci sono voluti più di centomila anni per la sua creazione.

La storia della creazione della conoscenza della luce e del buio, data agli esseri umani in un giardino - che coinvolge un serpente parlante e altra mitologia - è un pregiudizio umano. La logica spirituale dovrebbe dirvi che queste storie sono semplicemente metafore di un fatto vero che, in realtà, è stato un importante cambiamento nella coscienza, ma questo nel percorso di un periodo molto lungo di tempo, non istantaneamente.

La stessa mitologia si riferisce alla Terra, che sarebbe stata creata in sette giorni. Tuttavia, questo rappresenta solo una verità numerologica (7 è il numero della divinità), il che significa che c'era un piano divino nella creazione del pianeta. È ora di iniziare a utilizzare la logica spirituale negli insegnamenti che avete, circa la storia spirituale, perché le rivelazioni saranno meravigliose e vi porteranno a una comprensione più completa.

Ora, che cosa c'è veramente nel vostro DNA? È il codice dei Pleiadiani che è lo stesso di quelli che li hanno preceduti, e anche quelli prima di essi. Non potete ricordarvi di questo. Il sistema del vostro registro Akashico si riferisce solo alla terra ma il vostro "ricordo divino" conosce l'inizio, in cui, sistema dopo sistema, ha creato quello che vedete come la Divinità nella galassia e nell'Universo. Chi sono loro? Sono i vostri genitori "divini". Essi sono il seme della divinità in voi e che ancora vi visitano spesso. Non tutti sono Pleiadiani sapevate questo? Loro vengono da tutta la galassia. Vedete, essi rappresentano anche il seme del Pleiadiani, e vi mantengono al sicuro. Non potrebbe essere altrimenti. "Ma al sicuro da cosa?" Si potrebbe chiedere.

Il sistema di sicurezza

Riconoscete questo: il vostro universo è colmo di vita. Solo pochi pianeti in milioni di anni hanno il "DNA creatore" nei loro corpi. Alcuni sono stati seminati e mai hanno creato. Alcuni sono morti ora. Altri sono tecnicamente avanzati, ma non hanno la scintilla divina, in nessun modo. Così, mentre un pianeta sta "decidendo" è tenuto al sicuro da un altro tipo di vita che potrebbe interferire. Siete circondati da esseri divini che vi tengono al sicuro e questo continuerà fino a quando questo pianeta della libera scelta - l'unico al momento - sta prendendo la sua decisione. State girando l'angolo della coscienza e tutti loro lo sanno perché sono passati per questo e si ricordano.

Oh, cari, la coscienza è volatile. Avete visto i cambiamenti avvenire, molto lentamente, ma sono in procinto di cambiare più velocemente. Per questo non ci vorranno generazioni e generazioni come in passato. Vedrete i cambiamenti in tempo reale. Gli esseri umani non dovranno aspettare di avere i figli, farli crescere e aspettare che essi abbiano i loro bambini.

La manutenzione per la vostra sicurezza è fatta di forma quantica e lontano da questa dimensione 3D. Ma, ovviamente, dovete sempre fare la domanda lineare: **"Con tutti i progressi che questi esseri di questa galassia hanno (potenziale avanzato della scienza e viaggi intergalattici), perché questi UFO non atterrano e si fanno vedere, dal momento che sono qui da centinaia di anni?".** *La risposta è la prova di quello che diciamo. Essi si limitano a osservare e accompagnare le turbolenze marginali con la Terra. Si esibiranno al momento opportuno, non prima.*

Il cambiamento più veloce della consapevolezza

Pensate che la coscienza sia trascorsa rapidamente negli ultimi cent'anni? Quanti anni fa che una civiltà tecnologicamente avanzata sul vostro pianeta, si riuniva per guardare e applaudire gli esseri umani che erano divorati da animali, combattendo fino alla morte? O sacrificare una vergine al vulcano? Valutate il tempo e capirete che questo non è stato così tanto tempo fa. I vostri anfiteatri ancora sono in piedi! Allora, come vi sentite al riguardo?
*Ci sarà un momento in cui osserverete questo pianeta e la guerra sarà come questi esempi. L'idea di uccidere un altro essere umano, per qualsiasi motivo, sembrerà barbara e non adatta a qualsiasi essere umano. Molti rideranno, e diranno: **"Questo è ingenuo, Kryon. È la natura umana ed è un istinto di sopravvivenza"**. Questo è ciò che sta cambiando, cari. State per sperimentare una rinascita quantistica del pensiero. Un nuovo patrimonio intuitivo.*

Vorrei rilevare una cosa. Un mammifero di prateria ha un cucciolo e questo vitello nasce già cosciente di sua madre. In poche ore, lui corre già con il branco. Istintivamente saprà chi sono i suoi nemici, che piante sono velenose e dove trovare l'acqua. Conoscerà persino il "linguaggio" del gruppo. Non trovate ciò interessante?

Il bambino umano ha zero istinto, tranne dove trovare il latte istintivamente, cominciano dal nulla. Deve imparare la lingua, come mangiare, come tenere le cose in mano e imparare dove si trova il pericolo! Non la trovate una cosa strana, perché pensate che è tutto quello che potete fare. Potrete dire che questo è a causa della complessità del cervello umano. No, non lo è! È perché non eravate preparati perché questo fosse diverso e questo è ciò che sta cambiando. Abbiate questa visione con me, ora: un bambino umano nasce, conosce tutto a un livello d'istinto. Inizia a camminare e parlare entro due ore, ha la saggezza e non deve imparare tutto da zero. Impara a leggere e conoscere la lingua, dopo pochi mesi perché ha quello che potreste chiamare istinto quantico umano. Questo bambino ha qualcosa che non saprete nemmeno che essi dovrebbero avere!

Allora, ditemi, se ciò accadesse, potete immaginare che cosa sarebbe successa alla razza umana? Un progresso esponenziale in saggezza. Quello che i genitori hanno appreso, lo trasmetterebbero al bambino alla nascita, più dell'eredità Akashica o chimica. Questo sarebbe il patrimonio della saggezza e dell'istinto.

È, quindi, un evento quantistico. La storia della creazione è stata seminata dai Pleiadiani più di centomila anni fa. Questo è quello che siete, perché loro sono passati attraverso questo. Hanno gli stessi attributi della vostra storia. Lo sapevate che le storie della creazione nel proprio pianeta sono tutte simili? Anche le vostre grandi religioni hanno un evento spirituale che si svolge nella sua storia, dove gli esseri umani che assomigliano a voi, hanno ricevuto la sapienza di Dio. Non sono quei cavernicoli, ma quelli che hanno la vostra stessa sembianza (l'uomo moderno). Nelle vostre religioni, questo si è verificato in un giardino metaforico che è la Terra e agli esseri umani sono state fornite la conoscenza di polarità (luce e buio). Questo è quello che i Pleiadiani hanno fatto in tutta la terra.

Ancora sui Lemuriani

L'energia dei Lemuriani è il gruppo seme che è stato completamente isolato. Molti addirittura pensano che i Pleiadiani siano venuti per primi. Essendo Lemuria un'isola montuosa (Hawaii), è sopravvissuta in una forma più pura rispetto alle altre. Anche i gruppi più remoti, hanno avuto spazio per diffondersi e questo ha creato una varietà di pensieri. Ma Lemuria è stata la stessa per migliaia di anni, diventando così, una delle civiltà più durature della storia e quasi completamente omessa dalla scienza.

Miei cari, questa è la vostra quinta volta per lavorare sull'"enigma dell'illuminazione". Avete avuto altre quattro occasioni in cui non avete superato questa fase.

Cinquant'anni fa, questo potenziale non era solido, e la vostra quinta volta sarebbe potuta essere l'ultima, dato che la vecchia energia è forte e l'idea di esseri umani distruggendo tutto era una possibilità reale. Chi sta leggendo questo, sa di cosa sto parlando. Ora questo è cambiato, e l'avete superato.

Prospettive per il futuro

Alcuni chiedono: "Kryon, come sarà il futuro, che tipo di scienza avremo?" Se tutto questo è vero nella nostra evoluzione, che cosa possiamo aspettarci?".

Come spieghereste Internet ai vostri bisnonni se potreste incontrarli? Essi non avevano il concetto del computer? Come si potrebbe spiegare una macchina veloce a qualcuno, prima dell'invenzione della ruota? Non posso spiegarvi cosa sta arrivando, giacché non conoscete ancora i concetti. Potete immaginare l'istinto quantico? Che, quando un essere umano impara qualcosa, immediatamente è appreso da tutti? Se potete immaginare una cosa del genere, avete un accenno di ciò che sta arrivando. Non cambia la scelta. Ma si modifica la saggezza.

Ci sarà un momento in cui la scienza e la fisica si fonderanno con la coscienza. È allora che capirete che, ciò che il Creatore vi ha dato, arriva in un pacchetto perfetto. Non si trova in scatole in cui gli esseri umani separano e studiano all'interno di diversi edifici, ma si tratta di un sistema che unisce; dove tutte le cose sono collegate e si adattano magnificamente in un puzzle di energia. Quest'operazione potrebbe richiedere mille anni, com'è successo con quelli che hanno seminato i Pleiadiani e quelli che hanno seminato coloro che li precedettero. Parliamo in termini strani qui, usando gli anni della Terra. Inoltre, non definiamo quanto tempo ci vorrà per "attraversare il ponte verso l'illuminazione" o "attraversare il ponte per l'esistenza quantica."

Ma, in generale, alle civiltà del passato, ci sono voluti mille anni della Terra per andare dalla vecchia energia alla nuova. E, molte volte, c'è voluto lo stesso tempo per andare a un'esistenza corporea quantistica. Non cercate di immaginare questo, perché il vostro processo può essere più veloce o più lento. Tutto dipende dal risveglio di ognuno di voi.

Noi siamo i nostri semi

*Ciò che è difficile per voi capire è che Loro - gli antichi - **siete voi**. Questo crea confusione in 3D, poiché molti di loro vi stanno ancora sostenendo, ma poiché avete parte del loro DNA quantico, parte di voi è ancora con loro. Non cercate di analizzare questo.*

Voi non eravate dispersi quando la terra fu creata, cari. Eravate occupati a fare, in altri pianeti, ciò che state facendo qui. Non avete ricordo di questo, ma solo un potenziale istinto. Quelli che ascoltano la mia voce o leggono queste parole, hanno vissuto questo prima.

Così, miei cari, io vi dico queste cose. Siete in un luogo perfetto. State vicini a coloro che hanno sperimentato quello che state attraversando. È il momento di risolvere i problemi dell'umanità, il momento di smorzare i dolori e le sofferenze del vostro corpo. È il momento di affrontare le incertezze della psicologia (angoscia mentale), perché queste cose non vi serviranno. State girando l'angolo, lentamente per alcuni, cosa che un giorno sarà vista come il grande cambiamento dell'umanità sulla Terra. Ora è l'inizio di questo.

Lasciatemi portarvi a cento/duecento anni a venire. Avete dubbio che saremo in una stanza insieme? Avrete sembianze diverse. Le cose saranno molto differenti, ma voi sarete qui perché questo è ciò che fate (descrizione di Kryon per le nostre prossime esistenze).

Lo scopo del sistema in cui voi lavorate, è quello di aumentare la vibrazione della galassia ed essere coinvolti dai pianeti che sono stati ascesi e hanno trasmesso l'energia a un altro. Presto anche voi farete lo stesso per altri pianeti e, indovinate un po', farete questo di nuovo qui.

Ora, la vita sta cominciando su un altro pianeta, molto lontano da qui. Un'altra Caverna della Creazione comincia a formarsi. Si sta preparando per voi! Siete stanchi? Cara famiglia, siete eterni e vi è un sistema che è meraviglioso. Quando non siete qui, capite pienamente e partecipate senza questionare. Siete in un punto di svolta. Uscite da questo luogo e comprendete l'intensità di questo tempo. Prestate attenzione ai cambiamenti nel cielo perché erano previsti (il clima). <u>Non temete il cambiamento davanti a voi. Non siete mai soli.</u>

Tutto ciò che facciamo sulla Terra, influenza un'altra parte dell'Universo

Informazioni per TUTTI
Cos'ha, dunque, tutto questo a che fare con voi, che leggete queste informazioni? Il fatto è che ogni singolo Essere Umano che sta leggendo o ascoltando, sa già tutto! Questo messaggio di Kryon è superfluo. È solo una conferma a ciò che il vostro "nucleo" già conosce. Se potessimo, per un attimo, toglier via la dualità e la linearità dalla vostra vita - se potessimo avere un vero incontro di famiglia per un momento, parleremmo di alta fisica. Parleremmo di alta spiritualità. Parleremmo dell'incredibile potere di guarigione della compassione e dell'amore. Tratteremmo della storia Umana - dei millenni vissuti e passati. Tratteremmo della storia e delle generazioni dell'Universo, e tutti voi sapreste da dove siete arrivati. Parleremmo di una Terra che, a un certo punto della vostra esistenza, era solo un progetto. Parleremmo della parte che avete avuto nel posizionare il sistema solare dove si

trova e di come le griglie furono organizzate tra loro. E tutti voi ricordereste... ricordereste!

*Celebreremmo quanto è stato realizzato finora. Celebreremmo la grandezza di ciò che avete fatto, e i potenziali di ciò che potrebbe avvenire. Parleremmo del grande quadro – del fatto che quanto fate qui sulla Terra, influenza un'altra parte dell'Universo - **il segreto più grande che rimane celato all'Umanità**. E ha il potenziale di cambiare l'equilibrio tra luce e oscurità, forse, persino nella famiglia di Dio. E... celebreremmo la vostra libera scelta di creare qualsiasi cosa desideriate qui, in quest'unico pianeta della libera scelta - significando che la Terra è l'unico pianeta che ha la capacità di cambiare la sua realtà e la sua vibrazione spirituale.*

Guardate il cielo stanotte! Contate le stelle. Non riuscite a contarle. Ce ne sono troppe, e sono solo quelle che riuscite a vedere! C'è una vastità che va oltre la vostra vista notturna. Infatti, la vostra Terra è l'unico pianeta, in qualsiasi luogo, organizzato per lo specifico scopo per cui siete venuti qua. Voi non sapete quanto questo sia speciale. Non volete ancora credere che siete più di un granello di sabbia di una spiaggia immensa. E invece, vi diciamo che voi siete il gioiello nascosto in una vasta estensione del creato - un gioiello che attende di essere incastonato nella collana del cambiamento dell'universo e dell'appropriatezza.

Verrà un giorno in cui le luci saranno completamente accese. Conoscerete i vostri veri nomi - e anche il mio. Kryon è semplicemente il nome che potete pronunciare nella 4D. Allora, parleremo del viaggio sulla Terra e di ciò che ha significato per l'Universo. Rideremo insieme e gioiremo di ciò che è stato compiuto. Parleremo delle vite vissute nel 2002... l'inizio della fine dell'inizio. Tutto ciò che è stato fatto prima, ha il potenziale di essere soltanto l'inizio del vero scopo della Terra e dell'umanità su di essa.

Vi meravigliate del perché la responsabilità della sfida è su di voi, non è vero? Forse il guerriero si sta risvegliando? Forse ora comprendete più pienamente chi è che veramente sta leggendo queste pagine? Bene, non meravigliatevi più. La luce si è accesa. (Kryon)

EPILOGO

IL GRANDIOSO PIANO

Tutto il tragitto che abbiamo fatto insieme, all'interno di queste informazioni meravigliosamente sorprendenti, si conclude con la più spettacolare e coinvolgente di tutte le Rivelazioni qui menzionate - *Il Grandioso Piano* che abbiamo sviluppato in una sfera eterea, fuori da questa "povera" realtà in cui viviamo. Si tratta del nostro lavoro qui sulla Terra, come professionisti dell'Universo e del risultato grandioso di questo lavoro. A cosa sarà servito, quell'è lo scopo reale? Abbiamo già accennato altrove in questo libro, ma qui avrete l'informazione completa.

Una descrizione emozionante di Kryon, che lascerà ognuno di noi, tanto sbalordito quanto orgoglioso del nostro compito, così importante per l'intero Universo. Vi sentirete privilegiati e molto fieri della vostra missione, che quel cappotto d'invalidità che è stato cucito su di noi si tramuterà in un mantello di potere assoluto. Tutto il peso che abbiamo portato, per millenni, credendo di essere deboli, sporchi, nudi e poveri, si trasformerà in belle, leggere e meravigliose particelle di luce. Questi sono gli esseri umani che Dio ha creato da se stesso. Noi siamo una parte magnifica di Dio in esperienza, per compiere i piani grandiosi, a favore dell'espansione dell'Universo che noi, umani-Dio, continueremo, per sempre, a creare. Che cosa splendida!

*Vi dirò del **Grandioso Piano**. Si tratta di un piano di cinque milioni di anni, di cui avete partecipato solo durante l'ultima parte. Voglio parlarvi dell'universo fisico e un po' di equilibrio.*

432

Vi abbiamo detto che siete angeli venuti dal Grande Sole Centrale (tutti coloro che stanno leggendo questo). La parola "angelo" non è esatta, ma mostra la sacralità di chi siete. Vi abbiamo detto che la Terra è pura e che ognuno di voi è venuto dal Grande Sole Centrale. Abbiamo detto che vi abbiamo nascosti come umani in un sistema con un unico sole. Quelli di voi che ricordano queste informazioni, si rendono conto ora, che questi messaggi erano indizi.

Che cosa significa quando diciamo che vi abbiamo nascosto? Indizi: darvi un sole. La maggior parte delle forme di vita nell'universo ha due soli. Quando scoprirete questo, saprete il motivo. Noi ve lo abbiamo nascosto perché avevate un lavoro da compiere.

Miei cari, l'universo - l'universo fisico - non è dove si trova il Grande Sole Centrale. Il Grande Sole Centrale rappresenta la casa. È mio e vostro. È il luogo in cui vi vedrò di nuovo un giorno e dove faremo una grande festa. E guarderemo indietro a questo momento e a questa sera, e ci ricorderemo dello spirito della preziosità in questa stanza. Diremo: "È stato il giorno in cui Kryon ci ha detto chi siamo e perché siamo qui. È stato il giorno in cui c'è stata una risonanza nei nostri cuori".

L'universo fisico, e il suo pianeta, devono avere equilibrio e questo equilibrio è rappresentato in molte gradazioni di energia. Le gradazioni di energia di cui parliamo, sono diverse gradazioni di amore, proprio come sulla Terra. Alcuni di voi chiamano certe gradazioni di energia, negativa, ma non lo sono. Alcuni di voi hanno letto storie di lotte di coloro che non sono umani, forse, su altri mondi o su altri pianeti. I veggenti e gli intuitivi hanno raccontato delle storie e hanno scritto delle cose meravigliose e drammatiche, avvenute fuori dal vostro mondo. La stirpe di queste altre entità è stata effettivamente canalizzata in modo intermittente, attraverso i secoli. È una pista, lo sapete. È un indizio di che ha equilibrio nell'universo fisico. Esiste controversia

433

riguardo alle differenti gradazioni di amore nell'universo, così come sulla Terra. Queste canalizzazioni lo dimostrano.

Sta accadendo un altro evento creativo, miei cari – un altro "bang" a dodici miliardi di anni luce di distanza, ed è stato assegnato debba accadere ora. È sempre stato in programma per questo tempo. Come abbiamo indicato in precedenza, ciò che gli astronomi stanno vedendo è, in realtà, la prova di un altro "bang". È un altro evento creativo, durante il processo di generazione di un'altra parte dell'Universo! Sarà aggiunto al vostro universo, così come tutti gli eventi creativi.

Decine di migliaia di anni fa, avete accettato di venire in questo pianeta e travestirsi usando la dualità – un posizionamento dell'energia dell'essere umano che vi avrebbe impedito di vedere chi siete veramente. Andò molto bene, perché vi ha dato un campo di azione uniforme ed equo, neutro al suo potenziale d'energia. E la sfida, il test, è il seguente: se lasciata sola in questo test, senza alcuna interferenza spirituale, cari, a quale posto sulla terra, sarebbe andata l'energia? Forse vi state chiedendo: "Perché? Perché passare attraverso questo, queste migliaia di anni, perché andare e tornare? Perché la dualità? Perché la lotta? Perché tutto questo?"

Alcuni di voi hanno detto... "Mi sento come una cavia di Dio. Sono buttato di qua e di là, avanti e indietro nella vita. Oh, io sono una persona buona e spirituale e me la caverò nelle mie lotte. Affronterò la mia paura. Lo so che ho programmato questo e assumerò la responsabilità, ma io odio tutto ciò. Non so perché devo farlo".

Ecco qualcosa che vi ho sempre detto, ma ora, più che mai, ha a che vedere con quest'argomento. Vi dirò una cosa, mia cara famiglia, miei cari angeli, voi, provenienti dalla Grande Fonte Centrale, seduti su queste sedie, leggendo queste parole, che sanno chi sono a livello cellulare: non siete l'esperienza. Siete il test.

L'energia dell'evento creativo che si sta svolgendo a dodici miliardi di anni luce di distanza, è incompleta. La nascita della materia e dei miliardi di forme di vita che si svilupperanno in quella parte dello spazio, è incompleta. C'è qualcosa che manca. Che energia spirituale avrà questo nuovo universo? Che tipo di "gradazione d'amore" avrà questo nuovo universo? Chi deciderà questo?

Alcuni diranno: "Beh, semplicemente, lasciamo che la famiglia decida questo. La famiglia rappresenta l'amore ed è spiritualmente in sintonia. La nostra famiglia, per definizione, è Dio! Semplicemente, applicate l'energia, la più elevata possibile in quella nascita universale. Ma davvero molto elevata!"

Questo non è un po' tendenzioso? Vedete la famiglia è incline all'amore! Dio non può prendere questa decisione. L'universo deve avere equilibrio e, semplicemente applicare un'elevata energia di amore al nuovo evento creativo, è una decisione di parte. Alcuni dicevano: "Vuoi dire che ci sono alcune cose che Dio non può fare?" Sì. Dio non può mentire. Dio non può odiare. Dio non può prendere questa decisione parziale.

Pertanto, si è deciso che si dovrebbe creare un pianeta con la vita proiettata sulla neutralità e adeguatamente nascosta, in modo che gli angeli del Grande Sole Centrale potessero popolarlo per decine di migliaia di anni, per realizzare un test di equità spirituale. Loro sarebbero venuti sulla Terra perché vi fosse nascosto chi loro fossero. Parte della loro biologia essenziale, gli sarebbe stata fornita da altri esseri nell'universo fisico, lungo la strada, per contribuire a equilibrare la loro evoluzione spirituale. Camminerebbero in forma umana, sarebbero morti e rinati - ancora morti e rinati. Ci sarebbe un capovolgimento rapido della vita. Organismi biologici progettati per durare 950 anni, dovrebbero vivere solo trenta all'inizio, poi, con il passare del tempo, settanta o ottanta.

Informazioni spirituali programmate in anticipo nel DNA umano, avrebbero creato la morte, la malattia e l'invecchiamento. Residui di una vita sarebbero passati alla vita successiva, creando dei test da risolvere o no, con l'energia in fase di verifica. La risoluzione dei test, creerebbe energia aggiuntiva che modificherebbe il tasso vibratorio planetario. La fine del test è stata impostata per circa il 2012, la fine del calendario di alcuni degli antichi della Terra che, intuitivamente, vi hanno presentato queste informazioni. La misura finale, più la fine del test si sarebbero così verificate.
Il tutto era accordato.

Altre entità che hanno trovato la Terra, pur essendo così ben nascosta, non hanno ricevuto il permesso di interferire. Hanno riconosciuto il grande potere degli attributi spirituali degli umani, anche se essi, stranamente, non ne erano a conoscenza, a causa della dualità. Molti di questi visitatori potevano solo avvicinarsi, scrutare gli umani, uno a uno - ma mai senza il loro permesso. Loro usavano la paura per ottenere il consenso umano, conseguendo così il permesso attraverso di astuzie a livello subconscio. Un umano senza paura potrebbe facilmente dire di no e le entità dovrebbero partire. Loro erano interessate al potere spirituale, alla scelta individuale, alla capacità di cambiare – che loro non hanno – e anche la curiosità per il fatto che sorridete, avete emozioni. Loro hanno cercato anche di procreare con l'umanità per scoprire questi attributi e tentare di catturarli; hanno frugato in tutti i modi per trovare l'essenza dell'angelo dentro l'essere umano. Il potere nascosto dell'umanità impedivano loro di atterrare in gran numero.

Tutto ciò che abbiamo appena descritto è accaduto davvero. Ciò che è stato appena detto, è una descrizione di voi. Avete fatto tutto ciò. In realtà, voi siete la famiglia di cui parliamo. La Terra è il campo di prova. È unica. Non esiste un altro pianeta come questo nell'universo fisico.

Ciò che alla fine accadrà qui, cari, sarà l'energia applicata al nuovo evento creativo, svolgendosi a dodici miliardi di anni luce! Ciò che accadrà all'energia del 2012, sarà l'energia del nuovo Universo, ancora senza nome. La sua energia sarà fornita a questo nuovo universo, e allora, avrà una firma. Esibirà il timbro dell'umanità, i vostri nomi. Molti di voi, magari, potrebbero anche andare a vivere lì.

La Terra è stata designata l'unico pianeta della libera scelta, e, naturalmente, è una metafora. È tempo per voi di sapere che cosa significa: vuol dire che non vi è altro pianeta - nessun'altra forza o forma di vita in quest'universo fisico - che sia in grado, attraverso la propria coscienza e intenzione, di elevare i suoi attributi spirituali. Nessun altro ha questo! Ma voi, sì. Altre vite hanno bisogno di un processo evolutivo per eseguire il cambiamento spirituale e per loro, l'intenzione non ha alcun potere. Voi siete gli unici! Come vi sentite essendo venuti alla conoscenza di ciò? Nel corso della storia, gli spiritualisti e studiosi sapevano, intuitivamente, che la Terra era molto, molto speciale. E voi lo siete! Non fu un caso che Galileo, fosse d'accordo con Copernico, è dovuto andare contro un fervore religioso che insisteva che l'intero universo ruotava intorno alla Terra. Bene, indovinate un po'? Metaforicamente, è proprio così! Ecco chi siete voi. Siete famiglia.

Il piano è quasi finito, lo sapete. La linea del tempo si volge al termine, e ciò che sta accadendo è un miracolo che voi stessi avete fatto. È per questo che siete tornati più e più volte, ed è per questo che siete qui di nuovo. La coscienza umana e gli eventi globali, non mostrano quello che avete pensato e che sarebbe stato. Le profezie sviluppate dalle ere di potenziali consistenti, non si stanno avverando ora, e questo è dovuto a ciò che avete fatto dal 1962 a ora. Che tipo di entità sarebbe rimasta metaforicamente in fila per ritornare, sapendo che c'era un elevato potenziale per una terribile distruzione nei profetizzati tempi finali, insieme alle loro preziose famiglie terrene? Chi farebbe una cosa del genere? Voi.

Non intendevate perdere per niente l'ultimo capitolo del vostro lavoro. Rappresentando l'incredibile saggezza della mente di Dio, eccovi di nuovo qui, cara famiglia, per testimoniare qualcosa che nessun membro della famiglia poteva prevedere.

L'energia che è stata sviluppata, che presenta il potenziale per essere collocata in questo nuovo universo che sta per essere creato, è una gradazione molto elevata di amore, davvero molto alta. Pertanto, la vostra famiglia, dall'altra parte del velo, sta celebrando già quello che avete fatto. La vostra famiglia sta anche in fila... aspettando il vostro ritorno!

Il test è finito: e adesso?

Alcuni hanno chiesto (prima dell'anno 2012): "Poiché ora non vi è più la fine della Terra e il test è quasi finito, dobbiamo "evaporare" nel 2012? Che cosa accadrà?"
Voglio raccontarvi su alcuni tipi di esseri umani che si trovano sul pianeta e altri che stanno arrivando. Questo potrà aiutarvi a capire ciò che è davanti a voi, se lo desideriate.

Nella parabola "Il Viaggio verso Casa" (Libro cinque di Kryon), racconta una storia, dove Michael Thomas (il protagonista della parabola) ha visto molte scatole in una camera enorme. Lui aveva capito che esse erano i doni e gli strumenti dello stato di ascensione. Infatti, c'era una scatola per ogni uomo, donna e bambino sul pianeta. Ma non sarebbe successo nulla, finché gli umani, cui erano indirizzate le scatole, non si sarebbero resi conto di poter aprirla.

Quasi tutti voi qui presenti, e coloro che stanno leggendo questo, sono esseri umani che chiamano tipo A, per la mancanza di un termine migliore. Voi rappresentate la nascita biologica, all'interno della vecchia energia. Siete venuti nel corso dei secoli, e qui esistete con il DNA e attributi spirituali di sempre. Ma ora c'è un cambiamento nel vostro potenziale. A causa di quello che avete fatto, ora state ricevendo dei doni, mediante il vostro

438

permesso - il 11:11 (11:11 è un numero maestro e per Kryon significa una chiamata al risveglio. Vedere questi numeri negli orologi non è casuale. Si tratta di una conferma che siete sulla strada giusta). *Come umani tipo A della vecchia energia, avete guadagnato la capacità di andare oltre il vostro marchio, passando a una nuova vibrazione delle cellule. Gli strumenti sono qui, e la chiave è la pura intenzione. Di seguito, alcuni hanno scoperto il collegamento con l'energia di ciò che chiamiamo "Reticolo Cosmico"* (reticolo cosmico è la più alta energia che si possa concepire ed è presente ovunque nell'universo), *perché è così che andate ben oltre l'energia con la quale siete venuti. È potente, ed è già il tempo.*

Le cellule si stanno di nuovo risvegliando dalla scienza, introdotta nella nuova energia. La vostra biologia si sta risvegliato correttamente, con il vostro permesso. Vale a dire, chi è in questa sala e coloro che leggono questo, sono in grado, attraverso lo studio e l'intenzione, di trovare il modo di vivere più a lungo, passare allo stato di ascensione, vincere le paure e scoprire passioni nella vita che non avete mai pensato che esistessero. Avete il permesso perché le vecchie lezioni contrattuali delle vostre vite siano eliminate, per avere la pace sulle cose su cui sembrava impossibile averne, e vivere una vita molto diversa, mai immaginata. Questo è ciò che viene dato a voi. Pensate che questo sarebbe accaduto se voi doveste semplicemente evaporare?

La Terra assumerà un nuovo compito. Come milioni di forme di vita nel vostro universo fisico, questo pianeta finirà per unirsi a molti altri pianeti. Il potenziale è grande, e parlo ora di un nuovo piano che non è immediato, ma di un piano che siete in grado di intraprendere. Questo nuovo piano, alla fine, vi condurrà a un'energia che noi chiamiamo la Nuova Gerusalemme. È per questo che alcuni di voi hanno atteso fin dal principio, e ora è a portata di mano. Inoltre, sarà proprio in quel momento che, finalmente, v'incontrerete "ufficialmente" con altre forme di vita.

I bambini indaco e i pacificatori

Avete avuto la parte più difficile, miei cari. Voi siete la vecchia guardia. Siete quelli che stanno cambiando la propria biologia per armonizzarsi con l'energia che sta arrivando. Dovrete adeguarvi da voi stessi, e questo i bambini non dovranno farlo. I nuovi bambini rappresentano il tipo di umano del puro stato Indaco, nati dopo il 1987. Essi sono dotati di attrezzature che voi non avete mai avuto, e anche se possono essere un po' impacciati ora, nel corso del tempo si saprà chi saranno veramente i maldestri. Perché quando saranno più numerosi di voi, sarà evidente che, a meno che non vi cambiate, sarete voi quegli strani.

Loro sono la famiglia! Li guardate negli occhi. Sapete che cosa hanno attraversato? Sono vecchie anime. Fate attenzione a loro. Prima di compiere sei anni di età, alcuni di loro vi diranno tutto su chi sono stati.

Alcune persone possono chiedere: "Il test di cinque milioni di anni sta volgendo al termine. È valsa la pena?" Sì. Come vi abbiamo detto prima, ogni essere umano che è stato vivo, è vivo ancora oggi. Gli altri esseri che stanno riunendosi a voi, sono venuti da altre parti dell'universo fisico. Alcuni di voi sono venuti anche da altri luoghi, ma ora sono umani, e rimarranno qui fino alla fine. È per questo che vi amiamo così tanto. Alcuni della vecchia guardia che hanno iniziato il lavoro, non torneranno. Molti di voi avranno completato il loro compito dopo la loro vita attuale, e li accoglieremo a braccia aperte, perché ci mancano. Ciò significa che questa è la loro ultima vita sulla Terra, e alcuni di voi lo sanno. Molti degli altri, non Lemuriani, torneranno ancora perché la loro sfida, com'è stata la vostra, è quella di creare una nuova Terra.

Che cosa potete fare personalmente in questo momento? Forse, sarebbe il momento di comprendere appieno, a livello conscio, chi siete. La prima cosa che potete fare ora, quando siete soli, è guardarvi allo specchio. Vi sfido osare a dire qualcosa allo specchio, tre volte. Voglio che guardiate ai vostri occhi. Vi raddrizziate e vi diciate queste parole: "IO SONO COLUI CHE SONO". Forse, quando la vostra biologia sentirà la vostra voce, attraversando l'aria e leggerà questo nei vostri occhi, sarà più facile assimilare il concetto che vi siete più di quanto pensiate.

Ogni membro della famiglia riceve una "fascia d'energia" dopo aver lasciato questo luogo chiamato Terra. Sarebbe, nella vostra dimensione, è come ricevere una fascia di onorificenza a colori, da indossare in occasioni speciali. Ovunque andate nell'universo, le altre entità si renderanno conto che avete fatto parte del grande esperimento di energia nel pianeta Terra – il test che si sta chiudendo in questi momenti. Per questo, vi è così tanta paura a questo punto, in gran parte dell'umanità, perché a livello cellulare, gli umani sanno che la fine del test è vicina.

Beati quelli che non ascoltano questo messaggio, perché, anche se temono l'arrivo della fine, quando si accorgeranno che essa non è accaduta come previsto, loro saranno pronti a ricevere una maggiore conoscenza da quelli che sono rimasti sempre allegri durante tutto il percorso. Molti si rivolgeranno a voi e chiederanno il perché. Ora sapete. Festeggiate la fine del test! Celebrate il nuovo universo la cui energia è l'energia dell'umanità!

Questa è la parte più difficile, dove raccogliamo le ciotole delle nostre lacrime di gioia e cominciamo a lasciare questo posto. Finalmente, avete consentito che le informazioni vi fossero trasmesse. Non c'è da stupirsi perché siamo così emozionati qui. Questa è la fine di un grande progetto pianificato molto bene per voi. Alcuni si alzeranno dalle loro sedie, senza credere. Non importa. La verità rimane la verità, che sia stata accettata o no. Alcuni si ricorderanno solo quando saranno arrivati a casa. Altri sanno già ora. Altri sono in procinto di trasformarsi in forma drammatica.

Celebriamo i vari tipi di guarigione, in fase di avvio, a causa della vostra accettazione di questo tempo d'amore. Sto parlando alla famiglia che ho conosciuto personalmente - SEMPRE. Non abbiamo inizio né fine. Ognuno di voi è eterno in entrambe le direzioni del tempo, come un cerchio, come l'adesso. Siamo tutti eterni. Siamo tutti Famiglia.

L'entourage si ritira lentamente da questa zona. Quelli che vi stavano abbracciando, in tutto questo tempo, cominciano a ritornare dalla fessura del velo, una fenditura che si è aperta con la vostra intenzione di sedersi, ascoltare e leggere. Ma l'amore rimane. Rimane nei vostri cuori, se lo desiderate. Ricordate, le guide sono attivate con amore e pura intenzione. In realtà, non siete mai soli, e non ci vuole un incontro con Kryon né un messaggio di Kryon per farvi sentire l'energia di una famiglia amorevole. È sempre dentro di voi.
Sappiamo di quello che state attraversando, e vi conosciamo per nome, tutti e ciascuno, perché siete la nostra famiglia.

Allora, qual è il significato della vita? Uscite e guardate le stelle. Esse sono vostre. Il senso della vita sulla terra è che c'era un piano che avete sviluppato, implementato e lo avete attraversato. Avete fatto questo in modo corretto, con successo e responsabilità. Ora è tempo per una parte della famiglia di tornare a casa. Ed io voglio dirvi: io sarò lì quando sarete arrivati. Io ci sarò.
E così è.
Kryon

CONCLUSIONE

Le nostre domande esistenziali e spirituali hanno molto significato. Quando raggiungiamo un punto di neutralità spirituale, l'uomo, che è materia, ma è anche spirito, naturalmente comincia a chiedersi, perché ha raggiunto il limite di saturazione tale, che le informazioni che arrivano non sono più in grado di stimolare lo spirito. Arrivando a questo punto, apparentemente senza grandi evoluzioni, cominciamo a entrare in conflitti interiori e gli antichi valori cominciano a cadere a pezzi. Pensiamo che la fede sia fallita, non funziona più o non ha mai funzionato, ignorando che ci sono nuove frontiere che ci portano a nuove espansioni per raggiungere livelli superiori di esistenza. C'è sempre qualcosa di nuovo da scoprire nella nostra dimensione. Continuare intrecciati all'interno di un rigido sistema di valori, vorrebbe dire allontanarsi da quel flusso infinito di conoscenze che sono a nostra disposizione, se sappiamo svuotare la mente da ogni dogma. Il nostro vero potenziale e il nostro potenziale percepito, sono lontani anni luce. Quando l'universo di ogni coscienza evoluta si pone una domanda comune, è perché c'è solo una risposta, ma ogni individuo cerca il punto d'intersezione seguendo strade diverse. Alcuni fanno un percorso più breve e arrivano più velocemente al punto, altri, vice-versa; altri, ancora, cambiano spesso la direzione senza mai trovare il centro.

Nessuno è più speciale di altri. Penso che ognuno sia il risultato di ciò che crede. La religione dogmatica ha prodotto, nella maggior parte di noi attraverso i secoli, l'idea che Dio sia separato da noi, lui là, io qui, "spero che Egli mi veda". Quando abbiamo bisogno, corriamo a chiamarlo e quando elaboriamo questa fuga disperata in cerca di Lui, ci allontaniamo ancora di più, perché fuggiamo da noi stessi; la disperazione ci porta a una ricerca al di fuori di noi, fuori dal cuore che è la dimora di Dio. Perché è così difficile, quindi, "trovare" Dio? Perché lo stiamo cercando nel posto *sbagliato*.

Impariamo a cercare Dio in cielo, in qualsiasi punto dell'infinito. La questione non è dire: "*Io so che Dio è dentro di me*." Sono solo parole. Le parole hanno un reale potere solo se crediamo in quello che diciamo. Questo è il motivo per cui due persone possono fare lo stesso discorso, ma solo una otterrà una "***standing ovation***", mentre l'altra, solo un applauso di cortesia.

La differenza è questa: credere. Ma questa convinzione non è rappresentata da ciò che gli altri ci hanno detto e ci hanno invitato ad abbracciare. Quando noi crediamo davvero nelle parole che diciamo, esse diffondono una potente energia che si fonde con il nostro **IO** interiore, trasmettendo, quindi, la convinzione. La difficoltà di trovarci nasce dal fatto che la nostra mente è stata programmata con un modello di pensiero, nel corso della nostra infanzia, portandoci a pensare in un unico modo, senza cercare di aprire la mente alle infinite possibilità, molto più grandi di ciò che già sappiamo. Liberarsi dai molti programmi mentali, significa aprire la mente e il cuore alle meraviglie, ai potenziali e a una comprensione ad altri livelli di realtà, cogliendo nuove informazioni, fino ad ora sconosciute, o almeno, poco diffuse sulla Terra.

Viviamo oggi in una lunghezza d'onda, e quando moriamo, il complesso mente-spirito lascerà questo corpo fisico e passerà a un'altra lunghezza d'onda, un altro stadio di esperienza e di evoluzione. Una ri-unione con la totalità di noi/Dio, a chi siamo sempre appartenuti, quando siamo fuori da questa dimensione. Pertanto, tentare di cercare Dio lontano da noi stessi, è una ricerca inutile. Se affermiamo che siamo il tempio di Dio, non c'è un'altra via che possa servire da scorciatoia. È dentro di noi che dobbiamo cercarlo e lì, sicuramente lo troveremo. Trovandolo, abbiamo raggiunto una nuova dimensione. Le risposte fluiscono dall'interno verso lo esterno. Si comincia a capirsi, perché si apprende un amore tutto nuovo. Sembra *déjà-vu* o il Discorso della Montagna, ma è una constatazione.

L'Amore è Dio, la serenità è Dio, la pace è Dio, la sicurezza è Dio e tutto ciò è dentro di noi. Questi sentimenti non possono coesistere senza la presenza e la conoscenza di Dio. Fidati. Questa è una grande scoperta, anche se suona troppo familiare, perché abbiamo ottenuto queste informazioni dalla nostra tenera età. Ma non serve solo avere le informazioni, è saper elaborarle, altrimenti, sarebbe come inseguire il vento; una bolla di sapone. Sono le profondità delle vere ricchezze imperiture. E le cose profonde, le conosciamo solo in meditazione, nel silenzio del nostro recondito mondo interiore.

Senza alcuna pretesa di aspettare che tutto il contenuto esposto qui, sia compreso e accettato. Spero, tuttavia, di aver lasciato almeno qualcosa su cui riflettere. La scelta, però, di credere o no, di abbracciare o rifiutare, sarà sempre individuale, senza alcuna influenza esterna, ma l'unica vera risposta può venire solo da dentro il vostro cuore, se ve lo permettete.

Eliude Santana

Questa è la bellezza della libera scelta per gli esseri umani, quella in cui essi possono scegliere di aprire il vaso spirituale del proprio DNA, o no. Beato sei tu, incredulo, perché conosco il tuo nome ed è bello.
(Kryon)

www.ingramcontent.com/pod-product-compliance
Lightning Source LLC
Chambersburg PA
CBHW051848170526
45168CB00001B/26